金属
ナノ組織
解析法

宝野和博・弘津禎彦 編

アグネ技術センター

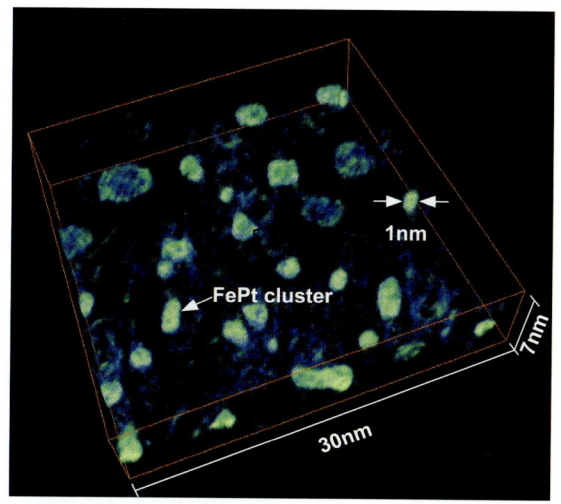

口絵 1 MgO 膜中の FePt ナノ磁性微粒子の 3 次元トモグラフィー像
（1nm 以下の像分解能を示している）[田中信夫]

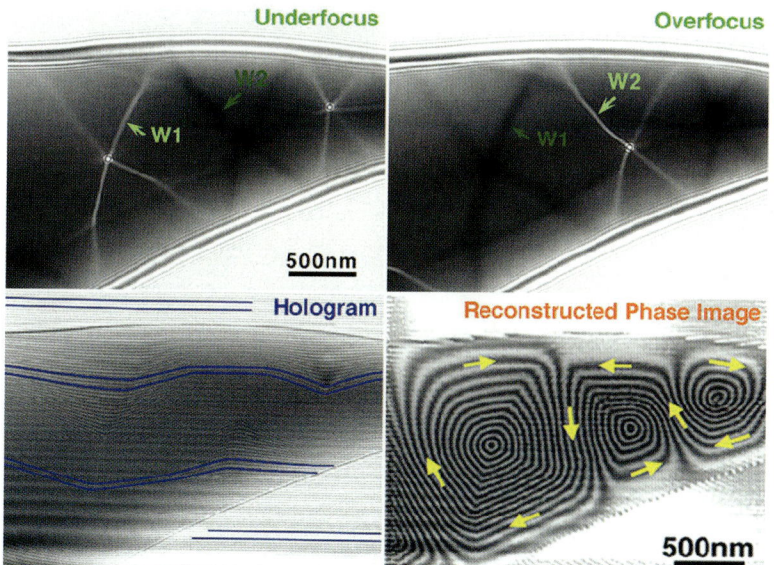

口絵 2 軟磁性体 $Fe_{73.5}Cu_1Nb_3Si_{13.5}B_9$ の磁区構造
　　上段はローレンツ顕微鏡像で W1, W2 は磁壁を示す．下段左は電子線ホログラムで，干渉縞が試料内部の磁場により曲線を描いている．下段右は，磁束の分布を示す位相再生像．黄色の矢印は，磁束の方向を示しており，還流磁区が形成されていることがわかる．[進藤大輔]

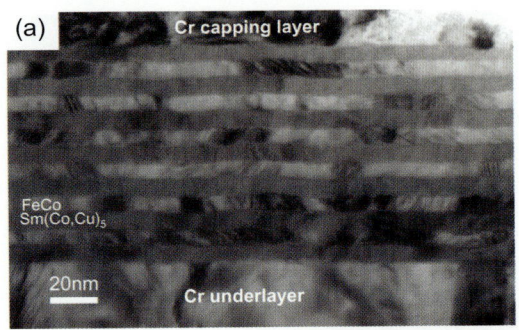
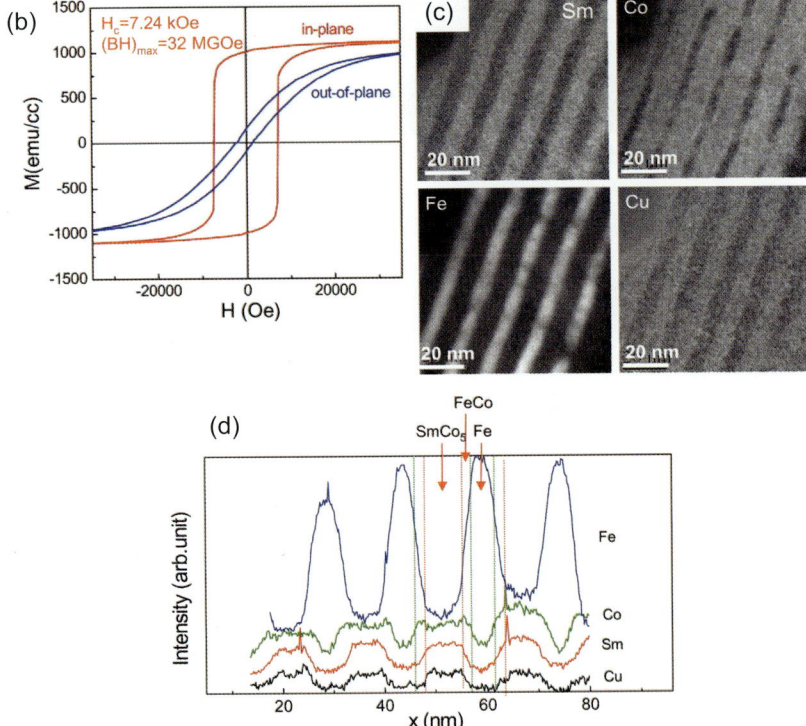

口絵3 高いエネルギー積を持つ[$SmCo_5/Fe$]$_6$交換結合多層膜の(a) 断面TEM像, (b) 面内ならびに面直方向の磁化曲線, (c) エネルギーフィルターによる元素マップと (d) それから得られた強度プロファイル.
マッピングからCoがFe層に,CuがSmCo$_5$層に拡散して固溶している様子がわかる.[J. Zhang, Y. K. Takahashi, R. Gopalan, and K. Hono, Appl. Phys. Lett. **86**, 122509 (2005).]

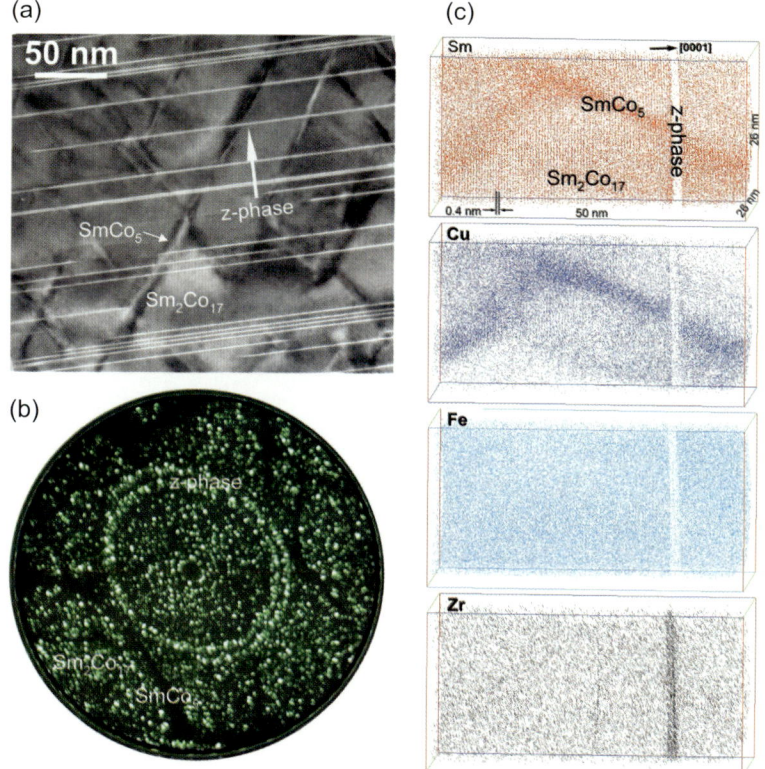

口絵 4 $Sm(Co_{0.72}Fe_{0.20}Cu_{0.055}Zr_{0.025})_{7.5}$ 焼結磁石の (a) TEM 明視野像, (b) FIM 像, (c) 3 DAP 元素マップ.
 TEM で観察されるように Sm_2Co_{17} セル相, $SmCo_5$ セル境界相, c 面に平行な板状 z-相が観察されるが, FIM でもそれら 3 相が明瞭なコントラストで観察される. この試料から得られた 3 DAP の元素マップから各相の濃度, 界面での濃度変化を正確に測定することができる. [X. Y. Xiong, T. Ohkubo, K. Ohashi, Y. Tawara, and K. Hono, Acta Mater. **52**, 737 (2004).]

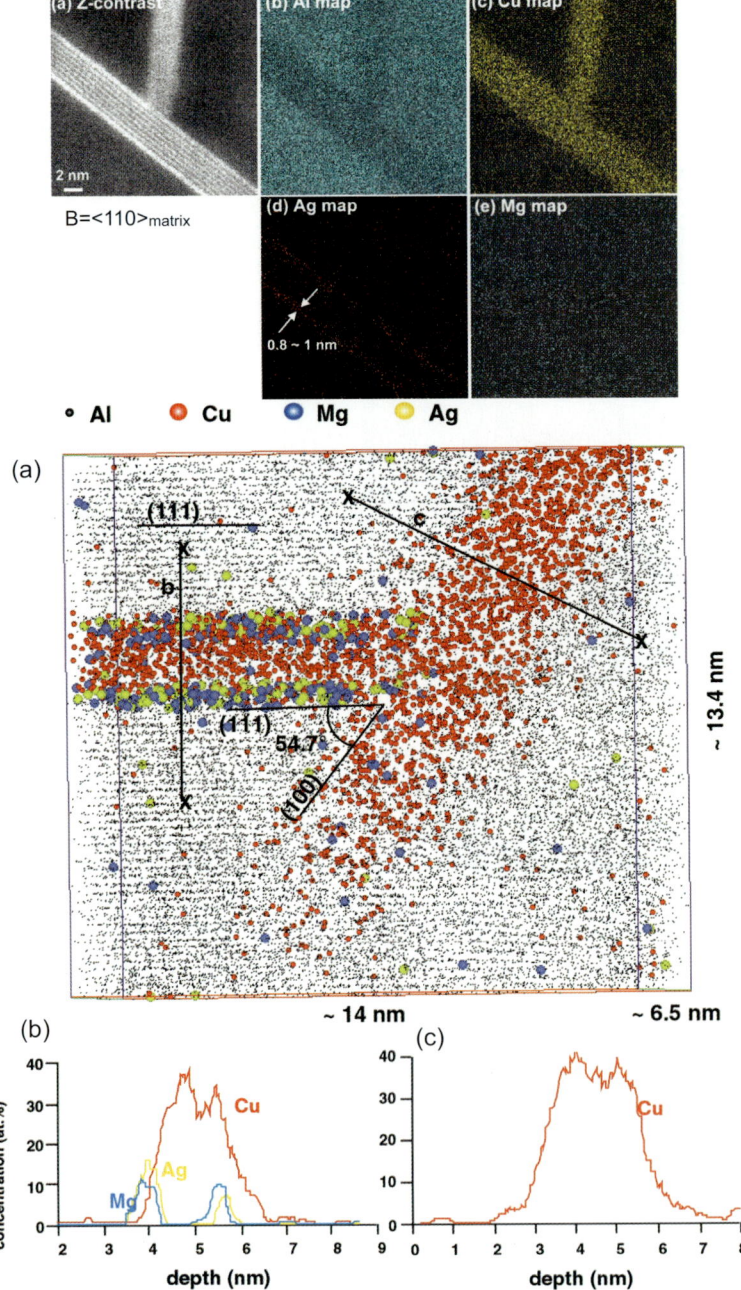

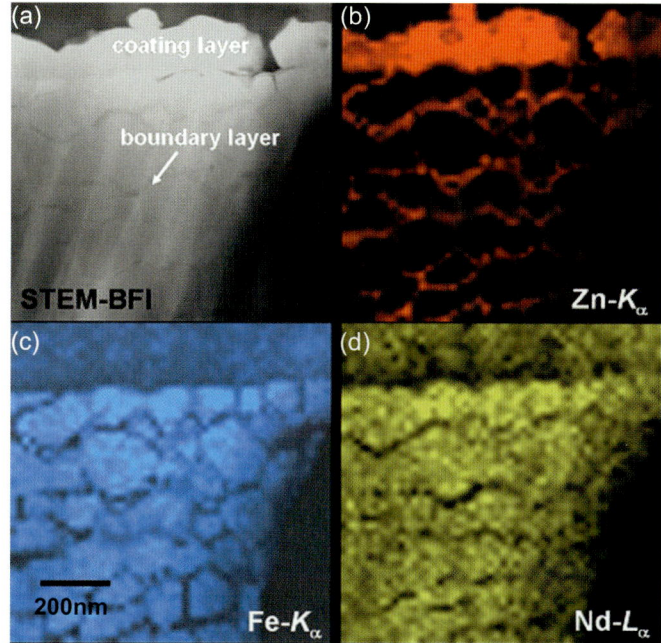

口絵7 Zn収着処理をしたNd-Fe-B磁石の元素マッピング
(a) 走査透過明視野像，(b) Zn, (c) Fe, (d) Nd のマッピング像
[撮影：朱 凌雲，板倉 賢，松村 晶（九州大学）]

口絵5（左頁上段）
　Al-1.7Cu-0.3Mg-0.2Ag 合金に時効析出した (111) 面状の Ω 相と (100) 面 θ 相の板状析出物の (a) HAADF 像，(b–e) ドリフト補正 EDS マップ．EDS マップ (d) から母層と Ω 析出物の界面に Ag が偏析している様子がわかるが，HAADF 像のコントラストは界面から2原子層が特に明るく結像されており，Ag が2原子層の厚みをもって偏析していることがわかる．
[奥西，井部，宝野：日本金属学会誌 **65**, 419 (2001).]

口絵6（左頁中・下段）
　口絵5と同じ Al-1.7Cu-0.3Mg-0.2Ag 合金に時効析出した (111) 面状の Ω 相と (100) 面 θ 相の板状析出物の3DAP の元素マップ．
　Al 母相の (111) 面の原子面が分解されており，Ag と Mg の Ω/α 界面での偏析が原子レベルで観察できる．各々の析出物の板面に垂直な方向の濃度プロファイルを計算することができ，定量的に各析出物の濃度を決定することができる．[K. Hono, Acta mater. **47**, 3127-3145 (1999).]

●● 目　次 ●●

●序　章●

0.1 ナノ組織とは　（宝野和博）——————————— 1
　　古くからあったナノ組織・1／先端ナノ組織解析手法・3
　　新手法によるナノ組織材料の創生・3

0.2 金属ナノ組織の作製法と特性　（宝野和博）——————— 4
　　ガス凝集法で作製したナノ結晶金属・4
　　電気メッキ法によるナノ結晶金属・5
　　アモルファス金属からつくるナノ結晶合金・5
　　ナノ結晶軟磁性材料の誕生・6／ナノコンポジット磁石とは・6
　　ナノ結晶化によりアルミ合金の強度は2～3倍・7
　　強歪み加工法—ピアノ線の強さの秘密・8／強歪み加工—ECAE法, ARB法・9
　　粉末冶金的手法によるナノ結晶合金，バルク材・10／薄膜ナノ組織・11

0.3 ナノ組織解析法とは　（宝野和博）——————————— 12
　　ナノ組織解析の重要性・13／3種類の最新手法の相補的活用・15

●第1章● 電子顕微鏡法

1.1 最先端電子顕微鏡の基礎知識と現状　（田中信夫）——— 19
　　1.1.1 はじめに　19
　　1.1.2 物質中での電子線の振る舞いと回折現象　20
　　1.1.3 電子顕微鏡の構成と機能　22
　　1.1.4 電子顕微鏡の分解能　24
　　1.1.5 最先端透過電子顕微鏡（TEM）の現状　25
　　　　加速電圧・25／分解能・26／電子源・28
　　　　試料室の真空度および清浄性・28／試料ホルダー・29
　　　　電子分光，X線分光・29／記録装置・30
　　1.1.6 最先端走査透過電子顕微鏡（STEM）の現状　31

目　次

1.1.7　さらに高性能化へ向けての装置開発　　32
　　対物レンズの収差補正・32／電子分光，X線分光・34
　　その他の最新技術の開発・35
1.1.8　まとめ　　37

1.2　電子回折の基礎（I）― 運動学的理論 ―　（弘津禎彦）　39
1.2.1　はじめに　　39
1.2.2　電子線の物質による散乱　　39
1.2.3　結晶からの回折と逆格子　　42
1.2.4　回折強度，ラウエ関数　　48
1.2.5　結晶構造と回折強度　　51
1.2.6　非晶質による回折（ハロー回折）　　54
1.2.7　おわりに　　58

1.3　電子回折の基礎（II）― 動力学的理論 ―　（松村　晶）　59
1.3.1　はじめに　　59
1.3.2　結晶中の入射電子の振る舞い　　59
1.3.3　振り子の解とブロッホ波　　67
1.3.4　多波励起の取扱い　　69

1.4　回折コントラスト法　（中村吉男）　71
1.4.1　はじめに　　71
1.4.2　回折コントラストと明視野・暗視野像　　71
1.4.3　明・暗視野像観察と制限視野回折　　75
1.4.4　最近の電子顕微鏡事情と明・暗視野像観察　　77
1.4.5　ホローコーン照明暗視野像　　79
1.4.6　まとめ　　82

1.5　高分解能電子顕微鏡法（I）（田中信夫）　83
1.5.1　はじめに　　83
1.5.2　TEMの対物レンズの機能　　83
1.5.3　TEMの分解能　　84
1.5.4　格子像（lattice image）　　85

1.5.5 構造像（structure image） 87
1.5.6 高分解能透過電子顕微鏡(HRTEM)の結像理論 89
1.5.7 球面収差補正 TEM 96
1.5.8 動力学的回折理論について 99

1.6 高分解能電子顕微鏡法（II）（弘津禎彦） —— 102
1.6.1 はじめに 102
1.6.2 構造周期の結像 102
高コントラスト格子像の条件・103
高コントラスト格子像と包絡関数・106
1.6.3 クラスター構造の高コントラスト観察例 108
アモルファス合金中の中範囲規則・108
ナノグラニュラー膜中の金属クラスター・113
1.6.4 ナノ結晶・ナノ粒子の観察例 114
1.6.5 おわりに 115

1.7 電子線動径分布解析法（弘津禎彦） —— 117
1.7.1 はじめに 117
1.7.2 制限視野回折による動径分布解析 117
電子回折強度精密測定・118／非弾性散乱の除去・118
干渉関数，動径分布関数・119／リバースモンテカルロ計算・120
Voronoi 多面体解析・121
1.7.3 制限視野回折動径分布解析の例 121
1.7.4 ナノビーム動径分布解析 123
ナノビーム回折・124
1.7.5 ナノビーム電子線解析の例 125
1.7.6 おわりに 127

1.8 収束ビーム回折法（松村　晶） —— 129
1.8.1 はじめに 129
1.8.2 収束電子ビーム回折に現れる模様は？ 130
エネルギーフィルターの効果・134
1.8.3 収束ビーム回折の材料解析への応用例 135
試料膜厚の精密測定・135／結晶構造因子の測定・137

　　　　反転対称性のない結晶の極性判定・140
　　　　局所的な格子定数や格子歪みの測定・142
　　1.8.4　まとめ　　　　　　　　　　　　　　　　146

1.9　暗視野走査透過電子顕微鏡法　（田中信夫）――― 147
　　1.9.1　はじめに　　　　　　　　　　　　　　　147
　　1.9.2　走査透過電子顕微鏡(STEM)　　　　　　147
　　1.9.3　HAADF-STEM像のコントラスト　　　　149
　　1.9.4　HAADF-STEMの結像　　　　　　　　　150
　　1.9.5　HAADF-STEMの局所組成や状態分析機能　151
　　1.9.6　HAADF-STEMの応用例　　　　　　　　152
　　1.9.7　まとめと今後の展望　　　　　　　　　　155

1.10　エネルギー分散型X線分光法　（松村　晶）――― 158
　　1.10.1　はじめに　　　　　　　　　　　　　　　158
　　1.10.2　X線の発生　　　　　　　　　　　　　　159
　　1.10.3　X線の測定　　　　　　　　　　　　　　160
　　1.10.4　X線分析の空間分解能　　　　　　　　　164
　　1.10.5　局所組成の定量分析　　　　　　　　　　167
　　1.10.6　走査像観察機能を併用した元素マッピング　172
　　1.10.7　おわりに　　　　　　　　　　　　　　　173

1.11　ALCHEMI-HARECXS法　（松村　晶）――― 175
　　1.11.1　はじめに　　　　　　　　　　　　　　　175
　　1.11.2　動力学的電子回折と電子チャンネリング　177
　　1.11.3　ALCHEMIによる多元化合物の原子配列の解析　180
　　1.11.4　HARECXS法　　　　　　　　　　　　　184
　　1.11.5　おわりに　　　　　　　　　　　　　　　189

1.12　電子エネルギーフィルター法　（進藤大輔）――― 191
　　1.12.1　はじめに　　　　　　　　　　　　　　　191
　　1.12.2　非弾性散乱電子の検出―スペクトロメータ　191
　　1.12.3　電子エネルギー損失スペクトルから得られる情報　193

　　　　　内殻電子励起スペクトルの評価・196
　　　　　プラズモン励起スペクトルの評価・197
　　1.12.4 電子エネルギーフィルターの種類と特徴　　199
　　1.12.5 エネルギーフィルター法の応用　　201
　　　　　元素マッピング・201
　　　　　電子回折図形のバックグラウンド除去・202
　　1.12.6 おわりに　　204

1.13 走査ローレンツ電子顕微鏡法　（中村吉男）――― 206
　　1.13.1 はじめに　　206
　　1.13.2 走査ローレンツ電子顕微鏡の原理と構成　　207
　　1.13.3 ナノ組織を持つ磁性材料と局所磁化分布　　211
　　　　　孤立平板ナノ粒子の還流磁化・211／近接分散Fe粒子・213
　　　　　Co-TiNナノコンポジット膜の垂直磁気異方性の起源・214
　　1.13.4 走査ローレンツ電子顕微鏡の長所と欠点　　216

1.14 電子線ホログラフィー　（進藤大輔）――― 219
　　1.14.1 はじめに　　219
　　1.14.2 電子線ホログラフィーの原理　　219
　　1.14.3 内部ポテンシャル・電場の評価　　222
　　1.14.4 磁束線・磁区構造の観察　　225
　　　　　軟磁性体の磁区構造評価・225／硬磁性体の磁区構造評価・227
　　1.14.5 磁気相変態の評価への応用　　229
　　1.14.6 おわりに　　231

●**第2章**● **アトムプローブ分析法**
　2.1 アトムプローブ分析法　（宝野和博）――― 235
　　2.1.1 はじめに　　235
　　2.1.2 電界放射と電界放射顕微鏡　　237
　　2.1.3 電界イオン顕微鏡（FIM）　　240
　　2.1.4 FIM試料作製法　　244
　　2.1.5 像解釈の基礎　　248
　　2.1.6 1次元アトムプローブ　　251
　　2.1.7 3次元アトムプローブ（3DAP）　　256

    2.1.8 濃度プロファイルと相分離　260
    2.1.9 ラダーダイヤグラムとクラスターの検出　265
    2.1.10 応用例　269
    2.1.11 おわりに　272

● 第3章 ● X線解析法
  3.1 放射光X線回折・分光技術　(松原英一郎) ── 277
    3.1.1 はじめに　277
    3.1.2 元素選択性構造解析　279
      XAFS法・279 / AXS法・279 / DAFS法・280
    3.1.3 迅速X線回折測定　280
    3.1.4 X線全反射を利用した解析　282
    3.1.5 小角散乱測定　282
    3.1.6 高エネルギー単色X線回折法　283
    3.1.7 蛍光X線ホログラフィー法　285

  3.2 元素選択性構造解析　(松原英一郎) ── 287
    3.2.1 はじめに　287
    3.2.2 X線異常散乱(AXS)法　288
      AXS法を利用した非周期系物質の環境構造解析・290
    3.2.3 X線吸収微細構造(EXAFS)法　291
      AXS法,EXAFS法による誘起共析型メッキの解析・292
    3.2.4 回折EXAFS(DAFS)法　294
    3.2.5 まとめ　295

  3.3 X線・中性子小角散乱　(大沼正人) ── 297
    3.3.1 はじめに　297
    3.3.2 小角散乱の原理　299
    3.3.3 散乱強度と相関関数　305
    3.3.4 基本的なプロファイル解析法　309
    3.3.5 サイズ分布がある系のプロファイル解析　316
    3.3.6 粒子の体積分率が大きな場合の解析手法　319
    3.3.7 小角散乱の測定　325

3.3.8 種々の物質の小角散乱測定例　　　　　　　　　　331
【付録】1. 補足説明・336
　　　散乱長密度・336／装置の配置と分解能・337／透過率の測定・337
　　2. 各式の導出・338
　　3. プロファイルフィッティング・340

3.4　X線吸収微細構造法　（桜井健次）──────── 342
　3.4.1　はじめに　　　　　　　　　　　　　　　　342
　3.4.2　XAFSの原理と解析法　　　　　　　　　　343
　3.4.3　いろいろなXAFS測定技術　　　　　　　　347
　3.4.4　ナノ材料の解析への応用例　　　　　　　　353
　3.4.5　おわりに　　　　　　　　　　　　　　　　356

3.5　X線反射率法　（桜井健次）──────────358
　3.5.1　はじめに　　　　　　　　　　　　　　　　358
　3.5.2　X線反射率の理論式　　　　　　　　　　　359
　3.5.3　X線反射率の測定　　　　　　　　　　　　363
　3.5.4　放射光利用の得失　　　　　　　　　　　　364
　3.5.5　X線反射率のデータ解析　　　　　　　　　367
　3.5.6　応用例　　　　　　　　　　　　　　　　　369
　3.5.7　おわりに　　　　　　　　　　　　　　　　374

3.6　蛍光X線ホログラフィー法　（髙橋幸生）──── 377
　3.6.1　はじめに　　　　　　　　　　　　　　　　377
　3.6.2　蛍光X線ホログラフィーの原理　　　　　　379
　3.6.3　双画像問題と多重エネルギー法　　　　　　381
　3.6.4　FePt薄膜　　　　　　　　　　　　　　　　382
　3.6.5　基板温度の異なるFePt薄膜　　　　　　　387
　3.6.6　まとめ　　　　　　　　　　　　　　　　　389

●おわりに●　　　　　　　　　　　　　　　　　　391
●索　　引●　　　　　　　　　　　　　　　　　　393
●略 称 一 覧●　　　　　　　　　　　　　　　　　400
●執筆者略歴●　　　　　　　　　　　　　　　　　403

●● 序　　章 ●●

0.1 ナノ組織とは

　実用金属材料の特徴は半導体やセラミクスなどと比べて，微細組織が極めて複雑で非周期的であることである．これは金属材料が溶解鋳造に始まり，熱処理，塑性加工など，複雑なプロセスを経て最終形状に仕上げられていくためである．このため単相であってもミクロの結晶粒から構成される多結晶組織であり，多くの場合は二つ以上の相から構成される複相組織である．金属材料の力学特性や磁気特性はこのような複雑な微細組織によって大きく変化する．このため相変態や再結晶などの自己組織化を利用した微細組織制御が古くから利用されてきた．

　従来の材料では多くの場合ミクロサイズの組織を制御して力学特性や磁気特性を制御していたが，近年，急冷法や強加工法など過酷なプロセス条件を用いて金属材料の微細組織をナノスケールで制御する試みが行われるようになってきた．このようなナノ組織材料で従来の金属材料では得られなかったような優れた磁気特性や力学特性が得られることが見いだされたために，ナノスケールで微細な組織を制御する手法，つまりナノ組織制御が次世代の先端金属材料の新たな開発手法として注目されはじめている．以下で様々な金属のナノ組織の例を見てみよう．

古くからあったナノ組織

　金属材料では古くから，第2相を母相から析出させる時効析出を用いて

強化を行ってきた．典型的な例にジュラルミンで代表される析出硬化型アルミニウム合金がある．AlにCuを数％合金化すると，500℃程度の温度ではCuがAl中に完全に溶け込んで単相の固溶体を形成する．これを急速に水の中に焼き入れると，Cu原子はAl中に凍結されて単相のAl-Cuの強制固溶体が形成される．しかし，Cuは低温ではAl中にほとんど溶けることができないので，原子が動き出せる程度の温度で時効すると，溶け切れなくなったCu原子同士が集合しあってクラスターを形成する（図0-1(a)）．

数10原子が集まったクラスターが形成されても合金の力学特性は大きく変化する．そのため，金属材料の研究には溶質原子クラスターを観察できる手法が必要になってくる．クラスターが成長すると原子のサイズによって，歪みエネルギーや界面エネルギーを小さくするために，最適な形状を持った析出物に変化していく．Al中のCuの場合は，Cuの原子半径がAlよりもはるかに小さいので，クラスターが形成したときの歪みを緩和するために特定の結晶面に沿った単原子層程度の板状の原子クラスター（Guinier PrestonゾーンまたはG. P. ゾーン）となって析出する（図0-1(b)）．この析出物のサイズは数nmから数10nm程度の微細なもので，これが均一に非常に高い密

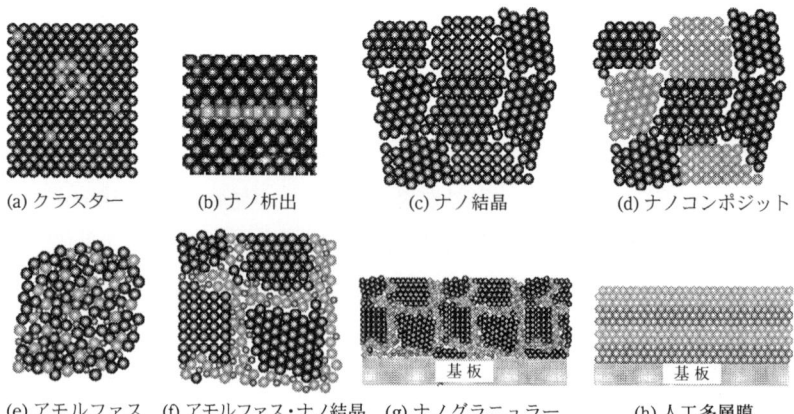

(a) クラスター　　(b) ナノ析出　　(c) ナノ結晶　　(d) ナノコンポジット

(e) アモルファス　(f) アモルファス・ナノ結晶　(g) ナノグラニュラー　(h) 人工多層膜

図0-1 様々な金属ナノ組織

度（1立方メートルに10^{23}個程度）で分散することによってアルミニウム合金は強化される．このように第2相が母相から析出して形成されるナノ組織を制御することが金属材料の特性を向上するために広く使われてきた．

先端ナノ組織解析手法

　この例にみられるように，ナノ組織は従来の金属材料でも見ることのできる組織であり，このような観点からはナノ組織制御は必ずしも目新しい手法とは言えない．しかし，過去の研究と近年の研究を決定的に異なる次元としているのは，これまで見えなかったようなナノ組織が，近年，発達した高度なナノ組織解析手法で原子レベルで見えるようになってきたことである．

　電子顕微鏡（transmission electron microscope; TEM）法は古くから金属材料の微細組織解析に用いられてきた手法であるが，近年，その進展はめざましく，特に電界放射型電子銃が市販のハイエンドのTEMで採用されるようになってから，サブナノスケールでの元素分析が可能になってきた．

　さらに3次元アトムプローブ（three-dimensional atom probe; 3DAP）とよばれる手法によって，3次元空間で合金元素の分布をほぼ原子レベルの分解能で観察できるようになったことも大きな進展である．アルミニウム合金で熱処理とともに合金の強度が変化していく過程で，TEMで観察できない原子クラスターの存在が，時効硬化過程に大きな影響を及ぼすことが1960年代に間接的な手法で推測されていたが，今ではそのようなクラスターを実際に観察することができるのである．推測で材料組織を制御するのと，実験的な裏付けのもとで材料組織制御を行うのでは大きな違いがある．原子を観察しつつナノ組織を制御することが現代的なアプローチである．

新手法によるナノ組織材料の創生

　従来材料で使われてきた金属ナノ組織は合金からの析出など，自発的な組織化により得られたナノ組織であった．最近のアプローチは，従来のプロセスでは使われなかったような極めて急速な凝集，凝固反応を使って極度に

非平衡な組織を作ったり，従来の手法では考えられなかったような高い歪みの加工を加えるなどの新しい手法により，力ずくでナノ組織を作ろうとすることである．これによって，従来材料には見られなかったようなナノ組織が実現されるようになり，新しい材料特性が実現されるようになってきた．

ナノ結晶軟磁性材料，ナノコンポジット磁石，アモルファス・ナノコンポジット超高強度アルミニウム合金，磁性薄膜，磁性多層膜，グラニュラー磁性薄膜などはナノ組織を有することによりユニークな特性を示す金属材料の一例である．以下具体的に金属に非平衡プロセスを導入して作製されるナノ組織の例を紹介する．

0.2 金属ナノ組織の作製法と特性

ガス凝集法で作製したナノ結晶金属

ナノ結晶金属研究のパイオニアとして知られるGleiterらは，Heガス中で金属を蒸発させ凝集させたナノ粒子を液体窒素で冷却した基板に堆積し，そこから掻き取ったナノ微粉末を固化成形することによりナノサイズの結晶粒から構成されるナノ結晶金属を作製した（図0-1(c)）[1]．

このようなナノ結晶金属では，結晶の体積に対する結晶粒界の比率が従来の金属と比較にならないほど高くなる．このために，従来の金属材料とは異なる物性が期待され，ナノ結晶金属の物性測定が盛んに行われた．ところがガス凝集法では酸化されやすい金属で良質のナノ結晶金属を作製することは困難で，このためにAu, Ag, Pdなど貴金属のナノ結晶金属での基礎物性の研究が行われたに過ぎない[2]．

一般的に結晶粒のサイズが小さくなると金属材料の強度は結晶粒径の1/2乗に反比例して上昇することがホール・ペッチ（Hall-Petch）の法則として知られている．ガス凝集法により作製されたナノ結晶を用いてホール・ペッチ則がどの程度の粒径まで成り立つかという研究がなされ，10nm程度を限界としてそれよりも結晶粒径が小さくなると逆に強度が小さくなるという新しい現象も見いだされている[3]．

電気メッキ法によるナノ結晶金属

　上述のガス凝集法ではとても実用的な金属を作製することはできない．ところが電気メッキ法を用いると比較的簡便にナノ結晶金属を作製することができる[4]．上述のガス凝集法と異なり微粉末を固める必要がないので，充填率の高いナノ結晶金属ができる．数時間から1日程度の電着で2mm程度の板材を作製することも可能で，実用的なサイズにスケールアップする技術的障害は比較的少ない．電着法で作製したナノ結晶銅は通常の金属に比較して著しく低い加工硬化を示し，5000％程度にまで圧延できることが発表されている[5]．これは塑性変形が通常の転位の運動によるものではなく，主にナノ結晶粒界でのすべりに起因するためであると説明されている．

アモルファス金属からつくるナノ結晶合金

　溶融合金を結晶の核生成が起こる速度よりも急速に冷却すると液体状態が凍結された固体，つまりアモルファス合金が得られることがある（図0-1(e)）．
　すべての合金でこのような状態が実現されるわけではないが，液相が比較的低温まで安定な金属間化合物を形成する合金系の共晶組成付近でアモルファス相が得られる．このようなアモルファス合金は溶湯を急速に回転する銅ロールに吹き付けることによって，厚さ20μm程度の連続テープとして得られる．また最近では比較的低い冷却速度でもアモルファス状態の得られる多元合金が見いだされ，このような合金は通常の鋳造法でバルク状のアモルファス合金とすることができる．このようなアモルファス相は熱的に準安定な状態であり，温度を上げるとより安定な状態，つまり結晶に変態する．一定の条件を満たす組成のアモルファス合金で結晶化後にナノ結晶組織が得られる（図0-1(f)）．多くの場合，ナノ結晶は残存するアモルファス母相中に分散している．このようなナノ結晶組織は，アモルファス中にすでに大量の不均一核生成サイトが存在しているか，ナノ結晶の均一核生成速度が著しく速いという条件と，結晶化後に結晶粒の成長速度が遅いという二つの条件が満たされたときに実現される．

ナノ結晶軟磁性材料の誕生

アモルファス合金のナノ結晶化自体は古くから知られていた現象であるが，これが注目され始めたのは，Fe基アモルファス合金から形成されるナノ結晶合金が非常に優れた軟磁気特性を示すことが日立金属の吉沢らによって報告されてからである[6]．この合金は現在『ファインメット』という商標で知られているが，Siを含んだFeのナノ結晶と，NbとB濃度の高い残存アモルファス相の2相から構成されるナノ組織を持っている（図0-2）．

この合金が軟磁性を示すのは，ナノ結晶がランダムな方向を向いていて，これらが残存アモルファス相を介して磁気的に結合しているために，結晶磁気異方性が平均化されて低減することが原因である．従来の軟磁性材料では結晶磁気異方性と磁歪定数がゼロになる合金組成を用いていたために，合金元素に全く自由度がなく，高い磁束密度を実現できなかった．ところがナノ結晶軟磁性材料では結晶磁気異方性はナノ組織制御で低減することができるために，合金組成に自由度が大きくなり，このため高い飽和磁束密度を持つ材料の開発が可能となった．

ナノコンポジット磁石とは

軟磁性材料だけではなく，アモルファスのナノ結晶化を用いてナノコンポジット磁石と呼ばれる磁石材料の開発も試みられている[7]．

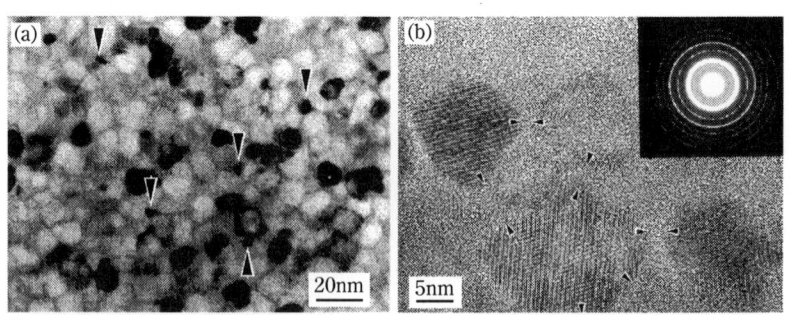

図0-2 ナノ結晶軟磁性材料『ファインメット』の電子顕微鏡明視野像 (a) と高分解能電子顕微鏡像 (b)

これはFe-Nd-B系で生成する高い結晶磁気異方性を持つ磁石相$Nd_2Fe_{14}B$（高性能希土類磁石の『ネオマックス』と同じ磁石相）と，飽和磁束密度の高いFeやFe_3Bの軟磁性相の複相から構成されるナノコンポジット組織（図0-1(d)）であり，磁石相と軟磁性相が交換結合とよばれる磁気的な相互作用により結合して，二つの強磁性相があたかも単相の磁石であるかのように振る舞う磁石である．高い残留磁束密度を軟磁性相から，高い保磁力を磁石相から得ることによって，高価な希土類組成を比較的低く保ちつつ，実用的に十分な磁石特性の得られる材料である．

ナノ結晶化によりアルミ合金の強度は2～3倍

ナノ結晶化されたアモルファス合金の中で著しく高強度化する合金もある．通常の溶解鋳造法で作製される高強度アルミニウム合金の強度は500 MPa程度で，Liを含む超高強度アルミニウム合金でも最高引張り強さは800MPa程度である．ところがAl，希土類元素，遷移金属元素から構成されるAl基アモルファス合金で1000MPaを超える強度が報告されており，さらにこのアモルファス相を部分的に結晶化してナノ結晶組織を形成すると，強度が最高で1500MPaにまで達するような合金も報告されている[8]．Al合金でこのような高強度が得られるのは従来の常識からは考えられないことで，

図0-3 α-Fe/$Nd_2Fe_{14}B$ナノコンポジット磁石材料のTEM像

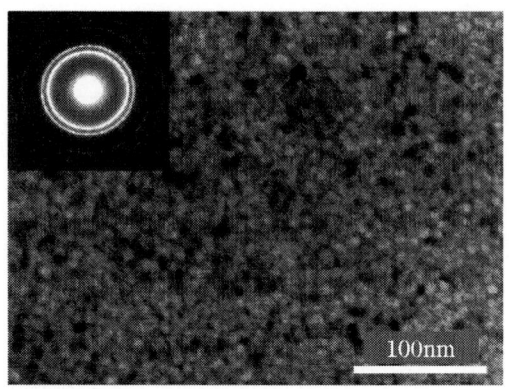

図 0-4 Al-7Ni-3Ce-3Cu アモルファス合金を結晶化させて得られる Al のナノ結晶組織

　この発見が契機となってナノ結晶・アモルファス材料の力学特性の研究が盛んになっている．またAl-Fe-Vなどの合金では急冷することにより準結晶が微細に分散されたような組織，つまりアルミニウム微結晶の中にアモルファス相がナノスケールで埋め込まれたような組織が形成されることもあり，これらのナノ組織材料も1000MPaを超える超高強度を示すことが発表されている[9]．

　磁性材料の場合はリボン状でも用途は十分にあるが，構造材料ではバルク状の材料を作らなければとても用途が開拓できない．このような理由で液体急冷してアモルファス微粉末を作製し，これを固化成形してナノ結晶組織を有するバルク状の材料を開発する試みもなされている[10]．構造材料ではコストが高いと使用されないので，このような高強度であるが，高価な材料はコスト度外視で性能の要求されるスポーツ用品など，特殊な用途でしか使用されないが，材料強度の極限を目指す研究には十分意義があると考えられる．

強歪み加工法－ピアノ線の強さの秘密

　金属材料に高い歪みで塑性加工を加えると結晶粒や2相組織が微細化される．2相組織に強歪み加工を加えて組織をナノスケール化して超高強度を実現した代表的な例がピアノ線である[11]．この材料は100年以上にわたって

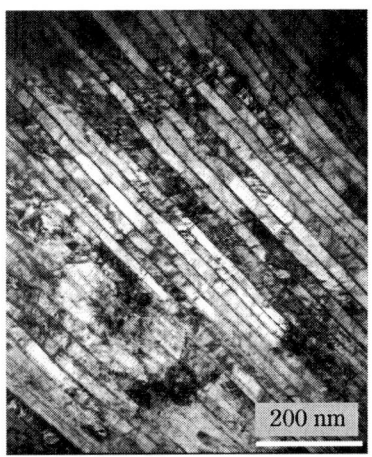

図0-5 高強度伸線パーライト鋼線の典型的な TEM 像
暗く層状に観察されるのが Fe_3C, 明るく観察される幅広の層はフェライト.

使われている工業材料である.現在においても大量生産されている工業材料中で最も強い材料であり,研究室レベルでは5GPaを超える強度の極微細線も試作されている.

ピアノ線は炭素を0.8〜1.0 mass％程度含む高炭素鋼を熱処理してフェライトとセメンタイト(Fe_3C)から形成されるパーライト組織を得て,それを線引きにより強加工したもので,2相層状組織がナノスケールに微細化される(図0-5).歪み率が高くなるとセメンタイトが加工中にナノスケールに粉砕され,それが部分的に分解してCがフェライト中に固溶することなどが分かってきている[12].最近ではCuにNb, Cr, Agなど固溶しない元素を加えて2相組織を作り,それを線引き加工してナノ複合組織とし,高強度と導電性を兼ね備えた導線も開発されている.

強歪み加工ーECAE法,ARB法

線引き加工ではバルク状の材料を作ることができないので,最近ではバルク材料に強歪み加工を加える様々な加工法が工夫され,金属組織をナノスケールにまで微細化する試みが盛んに行われている.Equal angular channel extrusion(ECAE)法と呼ばれる手法は,金型にくり抜かれた等断面の折れ

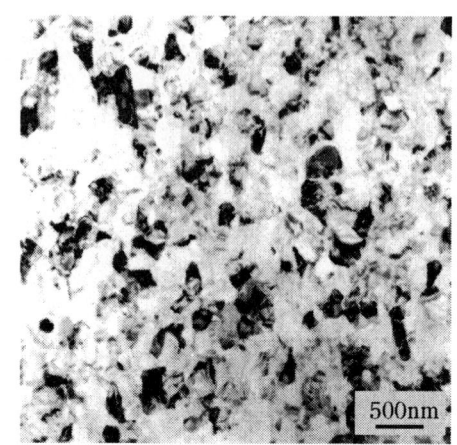

図 0-6 ECAE 法で微細化された Al-Cu 合金の超微細結晶組織

曲がった導管中に丸棒を押し込んで,折れ曲がりの所で材料に剪断変形を加える手法で,試料の断面形状を変えることなく何度も同じ加工を繰り返すことができる[13]. 折れ曲がり角が 90°であれば 1 回金型を通過させる毎に歪み率[注]1 の剪断加工を加えることができ,これを繰り返すと繰り返し回数分の歪みを同一形状の試料に加えることができる. このような方法は,バルク状の試料に強歪加工を加えることができて,結晶粒のサイズをナノレベルにまで微細化することが可能である. このようにナノサイズの結晶粒を持つ材料は,ホールペッチの法則に従って高強度を示したり,超塑性現象が現れたりする. そのほかにも丸棒の間に板状試料を押し挟みながら回転を加える torsion straining 法[12],圧延した板材を積み重ねて何度も圧延を繰り返す accumulative roll-bonding (ARB) 法[14]などが提案されており,実験室規模でのナノ結晶材料の作製が行われている.

粉末冶金的手法によるナノ結晶合金,バルク材

　メカニカルアロイングやメカニカルミリングとよばれる手法は,ドラム

[注] 歪み率:塑性加工後に断面積が変化する場合の真歪み ε は,加工前と加工後の断面積を A_i, A_f とすると $\varepsilon = \ln(A_i/A_f)$ と定義される.

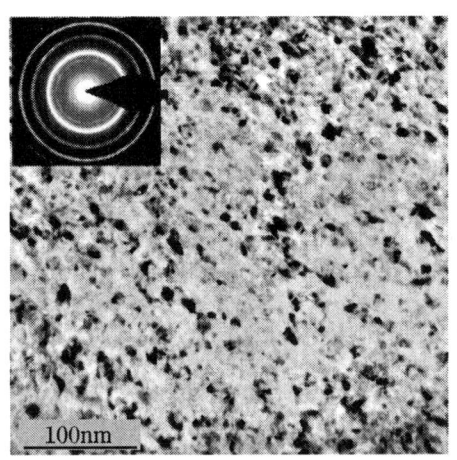

図 0-7 Fe-0.8C 共析鋼のメカニカルミリングにより作製されたナノ結晶フェライト

状の容器に金属のボールと金属粉を入れてこの容器を連続的に回転させることにより金属粉に繰り返し金属ボールからの衝撃を与える加工法で，2種類以上の金属粉を混ぜ合わせた場合にはメカニカルアロイング，1種類の金属・化合物の場合はメカニカルミリングとよばれる粉末作製法である[15]．

この手法を使うと平衡状態で固溶しない元素同士でも合金を作ったり，ナノスケールの酸化物を分散させたりすることができる．また合金元素の組み合わせによってはアモルファス合金粉末を作製することも可能である．また液体金属をアルゴンガスジェットで噴射するガスアトマイズ法を用いると急冷凝固微粉末を作製することができる．このような手法で作製した合金微粉末を固化成形してナノ結晶組織をもつバルク超高強度 Mg 合金も作製されている[15]．

薄膜ナノ組織

Co-Al や Co-Si など酸素と親和力の強い元素を含む合金を酸素中でスパッターしたり蒸着したりすると，Co などの強磁性ナノ粒子がアモルファス酸化物中に分散されたナノグラニュラー組織（図 0-1(g)）を形成することが

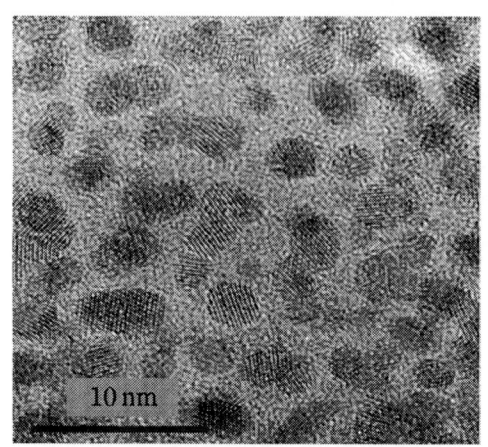

図 0-8 アモルファス Al_2O_3 母相に分散された FePt ナノ粒子

できる．このような組織で酸化物と磁性相の体積分率をうまく制御すると，高周波特性の優れた高い電気抵抗値を持つ軟磁性材料，トンネルタイプの磁気抵抗（TMR）を示す超常磁性膜や[16]，磁気記録媒体に適した強磁性ナノ粒子分散膜[17]を作製することができる．このためナノグラニュラー膜は実用的に非常に高い関心が持たれている．

一般にスパッター膜はナノスケールの微結晶で構成されているので，表面に硬度の高いナノ結晶窒化物などをコーティングすることができ，工具などに利用されている．またスパッター法や分子線エピタキシー法を使って金属多層膜（図 0-1(h)）を作製して，新奇な磁気特性を探索するなどの研究も行われている．

0.3 ナノ組織解析法とは

このようにナノ組織を制御することにより金属材料から従来以上の高い特性を引き出すことができると期待されるが，これらの材料の特性を制御するためにはナノ組織を定量的に評価する必要がある．ところが材料の組織が微細になればなるほど，その評価が困難になるため，先端的な手法を積極的に用いてナノスケールの微細組織の情報を収集していかなければならない．

幸いなことに，近年，電子顕微鏡法やX線散乱法，3次元アトムプローブなど，金属の超微細組織を解析するための手法が著しく発展している．ところが，どのような解析手法もそれ単体で金属材料にみられる複雑なナノ組織に関する十分な情報を得ることは不可能で，様々な最先端の材料解析手法を駆使して，総合的に解析研究をすゝめることが重要である．また，本章で記述したような新しいナノ組織材料に限らず，古くから使われている構造材料であっても，ナノスケールでの構造・組成解析は重要である．

ナノ組織解析の重要性

鉄鋼を代表とする金属系構造材料の科学は極めて成熟した分野ととらえられがちであるが，合金成分の多彩さ，組織の複雑さなどから，後進的に発展した半導体やセラミクスに比較すると，機能発現のメカニズムに関する理解が比較的遅れている．このため科学技術の極めて発展した現代でも，金属材料の破壊に起因する航空機事故や原発事故など，人命にかかわる重大事故を防ぐことができない．

このような現状にブレークスルーをもたらすためには，金属材料の微細組織に起因する強度や機能発現のメカニズムを解明することが重要である．また，自動車のボディーパネル用材料として近年特に注目されている6000系アルミニウム合金の2段時効挙動は，溶質原子のクラスターが形成するのが原因であると60年代の電子顕微鏡，熱分析，電気抵抗法などによる研究で予想されてはいたが，最新の解析手法では実際にそのようなクラスターを観察することが可能となってきている．40年前に盛んに研究された同じ材料を時の要請により21世紀に再度研究するのであれば，最先端の解析手法を駆使した現代的なアプローチを取り入れなければ，これまで想像力たくましく物理冶金学を構築してきた先人に申し訳が立たない．

本書では，様々なアプローチで金属のナノ組織を多面的に解析するための手法を材料系学部4年生のレベルで理解できるように平易な記述で解説す

る.対象とする手法は,ナノ組織を局所的にとらえる電子顕微鏡法とアトムプローブ法,さらに平均的な構造情報を得ることのできるX線解析手法である.

電子顕微鏡法は局所的な構造に関する情報を収集するのに適した手法であるが,ナノスケールの化学組成に関しては制約が多い.たとえば,図0-9にみられるように,我々が金属ナノ組織で知りたい情報は,母相中に分散されたナノスケールの析出物や界面の組成であることが多い.電子顕微鏡では薄膜試料を用いるが,その厚さは最も薄いところでも20nm程度で,対象とするナノ粒子が5nm程度であれば,それらはことごとく母相に囲まれている.電界放射型の最新の電子顕微鏡では電子線を0.05nm程度にまで収束することができるが,そこから得られるエネルギー分散型X線分光(energy dispersive X-ray spectroscopy; EDS)または電子エネルギー損失分光(electron energy loss spectroscopy; EELS)の大部分が母相から得られることになる.

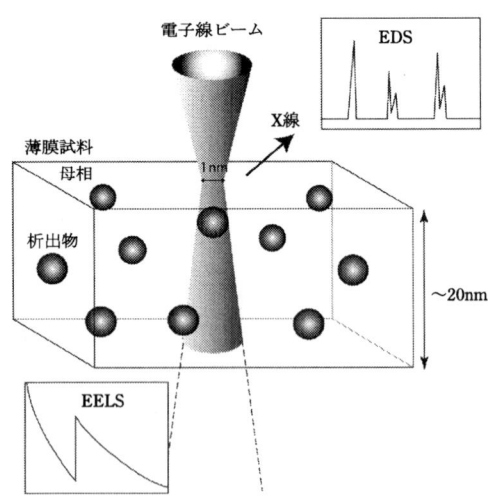

図0-9 金属ナノグラニュラー組織が電子顕微鏡試料でどのように観察されるかを模式的に示した図
局所組成に関する情報を含んだスペクトラムは粒子と母相の両方から得られる.

分析電子顕微鏡ではこのような原理的な制約があるために，金属ナノ組織のより定量的な解析には，金属表面から個々の原子を収集するアトムプローブ分析法が必要になってくる．しかし，電子顕微鏡法もアトムプローブ法もいずれも局所的な個々の粒子の情報を収集しているに過ぎず，材料の平均的な組織パラメータを精度良く得ることは困難である．つまり **木を見て森を見ず** の例え通りの解析法で，ましてやアトムプローブでは **葉を見て森を見ず** のような分析法である．そのためX線的手法で森の全体像を見ることも重要である．

3種類の最新手法の相補的活用

材料の平均的な組織パラメータを得るためには，X線回折法や小角散乱法はとても信頼性の高い手法であり，電子顕微鏡，アトムプローブ，X線回折散乱の手法を相補的に用いて総合的に金属のナノ組織を評価することが大切である．このような相補的解析の概念を図0-10に示している．ナノ組織は局所構造，局所組成で特徴づけられるが，アトムプローブ，電子顕微鏡法，X線解析法の得意とする情報を相補的に活用して微細組織パラメータを

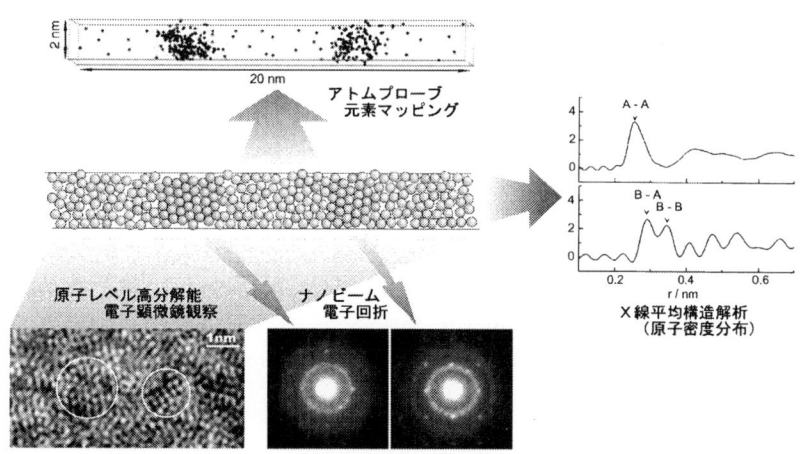

図0-10 ナノ金属組織の多面解析の模式図

決定していくことが重要である.

　本書を通じて，材料開発現場で微細組織に関する疑問を持たれている研究者，学生諸氏が，問題解決のためにどの手法を用いればよいのか，さらには，誰に相談すれば良いのかをご理解いただくことができれば，多数の執筆者による本書にもいくばくかの利用価値が出てくるものと期待している.

【参考文献】
1) H. Gleiter: Prog. Mater. Sci., **33** (1989), 223.
2) R. Birringer: Mater. Sci. Eng., **A117** (1989), 33.
3) A. H. Chokshi, A. Rosen, J. Karch and H. Gleiter: Scripta Metall., **23** (1989), 1679.
4) G. Palumbo, S. J. Thorpe and K. T. Aust: Scripta Metall. Mater., **24** (1990), 1347.
5) L. Lu, M. L. Sui and K. Lu: Science, **287** (2000), 1463.
6) Y. Yoshizawa, S. Oguma and K. Yamauchi: J. Appl. Phys., **54** (1988), 6040.
7) H. A. Davis: J. Magn. Magn. Mater., **157/158** (1996), 11.
8) Y. H. Kim, A. Inoue and T. Masumoto: Mater. Trans. JIM, **32** (1991), 599.
9) A. Inoue, H. Kimura, K. Sasamori and T. Masumoto: Mater. Trans. JIM, **36** (1995), 1219.
10) Y. Kawamura, A. Inoue and T. Masumoto: Scripta Metall. Mater., **29** (1993), 25.
11) 樽井敏三：まてりあ, **39** (2000), 235.
11) 宝野和博：まてりあ, **39** (2000), 230.
12) R. Z. Valiev, R. K. Islamgaliev and I. V. Alexandrov: Prog. Mater. Sci., **45** (2000), 103.
13) Y. Saito, H. Utsunomiya, N. Tsuji and T. Sakai: Acta mater., **47** (1999), 579.
14) C. C. Koch: Nanostruct. Mater., **2** (1993), 109.
15) 川村能人，井上明久：金属, **71** (2001), 497.
16) S. Mitani, H. Fujimori, K. Takanashi, K. Yakushiji, J. G. Ha, S. Takahashi, S. Maekawa, S. Ohnuma, N. Kobayashi, T. Masumoto, M. Ohnuma and K. Hono: J. Magn. Magn. Mater., **198-199** (1999), 179.
17) D. J. Sellmyer, C. P. Luo, M. L. Yan and Y. Liu: IEEE Trans. Magn., **37** (2001), 1286.

●● 第1章 ●●

電子顕微鏡法

1.1 最先端電子顕微鏡の基礎知識と現状

1.1.1 はじめに

　21世紀の先端材料として期待されているナノ組織材料の多くのものには3次元的な長距離周期性は存在しないので，構造はもちろんその上の電子状態も局在化しているのが普通である．したがってその評価には，大きな結晶に適合した従来の構造解析法や電子状態測定法とは異なった**局所領域にフォーカスできる実空間的な測定方法**が必要になる．その中でも有力な方法の一つが透過電子顕微鏡（TEM）法である．

　電子は負電荷（$e = -1.6 \times 10^{-19}$ C）を持った荷電粒子であり，X線と違って質量（$m_e = 9.1 \times 10^{-31}$ kg）を持った粒子であるので，微量な試料からも十分な強度の散乱信号を取ることができ，かつ自身の運動エネルギーの損失によって試料中の原子に様々な局所励起を引き起こす．その様子は弾性散乱および非弾性散乱断面積で評価することができ，その詳細な測定が固体の状態を知るプローブとなる．これに結晶格子のもつ周期性の要素が加わると回折効果が重畳され，さらに多様な構造情報が提供される．また電子は荷電粒子であるため電磁レンズや偏向コイル，フィルターによって微小プローブへの収束，走査，エネルギー選別ができ，計数も容易にできる．

　電子顕微鏡法は1930年代からの開発研究によって，装置は成熟した段階に達しており，すでに大学研究室での技術開発の域を超え，使い易い商品としての装置開発も企業で精力的に行われている．その製品は今や半導体工場の生産ラインは言うに及ばず病院の病理組織分析室にも入る状況である．

これだけ広い裾野をもった分析装置にもかかわらず，最先端の研究現場では次々に新しい測定方法が開発されている．現在では，例えば単原子が動く様子を画像化することができるし，分解能は原子の大きさよりはるかに小さく，0.05nm（格子分解能）に達している．

このような電子顕微鏡技術は1990年代後半からの収差補正装置，エネルギーフィルター（energy filter; EF），モノクロメータ，およびCCD（charge-coupled device）カメラの開発によってその能力をさらに向上させた．本節ではそれを総称して **最先端電子顕微鏡** とよぶ．ここではまず電子顕微鏡の基礎知識をいくつか復習してから，その現状を紹介する．

1.1.2 物質中での電子線の振る舞いと回折現象[1),2)]

薄膜試料に10万ボルト以上で加速された高速電子線が入射した場合，多くの電子は透過するが，一方で物質との相互作用により様々な散乱を引き起こす．すでに述べたように，散乱は弾性散乱と非弾性散乱に分かれ，前者は散乱の際に干渉性が保たれるので回折現象に有効に寄与する．後者は自由電子の疎密波であるプラズマ振動の励起や原子の内殻電子の励起により，入射電子が運動エネルギーを損失する散乱である．励起された内殻電子がもとの状態に戻る過程でX線や2次電子，オージェ電子も放出される．図1-1にこの様子を示す．試料が厚くなるに従い非弾性散乱は増えていくので，明視野像とよばれる通常の透過電子顕微鏡像は暗くなる．試料内部の組織形態や欠陥を明瞭に観察できる厚さは，200kVの電子顕微鏡で100nm程度である．

入射電子線の波長λは，電子の運動エネルギーをeE（加速電圧Eボルト，素電荷e）とすれば，$\lambda(nm) = \sqrt{1.50/E(V)}$ となる．加速電圧が50kV以上になると相対論補正が必要になり，上式のEを$E(1+0.98\times10^{-6}E)$で置き換えた式を用いる．加速電圧200kVでの電子の波長は0.00251nmとなる．電子は物質に入射すると，内部の静電ポテンシャルで少し加速され，波長は真空中よりわずかに短くなるが，通常の解析には真空中の値を使っても問題はない．

1.1 最先端電子顕微鏡の基礎知識と現状

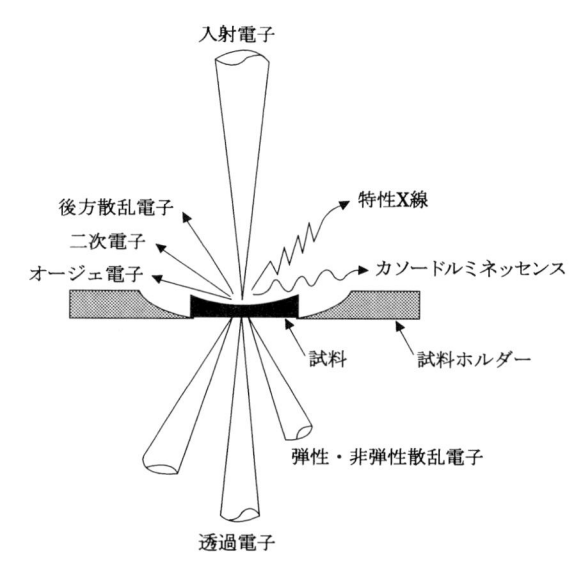

図1-1 電子線と物質の相互作用

ここで0.1μm以下の厚さの結晶性薄膜を電子顕微鏡で観察する場合を考えてみよう．顕微鏡像は平面電子波で照射された試料の反対側の出射面の波動場の強度を拡大して観察したものである．この波動場は透過波と回折波が合成されて（干渉して）できているので，顕微鏡像のコントラストを考える場合，試料からどのような回折波が出ているかを知ることは重要である．結晶性試料の場合は，**1.2**と**1.3**で詳しく説明する**回折**が起こる．この回折波は対物レンズの絞りによって遮られ，明視野（bright field; BF）像の黒いコントラストの原因となったり，対物絞りの中に取り入れられて暗視野（dark field; DF）像での明るいコントラストや干渉縞としての格子像を作る（**1.5**参照）．回折波が強く出る条件は，**1.2**で説明するように，原子面の間隔をd，回折する角度を2θとすると，**ブラッグ**（Bragg）**条件**，$2d\sin\theta = \lambda$で与えられる．試料中でブラッグ条件が満足している領域は回折波が強く発生してその分だけ透過波が減るので明視野像では黒くなる．1〜2nm以上の大きさに広がる領域全体の像のコントラストは，これらの回折または散乱

コントラスト(非晶質試料の場合)で解釈できる.透過電子顕微鏡像に見られる回折コントラストの詳細は **1.4** で説明される.

次に,対物絞りを大きくして,透過波と複数の回折波の両方を結像に参画するようにすると,像面では二つ以上の波の干渉による直線状の縞が生成する.これを格子像といい,代表的な位相コントラスト像である.**1.5** で説明する単原子の像コントラストも含めて,ほぼ1nm以下の大きさの試料の像コントラストはこれらの位相コントラストが主なものである.

試料中で数10eV程度のエネルギーを失い,非弾性散乱した電子のうちで干渉性を保っているものは,干渉性のブラッグ反射波(弾性散乱波)と同様,少し異なった波長を持って格子像などの結像に参画する.一方50〜500eV程度のエネルギーを失ったものは概してその干渉性を失い,透過波の周りの小角散乱波となり,顕微鏡像の背景の強度の増加をもたらす.この非弾性散乱波の損失エネルギーを顕微鏡の中間または下部に取り付けられたエネルギー分光器で測定すると,試料の元素分析が可能である.また図1-1の試料上部には入射電子線により励起された原子から特性X線が放出される.このエネルギーを測定しても試料中の元素分析ができる.これらの機能を総称して **分析電子顕微鏡法** という.最先端電子顕微鏡では様々の新技術によって,構造を見る装置としては0.1nmの分解能を持ち,分析機能としては0.5nm程度の局所領域の元素分析が可能になっている.

1.1.3 電子顕微鏡の構成と機能[3), 4)]

次に電子顕微鏡の装置とその機能を簡単に説明しよう.最先端の装置といっても,その結像原理に関しては1950年代に確立された対物,中間および投影レンズによる3段結像レンズ方式が基本である.図1-2に3段結像レンズによる顕微鏡像(a)と回折図形(b)の形成原理を示す.

電子源のフィラメントから放出された電子はウェーネルト電極の静電界によりクロスオーバーとよばれる点光源になり,次に陽極で加速されて第1コンデンサーレンズに入る.電子線は次いで第2コンデンサーレンズにより

平行性の高い電子線となり試料に入射する．試料に入射した電子線（波）は，試料の構造に応じて様々な振る舞いをし，透過波および散乱波として試料下面から出ていく．結晶試料の場合，すでに述べたように回折が起こるが，その回折図形は対物レンズの働きによりレンズ下方の焦点位置に得られる．この回折図形の現れる面は後焦平面とよばれる．回折図形（フラウンフォーファー回折図形）は本来無限遠にできる波動場の強度分布であるが，これを後焦平面に作ることがレンズの大事な働きの一つである．さらにその下方の対物レンズの像面に100倍程度拡大された倒立像が第1中間像として得られる．次の中間レンズ，投影レンズは拡大レンズ系であり，(a)の場合は，この二つのレンズによりこの対物レンズの像面での像を観察位置（蛍光板）に拡大し顕微鏡像を得る．倍率（=M）の調整は中間レンズの励磁電流を少

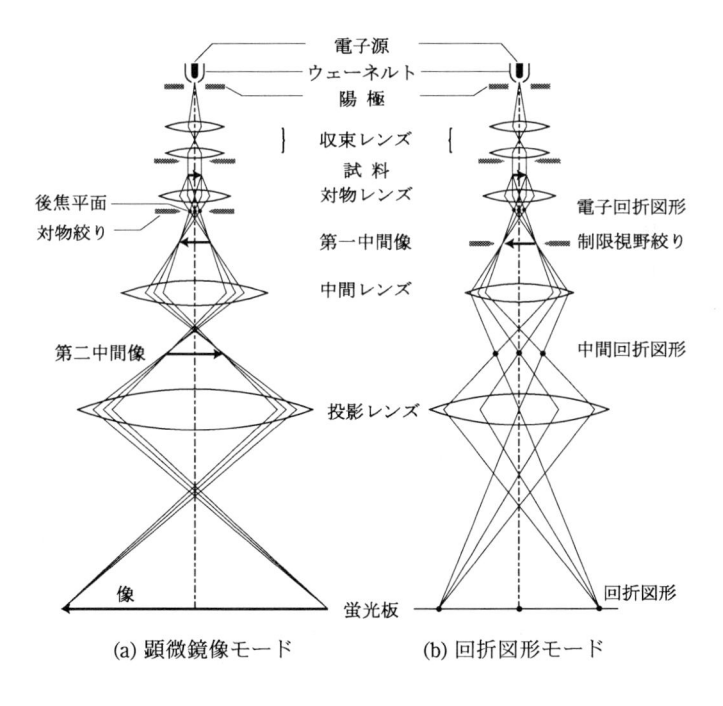

図1-2 3段結像レンズ電子顕微鏡の構成と光路図

し変化させて行う.

一方,(b)の場合は,対物レンズ後焦平面に形成される回折図形が中間レンズの像面の位置に来るように中間レンズを調整して,蛍光板上に回折図形を得る.ここで中間レンズの励磁を少し変えれば回折図形の大きさ,すなわちカメラ長（$=\lambda L; L$は試料とフィルムとの距離）が変わる.

1.1.4 電子顕微鏡の分解能[5]

1.1.2の最後に最先端電子顕微鏡の分解能は0.1nmに達していると書いたが,この分解能はどのような要素で決まるのだろうか.

電子顕微鏡で用いる静磁場レンズには単一の光学レンズと同様に球面収差や色収差が存在する.色収差は電子銃から放出される電子のエネルギー分布やレンズ電流の変動により起こるが,球面収差は静磁場の軸対称レンズでは避けられないもので,その大小はレンズ設計に依存する.透過電子顕微鏡像では第1段拡大像の分解能が最終像の分解能を左右するため,対物レンズの球面収差と色収差は特に重要である.その理由は,これより下の中間,投影レンズは対物レンズで作った像を単に拡大するだけだからである.

図1-3はレンズの球面収差を説明する図である.A点を試料中の散乱点とすると,理想レンズの場合は,A点から発した散乱波はどのような散乱角(α)でもすべて像面のA′点に収斂する.しかし実際には球面収差により高角で散乱された波は像面前方で収束する.このために高角散乱波による像は像面ではδのボケを生じ,この量は球面収差係数をC_sとするとほぼ$C_s\alpha^3$となる.ここでβは像面側での散乱波の入射角で,$\beta=\alpha/M$（倍率）である.像面でのこのボケを少なくするには高角散乱波を絞りによってカットすればよい.一方絞りのサイズを10μm程度に小さくすると今度は絞り孔によるフラウンフォーファー回折現象に起因した収差(回折収差)が生じ分解能が低下する.この二つの収差のバランスで電子顕微鏡の分解能が決まっている.

幾何光学的に考えると,像の分解能は対物レンズの球面収差と回折収差の単純和で表される.球面収差と回折収差による像のボケをそれぞれδ_3, δ_d

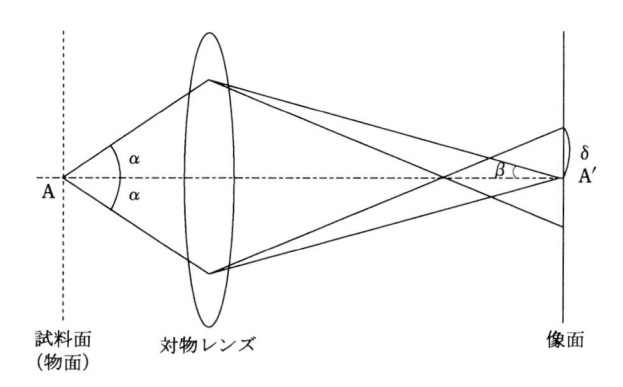

図 1-3 対物レンズの球面収差の説明図

とすると,これらは $\delta_3 = C_s \alpha^3$, $\delta_d = 0.61(\lambda/\alpha)$ となり,最適な対物レンズ開口角 α_{opt} が存在する.$d\delta/d\alpha = d(\delta_3+\delta_d)/d\alpha = 0$ より,その最適開口角は次式のようになる.

$$\alpha_{opt} = 0.68\,(\lambda/C_s)^{1/4} \qquad (1\text{-}1)$$

この角度に対応する分解能は以下のようになる.

$$\delta = 1.2\,(\lambda^{3/4} C_s^{1/4}) \qquad (1\text{-}2)$$

$\lambda = 0.00251$ nm(200kV 電顕),$C_s = 5 \times 10^5$ nm の場合,分解能は 0.36nm となる.上述の分解能の評価は幾何光学によるもので,実際には波動光学的な議論が必要である.この詳細は **1.5** の高分解能電子顕微鏡法で説明される.

1.1.5 最先端透過電子顕微鏡(TEM)の現状

次にいくつかの項目について最先端の装置の現状を詳しく見ていこう.
加速電圧
　金属やセラミックスなどの材料研究に使われる最先端透過電子顕微鏡(TEM)の商用機の加速電圧は 200kV である.それより高い加速電圧のものは 300kV と 400kV のものがあり,**Medium Voltage の装置**とよばれて

いる．これ以上の電圧の装置は特注品であり，超高電圧電子顕微鏡（high voltage electron microscope; HVEM）とよばれている．最近納入されたHVEMの機種としては，無機材質研究所（1MV），東京大学（1MV），ドイツのマックスプランク研究所（1MV），北海道大学（1MV），日立基礎研究所（1MV），大阪大学（3.5MV），韓国のKBSI（1.25MV）および九州大学（1.25MV）が挙げられる．

加速電圧（E）を上げると，**1.1.2** で説明された波長の式と（1-2）式，および **1.5**（1-47）式のシェルツァーの式により，分解能は $E^{-3/8}$ に従って小さくなる．この分解能を実現するためには装置全体の機械的，電気的安定性を増大させる必要がある．またもう一つの重要な問題は電子線照射によるダメージである．半導体などでは，200 kV で加速された電子でもノックオンダメージが起きるし，酸化物材料や最近の炭素材料の観察には十分な注意が必要である．例えばフラーレンやナノチューブは120 kV 以下で観察することが構造に関するデータの信頼性を確保するための了解事項となっている．また厚い試料が観察できる能力は，加速電圧の $E^{1/2} \sim E$ にほぼ比例する．

分解能

分解能には **格子分解能** と **点分解能** の二つの定義がある[注1]．前者は周期的な試料を前提としているので，後者より結像レンズ特性への要求はゆるい．この分解能は機械的，電気的安定性で決まる．後者は顕微鏡の対物レンズの球面収差係数などで決まる部分（干渉性結像による項）と機械的，電気的安定性で決まる部分がある（非干渉性結像による項）．干渉性項は位相コントラスト伝達関数（phase contrast transfer function; PCTF）[注2] で表現さ

[注1] 格子分解能と点分解能：電子顕微鏡の分解能を示すための二通りの定義の仕方．後者は光学顕微鏡などでも使われる通常の分解能に相当する．

[注2] 位相コントラスト伝達関数：慨ね 1nm 以下の大きさの試料を電子顕微鏡で観察する場合の点分解能を決める対物レンズの伝達関数．対物レンズの球面収差とディフォーカス量でおもに決まる．

れ,線型結像理論の範囲では,非干渉性項はこれを包絡する減衰関数で表される(**1.5**参照).

200 kV の装置の格子分解能は 0.1 nm に達しており,点分解能は,非晶質ゲルマニウム(Ge)薄膜の像のフーリエ変換図形から決定される上記の位相コントラスト伝達関数から求められ,0.19〜0.20 nm が実現している.

すでに述べたように,加速電圧を上げると点分解能が向上するが,機械的,電気的安定度の問題から,300〜400 kV の装置の点分解能としては 0.12〜0.13 nm が現在の到達点である.この程度の点分解能を非晶質 Ge 膜試料以外で証明するものとして,シリコン(Si)結晶を[110]方向から観察したときに見られる原子対(d=0.135nm)を黒い2点として写し出すことも使われる.一方,格子分解能はそれよりはるかに小さく,日立基礎研究所の超高圧電子顕微鏡(図1-4)では 0.0498 nm に達している[6].この数字は格子分解能とはいえ,装置の極めて高い機械的,電気的安定性を示すものである.

分解能に関する新しい話題は,上記の干渉性の伝達関数を決める対物レン

図1-4 最新の超高圧電子顕微鏡(日立基礎研究所および新技術事業団提供)

ズの球面収差の補正装置（C_s-コレクター）が実用化の段階に達したことである．これについては**1.1.7**でTEMとSTEM（scanning transmission electron microscope）の両面から説明する．また多数枚のスルーフォーカス像を組み合わせて画像処理法によって0.1nmの分解能を実現する試みもある（focal series reconstruction法）．

電子源

現在の電子銃のフィラメントは，タングステン線に代わって，ほとんど六硼化ランタン（LaB_6）単結晶である．より輝度と干渉性の高い電子源として，電子のトンネル効果を利用した電界放射型電子銃（field emission electron gun; FEG）も普及している．日本電子，フィリップスおよびトプコンの装置はチップを1000℃以上に加熱した熱電界放射型のものを装着しており，日立は冷陰極タイプのものを使っている．後者の特徴は放出電子のエネルギー巾が前者と比べて小さいこと（〜0.4eV）や実効的な電子源が小さいので，輝度（＝電流密度/立体角）が半桁程度高いことである．

試料室の真空度および清浄性

現在の200kVの商用機の試料室は，イオンポンプやターボ分子ポンプで排気され，10^{-5}〜10^{-6}Paのオイルフリーの真空が実現している．さらに清浄表面の観察のためには，試料ホルダーを切り離しタイプにして試料移動に伴う真空もれを防ぎ，かつ試料室まわりを100℃以上で加熱できるようにして，10^{-7}〜10^{-8}Paに到達する装置もある．近年，走査トンネル顕微鏡やオージェ装置と超高真空TEMを結合させた装置[7]が実用に達したことは特筆されるべきであろう．

また，試料付近でガス反応などを起こさせる**環境セル**は，オックスフォード大学の400kVの装置やデュポン研究所の200kVの装置[8]が有名であるが，日本ではこの方面での顕著な成果はない．前者は装置の改造を伴う差動排気−開口窓式を採用しているが，日本の試みは試料ホルダーのみを改

良した隔膜窓式のものが多い．SEMでは10^4Pa程度の水分雰囲気での観察も行われ，食料品や化粧品などの研究に応用されているのに比べると，TEMの環境セルの研究は今後の課題である．

試料ホルダー

1980年代以降の装置で，大きく変わったことは，サイドエントリー方式が主流になったことである．それまでは高分解能像を得るためにはトップエントリー方式，回折コントラスト像や分析および加熱実験などにはサイドエントリー方式と住み分けが決まっていたが，高分解能像観察もサイドエントリー方式で行われるようになった．この理由は先端を押さえる従来型ホルダーについての改良努力の他に，先端部を反対側から押さえない，片もち方式が実用化したことも一つの要因となっている．サイドエントリー方式を採用すると，加熱や冷却など試料への物理的操作が容易にできる．

最近ではさらに進んでピエゾ素子を組み込んで試料に微小応力を与えるもの[9]や，ホルダーの中に前述の隔膜窓式環境セルを装着したものもある．また試料台を立方体状にして，この素片を真空トンネルの中を他の表面分析装置へと転送する技術が完成していることは，すでに述べた[7]．

電子分光，X線分光

最近の電子顕微鏡では,高分解能像や転位の解析などに使う回折コントラスト像と電子回折図形を撮影する以外に，試料を透過した電子線のエネルギー損失を測定したり，試料から放出される特性X線のエネルギーを測定し,試料中の元素分析も行うことができる．前者を，電子エネルギー損失分光（EELS）と言い，エネルギー分光器をカメラ室の下に付けるもの（ポストコラム型）と，中間レンズと投影レンズの間にΩ型またはγ型[注3]のものを付けるもの（インコラム型）がある．ポストコラム型分光器には米国の

[注3] Ω型, γ型：インコラム型のエネルギー分光器内での電子の軌道の形からΩ型とγ型に分かれる．近年はマンドリン型もある．

ガタン社のものが使われている．一方，インコラムフィルターは，1990年代はじめのドイツのツァイス社が静電型のものを販売したのが商用器としての最初であり，後年磁場偏向型になった．国内メーカーはこれに追従してγ型（日立），Ω型（日本電子）を開発している．このフィルターを使うとあるエネルギーだけエネルギー損失した非弾性散乱電子のみで像を結ばせることができる．ただEELS信号は大きなバックグラウンドをもっているので，それを差し引くために，問題とする損失スペクトルの前後で選択スリットを入れて3枚の像をとり，それらを正確に位置合わせをして引き算する．このような元素分布像は以前は後述のSTEM法でしか得られなかった．

近年，エネルギー分散面と像面を多極子の収差補正レンズでつなぐことにより，TEMのポストコラムフィルターを使っても歪みのないエネルギー分光像が得られるようになった．この詳細は**1-12**で述べられる．

X線分光による元素分析はこれまでは大きな進展はなかったが，今後発展が期待される分野である．この分光法は1970年代にはSTEMやSEMモードで行われていたが，1980年代半ばに高分解能像を見ながら電子線を1nm以下に絞れるTEM-プローブ法が実用化し[10]，界面や微粒子の元素分析が容易になった．しかし，2次元の元素分布像はこのままでは得ることはできず，STEM像を作るための走査装置を付加する必要がある．近年の改善点の一つは対物レンズの上極の形を工夫したりして，試料がX線検出器を見込む角を大きくするようにしたことである．特に，STEM専用機にするとプローブは常に小さく絞られているので，試料を照射する大量の電子線で発生するX線による検出器の損傷を心配することなく，検出器を幾何学的限界まで試料に接近させることができる．これによって，200kVのTEMでは通常0.13〜0.15sr程度の立体角であるのを0.3srまで大きくして，検出感度を上げる試みも成功している．

記録装置

近年発展した付属装置の中で最も重要なものは像記録装置である．1960

年代末のフォトマルとイメージオルシコン管の結合から始まり,これに次いでシリコン蓄積管（silicon intensifier target tube; SIT）が実用化し,最近は,随時読み出し型や蓄積型のCCDカメラが普及している.この画素数も4k×4kのものも現れ,フィルムを全く使わない環境が次第に整いつつある.当然,TVカメラは動的観察や,その場観察の進歩に大きく貢献した.ただしTVカメラや写真フィルムはダイナミックレンジが2桁程度しかないので,それ以上の強度差のあるものや高分解能像を定量化するためには,国産技術であるイメージングプレート（IP）が使われる.このプレートはダイナミックレンジが4桁以上あり,データも16ビットのデジタルデータとして得られる.ただフィルムと同様に撮影後の読み出し操作が必要なので,動的観察には向かない.

1.1.6　最先端走査透過電子顕微鏡（STEM）の現状

　最先端走査透過電子顕微鏡（STEM）の結像原理については**1.9**で説明するので,ここでは装置の進歩についてのみ記す.

　STEMの一号機としては1970年のシカゴ大学のCrewe教授の装置がよく知られている[11].それを引き継いだ商用機は英国のバキュームジェネータ（VG）社が100kVの装置を長く供給した.STEMへの研究者の興味は,1970年代は元素分析,80年代はナノ回折,そして90年代は結晶性試料の高分解能暗視野像にあった.90年代初頭まではVG社の装置が高分解能像のデータを独占したが,1995年以降は電界放射型電子銃を搭載したTEMにビーム走査装置と散乱電子検出器をつけた装置でも,0.2nm以下の高分解能暗視野像が得られるようになった.また1999年に日立がSTEM専用機を開発し半導体の生産ラインに納入が相次いだ.現在のTEM/STEM併用機では,ビームは0.15nm以下に絞られ,シリコン結晶を［110］方向から観察したときに見える原子対が分離された像が得られている（図1-5）.

　STEM法の特徴は,像形成のために電子ビームが常時絞られているので,そのビームを止めたときに試料下に出てくる電子線のエネルギー分析をした

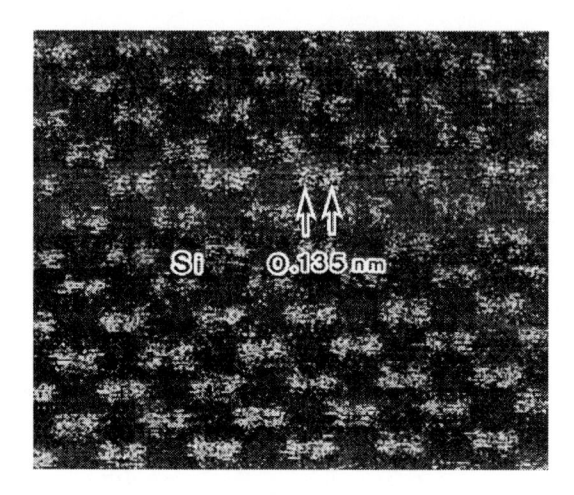

図1-5 200kVのSTEM装置(TEM併用機)で得られた
シリコン結晶のダンベル原子列像

り(EELS),試料の上方に出てくる特性X線のエネルギー分析をすれば(EDX),局所元素分析が容易にできることである.また,ナノメータ領域の電子回折が分析と同様に簡単にできる.通常のSTEM像はこの回折図形の強度を偏向コイルでロッキングして小円板状の検出器で集める方式になっているので,このままではナノ回折図形を観察することはやりにくい.そのため2次元のCCD検出器を試料下へ入れたり,蛍光板に写った回折図形をガラスファイバー板を使って真空外に取り出し,その像を通常のTVカメラでとることが工夫された.この装置はCowley教授によって最初に作られ,optical systemとよばれた[12].

1.1.7 さらに高性能化へ向けての装置開発
対物レンズの収差補正

電子顕微鏡は1931年の開発以来,レンズの収差(特に3次の球面収差[係数 C_s])に悩まされてきた.**1.5**で説明されるシェルツァー(Scherzer)の式により分解能は $C_s^{1/4} \lambda^{3/4}$ の依存性があるので,3次の収差係数である C_s

の低下は高分解能観察のための必須条件であった．

1970年代～80年代のC_sは1mm前後であったが，狭いギャップと強励磁レンズの開発により1990年代にはC_sは0.5mmのオーダーに達した．すでに述べたようにこの実現には上極と下極が対称型のレンズを採用するために必要なサイドエントリーホルダーの高安定化が必要であった．しかし，これ以上のC_sの低下は試料ホルダーの形状の制約から不可能であった．1995年以後，ドイツのRose-Haiderが開発した多極子によるレンズ補正技術を使って（図1-6参照），TEMの球面収差補正は現実のものとなり，最初にフィリップスの200kV TEMに搭載して実験が行われた[13]．これに対抗して，STEMのプローブを0.1nm以下に絞ることを目指した収差補正装置もケンブリッジ大学とKrivanekの共同体制で開発が進められてきた[14]．

このような二つの流れの研究によって現在では球面収差$C_s (=C_3)$は事実上0にすることができ，さらに次に分解能に影響を与える5次の収差項の極小化も議論されている．薄い試料の結像理論（弱い位相物体近似理論）から導かれるように，電子顕微鏡の点分解能はC_sだけでなく色収差にもよることが知られている．この色収差によるボケは加速電圧とレンズ電流のゆらぎや電子銃からでてくる電子の有限のエネルギー幅によって決まるため，これらを単色器（モノクロメータ）を使って小さくすることが必要である．

TEM像の収差補正については，全く異なった原理に基づく**ダイナミック**

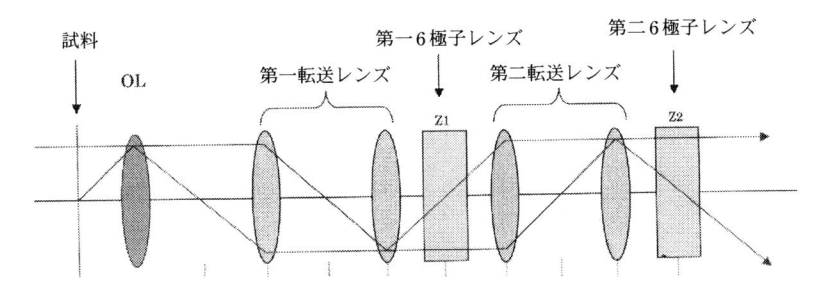

図1-6 対物レンズの球面収差補正装置の原理図
左端の対物レンズ（OL）の球面収差を右の四角の二つの6極子レンズで補正する[13]．

収差補正電子顕微鏡も大阪大学で稼働している[15]. この方法はフォーカスをずらして撮影した多数の高分解能像を合成するという点では,従来の画像処理の方法と同様である. しかしこの演算を実空間で,かつ特殊な重み関数をかけながらTVの撮像管の中で実時間でやるところが新技術である. そのため動的現象の観察にも用いることができる.

STEMについての新しい装置開発は,前述のKrivanekの球面収差補正装置をつけたものがIBM(120kV),オークリッジ(100kVと300kV)で稼動しており,100kV級の装置では0.13nm程度,300kV級の装置では冷陰極電界放射電子銃を使って0.08nmを切る点分解能がすでに得られており,界面構造の解析にめざましい成果を上げている.

電子分光,X線分光

2000年には電子銃下に単色化機能をもった電子エネルギー分光器付き分析電子顕微鏡が実現し,0.1eVのエネルギー分解能でのTEM-EELSが可能になった[16]. この目的のためのエネルギー分光器にはウィーンフィルター型と磁場セクター型および電場セクター型があり,オランダ,ドイツ,日本でその実用化開発が進んでいる. しかし電子銃下に単色器を取り付けると試料への入射電子の強度が小さくなり,高分解能像との両立は容易ではない. 日本で作られた,ウィーンフィルターを試料の上下に取り付けるEELS専用装置では12meVのエネルギー分解能(ゼロロス値)が得られている[17].

一方,通常のX線分光器のエネルギー分解能は,検出器である固体素子中の電荷対の拡散距離より決まり150eV程度である. これはEELSのエネルギー分解能が1eV程度であることを考えると著しく劣っている. このエネルギー分解能を改善する研究も米国と日本で行われている. 一つは旧来の波長分散型の分光器の改良型で$\Delta E = 10\text{meV}$が得られるものであり[18], もう一つは原理的に新しいタイプの検出器の開発である. 後者には二つのタイプがあり,比熱測定によるもの(米国NIST)と超伝導トンネル接合を使ったもの(理化学研究所)がある. 前者は,すでに走査電子顕微鏡(scanning electron microscope; SEM）への実験機の搭載が行われ 10 meV 以下の分解能が得られているが，TEM への応用は計画されていないようである．両者ともヘリウム温度への冷却が必要である．

その他の最新技術の開発

　前述のように電子分光顕微鏡としては，電子銃直後のウィーンフィルター単色器と試料下のΩ型電子分光器をもった装置が現在日本で開発されている（東北大学－日本電子）．これと同じ方向をねらったものとして，ドイツのSESAMEプロジェクトがある．この装置には単色器に静電場型Ω型フィルターが使われている．

　試料の局所を3次元的に観察することは電子顕微鏡研究者の永年の夢であった．2001年には，その方面の報告が，英国，オランダそして日本からあった．前二者は通常のTEMをベースにしたもので，後者は3次元観察用に専用の 300kV の STEM（日立）を開発した筆者らの研究グループのものである[19]．生物試料は非晶質でかつ構成元素も軽元素なので，得られた像に強い回折コントラストがなく，医療用のコンピュータトモグラフィー（CT）で蓄積されたソフトを3次元電子顕微鏡像再構成用にそのまま転用できる．

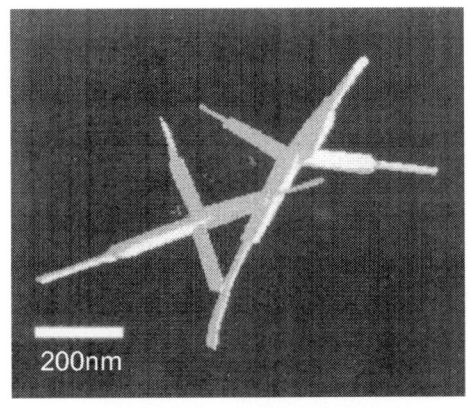

図1-7 3次元電子顕微鏡で撮影され再構成された酸化亜鉛の立体像[19]

図1-8 ヘリウム極低温電子顕微鏡の外観図[20]

一方,結晶性が強い材料系試料を見るには,結晶回折効果を十分おさえる必要があった.上記の日本のプロジェクトで高角度円環暗視野(high-angle annular dark-field; HAADF)-STEM法が採用された理由はそこにあった.図1-7は,このSTEM装置で撮影され,再構成された酸化亜鉛(ZnO)の微粒子3次元像である.

21世紀はバイオ科学と環境科学の時代だと言われるが,最先端電子顕微鏡法もこの方向の研究に大きく貢献することが期待できる.特に,生物試料は非周期構造が多く,必然的に分子レベルの3次元再構成法の確立が求められている.また電子顕微鏡にとって最大の問題であるダメージを回避する工夫も必要である.このために開発された装置と方法がヘリウム冷却のトップエントリーステージをもつ電子顕微鏡とタンパク質の2次元結晶化法とを組み合わせた,逆空間からの3次元再構成法である.これはアルゴリズムとしては英国の分子生物学研究所(MRC)で開発された方法に源を持ち,

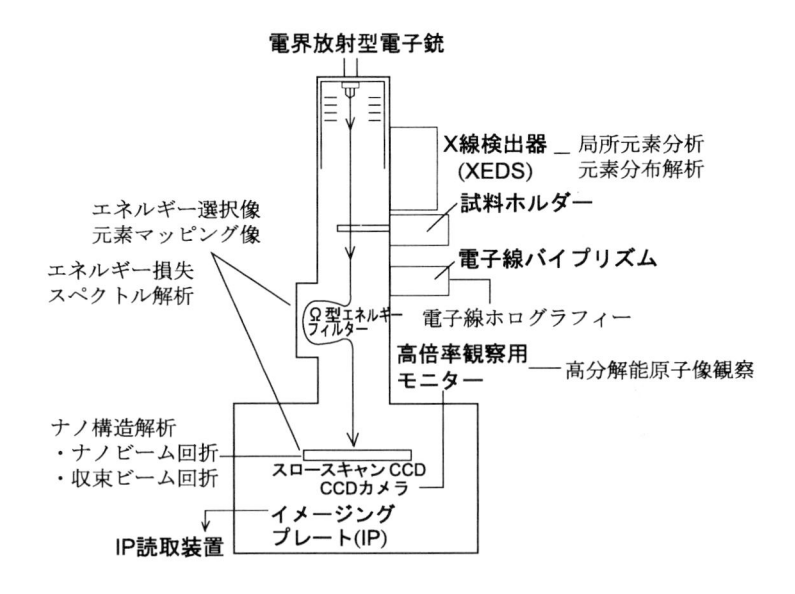

図1-9 最先端電子顕微鏡装置の要素図

装置としては京大－蛋白工学研－松下国際研のグループによって完成されている（図1-8）[20]．

1.1.8 まとめ

以上，透過電子顕微鏡の基礎的知識の説明から始めて，現時点での最新技術までを紹介した．ここで紹介した新しい技術要素を図1-9にまとめてみた．これは仮想的な図ではなく，高額ではあるが現在商品として購入することができるものである．電子顕微鏡像や回折強度（非弾性散乱も含む）の測定で得られる情報は図1-1でも示したものであり，またそれを解析するための散乱理論はほぼ完成している．特に，弾性散乱強度はパソコン上で走るソフトウエアで簡単に計算することができる．一方，STEM像やEELSスペクトルには装置パラメータも含めた様々な要素が絡み合っており，そのデータ解析には回折現象とフーリエ変換に基礎を置く結像理論の深い理解が欠かせ

ない．次節以後，それについて詳しく説明する．

【参考文献】

1) L. Reimer: *Transmission Electron Microscopy*, Springer (1985).
2) D. B. Williams: *Transmission Electron Microscopy*, Plenum Press (1996).
3) 安達公一ら：電子顕微鏡利用の基礎，共立出版 (1975).
4) 電子顕微鏡学会編：多目的電子顕微鏡，共立出版 (1990).
5) 田中信夫：日本結晶学会誌, **39** (1997) 393.
6) T. Kawasaki et al.: Appl. Phys. Lett., **76** (2000) 1342.
7) 古屋一夫：電子顕微鏡, **36** (2001) 16.
8) E. D. Boyes et al.: Ultramicrosc., **67** (1997) 219.
9) T. Kizuka et al.: Phys. Rev. **B 55** (1997) R7398.
10) T. Yanaka et al.: Proc. 41th E. M. SA. (1983) 312.
11) A. V. Crewe et al.: Science, **168** (1970) 1338.
12) J. M. Cowley: J. Electron Microsc. Tech., **3** (1986) 25.
13) M. Haider et al.: J. Electron Microsc., **47** (1998) 395.
14) O. L. Krivanek et al.: Ultramicrosc., **78** (1999) 1.
15) Y. Takai et al.: Proc. 14th ICEM., **1** (1998) 115.
16) H. W. Mook et al.: Ultramicrosc., **78** (1999) 43.
17) M. Terauchi et al.: J. Microsc., **194** (1999) 203.
18) M. Terauchi et al.: J. Electron Microsc., **50** (2001) 101.
19) M. Koguchi et al.: J. Electron Microsc., **50** (2001) 235.
20) Y. Fujiyoshi: Adv. Biophys., **35** (1998) 25.

1.2 電子回折の基礎（I）
— 運動学的理論 —

1.2.1 はじめに

電子顕微鏡像の結像は，1.1で述べられたように，回折コントラスト像も高分解能像も対物レンズの後焦平面に集まる回折ビームを利用している．電子顕微鏡像形成の議論には**回折**は不可避である．ここでは，後の節を理解する上で必要な電子線の物質内での散乱（弾性散乱）と回折について，特に運動学的理論に基づいた説明を行う．

1.2.2 電子線の物質による散乱

物質に入射した電子は物質の静電ポテンシャルにより散乱されるが，物質内の原点から r だけ離れた場所での電子波の振幅 $\psi(r)$ はシュレディンガー（Schrödinger）方程式の解として，以下のように与えられる．

$$\psi(r) = \exp(2\pi i k \cdot r) + \left(\frac{2\pi me}{h^2}\right) \int \frac{\exp(2\pi i k |r - r'|)}{|r - r'|} V(r') \psi(r') dr' \quad (1\text{-}3)$$

ここで，k_0 および k（$|k|=k$）はそれぞれ，入射波および散乱波の波数ベクトルであり，ここでは弾性散乱を考えるので $|k_0|=|k|=1/\lambda$ である（λ：電子線波長）．r' は原点から物質内の任意の点 A までの位置ベクトル，$V(r'), \psi(r')$ はそれぞれ，r' 位置でのポテンシャルおよび波，また，m, e, h はそれぞれ，電子質量，電気素量，プランク定数である．物質内での散乱点の位置ベクトル r'，観測点 r との関係を図1-10に示す．(1-3) 式の第1項は

入射波を表し，第2項の積分は物質内各散乱点からの散乱波（$|r-r'|^{-1}$ に比例して広がる球面波）の合成を表している．(1-3) 式からは，球面波の振幅に相当する $V(r')\psi(r')$ がわからない限り具体的な振幅は得られない．r' 位置に到達する波が，それまでに物質内でポテンシャルの影響をほとんど受けないと仮定すれば，A点での波 $\psi(r')$ を入射波 $\psi_0(r) = \exp(2\pi i k_0 \cdot r)$ で置き換えることが可能である（これをボルン (Born) 近似[1]とよぶ）．さらに物質から遠方（$r >> r'$）での観測を行う場合は，散乱項である (1-3) 式中の第2項（$\psi_s(r)$ とする）は次の (1-4) 式のようになる．ただし，積分内の分母は $|r-r'| \sim r$ とし，$k|r-r'| \sim kr\left(1 - \dfrac{r \cdot r'}{r^2}\right)$ と近似し，これはさらに $kr - kr'\cos(r \wedge r') = kr - kr'\cos(k \wedge r')$ としている．

$$\psi_s(r) = \left(\frac{2\pi m e}{h^2}\right)\frac{\exp(2\pi i k r)}{r}\int V(r')\exp[-2\pi i(k-k_0)\cdot r']dr' \quad (1-4)$$

ここで，

$$h = k - k_0 \quad (1-5)$$

と置く．h は散乱ベクトルとよばれる．また，物質内の位置ベクトル r' を r で書き換えれば，(1-4) 式中の散乱球面波の振幅部分は次の (1-6) 式のように書くことができる．

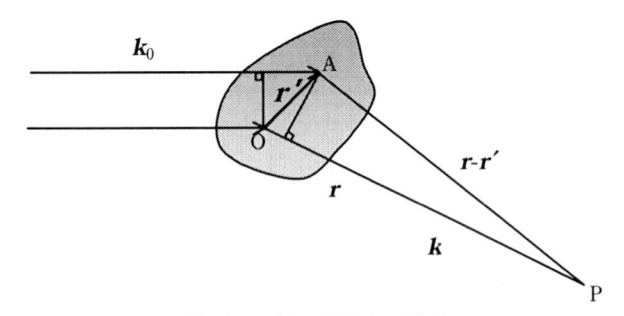

図1-10 物質に入射，散乱する電子
A点：物質内の散乱中心，P点：観測点．

これを**電子線に対する構造因子**とよんでいる．

$$G(\boldsymbol{h}) = \left(\frac{2\pi me}{h^2}\right)\int V(\boldsymbol{r})\exp(-2\pi i\boldsymbol{h}\cdot\boldsymbol{r})\,\mathrm{d}r \quad (1\text{-}6)$$

物質からの散乱強度 $Is\,(=|\psi_s(r)|^2)$ は結局

$$Is = |G(\boldsymbol{h})|^2/r^2 \quad (1\text{-}7)$$

となり，散乱ベクトル $\boldsymbol{h}$ の関数である．通常 r は単位の距離に取り $Is = |G(\boldsymbol{h})|^2$ として扱う．

散乱体（図1-10の物質）が1個原子の場合．$G_{\mathrm{atom}}(\boldsymbol{h})$ は原子散乱因子（または原子構造因子）とよばれ，$f(\boldsymbol{h})$ あるいは f で表す．各原子ついての電子線に対する原子散乱因子は，(1-6) 式の $V(\boldsymbol{r})$ を原子核とその周りの電子分布の静電場として展開して計算により求められ，各原子に対し表にまとめられている[2]．また，原子が結晶を構成する時，単位胞を結晶からの散乱のユニットと考える．単位胞からの散乱振幅 $G_{\mathrm{cell}}(\boldsymbol{h})$ を結晶構造因子とよび，$F(\boldsymbol{h})$ で表す．

$$F(\boldsymbol{h}) = \sum_j^{\mathrm{cell}} f_j(\boldsymbol{h})\exp-(-2\pi i\boldsymbol{h}\cdot\boldsymbol{r}_j) \quad (1\text{-}8)$$

ここで $f_j(\boldsymbol{h})$ は単位胞内の $\boldsymbol{r}_j$ 位置の原子の原子散乱因子である．(1-8) 式より，原子位置 $\boldsymbol{r}_j$ と散乱ベクトル $\boldsymbol{h}$ により位相 $2\pi i\boldsymbol{h}\cdot\boldsymbol{r}_j$ は大きく変化し，振幅（結晶構造因子）に大きく影響することがわかる．さらに結晶からの散乱振幅 $G_{\mathrm{cryst.}}(\boldsymbol{h})$ は，単位胞の3次元周期配列を考えれば，散乱振幅 $F(\boldsymbol{h})$ を持った各単位胞からの散乱波の合成（単位胞の位置に関する位相を考慮した）ということになる．この様子を図1-11に示す．すなわち，$G_{\mathrm{cryst.}}(\boldsymbol{h})$ は (1-9) 式で表される．

$$G_{\mathrm{cryst.}}(\boldsymbol{h}) = \sum_j^{\mathrm{cryst.}} F_j(\boldsymbol{h})\exp(-2\pi i\boldsymbol{h}\cdot\boldsymbol{r}_j) \quad (1\text{-}9)$$

結晶からの散乱，回折を考える場合，散乱ベクトル $\boldsymbol{h}$ と逆格子ベクトルと

$$G_{cryst.}(\boldsymbol{h})$$
$$= \psi_1(\boldsymbol{h}, \boldsymbol{r}_0) + \psi_2(\boldsymbol{h}, \boldsymbol{r}_1) + \cdots + \psi_j(\boldsymbol{h}, \boldsymbol{r}_{j-1}) + \cdots$$

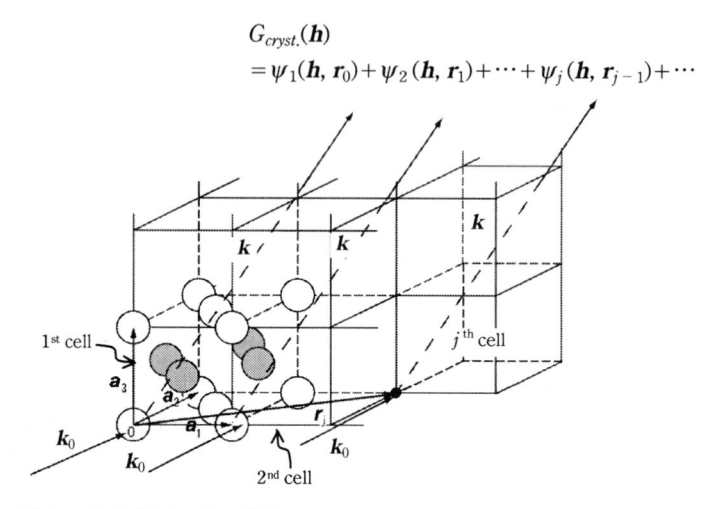

図 1-11 結晶格子からの散乱
結晶からの散乱振幅 $G_{cryst.}(\boldsymbol{h})$ は，各単位胞からの散乱波の合成．

の関係が重要となる．以下で，実格子および逆格子と回折現象がどのように関係しているかについて述べる．

1.2.3 結晶からの回折と逆格子

座標軸 x, y, z に沿う結晶単位胞を考え，各座標軸に沿う単位胞の大きさを示すベクトルをそれぞれ，$\boldsymbol{a}_1, \boldsymbol{a}_2, \boldsymbol{a}_3$（基本移動ベクトルとよばれる）とする．座標軸 x, y, z は直交する必要はない．結晶の任意の i 番目の単位胞のアドレスを表す格子ベクトル $\boldsymbol{r}_i$ は（1-10）として表される．

$$\boldsymbol{r}_i = x_i \boldsymbol{a}_1 + y_i \boldsymbol{a}_2 + z_i \boldsymbol{a}_3 \tag{1-10}$$

ここで，x_i, y_i, z_i はそれぞれ，x, y, z 軸に沿って原点から数えた i 単位胞までの単位胞数である．ここで，

$$\boldsymbol{a}_i \cdot \boldsymbol{b}_j = \delta_{ij}, \ (i, j : 1, 2, 3, \ i=j \text{ のとき } \delta_{ij}=1, \ i \neq j \text{ のとき } \delta_{ij}=0,) \tag{1-11}$$

となるような，$(\boldsymbol{a}_1, \boldsymbol{a}_2, \boldsymbol{a}_3)$ に直交し $\boldsymbol{a}_1, \boldsymbol{a}_2, \boldsymbol{a}_3$ と逆の dimension を持つ基本

1.2 電子回折の基礎（I）― 運動学的理論 ―

移動 (b_1, b_2, b_3) を有する格子 (= 逆格子) を定義しよう．(1-11) を満たす b_1, b_2, b_3 は，

$$b_1 = [a_2 \times a_3]/V_c, \quad b_2 = [a_3 \times a_1]/V_c, \quad b_3 = [a_1 \times a_2]/V_c \quad (1\text{-}12)$$

であり，V_c は，$V_c = a_1 \cdot [a_2 \times a_3]$ で表される単位胞の体積である．逆格子原点から逆格子点 h', k', l' に至る逆格子ベクトル g は逆格子の基本移動ベクトル b_1, b_2, b_3 により，以下のように表される．$h'k'l'$ は逆格子点座標に相当する．

$$g_{h'k'l'} = h'b_1 + k'b_2 + l'b_3 \quad (1\text{-}13)$$

ところで，n 次の結晶（格子）面 (hkl) は，その定義により，x, y, z 軸に沿う a_1, a_2, a_3 を，それぞれ n/h, n/k, n/l の位置で切る．図 1-12 は 1 次の (hkl) 面を示しており，原点は 0 次の (hkl) 面上にある．結晶格子面 (hkl)，格子面の面間隔 (d_{hkl} とする) と逆格子ベクトルとの関係はどのようになっているのであろうか．図 1-12 中の実格子の原点に逆格子ベクトル端を移動してみよう（実格子と逆格子を空間的に重ねてみる）．結晶面内の二つのベクトル（たとえば $a_1/h - a_2/k$, $a_2/h - a_3/l$）と $g_{h'k'l'}$ ベクトルとの内積をとって

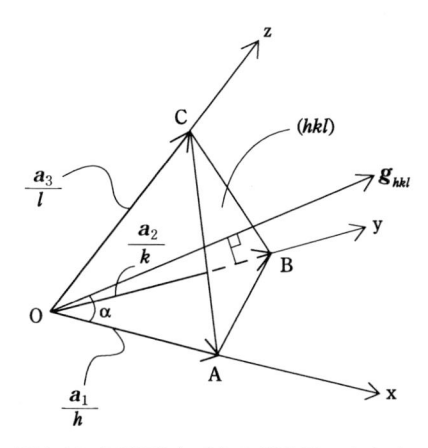

図 1-12 (hkl) 面（1 次）と逆格子ベクトル

みる．すると，(1-11) の関係より，これらの内積は，$h'/h - k'/k$, $h'/h - l'/l$ となり，もし，$h' = h$, $k' = k$, $l' = l$ であれば，逆格子ベクトル g_{hkl} は (hkl) 面内の二つのベクトルに直交するため，(hkl) 面に垂直なベクトルとなる．すなわち，《h, k, l の指数を持つ逆格子ベクトル $g_{hkl} = hb_1 + kb_2 + lb_3$ は (hkl) 面に垂直である》．一方，$g_{hkl} = hb_1 + kb_2 + lb_3$ とベクトル a_1/h の内積をとると 1 となり，これは $|g_{hkl}|(a_1/h)\cos\alpha = 1$ より，$(a_1/h)\cos\alpha = d_{hkl}$（原点から 1 次の (hkl) 面への距離＝面間隔）であることから，《**逆格子ベクトル $g_{hkl} = hb_1 + kb_2 + lb_3$ の大きさは，(hkl) 面間隔の逆数に等しい**》，という性質のあることがわかる．これら《　》内の部分は，逆格子ベクトルと結晶面 (hkl) の関係を表す重要な関係である．

図 1-13 (a) は斜交軸で表した実格子で，簡単のため $a_3 \perp a_1, a_2$ としている．この実格子に対応する逆格子の，基本移動 b_1, b_2, b_3，の向きと大きさは (1-11)，(1-12) 式によって求められ，逆格子点の配列は図 1-13 (b) のよ

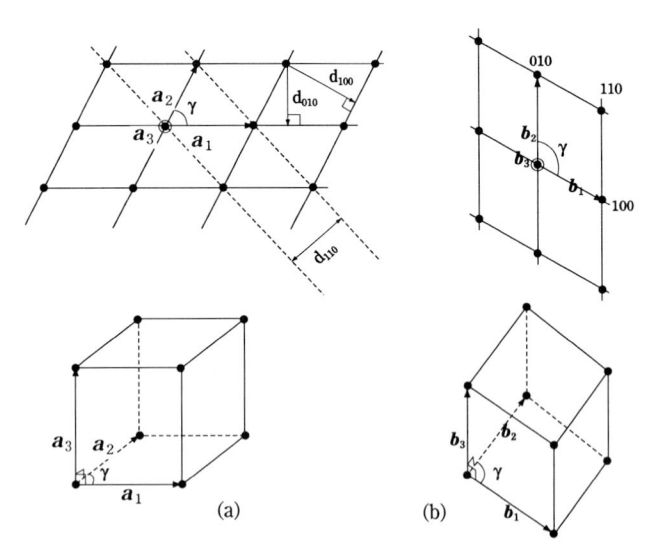

図 1-13 実格子と逆格子
斜交軸を持つ実格子 (a) とその逆格子 (b)
a_3 軸，b_3 軸から見た実格子面と逆格子面を上部に示す．

うになる.逆格子ベクトルの性質より,例えば110逆格子点に向かう逆格子ベクトルは実格子の(110)面に垂直で,大きさはd_{110}の逆数となっている.さて,このように実格子と逆格子の関係がわかったが,次に回折現象と逆格子空間との関わりについて説明する.

　薄い結晶に入射した電子は,結晶格子面の向きが適当であれば回折(特定の散乱方向で散乱波の位相が揃い,波が強め合って出て行く現象)されて出て行く.この場合の回折の条件は結晶によるX線の回折と同じブラッグの式 $2d\sin\theta = n\lambda$ に従う.d はブラッグ反射を起こす格子面の面間隔,θ, n はそれぞれ,ブラッグ角,反射次数を表わす.結晶と入射波,回折波の関係を図1-14に示す.上式を $2(d/n)\sin\theta = \lambda$ とし,改めて d/n を d_{hkl} としてこれを hkl 結晶面の間隔と定義すれば,ブラッグの式は

$$2d_{hkl}\sin\theta = \lambda, \quad (d/n = d_{hkl}) \qquad (1\text{-}14)$$

となり,よく用いられる式である.この場合,例えば(111)面からの1次,2次,3次反射はそれぞれ,(111),(222),(333)面からの1次の反射として

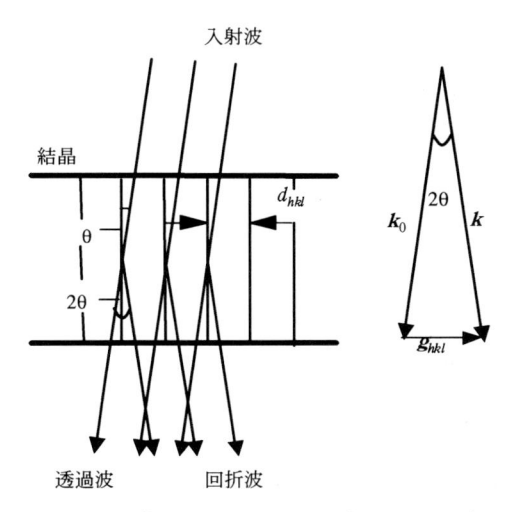

図1-14 格子面間隔 d_{hkl} の (hkl) 面からの回折

表現される．ここで $2d_{hkl}\sin\theta = \lambda$ を $2(1/\lambda)\sin\theta = (1/d_{hkl})$ と変形してみる．$1/\lambda$，$1/d_{hkl}$ はそれぞれ，電子波の波数ベクトルおよび結晶の逆格子ベクトル $\boldsymbol{g}_{hkl}$ の大きさに相当し，この式は逆空間での式でもあることがわかる．ここで，前出の入射波数ベクトル $\boldsymbol{k}_0$，散乱波数ベクトル $\boldsymbol{k}$ を用い，$|\boldsymbol{k}_0|=|\boldsymbol{k}|=1/\lambda$（弾性散乱）の関係を利用すると，上のブラッグの式は

$$\boldsymbol{k}-\boldsymbol{k}_0=\boldsymbol{g}_{hkl} \qquad (1\text{-}15)$$

と等価であることがわかる．このとき，$\boldsymbol{k}$ は回折線の波数ベクトルに一致し，$\boldsymbol{k}_0$ と $\boldsymbol{k}$ のなす角の半角がブラッグ角 θ に対応している．この幾何学的対応を図1-15に示す．エヴァルド(Ewald)に従えば，逆格子原点Oから $\overline{LO}=\boldsymbol{k}_0$ となるように L 点を設け（ラウエ (Laue) 点とよぶ），L 点から $1/\lambda$ の大きさの半径の球を描き，この球面が hkl 逆格子点 G を通るとき，$\overline{LG}=\boldsymbol{k}$ とすると，$\boldsymbol{k}-\boldsymbol{k}_0=\boldsymbol{g}_{hkl}$ の関係が生じ，$\boldsymbol{k}_0$ 方向に入射したビームにより，(hkl) 結晶面からの $\boldsymbol{k}$ 方向への回折線が現れることになる．この L 点を中心とする半径 $1/\lambda$ の球をエヴァルド球（あるいは反射球）とよぶ．入射方向が変化すると L 点が移動し，エヴァルド球面が G から離れ回折条件から外れるが，再

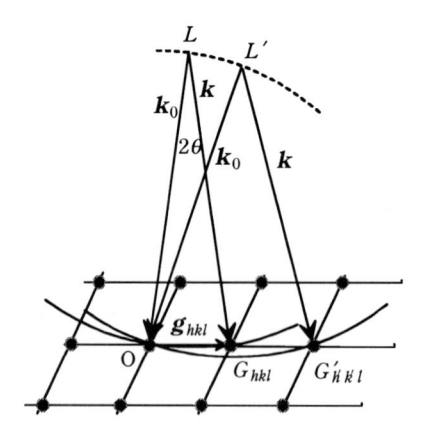

図1-15 逆格子点とエヴァルド球
ブラッグ条件では $\boldsymbol{k}-\boldsymbol{k}_0=\boldsymbol{g}_{hkl}$ の関係が成立する．L,L' は，G および G' 逆格子点にエヴァルド球面が接するためのラウエ点を示す．

び G 以外の逆格子点，たとえば G'（逆格子点指数 $h'k'l'$）に接すると，今度は $\overline{L'G'}$ 方向に回折を起こすことになる．

以上のように，逆格子と回折とは密接に関係していることがわかる．ところで，図 1-15 では波数ベクトル k_0, k の大きさはほぼ逆格子点間の大きさ近くに描いたが，これはむしろ低速電子回折の場合に相当する．高速電子線の波長は短く，200kV 加速電圧のもとでは約 1/400 nm であり，したがって逆格子点間距離を 5nm^{-1} とすればその 80 倍の距離に L 点があることになる．つまり，高速電子回折の場合は，エヴァルド球面はむしろシート状に近い．このことは，通常の TEM による電子回折では，非常に多くの逆格子点が同時にエヴァルド球面上にほぼ乗ることになり（それらの逆格子点指数に対応した多くの結晶面からの反射がほぼ同時に起こることに相当），逆格子原点 0 を通る逆格子面（0 次ラウエゾーンとよぶ）が回折図形として現れること

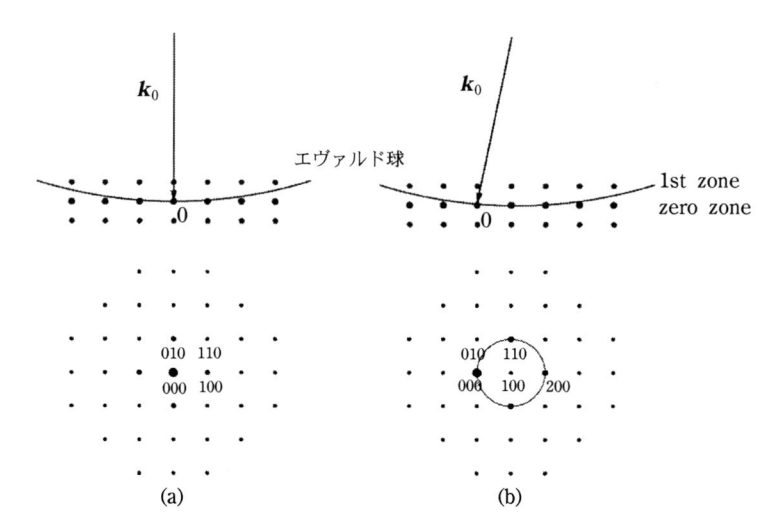

図 1-16 高速電子回折でのエヴァルド球と逆格子の関係
(a) および (b) はそれぞれ，晶帯軸入射および晶帯軸からやや外れた入射による電子回折図形の様子を表す．上段はビーム入射に垂直な方向から見た回折図形，下段はビーム方向から見た回折図形を表す．回折図形は，(a) では原点に対して対称な，(b) では非対称な強度分布を持つ．

になる．この様子を図1-16に示す．図1-16 (a) は，結晶の晶帯軸に平行に入射した場合，(b) は晶帯軸に対して少し斜めに入射した場合を示す．多くの晶帯軸入射の回折図形から逆格子を組み立てることができるのが電子回折の特徴であり，これは電子線構造解析に利用されている．電子回折により結晶構造を調べるには，単位胞，そして結晶からの散乱強度が電子回折図形にどのように関係するかについての知識が必要である．以下，それらについて述べることにする．

1.2.4 回折強度，ラウエ関数

結晶からの散乱波の振幅 $G_{cryst.}(\boldsymbol{h})$ は（1-9）式で与えられるが，単位胞の中身がいずれも同じことを考慮すると $F(\boldsymbol{h})$ は共通となり，また，単位胞に至る位置ベクトル（1-10）式と，散乱ベクトル $\boldsymbol{h}' = u\boldsymbol{b}_1 + v\boldsymbol{b}_2 + w\boldsymbol{b}_3$（$u, v, w$ は逆空間での任意の大きさの指数）を用いれば，

$$G_{cryst.}(\boldsymbol{h}) = F(\boldsymbol{h}) \sum_{i}^{cryst.} \exp(-2\pi i(x_i \boldsymbol{h} \cdot \boldsymbol{a}_1 + y_i \boldsymbol{h} \cdot \boldsymbol{a}_2 + z_i \boldsymbol{h} \cdot \boldsymbol{a}_3))$$

$$= F(\boldsymbol{h}) \frac{1-\exp(-2\pi i X \boldsymbol{h} \cdot \boldsymbol{a}_1)}{1-\exp(-2\pi i \boldsymbol{h} \cdot \boldsymbol{a}_1)} \frac{1-\exp(-2\pi i Y \boldsymbol{h} \cdot \boldsymbol{a}_2)}{1-\exp(-2\pi i \boldsymbol{h} \cdot \boldsymbol{a}_2)} \frac{1-\exp(-2\pi i Z \boldsymbol{h} \cdot \boldsymbol{a}_3)}{1-\exp(-2\pi i \boldsymbol{h} \cdot \boldsymbol{a}_3)}$$

(1-16)

ここでは x, y, z 軸に沿う単位胞の数をそれぞれ X, Y, Z とし，等比級数和の公式を用いている．また，$1 = \exp(\pi i x) \exp(-\pi i x)$ の関係を用い，共役複素数を乗じれば，結晶からの散乱強度は

$$I_{cryst.}(\boldsymbol{h}) = |G(\boldsymbol{h})|^2 = |F(\boldsymbol{h})|^2 \frac{\sin^2(\pi X \boldsymbol{h} \cdot \boldsymbol{a}_1)}{\sin^2(\pi \boldsymbol{h} \cdot \boldsymbol{a}_1)} \frac{\sin^2(\pi Y \boldsymbol{h} \cdot \boldsymbol{a}_2)}{\sin^2(\pi \boldsymbol{h} \cdot \boldsymbol{a}_2)} \frac{\sin^2(\pi Z \boldsymbol{h} \cdot \boldsymbol{a}_3)}{\sin^2(\pi \boldsymbol{h} \cdot \boldsymbol{a}_3)} \quad (1-17)$$

となる．$\dfrac{\sin^2(\pi X \boldsymbol{h} \cdot \boldsymbol{a}_1)}{\sin^2(\pi \boldsymbol{h} \cdot \boldsymbol{a}_1)}$ …の項はラウエの回折関数またはラウエ関数とよばれる．（1-11）式を使うと $\boldsymbol{h} \cdot \boldsymbol{a}_1 = u$, $\boldsymbol{h} \cdot \boldsymbol{a}_2 = v$, $\boldsymbol{h} \cdot \boldsymbol{a}_3 = w$ のように表されるが，

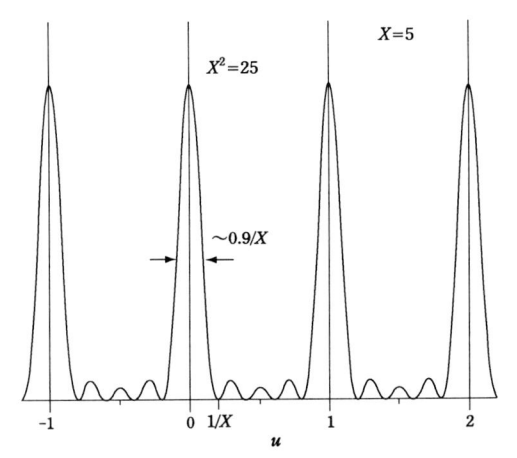

1.2 電子回折の基礎（I）― 運動学的理論 ―

図1-17 ラウエ関数の例（$X=5$についてのラウエ関数）

$$\boldsymbol{h}\cdot\boldsymbol{a}_1=h,\ \boldsymbol{h}\cdot\boldsymbol{a}_2=k,\ \boldsymbol{h}\cdot\boldsymbol{a}_3=l:h,k,l\ \text{整数} \tag{1-18}$$

のときのみ，(1-15)式のラウエ関数は大きな値を持つ．つまり，散乱ベクトルが逆格子ベクトルに一致したときのみ散乱波は強く散乱され，回折強度を生じることになる．(1-18)式の関係は**ラウエの回折条件**とよばれ，ブラッグの回折条件式や(1-15)式と同じ意味を持つ．ここで，ラウエ関数で$\boldsymbol{b}_1$方向に沿う $\dfrac{\sin^2(\pi Xu)}{\sin^2(\pi u)}$ を考える．例えばx軸に沿って$X=5$の数の単位胞を持つ結晶では，この関数は逆空間の$\boldsymbol{b}_1$方向のuに対して図1-17のように，整数$u=0,1,2,3,\cdots$のところで大きなピーク（主極大とよぶ）を持つ．主極大の高さはX^2，主極大の半値幅はほぼ$0.9/X$となる．その周りに小さな副極大を持ち，第1，第2副極大に向かう谷の位置はそれぞれ$u=1/X,\ 2/X$となる．図より，単位胞の数の増加はラウエ関数の半値幅の狭い，シャープな強度分布を与え，一方で，単位胞の数が少ないと，逆格子点周りに強度分布が広がることがわかる．

図1-17より，逆格子点位置（$u=$整数位置）から外れた条件においても弱い回折強度が得られることがわかる．つまり，逆格子点から少し外れた位置に向かう散乱ベクトルによっても反射強度が得られることになる．散乱ベク

トルを，hkl 逆格子点に向かうベクトルとそこからのはずれのベクトルに分けると，

$$\boldsymbol{h}'=(h+s_1)\boldsymbol{b}_1+(k+s_2)\boldsymbol{b}_2+(l+s_3)\boldsymbol{b}_3, \quad s_1,s_2,s_3：非整数，h,k,l：整数 \quad (1\text{-}19)$$

となり，また

$$s=s_1\boldsymbol{b}_1+s_2\boldsymbol{b}_2+s_3\boldsymbol{b}_3 \qquad (1\text{-}20)$$

は，ブラッグ条件からのはずれのパラメータである．ラウエ関数は，(1-19)式，(1-11) 式を用いれば，$\dfrac{\sin^2(\pi X s_1)}{\sin^2(\pi s_1)}$ …のようになり，逆格子点によらず，逆格子点からの外れの量のみに依存する関数であることがわかる．図1-18に，$\boldsymbol{h}=\boldsymbol{g}_{hkl}+\boldsymbol{s}$ の場合の $\boldsymbol{k}_0, \boldsymbol{k}, \boldsymbol{h}$ の関係を示す．ナノ結晶や，ナノサイズの析出粒子からの電子回折の場合はラウエ関数が広がり，逆格子点から離れた位置で強度分布を持つため，逆に逆格子点周りの強度分布の様子から，これらナノ結晶の形状を調べることが可能である．図1-19は，いくつかの異なる形状を持つナノ結晶 (～1nm) と対応する逆格子点周りの強度分布を示している．また，非常に薄い結晶試料については，逆格子点周りの強度分布が試料面に垂直方向に伸びており，このため，試料面垂直の方向から傾いた方向からビーム入射させた場合，逆格子点から外れた位置での強度分布を

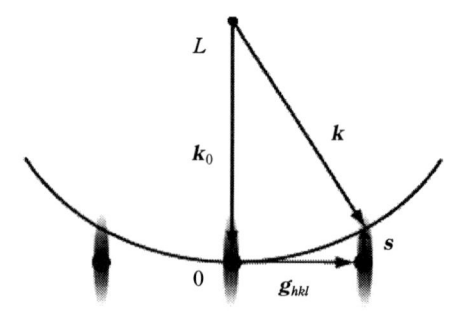

図1-18 逆格子ベクトル($\boldsymbol{g}_{hkl}$)，逆格子点周りの強度広がり，逆格子点からのはずれのベクトル($\boldsymbol{s}$)，エヴァルド球との関係．
（図では便宜上エヴァルド球半径を相対的に小さく描いてある）

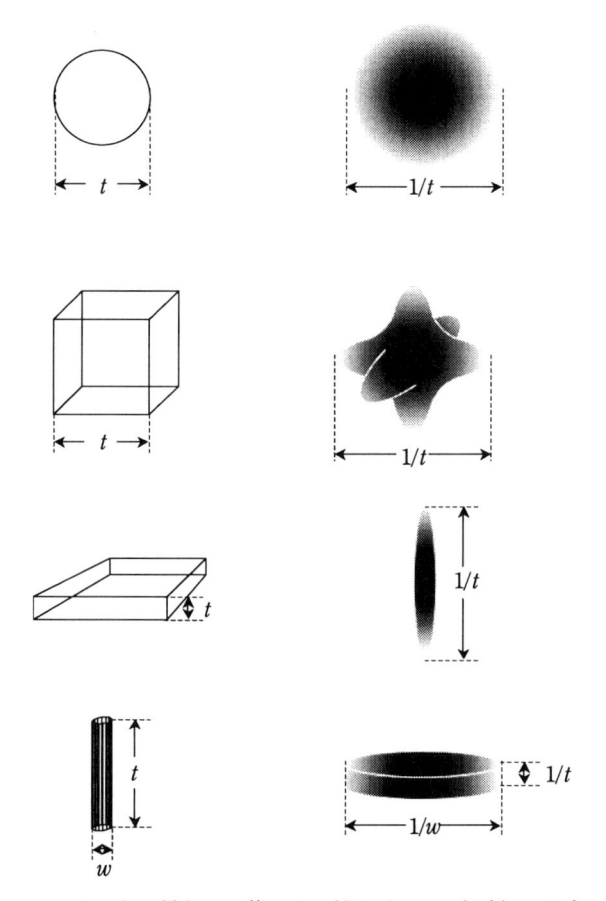

図1-19 いくつかの異なる形状のナノ結晶（～1nm程度）に関する回折強度分布の広がり

エヴァルド球が切るために，逆格子原点に関して少し非対称な回折図形が現れる．このため，格子定数の測定などにはこの点に注意が必要である．

1.2.5 結晶構造と回折強度

どのような結晶でも逆格子点のところに強度分布を与えるわけではない．ここでは，A原子とB原子を1：1に持つ$L1_0$型規則合金系の構造を例に

結晶構造と回折強度の関係について述べる.

　この合金系では，高温では図1-20 (a) のように面心立方 (fcc) 格子点にランダムにA, B原子が配置するが，規則－不規則変態温度以下で図1-20 (b) のような，A, B原子面がc軸に垂直な (001) 面に沿って交互に並んだ規則構造 (正方格子) に変態する. このような規則合金はCuAu, FePt合金などに見られる. たとえばFePt合金の高温構造に関する結晶構造因子$F(\boldsymbol{h})$ は，Fe, Ptがfcc格子点を統計的にランダムに占めているので，

$$F(\boldsymbol{h}) = 0.5\,(f_{\mathrm{Pt}}(\boldsymbol{h}) + f_{\mathrm{Fe}}(\boldsymbol{h}))[1 + \exp(\pi i\,(h+k)) + \exp(\pi i\,(k+l)) \\ + \exp(\pi i\,(l+h))] \qquad (1\text{-}21)$$

となり，

$F(\boldsymbol{h}) = 2\,(f_{\mathrm{Pt}}(\boldsymbol{h}) + f_{\mathrm{Fe}}(\boldsymbol{h}))$: h, k, l すべて偶数または すべて奇数

$F(\boldsymbol{h}) = 0$: h, k, l : 奇数，偶数混合

となる. $f_{\mathrm{Pt}}(\boldsymbol{h})$, $f_{\mathrm{Fe}}(\boldsymbol{h})$はそれぞれ，Pt, Feの原子散乱因子である. 一方で，この規則構造については，Fe原子座標：$0, 0, 0$；$\frac{1}{2}, \frac{1}{2}, 0$, Pt原子座標：$\frac{1}{2}, 0, \frac{1}{2}$；$0, \frac{1}{2}, \frac{1}{2}$であるため，(1-8) 式によって，

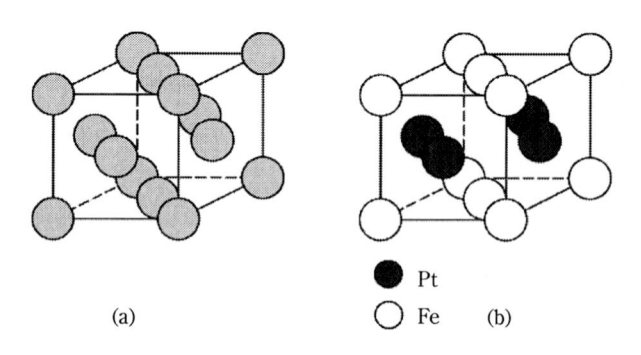

図1-20　$L1_0$型規則合金の高温不規則相の構造(a) と低温規則相構造(b)
　　　　 (結晶は正方晶)

1.2 電子回折の基礎(Ⅰ) — 運動学的理論 —

$$F(\boldsymbol{h})=f_{Fe}(\boldsymbol{h})\,[1+\exp(\pi i\,(h+k))]+$$
$$f_{Pt}(\boldsymbol{h})\,[\exp(\pi i\,(k+l))+\exp(\pi i\,(h+l))] \qquad (1\text{-}22)$$

となる.この場合,h, k, l の指数により $F(\boldsymbol{h})$ は異なり,

$F(\boldsymbol{h}) = 2f_{Fe}(\boldsymbol{h}) - 2f_{Pt}(\boldsymbol{h}) : h+k$ 偶数,$h+l$ および $k+l$ 奇数

$F(\boldsymbol{h}) = 2f_{Pt}(\boldsymbol{h}) + 2f_{Fe}(\boldsymbol{h}) : h, k, l$ すべて偶数 または すべて奇数

$F(\boldsymbol{h}) = 0 \quad : h+k :$ 奇数

のようになる.例えば,001, 110, 310 などの反射は強度の弱い規則格子反射強度を示し,111, 002, 220, 311 反射などは強い基本格子反射強度を示す.100, 120 反射などは現れない.図 1-21 (a) は,図 1-20 (a) の不規則構造についての電子回折図形([100] 晶帯軸入射)の様子を示し,図 1-21(b), (c)は,図 1-20 (b) に相当する規則格子構造の [100] および [001] 入射の回折図形を示す.001, 110 などの規則格子反射が見られる.図 1-22 (a), (b) は,それぞれ,実際の $L1_0$-FePt 規則合金試料(ナノ粒子)から得られた [100] および [001] 入射の電子回折図形であり,図 1-21 (b), (c) と同様な回折図形が現れていることがわかる[3].

ある $\boldsymbol{h}$ に対応した電子線に対する原子散乱因子 $f(\boldsymbol{h})$ は,$|\boldsymbol{h}|=2\sin\theta/\lambda$ より,$f(\boldsymbol{h}) - \sin\theta/\lambda$ の表からわかる[2].この原子散乱因子を知れば,$|F(\boldsymbol{h})|^2$

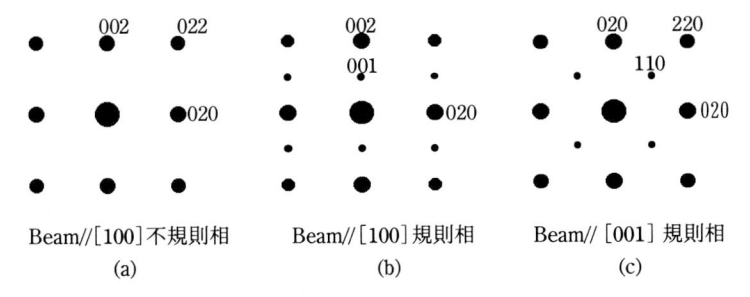

図 1-21 $L1_0$ 型規則合金の高温不規則相の電子回折図形 (a),および規則相の回折図形(b), (c). (b) は [100] 入射,(c) は [001] 入射.

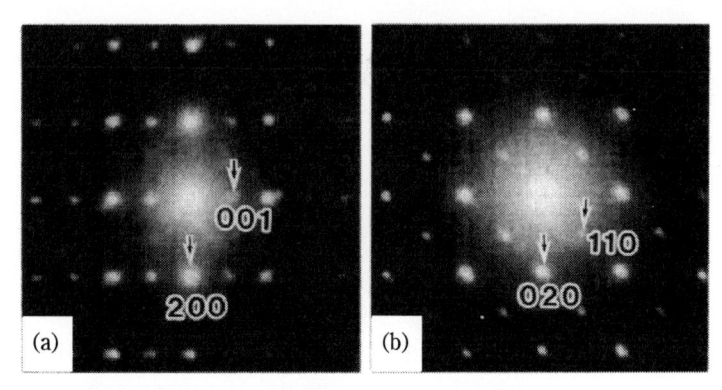

図1-22 FePt合金のL1$_0$-規則構造からの電子回折図形
(a)は[100]入射, (b)は[001]入射. FePtナノ粒子からのナノビーム電子回折による.

を計算することができる. 通常, 結晶の回折強度の目安として, この$|F(h)|^2$を計算するのであるが, 元来, $|F(h)|^2$は, 今までの議論からわかるように, 単位胞1個からの散乱強度に相当する. 回折強度の目安として$|F(h)|^2$が用いられるのは, 実際の結晶ではラウエ関数が逆格子点位置で鋭いピークを持つことと関係しており, これは(1-17)式の教えるところである. 図1-23中に, 逆空間の[001]*方向に沿って計算したL1$_0$-FePt規則構造の$|F(h)|^2$が示されている（破線）. 図1-23の鎖線は, c-軸に沿って単位胞が五つ並んだL1$_0$構造についてのラウエ関数を示す. このような結晶からの[001]*方向に沿う回折強度は$|F(h)|^2$にこのラウエ関数を乗じたものである. 図1-23中の太い実線は, $|F(h)|^2$にこのラウエ関数を乗じたもので, ラウエ関数によって, 001, 002逆格子点位置に回折強度分布が形成されることがわかる. 通常は非常に多くの単位胞からなる結晶からの回折図形を観察するので, ラウエ関数は逆格子点の位置でデルタ関数を形成し, 強度は逆格子点位置にのみ$|F(h)|^2$に比例して存在することになる.

1.2.6 非晶質による回折（ハロー回折）

いままでは結晶からの回折について述べてきたが, 後述の, 特に**1.7**と関

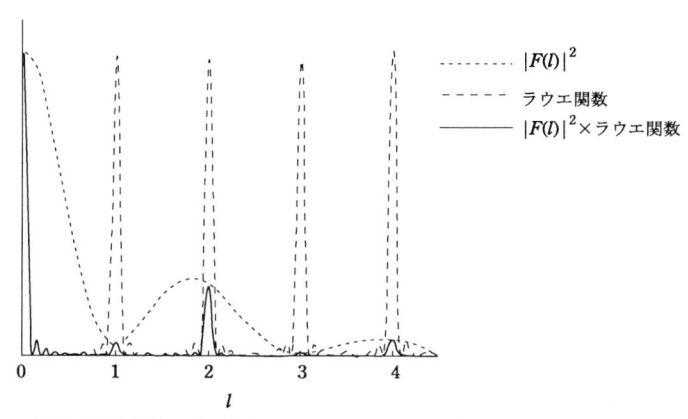

1.2 電子回折の基礎（I）— 運動学的理論 —

図 1-23 逆格子空間 [001]* 方向に沿った $L1_0$-FePt 構造の電子回折強度分布 破線は $|F(\boldsymbol{h})|^2$, 鎖線はこの方向での単位胞数=5のラウエ関数, 実線がこのナノ結晶からの回折強度分布を表す.

係の深い非晶質（アモルファス）物質からの電子線散乱, 回折について以下に述べる. N 個の原子からなる非晶質物質について共通の座標系を考え, i 番目の原子を $f_i(\boldsymbol{h})$ とし, この原子位置を $\boldsymbol{r}_i$ すると, この物質からの散乱振幅 $G(\boldsymbol{h})$ は, $G(\boldsymbol{h}) = \sum_{i=1}^{N} f_i(\boldsymbol{h}) \exp(-2\pi i \boldsymbol{h} \cdot \boldsymbol{r}_i)$ と表される. 散乱強度は $G(\boldsymbol{h})$ の共役複素数を乗じれば

$$|G(\boldsymbol{h})|^2 = \sum_{i=1}^{N} f_i(\boldsymbol{h})^2 + \sum_{i \neq 1}^{N} \sum_{j \neq 1}^{N} f_i(\boldsymbol{h}) f_j(\boldsymbol{h}) \exp(-2\pi i \boldsymbol{h} \cdot (\boldsymbol{r}_i - \boldsymbol{r}_j)) \boldsymbol{h} \quad (1\text{-}23)$$

となる. ランダムに配置した原子集団からの強度の計算は, (1-23) 式の平均をとることになる. 今, この非晶質の原子種が 1 種類のみの場合を考える. ここで, **どの原子位置の周りも環境は等価である** と仮定し, ある原子 i の周りの $\boldsymbol{r}$ 位置での原子密度関数 $\rho(\boldsymbol{r})$ を導入すると,

$$\begin{aligned} I(\boldsymbol{h}) &= Nf(\boldsymbol{h})^2 = Nf(\boldsymbol{h})^2 \sum_{j=1}^{N} \langle \exp(-2\pi i \boldsymbol{h} \cdot \boldsymbol{r}_{ij}) \rangle \\ &= Nf(\boldsymbol{h})^2 [1 + \int (\rho(\boldsymbol{r}) - \rho_0) \exp(-2\pi i \boldsymbol{h} \cdot \boldsymbol{r}) \, d\boldsymbol{r} \\ &\quad + \int \rho_0 \exp(-2\pi i \boldsymbol{h} \cdot \boldsymbol{r}) d\boldsymbol{r}] \end{aligned} \quad (1\text{-}24)$$

と書ける．ここで，$r_{ij} = r_i - r_j = r$ は，中心の代表原子 i からの j 位置の位置ベクトルであり，積分は全空間に行う．ρ_0 は平均の原子密度である．(1-24) 式の第 3 項は，平均原子密度で塗りつぶした非晶質体からの散乱であり，小角散乱側を除いてゼロとなる．

ここで，散乱ベクトル h を z 軸にとり，r のなす角を ϕ として極座標を用いて (1-24) 式の第 2 項の積分を実行すると，

$$I(h) = Nf(Q)^2 \left[1 + \int 4\pi r^2 \rho_0 (g(r)-1) r^2 \frac{\sin(Qr)}{(Qr)} dr \right] \quad (1\text{-}25)$$

ただし，$g(r) = \rho(r)/\rho_0$，また，$Q = 2\pi h$ と置いている．$I(Q)/Nf(Q)^2 - 1 = i(Q)$ を干渉関数と呼び，強度 $I(Q)$ をバックグラウンド強度 $Nf(Q)^2$ で割ることにより得られる．原子 2 体分布関数 $g(r)$ はフーリエ変換によって次のように表される．

$$g(r) = 1 + (1/2\pi^2 r \rho_0) \int_0^\infty Q i(Q) \sin(Qr) dQ \quad (1\text{-}26)$$

$g(r)$ を求めることにより，原子密度がある原子の周りで平均密度からどのくらい変動しているかがわかる．ただし，これは 3 次元構造の 1 個原子の周りの平均原子密度を 1 次元に投影したものである．中心原子から 1 原子間隔程度離れた位置では，非晶質体がなるべく充填構造を取ろうとするために，ほぼ結晶中と同じ配位の原子配置となり $g(r)$ は最大のピークを示す．中心から遠ざかるに従い，多くの配置のバリエーションがあるために，徐々に平均密度に近づいていく．

多くの非晶質体の場合，構成原子は 2 種類以上である．このときは，

$$I(Q) = \langle f^2 \rangle + \langle f \rangle^2 \int_0^\infty 4\pi r^2 \rho_0 [g(r)-1] \frac{\sin(Qr)}{Qr} dr \quad (1\text{-}27)$$

ここで，$\langle f^2 \rangle = \sum_m^M c_m f_m f_m^*$，$\langle f \rangle^2 = \sum_m^M \sum_n^M c_m f_m f_n^*$，$\sum_m^M c_m = 1$，$c_m$ は M 成分系での m 種原子の組成，f_m は m 種原子の原子散乱因子である．(1-26) 式と同様なフーリエ変換の式から，2 成分以上のアモルファス合金の $g(r)$ を，電子

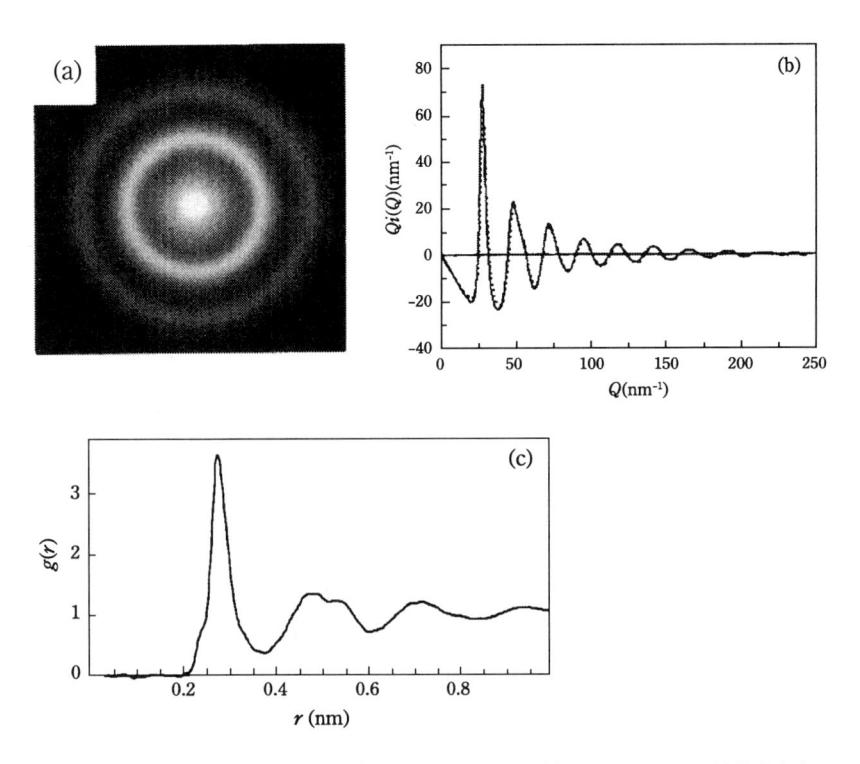

図 1-24 アモルファス $Pd_{82}Si_{18}$ 薄膜からのハロー回折図形 (a), この回折強度から得られた還元干渉関数 $Qi(Q)$ (b), およびこれより計算される原子2体分布関数 (c).

回折法により実際に得ることができる．このときは，非弾性散乱や多重散乱の除去を十分行うことが必要となる．電子回折の特徴である軽元素からの散乱情報や，広角散乱域にいたる豊富な散乱情報などにより，最近はアモルファス合金やアモルファス半導体に関する新しい情報が得られている．図1-24 (a) はアモルファス $Pd_{82}Si_{18}$ 合金薄膜からの電子回折図形である．円環状の回折パターンが見られ，このようなパターンは**ハロー回折パターン**とよばれている．図 1-24 (b), (c) はそれぞれ，アモルファス $Pd_{82}Si_{18}$ 合金からの電子回折強度から得られた $Qi(Q)$，ならびに2体分布関数 $g(r)$ を示す[4]．このようなアモルファス合金についての $g(r)$ を解析することにより，配位数，

原子間距離などの構造情報が得られるが,強度解析の方法や得られる情報についての詳細は **1.6** で紹介する.

1.2.7 おわりに

以上,電子回折(高速)に関する運動学的理論について示したが,これは物質からの散乱強度が,入射波の強度に比較して,非常に弱い場合の取り扱いであり,実際には非常に薄い試料(一般に数 nm 以下)について当てはまる理論である.最初の節で述べたように,この理論の原点はボルン近似にあり,入射波が物質中で1回散乱を受ける場合の理論である.実際の散乱過程は試料厚さが増すに従って複雑になり,厚い試料での回折強度を正しく説明するには**多重散乱**の扱いが必要となるが,この理論については,この後の **1.3** や **1.4, 1.5** で述べられる.ただし,大雑把な議論の場合は運動学的理論で説明がつく場合も多くある.電子線構造解析や原子配列を知るための高分解能像観察などを行う場合には,運動学的近似の成り立つ試料厚さでの強度測定,高分解能像観察を行えれば理想的である.ここでは具体的な電子回折図形の解析や構造解析手法については記述しなかったが,実際にナノ構造の解析を行う場合には,さらにこれらの知識が必要となる.是非,良書[5]〜[8]を参考にされたい.

【参考文献】

1) 金沢秀夫:量子力学,[朝倉物理学講座13],朝倉書店 (1972),第7章.
2) P. Hirsch, A. Howie, R. Nicholson, D. W. Pashley, M. J. Whelan: *Electron Microscopy of Thin Crystals*, 2nd ed., Krieger, Malabar (1977), Appendix 1.
3) 佐藤和久,下 波,弘津禎彦:まてりあ,**40** (2001), 172.
4) 大久保忠勝,弘津禎彦:まてりあ,**44** (2005), 1.
5) 神谷芳弘:電子顕微鏡,上田良二編,[実験物理学講座23],共立出版 (1982),第15章.
6) 田中道義,寺内正巳,津田健治著:電子回折と初等結晶学,共立出版 (1997).
7) 坂 公恭:結晶電子顕微鏡学,内田老鶴圃 (1997).
8) 今野豊彦:物質からの回折と結像,共立出版 (2003).

1.3 電子回折の基礎（Ⅱ）
― 動力学的理論 ―

1.3.1 はじめに

試料に入射した高速電子は，原子核とその周りにある軌道電子とのクーロン相互作用によって散乱される．原子による電子の散乱能はX線と比べて3桁ほど大きく，電子回折の散乱波の強度はX線のそれより6桁ほど高い．したがって，電子回折では微小な試料でも十分な回折強度が得られ，薄膜や微粒子などの局所構造の解析が可能である．一方，このような強い散乱能のために，試料へのわずかな侵入で，回折波は入射波あるいは透過波と比較し得るほどの強度に達する．したがって，電子線ではほとんどの場合，試料の結晶内部で1度散乱された回折波がさらに回折を起こす多重散乱の影響が無視できず，透過電子顕微鏡像や電子回折図形の解釈においては，多重散乱の影響を考慮した動力学的回折理論に関する理解が求められる．さらに，透過電子顕微鏡や電子回折では，動力学的回折効果を積極的に取り入れた特徴ある解析法が利用されている．ここでは，後の節で紹介される電子顕微鏡法の原理や像解釈を理解する上に必要と思われる，多重散乱を含む動力学的回折の基本事項について解説する．

1.3.2 結晶中の入射電子の振る舞い

電圧 E によって加速された電子の波動状態 $\psi(r)$ は，よく知られているようにシュレディンガー方程式

$$-\frac{h^2}{8\pi^2 m}\nabla^2\psi(\boldsymbol{r}) + V(\boldsymbol{r})\psi(\boldsymbol{r}) = eE\psi(\boldsymbol{r}) \tag{1-28}$$

によって記述される．ここで，h はプランク定数，m は電子の質量，$V(\boldsymbol{r})$ は場所 $\boldsymbol{r}$ における電子のポテンシャル，e は電気素量である．真空中では $V(\boldsymbol{r})=0$ であるため，試料に入る前の入射波は平面波 $\psi(\boldsymbol{r})=\exp(2\pi i\boldsymbol{K}\cdot\boldsymbol{r})$ で表される[注1]．このときの波数ベクトル $\boldsymbol{K}$ の大きさは，(1-28) 式より $K=\sqrt{2meE}/h$ である．この電子線が試料に入って，結晶面 (hkl) に対してブラッグ条件 $2d_{hkl}\sin\theta=\lambda$ をほぼ満足して回折が生じたならば，試料内部での波動関数は，透過波と回折波の足し合わせにより

$$\psi(\boldsymbol{r}) = \psi_0(\boldsymbol{r}) + \psi_g(\boldsymbol{r}) = A\exp(2\pi i\boldsymbol{k}_0\cdot\boldsymbol{r}) + B\exp(2\pi i(\boldsymbol{k}_0+\boldsymbol{g})\cdot\boldsymbol{r}) \tag{1-29}$$

となる．ここで右辺の第1項，第2項がそれぞれ透過波と回折波を表す．$\boldsymbol{k}_0$ は透過波の波数ベクトルであり，回折ベクトル $\boldsymbol{g}$ は (hkl) 面に垂直でその面間隔 d_{hkl} の逆数 $(1/d_{hkl})$ の大きさを持つ．当然のことながら (1-29) 式は (1-28) 式の解でなければならない．電子回折の分野では通常 (1-28) 式の係数を整理して，簡単に

$$\nabla^2\psi(\boldsymbol{r}) + 4\pi^2\left(K^2+U(\boldsymbol{r})\right)\psi(\boldsymbol{r}) = 0 \tag{1-30}$$

と記述される．ここで，$U(\boldsymbol{r}) = -(2m/h^2)V(\boldsymbol{r})$ であり，このポテンシャルによって，①透過波から $\boldsymbol{g}$ 回折波へのブラッグ散乱と，②それとは逆の $\boldsymbol{g}$ 回折波から透過波への $-\boldsymbol{g}$ ベクトルの散乱が引き起こされる．これらは (hkl) 面によるものであるから，①，②の散乱を引き起こすポテンシャル成分は面間隔 d_{hkl} の周期関数として，それぞれ，$U_g\exp(2\pi i\boldsymbol{g}\cdot\boldsymbol{r})$，$U_{-g}\exp(-2\pi i\boldsymbol{g}\cdot\boldsymbol{r})$ で表され，今ここで考えているように一つの回折波が励起されている条件では $U(\boldsymbol{r})$ は

$$U(\boldsymbol{r}) = U_0 + U_g\exp(2\pi i\boldsymbol{g}\cdot\boldsymbol{r}) + U_{-g}\exp(-2\pi i\boldsymbol{g}\cdot\boldsymbol{r}) \tag{1-31}$$

と置くことができる．ここで U_0 は結晶内部での $U(\boldsymbol{r})$ の平均値である．$U(\boldsymbol{r})$

[注1] ここでは入射波の強度を1としている．

1.3 電子回折の基礎（II）—動力学的理論—

は実数の値をとるため，U_g, U_{-g} は互いに複素共役 $U_g = U_{-g}^*$ の関係にあり，それぞれ，$U_g = |U_g|e^{i\delta}$，$U_{-g} = |U_g|e^{-i\delta}$ で表される[注2]．また $\pm\boldsymbol{g}$ 反射の結晶構造因子 $F_{\pm g}$ とは，v_0 を結晶単位胞の体積とすると $U_{\pm g} = F_{\pm g}/(\pi v_0)$ で関係づけられる．fcc, bccやhcp構造など，多くの金属結晶では (hkl) 面と $(\bar{h}\,\bar{k}\,\bar{l})$ 面が結晶学的に等価であり，そのような結晶面での回折波では $\delta = n\pi$（n は整数）となって，U_g と U_{-g} あるいは F_g と F_{-g} は互いに等しい実数の値をとる[注3]．(1-30) 式に (1-29) 式と (1-31) 式を代入して透過波 $\exp(2\pi i \boldsymbol{k}_0 \boldsymbol{r})$ と回折波 $\exp(2\pi i (\boldsymbol{k}_0 + \boldsymbol{g})\boldsymbol{r})$ のそれぞれの項についてまとめると，振幅 A, B の関係式として

$$\begin{cases} (K^2 + U_0 - k_0^2)A + U_{-g}B = 0 \\ U_g A + (K^2 + U_0 - k_g^2)B = 0 \end{cases} \quad (1\text{-}32)$$

が得られる．ここで k_g は回折波の波数ベクトル $\boldsymbol{k}_g = \boldsymbol{k}_0 + \boldsymbol{g}$ の大きさである．$\kappa = \sqrt{K^2 + U_0}$ とすると，(1-32) 式は

$$\begin{pmatrix} \kappa^2 - k_0^2 & U_{-g} \\ U_g & \kappa^2 - k_g^2 \end{pmatrix} \begin{pmatrix} A \\ B \end{pmatrix} = 0 \quad (1\text{-}33)$$

の形になっており，この方程式が A, B ともに0でない解を持つためには，(1-33) 式の左辺にある行列に逆行列が存在しない条件である永年方程式

$$\begin{vmatrix} \kappa^2 - k_0^2 & U_{-g} \\ U_g & \kappa^2 - k_g^2 \end{vmatrix} = 0 \quad (1\text{-}34)$$

[注2] したがって，(1-31) 式は $U(\boldsymbol{r}) = U_0 + 2|U_g|\cos(2\pi\boldsymbol{g}\cdot\boldsymbol{r} + \delta)$ となり，原子面上で極大値をもつ周期関数である．

[注3] このような (hkl) 面には裏と表がなく，反転しても全く同じ構造が得られる．このような対称性を反転対称という．fccやbccでは原子位置に座標の原点を置いて，そこを中心に結晶を反転すると元の構造と一致する．一方，hcpやダイヤモンド構造では，最も小さな結晶単位胞に2個の原子が含まれるため，それらの中間位置を中心に反転対称が得られる．

が成立しなければならない．κ は平均ポテンシャルが V_0 $(=-U_0 h^2/2m)$ の媒質に入ったときの電子の波数に対応しており，その大きさのベクトル κ と真空中での波数ベクトル K の関係は図 1-25 (a) に示されている．κ ベクトルと K ベクトルの終点を逆格子原点に一致させたとき，電子線が試料に入ったときの屈折の関係により，κ の始点 C_1 は K の始点 C_0 から結晶表面の垂線（z 軸）上を移動したところにある．一般に V_0 は入射電子に対して -10 〜-20 eV 程度であり，通常 100 kV 以上の電圧で加速される透過電子顕微鏡において，κ は K よりわずかに大きく，また (1-34) 式を満足すべき k_0 ならびに k_g との差も κ 自身と比較すると極めて小さい．したがって (1-34) 式は

$$U_g U_{-g} = |U_g|^2 = (\kappa^2 - k_0^2)(\kappa^2 - k_g^2) \cong 4\kappa^2 (k_0 - \kappa)(k_g - \kappa) \quad (1\text{-}35)$$

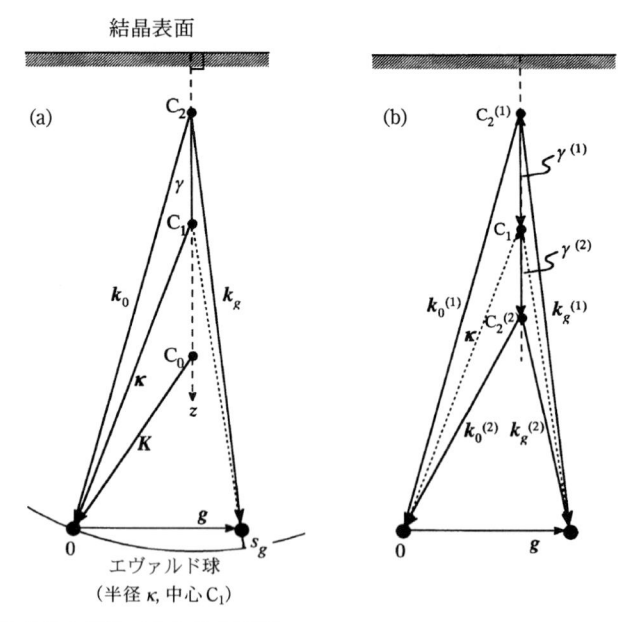

図 1-25 電子の波数ベクトルの関係
(a) 真空中 K, 試料上面で屈折した入射波 κ, ブラッグ反射を生じているときの透過波 k_0 と回折波 k_g, (b) 結晶中での透過波と回折波の波数ベクトル．

と近似できる. k_0 ならびに k_g ベクトルの始点 C_2 と κ の始点 C_1 の間の距離を γ とすると, 図 1-25 (a) から解るように $k_0 - \kappa \cong \gamma/\cos\theta$ であり, 低次の回折波についてはブラッグ角 θ が十分に小さいために $k_0 - \kappa \cong \gamma$ とさらに近似することができる. k_g についても同様な近似により, $k_g - \kappa \cong \gamma - s_g$ と置くことができる. ここで励起誤差 s_g は, 図 1-25 (a) のように逆格子点がエヴァルド球の内側にある場合に正の値をとり, 外側では負となるように定義している. このような近似により, (1-35) 式は γ に関する2次方程式 $4\kappa^2\gamma(\gamma - s_g) = |U_g|^2$ となって, 二つの解

$$\gamma^{(1)} = \frac{1}{2}\left(s_g + \sqrt{s_g^2 + \frac{|U_g|^2}{\kappa^2}}\right) = \frac{1}{2\xi_g}\left(s_g\xi_g + \sqrt{1 + (s_g\xi_g)^2}\right),$$

$$\gamma^{(2)} = \frac{1}{2}\left(s_g - \sqrt{s_g^2 + \frac{|U_g|^2}{\kappa^2}}\right) = \frac{1}{2\xi_g}\left(s_g\xi_g - \sqrt{1 + (s_g\xi_g)^2}\right) \quad (1\text{-}36)$$

が得られる. ここで, $\xi_g = \kappa/|U_g|$ と置いた. この結果は, (1-33) 式の解として (1-29) 式の形で与えられる結晶内部での波動状態には

$$\psi^{(1)}(r) = \psi_0^{(1)}(r) + \psi_g^{(1)}(r) = A^{(1)}\exp(2\pi i k_0^{(1)} r) + B^{(1)}\exp(2\pi i k_g^{(1)} r) \quad (1\text{-}37a)$$

$$\psi^{(2)}(r) = \psi_0^{(2)}(r) + \psi_g^{(2)}(r) = A^{(2)}\exp(2\pi i k_0^{(2)} r) + B^{(2)}\exp(2\pi i k_g^{(2)} r) \quad (1\text{-}37b)$$

の2種類が存在することを意味している. すなわち, 波数ベクトル k_0, k_g には, 図 1-25 (b) に示すように状態 $k_0^{(1)}$ と $k_0^{(2)}$, $k_g^{(1)}$ と $k_g^{(2)}$ があり, それらは (1-36) 式の二つの解 $\gamma^{(1)}, \gamma^{(2)}$ を用いて

$$k_0^{(1)} = \kappa + \gamma^{(1)} e_z, \qquad k_g^{(1)} = \kappa + g + \gamma^{(1)} e_z \quad (1\text{-}38a)$$

$$k_0^{(2)} = \kappa + \gamma^{(2)} e_z, \qquad k_g^{(2)} = \kappa + g + \gamma^{(2)} e_z \quad (1\text{-}38b)$$

で与えられ, 結晶内部での透過波と回折波は, 一般にこれらの2種類の平面

波成分の重ね合わせ

$$\psi_0(r) = \psi_0^{(1)}(r) + \psi_0^{(2)}(r) = A^{(1)}\exp(2\pi i k_0^{(1)} r) + A^{(2)}\exp(2\pi i k_0^{(2)} r) \quad \text{(1-39a)}$$

$$\psi_g(r) = \psi_g^{(1)}(r) + \psi_g^{(2)}(r) = B^{(1)}\exp(2\pi i k_g^{(1)} r) + B^{(2)}\exp(2\pi i k_g^{(2)} r) \quad \text{(1-39b)}$$

で表される.ここで,e_z は z 方向の単位ベクトルである.(1-38a)式と(1-38b)式のそれぞれを(1-32)式に代入し,電子線の入射面($z=0$)では回折波は振幅を持たない($|\psi_0(z=0)|=1$,$|\psi_g(z=0)|=0$)ことを考慮すると,(1-39a),(1-39b)式の各平面波成分の振幅は,

$$A^{(1)} = \frac{1}{2}\left(1 - \frac{s_g\xi_g}{\sqrt{(s_g\xi_g)^2+1}}\right), \quad A^{(2)} = \frac{1}{2}\left(1 + \frac{s_g\xi_g}{\sqrt{(s_g\xi_g)^2+1}}\right),$$

$$B^{(1)} = \frac{1}{2\sqrt{(s_g\xi_g)^2+1}}e^{i\delta}, \quad B^{(2)} = -\frac{1}{2\sqrt{(s_g\xi_g)^2+1}}e^{i\delta}, \quad \text{(1-40)}$$

と求められる.得られた振幅の s_g 依存性を図1-26に示す.当然のことながら,ブラッグ条件を満足する $s_g=0$ において回折波成分の振幅 $B^{(1)}$,$B^{(2)}$ は

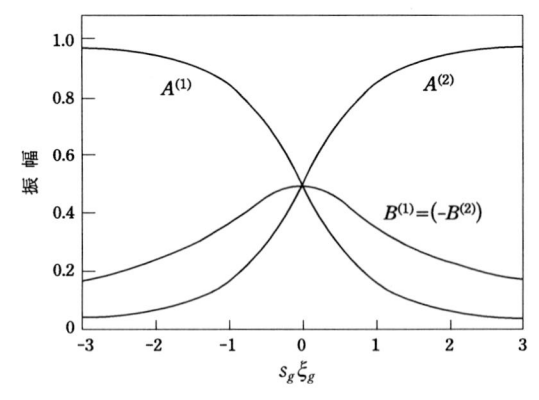

図1-26 結晶中での透過波と回折波の平面波成分の振幅と励起誤差 s_g との関係 ξ_g は消衰距離で結晶構造因子の位相角が $\delta=2n\pi$ の場合(fccやbccなどの場合).

最大となり,そこからはずれるとともに回折波の振幅は小さくなる.(1-36),(1-38a),(1-38b),(1-40)式を(1-39a),(1-39b)式に代入して整理すると,結晶内部での透過波と回折波の波動状態を表す式として

$$\psi_0(\boldsymbol{r}) = \exp(2\pi i \boldsymbol{\kappa r}) \exp(\pi i s_g z) \cdot$$
$$\left[\cos\left(\frac{\pi z}{\xi_g}\sqrt{1+(s_g\xi_g)^2}\right) - \frac{is_g\xi_g}{\sqrt{1+(s_g\xi_g)^2}} \sin\left(\frac{\pi z}{\xi_g}\sqrt{1+(s_g\xi_g)^2}\right) \right] \quad (1\text{-}41a)$$

$$\psi_g(\boldsymbol{r}) = \exp(2\pi i (\boldsymbol{\kappa}+\boldsymbol{g})\boldsymbol{r}) \exp(\pi i s_g z) \cdot$$
$$\left[\exp(i\delta) \frac{i}{\sqrt{1+(s_g\xi_g)^2}} \sin\left(\frac{\pi z}{\xi_g}\sqrt{1+(s_g\xi_g)^2}\right) \right] \quad (1\text{-}41b)$$

が得られる.ここで右辺において[ ]で囲んだ部分が,透過波と回折波の振幅である.(1-41b)式の振幅に含まれる結晶構造因子の位相項 は,(hkl)面と$(\bar{h}\,\bar{k}\,\bar{l})$面が等価な場合には,先に述べたように$\delta=n\pi$($n$は整数)であり$\exp(i\delta)=\pm1$となる.このような結晶面による$s_g=0$の回折条件では,(1-41a)式の右辺の第2項が消滅して透過波と回折波の振幅がそれぞれ実数部,虚数部のみで表され,それらの位相は互いに90°違うことになる.(1-41a),(1-41b)式から透過波と回折波の強度I_0,I_gは,試料上面からの深さzの関数として

$$I_0(z) = \psi_0(\boldsymbol{r})\psi_0(\boldsymbol{r})^* = 1 - \frac{1}{1+(s_g\xi_g)^2} \sin^2\left(\frac{\pi z}{\xi_g}\sqrt{1+(s_g\xi_g)^2}\right) \quad (1\text{-}42a)$$

$$I_g(z) = \psi_g(\boldsymbol{r})\psi_g(\boldsymbol{r})^* = \frac{1}{1+(s_g\xi_g)^2} \sin^2\left(\frac{\pi z}{\xi_g}\sqrt{1+(s_g\xi_g)^2}\right) \quad (1\text{-}42b)$$

で与えられる.(1-42a),(1-42b)式は,図1-27(a)に示すように,透過波と回折波がz方向に沿って$\xi_g^{\text{eff}}=\xi_g/\sqrt{1+(s_g\xi_g)^2}$の周期で互いに強度をやりとりしながら,試料内を伝播していくことを示している.そのため,透過波

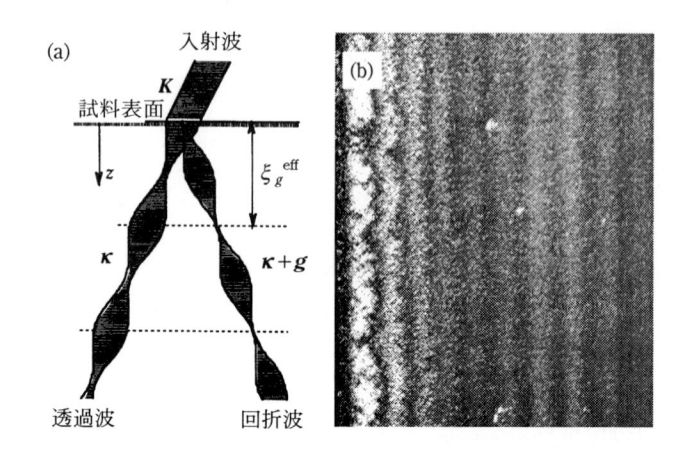

図 1-27 結晶中での透過波と回折波の強度変化 (a) と暗視野像に現れた等厚干渉縞 (b)
 (b) は FeAl 合金のくさび形状の試料を観察した例であり，写真の下部から試料が徐々に厚くなっている．

あるいは回折波のみで結像した明視野像，または，暗視野像には，図1-27 (b) に見られるように，試料膜厚の変化に伴う等厚干渉縞とよばれるバックグラウンドの明暗が現れる．このような多重回の散乱による回折強度の振動を**消衰効果**とよび，ブラッグの回折条件を満足したとき ($s_g=0$) のその周期 ξ_g をその回折波の**消衰距離**，ξ_g^{eff} を**実効消衰距離**とよんでいる．消衰距離 ξ_g と結晶構造因子 F_g とは，これまでの説明で明らかなように $\xi_g = \pi v_0 / \lambda |F_g|$ の関係にあり，結晶構造因子が大きな強い回折波ほど消衰距離は短い．また，同じ回折波でもブラッグ条件からのずれとともに，実際の振動周期である ξ_g^{eff} は短くなる．

ところで，式の展開の上でこのような強度振動が現れたのは，結晶内部での透過波と回折波の波動状態が，(1-39a)，(1-39b) 式が示すように波数が異なる2種類の平面波の重なりになっており，そこで**うなり**が生じたためである．したがって，強度振動の周期は，(1-36) 式の二つの解の差 $\gamma^{(1)} - \gamma^{(2)} = \sqrt{1+(s_g\xi_g)^2}/\xi_g$ の逆数としても求められ，先の結果と一致する．

1.3.3 振り子の解とブロッホ波

このような透過波と回折波の間の強度のやりとりは，バネで結ばれた二つの振り子の連成振動と極めて似ている．例えば，図1-28(a)のように左側のおもりだけを少し変位させてから振動を開始すると，その振動がバネを介して右側の振り子に伝わり，(b)に描かれるように両者間で振動をやりとりする．

このときの連成振動は図1-29に示すような二つの固有な振動モードの重なりで記述でき，それらの振動数が違うことによるうなりとして，それぞれの振り子の振幅変化が理解される．固有なモードの一つは，図1-29(a)のように二つの振り子が同じ方向に振れる重心の振動であり，もう一つは，図1-29(b)に示したような，重心は動かずに振り子が互いに反対方向に振れる相対位置の振動である．(1-40)式あるいは図1-26からわかるように，fccやbcc構造などにおける$\delta=2n\pi$の反射では，$\gamma^{(1)}$に対する透過波と回折波の振幅$A^{(1)}$と$B^{(1)}$は同符号であり，透過波と回折波のそれぞれを左と右の振り子の振動に対比させると，これは重心の振動モード（図1-29(a)）に対応する．一方，$\gamma^{(2)}$に対する振幅$A^{(2)}$と$B^{(2)}$は互いに異符号になっており，図1-29(b)

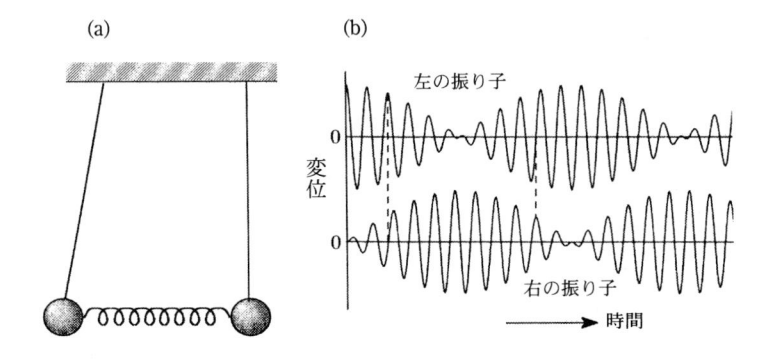

図 1-28 バネで結ばれた 2 本の振り子 (a) とその振動変位 (b)
(b) は左右のおもりの質量が等しく，左の振り子のみに変位を与えてから振動させた場合．破線は同時刻を示しており，二つの振り子の振動は互いに位相が 90°ずれている．

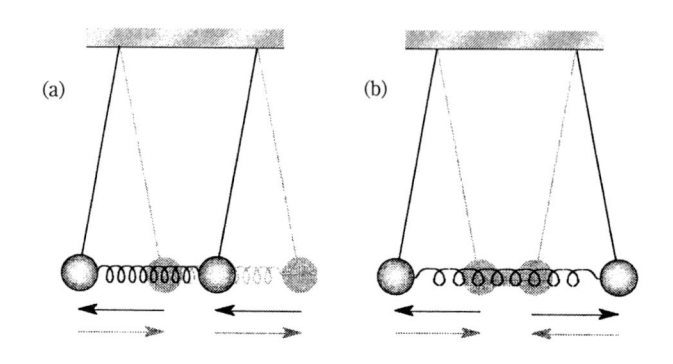

図 1-29 二つの振り子の連成振動における固有な振動モード
(a) おもりの相対位置は変わらずに重心のみが振動, (b) 重心は移動せずにおもりの相対位置が振動.

の振動モードと同様である．ブラッグ条件を満足した $s_g=0$ の条件では，これらの振幅 $A^{(1)}$, $B^{(1)}$, $A^{(2)}$, $B^{(2)}$ の絶対値が等しくなり，透過波と回折波の間で強度の完全なやりとりが行われる．また，このとき回折波の位相は，先に述べたように透過波から 90°ずれる．これと同様な状況は質量が等しい二つの振り子の連成振動で見られ，図 1-28 (b) に示すように，両方の振幅が完全に相補的になっているとともに互いに位相が 90°ずれている．

一方，ブラッグ条件からずれている（$s_g \neq 0$）場合は，透過波に対応するおもりが，回折波に対するもう一方のそれより大きな質量をもつ場合に相当しており，これらの条件では透過波あるいは重い振り子の振幅が無くなることはない．このように一つの回折波が励起された 2 波条件での電子の振る舞いは，力学の基礎で扱う二つの振り子の連成振動と多くの共通点を有しており，(1-42a), (1-42b) 式は**振り子の解**（Pendellösung）とよばれている．ここで，振り子の連成振動の固有振動モードに対応するものが，(1-37a), (1-37b) 式で示されている $\psi^{(1)}(\boldsymbol{r})$ と $\psi^{(2)}(\boldsymbol{r})$ であり，これらは**ブロッホ**（Bloch）**波**とよばれる．ブロッホ波はそれぞれ波数の大きさが違うために，異なる運動エネルギーを持っている．通常，運動エネルギーが高い方から番号を付けて，$\psi^{(1)}(\boldsymbol{r})$ はブロッホ波 1，$\psi^{(2)}(\boldsymbol{r})$ はブロッホ波 2 とよばれる．(1-40) 式

を (1-37a), (1-37b) 式に代入してブロッホ波の強度を求めると,

$$\left|\psi^{(1)}(\boldsymbol{r})\right|^2 = A^{(1)}\left\{1 + 2\left|B^{(1)}\right|\cos(2\pi\boldsymbol{g}\cdot\boldsymbol{r} + \delta)\right\} \quad (1\text{-}43\mathrm{a})$$

$$\left|\psi^{(2)}(\boldsymbol{r})\right|^2 = A^{(2)}\left\{1 - 2\left|B^{(1)}\right|\cos(2\pi\boldsymbol{g}\cdot\boldsymbol{r} + \delta)\right\} \quad (1\text{-}43\mathrm{b})$$

となる.これらの式には$\boldsymbol{g}$を波数ベクトルとするcos関数が含まれているので,それぞれのブロッホ波の強度は回折を起こしている原子面に垂直な方向に,その面間隔d_{hkl}の周期で変動する.このとき,注2)中の式と比較することにより,ブロッホ波1は原子面上で強度の極大をもち,一方,ブロッホ波2は原子面の間で強度が極大となることがわかる.原子面上には正の電荷を有する原子核が位置しており,そこは入射電子にとってポテンシャル$V(\boldsymbol{r})$が低い位置に相当する.したがって,そこで強度極大をもつブロッホ波1はその分だけ運動エネルギーが増すこととなり,波数が大きくなる.一方,ブロッホ波2では,平均よりポテンシャルが高い位置にその強度極大が現れるため,運動エネルギーは低くなってκより小さな波数を持つことになる.

1.3.4 多波励起の取扱い

ここまでは透過波に加えて一つの回折波のみが励起された2波の条件を考えてきたが,電子顕微鏡においては試料が薄膜であるために,ブラッグ条件が厳密に満たされなくても励起誤差を伴って多くの回折波が同時に生じやすい.そのような多波励起の条件での電子の振る舞いは2波励起のときと比べて複雑になるが,理論的な取り扱いは前述のものから容易に拡張できる.透過波と回折波をあわせてN波が励起されているとき,結晶内部での波動関数は (1-29) 式と同様にこれらの回折波の和として,

$$\psi(\boldsymbol{r}) = \sum_g a_g \exp\left(2\pi i(\boldsymbol{k}_0 + \boldsymbol{g})\cdot\boldsymbol{r}\right) \quad (1\text{-}44)$$

で表される.ここで,結晶内部での回折波の振幅a_gと波数状態$\boldsymbol{k}_g(=\boldsymbol{k}_0+\boldsymbol{g})$

は，(1-33)式と同様な対称成分と非対称成分からなる $N \times N$ の行列形式の方程式

$$\begin{pmatrix} \kappa^2 - k_0^2 & \cdots & U_{-g} & \cdots & U_{-h} \\ \vdots & \ddots & \vdots & & \vdots \\ U_g & \cdots & \kappa^2 - k_g^2 & \cdots & U_{g-h} \\ \vdots & & \vdots & \ddots & \vdots \\ U_h & \cdots & U_{h-g} & \cdots & \kappa^2 - k_h^2 \end{pmatrix} \begin{pmatrix} a_0 \\ \vdots \\ a_g \\ \vdots \\ a_h \end{pmatrix} = 0 \quad (1\text{-}45)$$

を満足することになる．以前と同様な近似を用いると，N 個の解（固有値）$\gamma^{(i)}$ が得られ，ある回折波の波動関数はこれらの $\gamma^{(i)}$ に対応したブロッホ波成分の重ね合わせ

$$\psi_g(\boldsymbol{r}) = \sum_i a_g^{(i)} \exp\left(2\pi i (\boldsymbol{\kappa} + \boldsymbol{g} + \gamma^{(i)} \boldsymbol{e}_z) \cdot \boldsymbol{r}\right) \quad (1\text{-}46)$$

で与えられる．ここで $a_g^{(i)}$ は i 番目のブロッホ波の $\boldsymbol{g}$ 回折波成分の振幅であり，固有値 $\gamma^{(i)}$ に対する(1-45)式の固有ベクトルの成分として求められる．ただし，結晶入射面直下（$z=0$）での強度の条件から，$\left|\psi_g(0)\right| = \left|\sum_i a_g^{(i)}\right| = \delta_{g,0}$ が満足される．ここで $\delta_{g,0}$ はクロネッカー（Kronecker）のデルタである．

多くの回折波が励起した条件では，回折波の状態は (1-46) 式で示されているように，励起波の数だけのブロッホ波成分の重ね合わせとなるので，うなりによる振幅変動は細かくなり，強度振動の周期である実効消衰距離 ξ_g^{eff} は2波条件の場合と比べて短くなる．電子顕微鏡像のコントラストや電子回折強度などは一般に ξ_g^{eff} に強く依存するため，それらの観察結果から試料内部の構造を明らかにするためには，励起されている回折波を考慮した多波動力学的回折理論に基づく解析が必要である．しかし，多波励起の条件においても (1-46) 式が示すように重ね合わせの原理が成立しており，回折波の挙動に見られる特徴の多くについては，先に述べた 2 波近似の結果から定性的に理解することは可能である．

1.4 回折コントラスト法

1.4.1 はじめに

　ナノ金属はナノスケールの複数の相から構成されている．これら構成相の構造と方位,サイズ,形状ならびに分布状態を知ることはナノ金属材料の解析に必要不可欠なことである．これらのうち構造と方位についての情報を得る一般的な方法が電子回折法であり,サイズ,形状ならびに分布状態については明視野・暗視野像法に代表される回折コントラスト法がよく用いられる．透過電子顕微鏡の結像原理については1.1で述べられたが,ここでは回折コントラストに重点を置いて少し詳しく明視野,暗視野像の説明と応用を述べ,次いで,現実の高分解能指向のTEMを組織解析に利用する場合の問題点などについて記述し,最後にナノ構造を解析するのに有効なホローコーン照明暗視野像とその特徴について紹介する．なお電子回折法を含む回折コントラスト法の一般的な教科書として坂 公恭著『結晶顕微鏡学』[1]あるいは『電気顕微鏡法の実践と応用写真集』[2]を推薦しておく．

1.4.2 回折コントラストと明視野・暗視野像

　図1-30は電子顕微鏡の基本的な結像原理である．図では平行平面波に近い形で電子線が試料に照射され,電子が結晶を透過している状況に加え,入射方向とは2θの角度をなす方向に回折波が生じている様子が描かれている．試料位置は対物レンズから前方aの位置,対物レンズの焦点距離はfである．対物レンズを通過した後,透過波は対物レンズ後方fの位置の光軸上

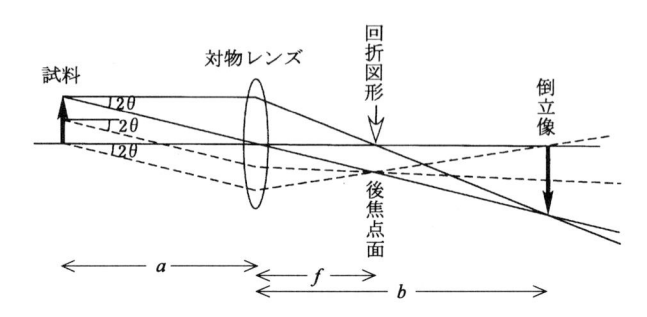

図1-30 電子顕微鏡における対物レンズ近傍の電子経路図

で収束し，その後再び広がってレンズからb離れた位置で像面を形成する．このとき$1/a+1/b=1/f$が成立している．像面とは物体の同一場所から発した情報（この場合は電子）がその進行方向によらず（透過波か回折波であるかを問わず）レンズ通過後，再び同一地点に収束してできる図形である．矢印で記した試料の根元および先端部から発した電子が作る像は倒立しているが，それぞれ像面の根元および先端部に対応していることがわかる．

ここでもう一つ特異な場所がある．後焦点面の位置である．ここでは試料の位置に関係なく同じ角度変化2θを受けた電子は光軸から$f\cdot\tan(2\theta)$だけ離れた点で収束している．この後焦点面での図形を拡大したものが電子顕微鏡の回折図形である．現在材料科学分野で広く使われている200kV電子顕微鏡では焦点距離fは1ないし3mmであり，2Åの面間隔を持つ低指数の金属での散乱角2θは$2\theta=\lambda/d=1.25\times10^{-2}$ (rad)であるから，およそ20μm位の間隔で回折斑点は並んでいることになる．面間隔が大きくなればなるほど，また焦点距離が短くなればなるほど後焦点面での回折斑点の間隔は短くなる．対物絞りに使われている箔の穴径は5μmくらいであるから，余裕を持って一つの回折反射を選択して結像することができる．実際の回折図形ではこの後焦点面にできた図形を約1000倍に拡大してスクリーン上に映し出している．

後焦点面上の特定の回折斑点を対物絞りで選択し，結像に参加させたものが明視野像や暗視野像である．図1-31は面間隔のわずかに異なる二つの

1.4 回折コントラスト法

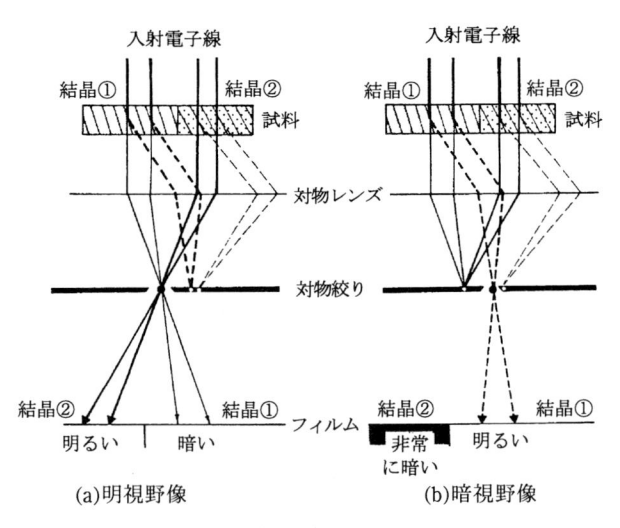

図1-31 明視野および暗視野像撮影の電子線経路図

結晶を含む領域に電子を入射させ，明視野像あるいは暗視野像を撮影しているときの電子の経路を描いたものである．結晶①ではブラッグ条件を完全に満たし，結晶②ではブラッグ条件を満足していないとしよう．図1-31(a)の明視野像では，後焦点面に挿入された対物絞りにより，透過波のみが通過するようになっている．このとき，強く回折波を出している結晶①は暗く，結晶②では入射した電子はそのまま通過するので，フィルム上では明るく観察される．対物絞りを移動し，結晶①でブラッグ反射してできた回折斑点のみを対物絞りで選択すると，暗視野像ができる．暗視野像では，結晶①に対応する部分では，強いブラッグ反射のため明るく観察され，結晶②からの回折波は対物絞りによりカットされて非常に暗く観察される．表現を変えると，対物絞りにより選択したブラッグ反射を満たした領域のみが明るく観察される．結晶に対し，ブラッグの回折条件を満足している回折ビームを選択して像を形成するので，このようなコントラストを回折コントラスト(diffraction contrast)という．

図1-32および図1-33に回折コントラストを用いた暗視野像の例を示す．

図 1-32
高温相領域から冷却した Ni-23V-2Nb 合金の DO_{22} 型 110 規則反射による暗視野像

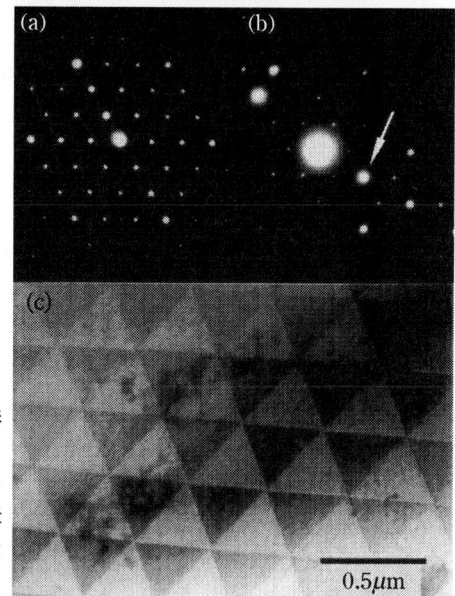

図 1-33
Cu-58.5％Zn γ黄銅に出現する三角形長周期規則構造
電子入射方向を(a)の[111]入射よりわずかに試料を傾斜させ(b)とし，矢印の回折反射を選択して暗視野像を撮影．

図1-32はNi-23V-2Nb合金を高温相 (fcc) 温度域から低温相 (DO_{22}) 温度域へと冷却した際に形成される組織の暗視野像[3]である．この組織では元は同じ一つの高温相から結晶学的に等価な三つの領域（バリアント）が形成されている．同じ物質であり，しかも基本反射も共通しているので明視野像ではその分布がわかりにくいが，特定のバリアントからの規則反射を用いて撮影した暗視野像を撮影するとその分布を読み取ることができる．すなわち

1.4 回折コントラスト法　　　　　　　　　　　　　　　　　　75

図1-32では結晶学的に三つの等価なバリアントのうち一つのみが大きく発達していることがわかる．等価な3方位の規則相回折図形のうち，一つのバリアントに固有な反射のみを選択することによって一つのバリアントの分布状態を像として表すことができる．一方，図1-33は Cu-58.5 Zn に見られるγ黄銅合金の三角形状長周期規則相形成の様子をγ黄銅の反射を用い撮影した暗視野像[4]である．図1-33では暗部も明部も同じγ黄銅である．電子回折図形上の回折斑点の出現位置に関して二つの領域での差はない．違いは一方の膜面方位が［111］，他方が［$\bar{1}\bar{1}\bar{1}$］になっているだけの違いである．中心対称がある通常の金属では二つの方位は区別できないが，中心対称のないこの物質では，適切な電子線入射条件を選択すると多重回折反射によってフリーデル（Friedel）則が破れ，g波と-g波の回折強度が異なってしまい，結晶学的に等価であるが，反転している領域（［111］方位の領域と［$\bar{1}\bar{1}\bar{1}$］方位の領域）を異なるコントラストで結像することができる．つまり物質の違いや面間隔，結晶面の違いではなく，結晶学的方向（極性）を区別したこととなる．

1.4.3　明・暗視野像観察と制限視野回折

　組織の中の特定の領域からの回折図形を得る方法が制限視野回折である．最近ではナノサイズのビーム径の電子ビームを限られた領域に照射して回折図形を得るナノビーム回折もあるが，ここでは古典的な制限視野回折法について述べる．この方法では電子ビームを細く絞るのではなく，拡大像に絞りをあて，回折が起こる領域を限定する．図1-34にその原理図とその実際をを示す．通常使われている電子顕微鏡の対物レンズの拡大率はおおよそ50から100倍の程度である．したがって，対物レンズで拡大された像の中に絞りを挿入すると $5\mu m/100=50$ nm 径の領域からの回折図形を得ることができる．しかし制限視野回折が確実にこの領域からの回折と主張するには以下の要件が必要である．①制限視野絞りににじみがない（中間レンズの電流値を変化させ中間レンズのピント位置を制限視野絞りの位置に合わせる）．

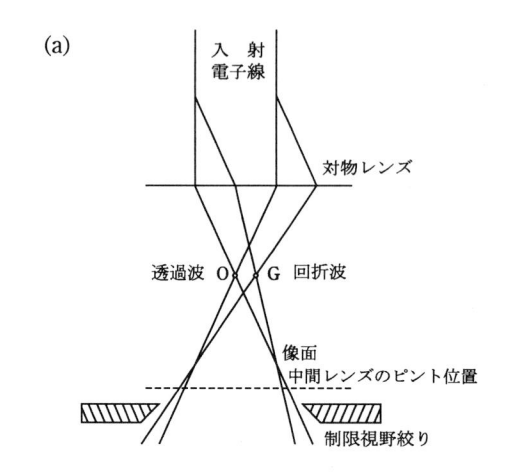

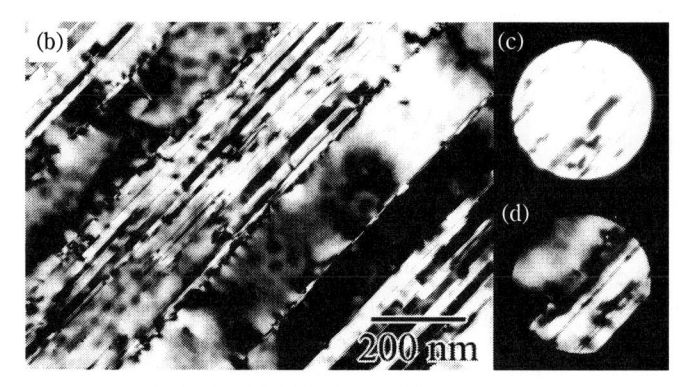

図1-34 制限視野回折の原理と領域選択の実際
(a)電子光路図:一般には対物レンズの像面と中間レンズのピント位置,制限視野絞りの位置には「ずれ」がある.この三者を一致させる必要がある.
(b)撮影領域の全体像, (c)三者がずれている場合の制限視野像,
(d)うまく調整された場合の制限視野像.

②像のピントがあっている(対物レンズの電流値を変化させ像面と中間レンズのピント位置を合わせる).③対物レンズの電流値を変えることなく回折図形とする.これらの条件が満たされたとき,拡大された像に絞りを挿入することで制限視野回折が行える.図1-34 (b) は対象とした試料の全体写真,(c)には①,②の条件が満たされないときの制限視野像,(d)は①,②が満たさ

れたときの制限視野像である．

1.4.4 最近の電子顕微鏡事情と明・暗視野像観察

次に，最近の電子顕微鏡事情と電子回折および明・暗視野像観察の関係について述べる．最近の電子顕微鏡では高分解能観察と局所分析ができる機能が優先して求められている．そのため対物レンズは強励磁で球面収差係数が小さなCOレンズ（condenser-objective lens）が用いられている．このCOレンズでは2枚のレンズが1組になっており，1枚は照射系の最終レンズ，他方は結像系の対物レンズとして機能している．このレンズに平行の電子線を入射させると試料面上でフォーカスする様になっている．このとき，透過波はさまざまな方向からの電子線で構成されており，後焦点面上でディスク状に広がる．このような状況では，対物絞りの穴より大きくなったり他の回折波のディスクと重なってしまう現象が起こる．これでは図1-31に示したように，特定の面からのブラッグ反射だけからなる像を作ることはできない．COレンズの対物レンズで試料に平行平面波を入射させるには，対物レンズ前焦点位置に点光源を作る必要がある．広範囲にしかも平行度よく照射するには対物レンズの直前に照射系レンズを設置する必要がある．しかし高分解能の対物レンズほど焦点距離が短いので，広い面積を平行照射するのは難しく，低倍の観察には不向きになってきている．

一方，最近の電子顕微鏡では，対物レンズの焦点距離が短いため，対物レンズの後焦点面に対物絞りを挿入しにくいという事情もあ

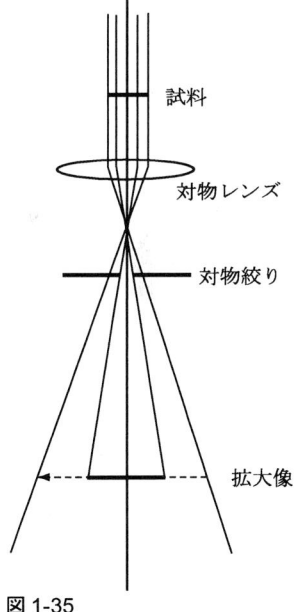

図1-35
後焦点面に対物絞りが挿入されないときの電子線経路図
対物絞りによる視野カットが起こる．

る．図1-35は対物レンズ絞りが後焦点面に挿入されていない場合，どのような現象が起きるかを示している．現実の電子顕微鏡の多くは，対物絞りが後焦点面より後方の位置に挿入されている．平行照射の場合，後焦点面に回折図形はできているが，対物絞りの位置と一致していない場合，対物絞りによって像の一部がカットされてしまう．すなわち像に絞りの影がみえてしまう．明・暗視野像観察において，対物絞りが後焦点面に挿入できないことは視野確保において極めて問題となる事項である．この場合でも，照射系のレンズの励磁を弱くし，見かけ上の電子線集束位置を試料方向に近づけてやると（平行照射は無限遠からの照射に対応する）回折図形はやや下の位置にでき，ちょうど対物絞りの位置と一致させることができる．その状態で対物絞りを挿入すると対物絞りによる視野カットは起きず，明・暗視野像が撮影できる．しかしこのとき，対物絞りの位置にできる回折図形は照射気味の照明のため，各回折反射はディスク状になっており，回折波の選別能力は低下していることに加え，収束ビームを用いたので広範囲の電子線照射はできなくなっていることに注意したい．

暗視野像を広い視野で，明るく，しかも回折ビームの選択性高く撮影するには焦点距離が比較的長く，後焦点面に対物絞りが挿入でき，しかも照射面積を変えても照射条件（ビームの平行度）が変わらない電子顕微鏡を用いて撮影する必要がある．そのような電子顕微鏡では球面収差係数も大きく高分解能とはいえないが，図1-32のようなバリアントが混在した一つのバリアントの暗視野像など回折コントラストを利用した研究に向いている．

図1-36はそのような非COレンズ型の対物レンズを持つ電子顕微鏡で撮影したガラス基板上に成長させた試料厚み約$3\mu m$のAlN多結晶断面の電子回折図形と回折リングの一部による暗視野像[5]である．撮影倍率は1万倍である．比較的接近した回折リングの影響を受けることなく，厚さ$3\mu m$以上の広い範囲にわたり暗視野像が観察されている．基板近くでは結晶は細かく分散しているが，成長に伴い特定の方位の粒子のみが大きく成長し，結晶性の向上や粒子サイズが増大していることがわかる．1枚の暗視野像で結晶

1.4 回折コントラスト法

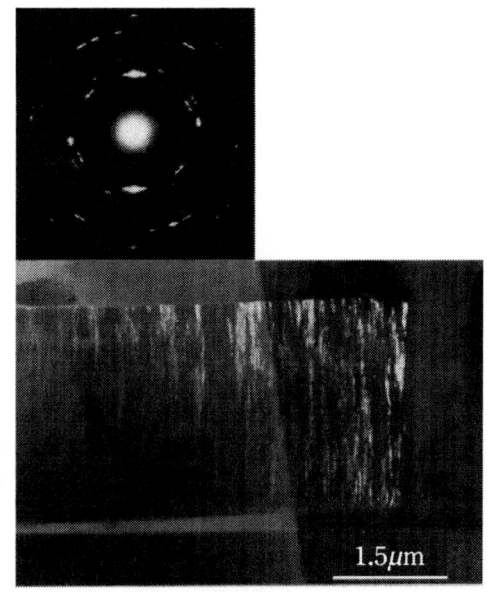

図 1-36 ガラス基板上に成長させた試料厚み約3μmのAlN多結晶断面の電子回折図形と回折リングの一部による暗視野像
下が基板，上が表面．

成長の様子がわかることは非常に有用である．また，後焦点面に対物絞りが挿入されていれば，5千倍といった最近の電子顕微鏡にとっては苦手な低倍率においても視野カットなく結像できることがわかる．

1.4.5 ホローコーン照明暗視野像

　比較的結晶粒径が大きな試料に対して暗視野像は有用であるが，ナノ構造を持つ材料について，回折コントラスト法はどのように用いられるのであろうか．その一例がホローコーン照明暗視野像（hollow-cone illumination dark-field image）である．

　ナノ構造の多結晶体では，電子回折図形は構成相の面間隔に対応するデバイリングからなっている．通常はデバイリングの一部を対物絞りで選択し，暗視野像を撮影し粒子径などの情報を得る．しかしこれではデバイリングのごく一部だけが結像に参加しているに過ぎない．デバイリングに沿って，対物絞りを動かし，すべてのリングを網羅して暗視野像を撮影できればデバイ

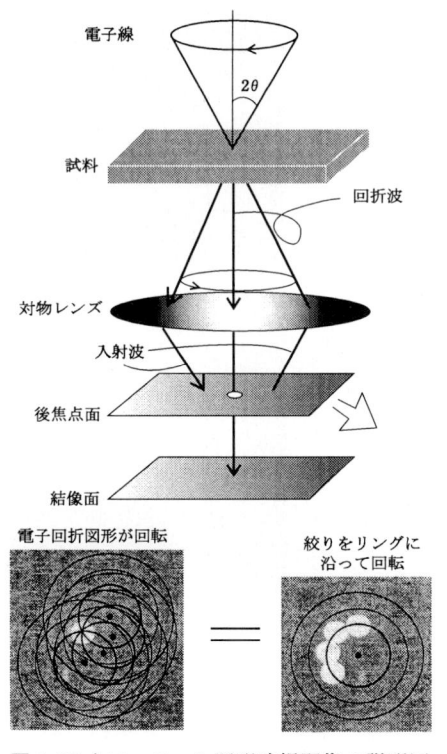

図 1-37 ホローコーン照明暗視野像の説明図

リングに寄与したすべての粒子を結像することができる．しかしこれでは手間がかかる．ある面間隔のブラッグ角 θ に対応して，電子の入射方向を 2θ だけ傾けると，デバイリングの一部は光軸上にある．図 1-37 に示すように光軸に対して 2θ を保ちながら電子線入射方向を 360 度変化させ（電子線は光軸に対し，ちょうどホローコーンを形成する），暗視野像が撮影できるならば，透過波は着目しているデバイリングの上を回転しながら進行する．このときもともとのデバイリングは一度は必ず光軸上を通過することになる．この状態で，光軸付近に対物絞りを置き，暗視野像を撮影したものがホローコーン照明暗視野像である．

この手法をナノ組織の解析に適用した例を紹介しよう．図 1-38 は Al-Fe-N

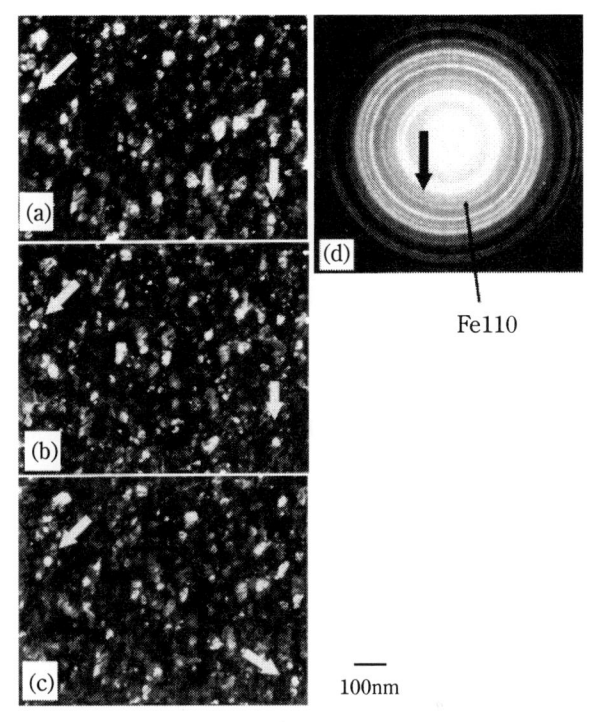

図 1-38 AlN-Fe ナノコンポジット薄膜からのホローコーン照明暗視野像と電子回折図形
(a) Fe110 リングとその両側の AlN リングを用いた暗視野像
(b) Fe110 リングとその内側の AlN リングを用いた暗視野像
(c) Fe110 リングとその外側の AlN リングを用いた暗視野像
(d) Fe110 デバイリングを含む AlN-Fe 薄膜の電子回折図形

の薄膜をスパッタリングで作製し,その後熱処理により AlN 中にナノ粒子を析出させた例である.電子回折図形の面間隔の解析から,AlN と Fe 粒子が存在していることがわかっている.また AlN に比べ,Fe の存在割合はかなり小さい.AlN が多数のリングを与えていること,Fe の出現位置とそれほど差がない,対物絞りの穴径よりリングの間隔が狭いことから Fe だけの暗視野像を撮影することはできなかった.Fe 粒子を確実に捉え,またその粒子径を見積るため,ホローコーン照明暗視野像[6]を撮影した.図 1-38 (d) の

→に示すFeのリングおよびAlNのリングを撮影に用いた.前述の理由のようにFeだけのリングの選択をすることはできなかったが,対物絞りで選択するデバイリングを変えることができる.すなわち図1-38ではFeとその両脇のAlN計3本のデバイリングで,(b)ではFeと内側のAlNの2本のデバイリングで,(c)ではFeとその外側のAlNの2本のデバイリングを対物絞りに入れ撮影を行なった.Feのデバイリングはこれら三つの画像にすべて共通して存在するはずである.そのことを念頭に図1-38 (a)～(c)を比較すると,他の粒子と形状が異なった丸い粒子が3枚の像に観察されることがわかる.これがFe粒子である.このようにホローコーン照明暗視野像ではかなり広い範囲にわたり回折コントラストを使ってナノ組織の中から特定の相の分布や粒径を求めることが可能である.

1.4.6 まとめ

　制限視野電子回折－回折コントラスト法は電子顕微鏡観察の基本であり,電子顕微鏡を使う以上,きってもきれない手法である.しかし一方で,最近の電子顕微鏡が回折コントラストの手法に向かなくなってきているのも事実である.高分解能,微小領域分析,極微小領域回折といった解析手法と電子回折,傾斜実験,暗視野像といった回折コントラストを用いた手法とを電子顕微鏡を含め使い分け,それぞれ得意な範囲の情報を相補的に使っていくことがナノ金属材料の構造評価に大事であろう.

【参考文献】

1) 坂 公恭:結晶電子顕微鏡学,内田老鶴圃 (1997).
2) 電子顕微鏡の実践と応用写真集,日本金属学会 (2002).
3) 鈴木 茜,竹山雅夫:電子顕微鏡の実践と応用写真集,日本金属学会 (2002) 158.
4) Y. Nakamura, H. Koike and O. Nittono: Phys. Stat. Sol (a), **118** (1990) 400.
5) N. Tega, K. Kajiyama, J. Shi, Y. Nakamura and O. Nittono: 論文準備中
6) Y. Haga, N. Nakaya, E. Takeda, Y. Nakamura and O. Nittono: Jpn. J. Appl. Phys., **40** (2001) 6561.

1.5 高分解能電子顕微鏡法（Ⅰ）

1.5.1 はじめに

　高分解能電子顕微鏡法の**高分解能**の意味は**原子が見える**ということである．この**原子を見る**ということは，①孤立単原子や1nm以下の金属クラスターを見ること（単原子像など）と，②単結晶中の原子列（コラム）や原子面を見ること（構造像，格子像）に大きく分かれる．**1.5**では主に後者を中心にして高分解能像を理解するための基礎的事項を説明し，**1.6**では応用例を記述する．

1.5.2 TEMの対物レンズの機能[1), 2)]

　電子顕微鏡では**1.1**の図1-2で説明したように多段のレンズを使って結像する．その中でも高分解能像にとって最も重要なのは対物レンズである．

　対物レンズは，その下の中間レンズの物面に100倍程度の拡大像を作る．この結像過程はよく知られている薄肉レンズの公式 $1/a+1/b=1/f$ で理解することができる（図1-39参照）．**1.1.4**で述べたように，電子顕微鏡の理論分解能はこのレンズで決まる．また図1-39にあるようにレンズの後焦平面に試料の回折図形（試料中に存在する間隔分布のフーリエ変換スペクトル）ができることが重要である．この位置に数$10\mu m$の大きさの円形の対物絞りを入れて，外側の回折斑点をさえぎり，結像に参画させないようにしたり（明視野像），特定の回折斑点のみを取り出して結像する（暗視野像）ようにする．一方原子面を結像する高分解能観察法では，中心の透過波と複数の回折

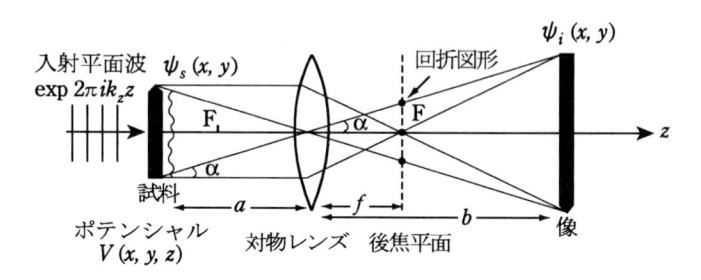

図1-39 対物レンズによる高分解能像の結像過程の説明図

波を取り入れることが必要である．これは，回折波は試料中の原子面間隔の情報を持っているからである．ここで回折波の出る方向を $2\theta(=\alpha)$，原子面間隔を d とすると $2d\sin\theta=\lambda$ のブラッグの式が成り立つ．200kVの装置では $\lambda=0.0025$nm であり，$d=0.2\sim0.3$nm なので $\sin\theta\simeq\theta$ の式が成立し，$d\simeq\lambda/2\theta=\lambda/\alpha$ となる．この式は電子顕微鏡像と回折斑点の関係を考えるときに基本となる大事な式である．

1.5.3 TEMの分解能

顕微鏡の分解能は対物レンズの球面収差によるボケ $C_s\alpha^3$ とレンズの大きさが有限であることによるボケ $0.61\lambda/\alpha$ の単純和でほぼ評価でき，$\delta=1.2(\lambda^{3/4}C_s^{1/4})$ になることはすでに説明した (**1.1** (1-2) 式)．この議論は幾何光学に基礎を置いたものであるが，波の干渉も考慮に入れた理論はScherzerの論文（1949）によって基礎づけられた[3]．この論文は，ほぼ完全な位相物体である単原子を十分なコントラストをもって電子顕微鏡で観察することが可能であることを初めて示したので，高分解能電子顕微鏡研究者の必読文献になっている．それによると，点分解能は，

$$\delta_s = 0.65\, C_s^{1/4} \lambda^{3/4} \qquad (1\text{-}47)$$

で与えられる．実際の観察では，装置の電気的安定度（加速電圧やレンズ電流）と試料ホルダーをはじめとした機械的安定度も分解能に影響を与える．

これは**色収差の問題**とよばれ，像のボケは

$$\delta_c = \alpha \Delta, \quad \left(\Delta = C_{ch} \sqrt{\left(\frac{\Delta E}{E}\right)^2 + \left(\frac{\Delta E_0}{E}\right)^2 + \left(\frac{2\Delta I}{I}\right)^2} \right) \quad (1\text{-}48)$$

で与えられる[4]．ここでαは対物レンズの開口角，Δはディフォーカス幅といい，現代の200kVの装置では5nm以下になっている．C_{ch}は色収差係数，$\Delta E, \Delta I$は加速電圧とレンズ電流の揺らぎであり，ΔE_0は電子銃から放出される電子のエネルギー幅である．

拡大した像は電子線の面密度が1/(倍率)^{2}の割合で減るので，フィルムなどに十分なコントラストで記録されるためには，試料に強い電子線をあてる必要がある．そのため電子銃から出た電子は2段のレンズで試料上に収束される．したがって実際の装置では平行ビーム(平面波)ではなく，10^{-3}〜10^{-4} rad 程度の角度をもって円錐状に試料を照射している．この平行からのズレ角をεとかき，これが大きくなると空間干渉性が悪くなって分解能は低下する．後の(1-58)式で述べるように，この効果による像のボケはεの関数である．εは試料の一点から電子源を見込む角としても定義できる．

1.5.4 格子像 (lattice image)[2]

結晶性試料からの透過波と回折波を同時に対物絞り内に入れ結像させた場合，この回折波の発生に寄与した原子面の間隔を倍率だけ拡大した間隔をもつ干渉縞が像面に得られる．これを格子像とよぶ．格子像には透過波である000波と回折波の200を光軸に対称に入れた**対称2波干渉**，000波，200波，およびその反対の$\overline{2}00$波を干渉させた**軸上3波干渉**，**軸上5波干渉**，**多波干渉**などがある．このうち5波干渉の例を，面心立方(fcc)構造を持つ単結晶に[001]方向から電子線を入れた場合で詳しく説明しよう．

明視野像を観察するときよりも大きな対物絞りを用いて，透過波である000波の他に200, 020, $\overline{2}00$, $0\overline{2}0$ の四つの回折波を取り入れて結像すること

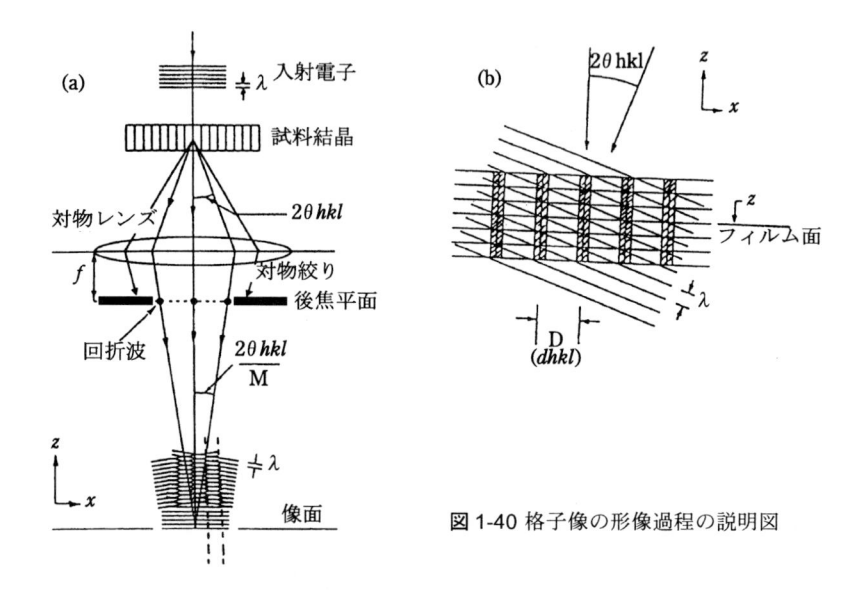

図1-40 格子像の形像過程の説明図

を考える．この時，外側の220以上の回折波は絞りで止められているので試料のあるところの像の強度が低下する．これがコントラストがつくということである．

次に図1-40(a)を見ると，試料からは多数の回折波が出ているが，対物レンズによる収束作用と対物絞りによる遮蔽により，像面へ向かうのは左右の$\bar{2}00$，200回折波と紙面の手前と奥にある020，$0\bar{2}0$のみである．像面近傍ではまっすぐ来た平面波000波と10^{-2}rad程度傾いて[注1]，斜め方向から来る平面波200，$\bar{2}00$波が干渉して，強め合う場所（山）と弱め合う場所（谷）が像面近傍の3次元空間中にできる．ここで図1-40(b)の拡大図中の斜線部は000波と200波が干渉してできた「山」の部分を結んだもので，その法線が近似的にx方向を向いている平面群を表している．これをz軸に直角なx-y面（これが像面またはフィルム面である）で切ると，「山」に対応する，y方向に走る直線群が得られる．この間隔は試料中に存在する(200)原子面の間隔(d_{200})を，倍率であるM倍したものになるので，この縞を**格子像**と

[注1] 正確には回折角（2θ）/拡大倍率（M）である．図1-3のβに対応する．

いう．同様に000波と020回折波が干渉してx方向に走る縞の像が得られ，両方を強度で足し合わせて格子状の像となる（より正確には200と020など回折波同士の干渉項をさらに重畳しなければならない）．格子像はここで説明した縦横2波の合計4波の回折波を結像に参加させたものより，試料を傾斜して000と200だけにブラッグ条件をあわせて励起させ，光軸に対して対称に入れた **対称2波干渉縞** の方が単純であるし，装置の安定度などが劣っていても撮影できる．しかし，近年装置の性能が向上したので，格子像は［001］などの晶帯軸に沿って電子線を入射し，かつレンズの光軸上に透過波をおいて撮影するのが普通である．これを総称して **軸上入射格子像** という．

　上の説明からわかるように，200格子像が試料のある部分で観察されることは，試料のその部分から200回折波が出ていることを意味している．この性質を使うと多結晶試料のどの結晶粒から特定の回折波が出ているかということが **実空間の像として簡単に判定できる**．これは（200）原子面が試料中のどこかに存在することしかわからないX線回折法などと対照的である．この **どこにあるかがわかる**（電子顕微鏡）と **どこかにあることだけがわかる**（X線回折）の違いは，局所性が極めて重要な要素であるナノ組織材料を研究する場合の知識としては大きな差になる（例：ナノチューブはTEMで発見された）．

　ここで，000透過波は遮蔽し，例えば200と400回折波を取り入れて干渉させても格子像は撮影することができる．これを **暗視野格子像** という．しかし得られる情報は明視野の場合より増えるわけではない．

1.5.5　構造像（structure image）

　格子像 は，上に述べたように，000透過波と200回折波などの干渉で形成され，(200)原子面を持つ領域が試料中のどこに存在するかを示す観察法である．結晶はfccやbcc構造を持つ単位胞の繰り返しでできているが，この内部の原子配列を電子顕微鏡で見る方法はないだろうか．これを実現する

のが格子像の撮影条件をもう少し精密に制御して得られる **構造像** である．

構造像を撮影する条件は，① 試料の厚さがほぼ5nm以下，② 電子線は結晶の対称性の高い晶帯軸に沿って入射させる，③ 対物絞りの中に多数の回折波を対称的に取り入れる，④ 000 の波を対物レンズの光軸に完全に平行に入れる（対物レンズのコマ収差の極小化），⑤ レンズの非点収差を完全に補正する，⑥ 焦点はずれ量を適当に設定し，広い空間周波数（多数の回折波）について，レンズを通る電子波が異なった位相ズレを起こさずに結像される，などである．図1-41は松井らによって得られた高温超伝導材料の構造像の一例であり[5]，この像から Ba, Sr や Cu の原子の位置が決定できるので **原子直視像** といえる．ただ現在の200kVの加速電圧の通常の電子顕微鏡では対物レンズの球面収差によって，最適焦点条件[注2]でも0.18～0.19nm

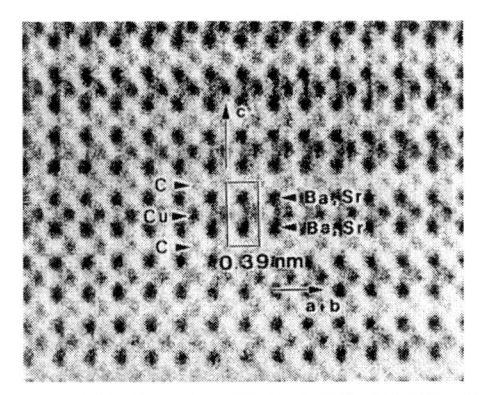

図 1-41 Bi-Sr-Ca-Cu-O 高温超伝導体の構造像（物質・材料研究機構：松井良夫）[5]

[注2] 後述するように薄い試料（弱い位相物体）の原子構造を観察するための最適焦点位置をシェルツァーフォーカスと呼び，$\Delta f_s = 1.2\sqrt{C_s \cdot \lambda}$（アンダーフォーカス側）で与えられる．ここで C_s は対物レンズの球面収差係数で，現代の装置では，ほぼ1mm，λ は電子の波長で，200kVの場合 0.0025nm である．この値を入れると，レンズの励磁を弱めて（アンダーフォーカス），正焦点位置から約60nmだけ長くしたときがその最適結像条件になる．

[注3] 1.1の後半で説明したように，2000年以後，球面収差補正装置を付加したTEMが実用化した．この装置では点分解能が上がり，空間周波数伝達特性は200kVの加速電圧の装置でも0.1nmレベルに達する（**1.5.7**参照）．

の面間隔に相当する回折波までしか正しく伝達されない[注3]. したがって単位胞内の原子列や原子団が正しく写し出される構造像は, 複合酸化物や超伝導材料のような単位胞の大きい（格子定数a=2～3nm）試料に限られる.

1.5.6 高分解能透過電子顕微鏡（HRTEM）の結像理論

前項では, ブラッグ回折波が透過波と像面で干渉してできた縞によって格子像と構造像を説明した. ここでは, 先のScherzerの論文に源を発し, 1970年代前半にHanszenらによって完成された線型伝達関数理論に基づく高分解能透過電子顕微鏡（high resolution transmission electron microscope; HRTEM）の結像理論[6),7)]を説明する. この考え方は原子クラスターや非晶質試料にも適用できる.

10万ボルト以上で加速された電子は, 0.003～0.002nmのドブローイ（de Bloglie）波長をもつ. この波がzの距離だけ伝搬する間に横方向に拡がる程度は, 光の伝播と同様に, フレネル（Fresnel）回折の式より$\sqrt{\lambda z}$程度である. したがって電子波に照らされた試料の下には, 試料の原子配列を電子線の方向に投影した情報をもった波動場が得られる.

電子線は原子が作る静電ポテンシャル（遮蔽されたクーロン場）$V(x,y,z)$によって屈折される（位相がずれる）ので, 入射方向に投影したポテンシャル$\phi_p(x,y)$を考えると, 試料下の出射面の波動関数は, 2次元座標表示で, (1-49)式のように位相変調の形で書くことができる.

$$\psi_s(x,y) = \exp i\sigma\phi_p(x,y) = \exp i\delta(x,y) \qquad (1\text{-}49)$$

ここで, $\sigma = \pi/\lambda E$（非相対論の場合）は相互作用定数とよばれ, $\delta(x,y)$はすでに述べたように試料のあるところで電子波の位相が進んだことを表す. この式は, 静電ポテンシャル中の電子線の屈折率(n)が次の(1-50)式で与えられることと, 波の位相ズレ（真空に対する）は(1-51)式

$$n(x,y,z) = \sqrt{\frac{E+V(x,y,z)}{E}} \approx 1 + \frac{V(x,y,z)}{2E} \qquad (1\text{-}50)$$

$$\delta = \frac{2\pi}{\lambda} \times (n-1) \times (伝播距離) \qquad (1\text{-}51)$$

であることから導かれる．

(1-49)式のように位相変調のみを与える試料を位相物体という．本来なら，$(\exp i\delta)\times(\exp -i\delta)=1$ だから真空との強度差がつかない位相物体なのに，何らかの理由で像面で強度変調が生じ，像コントラストが得られることを **位相コントラストがつく** という．

(1-49)式で表された結晶性試料の直下の波動場は，x, y の2次元座標表示でかつ縦軸を位相変化量とすると図1-42のように模式的に表せる．この位相変調をもつ波動場は対物レンズによって，フィルムやTVカメラのある像面に転送される．この過程は「光学」の問題であり，数学的には2回の**正フーリエ (Fourier) 変換** で記述される．2次元座標で表された試料下の(1-49)式の波動場を1回フーリエ変換したスペクトルが対物レンズの後焦平面上にでき，これは電子回折図形になることはすでに述べた．

このときレンズに不完全性（収差）が存在したりピントをはずすと，フィ

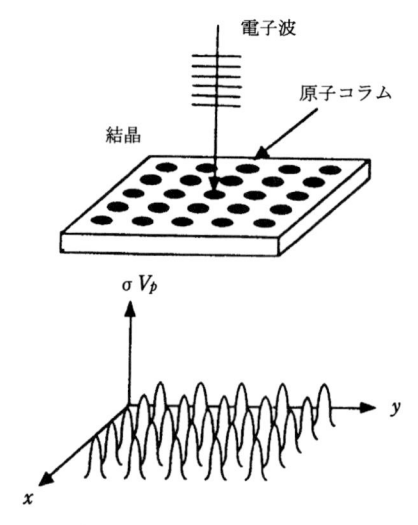

図 1-42 結晶性試料の下の波動場の位相変調の模式図

1.5 高分解能電子顕微鏡法（Ⅰ）

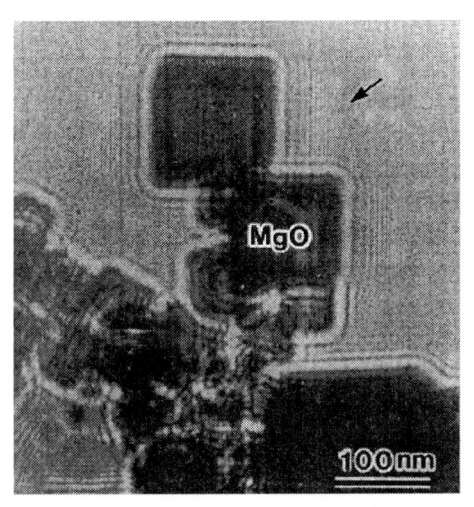

図1-43 酸化マグネシウム結晶の外側に観察される位相コントラストの一種であるフレネル縞（矢印）

ルム面上に（1-49）式のような $\exp i\delta(x,y)$ が正確に再現されず，試料に相当する位置のまわりに余分な**振幅変調**ができる．これがすでに述べた位相コントラストである．単原子の像や不透明な試料の端から真空側に現れるフレネル縞はこの一例である（図1-43）．

電子波にとって対物レンズの効果は，2次元の逆空間座標を u,v（これを空間周波数という；$u=1/d_x, v=1/d_y$）で表した場合，回折角（2θ）に対応する空間周波数 $u,v\left(\sqrt{u^2+v^2}=2\theta/\lambda\right)$ をもつ波の位相に対して変化を与えることである．この位相ズレによって平面波が球面波に変わり収束作用が生じるが，レンズに収差やピントはずれがあると，さらに余分な位相ズレが付加される．この関数は，Scherzer（1949）により次の（1-52）式になることが導かれた[3]．これをここではレンズ伝達関数（lens transfer function）とよぶ[注4]．

$$TF(u,v) = \exp -i\chi(u,v)$$
$$\chi(u,v) = 0.5\pi\, C_s \lambda^3 (u^2+v^2)^2 - \pi \Delta f \lambda (u^2+v^2) \quad (1\text{-}52)$$
$$(\Delta f > 0：アンダーフォーカス（レンズを弱める））$$

[注4] 対物絞りの効果を表す $A(u,v)$ も含めて，瞳関数という場合もある．[7]

この関数の中には対物レンズの球面収差係数 (C_s) や焦点はずれ量 (Δf) の項が入っており，これがフレネル縞や格子縞などのコントラストが対物レンズの収差や焦点はずれに敏感である理由である．

試料が軽い元素の単原子や非晶質薄膜（概ね，$t<5\mathrm{nm}$）の場合は，(1-49)式の位相変化量 $\delta(x,y)$ は大きくないので，次の (1-53) 式のように，指数関数を展開して一次の項までで近似することができる．これを **弱い位相物体近似**（weak phase object approximation）という．

$$\psi_s(x,y) = 1(x,y) + i\sigma\phi_p(x,y) \tag{1-53}$$

ここで $1(x,y)$ は透過波による像で，強度1のバックグラウンドがあることを意味し，$i\sigma\phi_p$ は試料で散乱され，かつ位相が $\pi/2$ だけ変化した波からフーリエ合成された振幅を表す[注5]．したがって像の強度は，その複素共役との積で

$$I = (1+i\sigma\phi_p)(1-i\sigma\phi_p^*) = 1+i\sigma(\phi_p - \phi_p^*) + \sigma^2 \phi_p^2 \tag{1-54}$$

となる[2]．

試料中での電子線の吸収がなければ ϕ_p は実数であり，$\phi_p = \phi_p^*$ であるので，2次の非線型項 $\sigma^2\phi_p^2$ を無視すれば，試料のあるところの強度は1となり，やはりコントラストがつかない．(1-54)式でもし i を消すことができれば，$I = 1 + 2\sigma\phi_p$ となって弱い位相物体なのにコントラストがつくことになる．このような考え方がゼルニケ（Zernike）の位相差光学顕微鏡の原理である[8),9)]．彼は微小な位相変調円板を工夫し，レンズの後焦平面で透過波の位相を $\pi/2$ ($\exp i\pi/2 = i$) ずらして，試料下の波動場にはほとんど強度変調が起きない透明な細胞の観察を可能にした．

一方電子顕微鏡では対物レンズの収差とディフォーカスによって (1-52) 式のレンズ伝達関数 $\exp - i\chi(u,v)$ (u, v は空間周波数）を調節し特定の散乱波の位相をずらし，位相差光学顕微鏡と同じことを行なうことができる．シェルツァーはこのような考え方でほぼ純粋な位相物体である単原子でも

[注5] この近似は電子回折の運動学的回折理論（kinematical theory）に相当する．

像面上に観察可能な強度差(コントラスト)をつけることができることを1949年の論文で示した[3]．

以上のことを (1-52) 式を使って定式化してみよう．フィルム面上の波動関数 $\psi_i(x,y)$ は，試料下面の波動関数 $\psi_s(x,y)$ に2次元の正フーリエ変換を2回行い，その間に (1-52) 式のレンズ伝達関数をかけることによって得られる．像の強度は $|\psi_i(x,y)|^2$ で求められるが，この時も (1-54) 式とのバランス上，2次の非線型項を無視すると (1-55) 式が得られる．

$$I(x,y) \propto 1 + 2\sigma\phi_p(x,y) \oplus \hat{F}[\sin\chi(u,v)]$$
$$\phi_p(x,y) \propto \int_0^{t_0} V(x,y,z)\,dz \quad (1\text{-}55)$$
（投影ポテンシャル）

ここで $\hat{F}$ と $\oplus$ はそれぞれ2次元のフーリエ変換およびコンボリューション演算を表す．この式は，$[\sin\chi(u,v)]$ をフーリエ変換した関数でのコンボリューション演算によって変調されるにせよ，像強度は投影ポテンシャル ϕ_p に比例することを表しており，高分解能透過電子顕微鏡 (HRTEM) 像の直観的解釈の一つの基礎を与える．(1-55) 式で伝達関数が $\exp - i\chi(u,v)$ から $\sin\chi(u,v)$ の形になったのは ψ_i の複素共役の2乗の式の1次の項で，虚数部のみを取り出したからである．この $\sin\chi$ は，位相コントラストのつき方を決めるので，**位相コントラスト伝達関数** (PCTF) とよばれる．$\sin\chi$ は，図1-44に示すように焦点はずれ量(ディフォーカス量)によってグラフが大きく変化し，ある空間周波数が+1になったりもする．これはディフォーカスによって位相コントラストが黒から白へ反転することに対応する．

位相コントラスト伝達関数 $\sin\chi$ は，高分解能電子顕微鏡の対物レンズの結像特性を表すものと考えられ，横軸を空間周波数の $u(=1/d)$ でプロットしたグラフは電子顕微鏡のカタログなどにも多く見られる．この関数が広い空間周波数 u にわたって-1 (試料のあるところが黒いコントラストになる)を与えるディフォーカス量をシェルツァーフォーカスとよび，すでに注2)で説明したように (1-56) 式で与えられる．

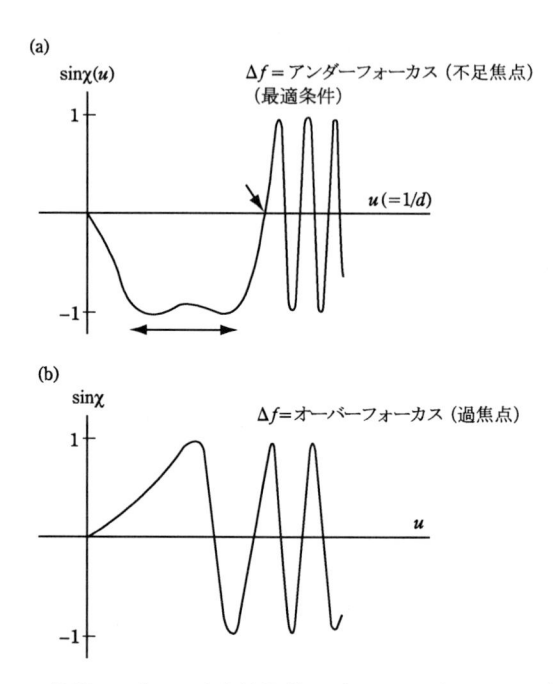

図1-44 位相コントラスト伝達関数のディフォーカスによる変化

これまでの議論は,電子線の波長が一定でかつ試料に平面波の電子線が入射した場合であった.もし入射電子線に開き角 (ε) がある時や,加速電圧やレンズの励磁電流が不安定で実効的に電子波の波長にゆらぎがある時は,(1-52) 式の伝達関数にこの効果をあらわす次式の $E(u,v)$ と $B(u,v)$ をかける必要がある[7].

$$\Delta f_s \cong 1.2\sqrt{C_s \lambda} \tag{1-56}$$

$$E(u,v) = \exp\left(-0.5\pi^2 \lambda^2 \Delta^2 (u^2+v^2)^2\right) \tag{1-57}$$

$$B(u,v) = \exp\left(-\pi^2(u_0^2+v_0^2)\right) \times \left\{\left(C_s\lambda^2(u^2+v^2) - \Delta f\right)\lambda(u^2+v^2)^{1/2}\right\}^2 \tag{1-58}$$

ここで,(1-57) 式の Δ はすでに (1-48) 式で定義したように加速電圧の変動に伴う波長のゆらぎなどの効果を対物レンズの焦点はずれ量のゆらぎに換算したものである.また (1-58) 式の u_0, v_0 は平行照射からのずれ,または

1.5 高分解能電子顕微鏡法（Ⅰ）

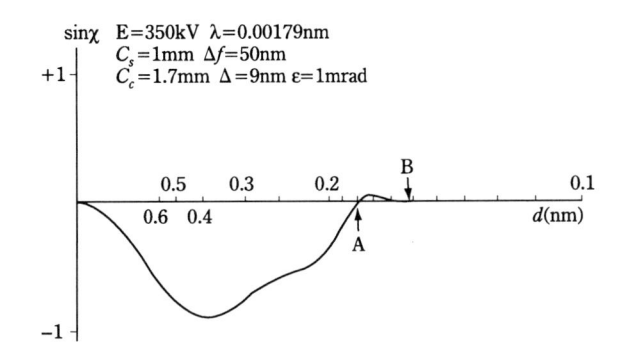

sinχ E=350kV λ=0.00179nm
C_s=1mm Δf=50nm
C_c=1.7mm Δ=9nm ε=1mrad

図1-45 実際の観察条件に近い計算条件での位相コントラスト伝達関数 Aはシェルツァー分解能，Bは情報限界分解能 を示す．

電子源を見込む角度(ε)を逆空間の座標で表したものである．これらの関数を(1-55)式のsinχにかけたものが，原子レベルの試料を観察する場合の実際に近いコントラスト伝達関数になる（図1-45）．

(1-55)，(1-57)，(1-58)式の定式化は，5nm以下の厚さの試料で弱い位相物体近似が成立する場合に用いることができる（線型結像理論）．より近似を高めた理論は2次の伝達関数理論とよばれ，開き角や電圧ゆらぎの効果は(1-57)，(1-58)式のような式の積の形では表すことはできない[10]．

また試料が厚い場合は，試料の各々の深さにおける2次元的な結晶格子による「回折」現象による波の広がりや多重回折の効果を考慮する必要がある．そのときは試料直下の波動場は(1-49)式のような位相格子によるものではなく，マルチスライス動力学的回折理論で計算しなくてはならない（**1.5.8**参照）．

電子顕微鏡の分解能は，sinχ，$E(u, v)$と$B(u, v)$をかけたもので表されると考えても大きな誤差は生じない．シェルツァーディフォーカス条件でsinχが負の値から最初に0を切るuの値を **シェルツァー分解能（点分解能に相当する）**（図1-45，矢印A），$E(u, v)$か$B(u, v)$が正値から0になるuの値を **情報限界分解能**（図1-45，矢印B），実際，格子像が見える限界を **格子分解能**

という．3番目の分解能は，高圧などの電気的安定度のほかに試料ステージなどの機械的安定度でも決まり，球面収差係数などには依存しない．電子顕微鏡の分解能を議論するときには，この三つの定義を明確にしておく必要がある．

1.5.7 球面収差補正 TEM

電子顕微鏡の点分解能を向上させるために対物レンズの球面収差を補正する技術については 1.1.7 ですでに概説した．この技術は次世代の高分解能 TEM の重要な技法なのでここではもう少し説明を加える．

まず収差を補正するためには，1.1 図 1-6 に示すように収差のある対物レンズの後方に 2 組の 6 極子レンズを置く．この方式はドイツの Rose-Haider によって実用化されたもので，TEM 用の補正装置の標準型になりつつあ

図 1-46 国産の球面収差補正 TEM の外観図[9]

る[11]. 図1-46は名大－東大－JFCC（ファインセラミックスセンター）のグループと日本電子により開発された200kVの加速電圧の球面収差補正TEM装置の外観図である．白矢印で示した銀色の円筒部が補正装置である．収差補正を実際に行うには対物レンズのもつ多数の収差係数のその場測定，および補正のための電流値の高速計算と，それに基づいた収差補正レンズの自動設定が必要である．レンズ係数のその場測定にはZemlinの方法を用いる．この方法は各種の斜め照射の条件で非晶質膜の高分解能像を撮影し，そのフーリエ変換図形を解析するものである．

球面収差補正をすると，①点分解能の向上，②delocalizationの極小化，③コントラスト伝達関数の高角度側の停留化，④負の球面収差係数の実現，⑤点分解能への照射角の影響の低減，⑥制限視野回折の位置決め誤差の局所化，など様々な利点が生ずる．まず①の特長からは炭素や酸素などの軽元素の原子の可視化が可能になり，②からは界面や微粒子の構造解析の容易化，③からは像シミュレーションの回数を減らすことができる，④では新しい高分解能結像法の開拓などができる．

図1-47は①の特長を生かして酸化マグネシウムの結晶中の酸素原子コラムを可視化したもので，酸素原子数個の連なりが灰色のコントラストの広がりとして捉えられている[12]．また表面の酸素原子の状態も研究できる（白太矢印）．図1-48は界面でのdelocalization効果が少ないことを利用したSiO_2/Si(100)界面の高分解能像である．フレネル縞などのdelocalization効果に妨げられることなく，0.135nmの分解能で界面近傍の原子配列の直接観察ができている[13]．

この技術によって対物レンズの球面収差は事実上ゼロにすることができるので，(1-55)式や図1-44のPCTFが200kVの装置でも0.1nmの分解能領域に引き延ばされる．また(1-58)式の照射角による伝達特性の減衰やコマ軸収差は極小化される．残るは(1-57)式の色収差による分解能の制限である．この減衰包絡関数を軽減するには加速電圧のゆらぎ$\Delta E/E$や放出電子線のエネルギー幅ΔE_0の低減と色収差係数(C_{ch})自体を極小化する必要がある．

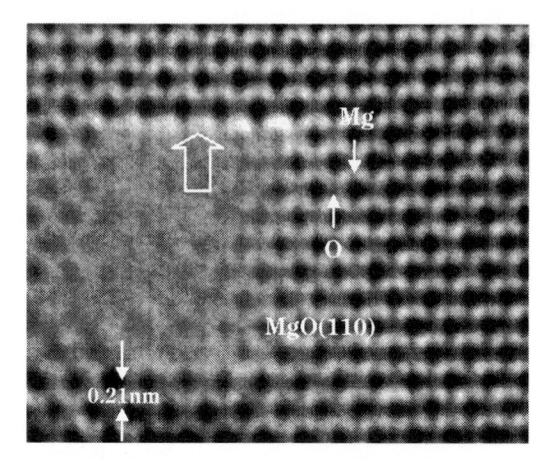

図1-47 酸化マグネシウム結晶中の酸素原子コラム像[12]

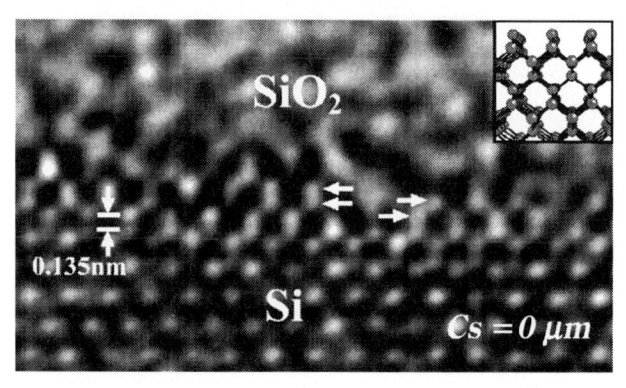

図1-48 SiO$_2$/Si (100) 界面の高分解能 TEM 像[13]

ΔE_0の低減には電子銃の後にエネルギー単色器を置く.現時点でΔE_0=0.1eV程度にエネルギーをそろえた入射電子線による高分解能 TEM 像がすでに撮影されており,点分解能は0.1nmを切っている.後者の色収差係数の補正については低加速のSEMではすでに実用化しているが,TEMへの実用化にはあと数年以上はかかると言われている.

1.5.8 動力学的回折理論について[1),7)]

　動力学的回折理論については**1.3**で回折コントラストの成因に関連して説明したが,高分解能電子顕微鏡像を正しく解釈するためにもこの理論に習熟する必要があり,またHRTEM像のシミュレーションもこの効果をとり入れて行わなければならない.**1.5.6**で説明した結像理論は試料がほぼ5nm以下のため透過した波の位相ずれが小さい場合であった(弱い位相物体近似).厚い結晶性試料の下の波動場を計算するのに使われるのが固有値法(ベーテ法)[14)]とマルチスライス法(カウリームーディー法)[15)]である.前者は固体物理学で使われるバンド理論と同様にシュレディンガー方程式をブロッホの定理と真空と結晶の界面での波動関数の連続性を条件として解くものである.一方マルチスライス法は結晶を入射電子線に垂直な薄い層の積み重ねとして表し,その層を順に電子波が波動光学的に伝わっていくとする定式化である.この方法を用いると格子欠陥や異質な結晶が混在する試料の下の波動場も求めることができるため,電子顕微鏡像のシミュレーションには便利である.ここではその概略を紹介する[15)].

　まず図1-49のように結晶を厚さΔzのN個のスライスに切り,そのスライス中の3次元的なポテンシャル分布をスライスの上面または下面に投影する.その投影ポテンシャルによって厚さのない2次元的な位相格子を作る.1枚目の位相格子を通り抜けた電子の波動関数は(1-49)式で述べたように

$$\psi_s(x,y) = \exp i\sigma\phi_p(x,y) \qquad (1\text{-}59)$$

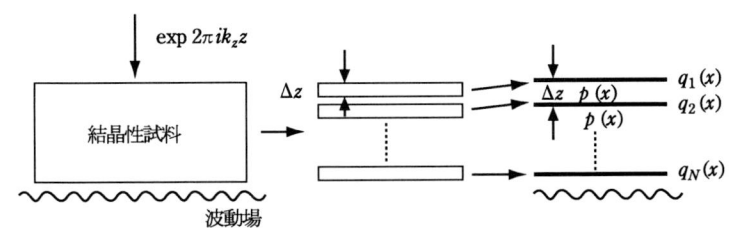

図1-49 マルチスライス法で結晶下面の波動場を計算する方法の模式図

となる．次にこの電子波は2枚目の位相格子までΔzの距離を真空中または平均内部ポテンシャルV_0を持つ媒質中をフレネル伝播すると考える．これは(1-60)式のようなガウス型関数をコンボリューション演算することによって表される．この関数をフレネル伝播関数ともいう．

$$p(x,y) = (-i/\lambda\Delta z)\exp[ik(x^2+y^2)/2\Delta z] \qquad (1\text{-}60)$$

2枚目の位相格子に達したら，再び$\exp i\sigma\phi_p(x,y)(=q_2(x,y))$をかける．この操作を(1-61)式の様に繰り返すと厚い試料の下の波動場を求めることができ，計算に取り入れるビーム数が十分多ければ，上記のベーテ法と同じ結果を与えることが知られている．

$$\psi_s(x,y) = [[[q_1(x,y) \oplus p_1(x,y)] \times q_2(x,y) \oplus p_2(x,y)]\cdots]\cdots \times q_n(x,y) \qquad (1\text{-}61)$$

この方法によって試料直下の波動場が求められれば，それをフーリエ変換[16]することによって逆空間の表式にして，次には(1-52)式のレンズ伝達関数をかけ，再びフーリエ正変換して像面での波動場を求めるのは(1-55)式と同じ手続きである．ただし，(1-53)，(1-55)式のように1次の近似式は使わず，フーリエ変換で戻した像面の複素数の波動関数の2乗で像強度を求める．

【参考文献】

1) 上田良二編：電子顕微鏡，［実験物理学講座］，共立出版 (1982).
2) 田中信夫：日本結晶学会誌，**39** (1997) 393.
3) O. Scherzer: J. Appl. Phys., **20** (1949) 20.
4) L. Reimer: *Transmission Electron Microscopy*, Springer (1984).
5) Y. Matsui et al.: Jpn. J. Appl. Phys., **27** (1988) L372.
6) K. J. Hanszen: in Adv. Optical Electron Microscopy, Vol.4 (1971), Academic Press.
7) 堀内繁雄：高分解能電子顕微鏡の基礎，共立出版 (1983).
8) F. Zernike: Z. Tech. Phys., **16** (1935) 454.
9) 田中信夫：日本結晶学会誌，**47** (2005) 20.
10) K. Ishizuka: Ultramicrosc., **5** (1980) 55.

11) M. Haider et al.: J. Electron Microsc., **47** (1998) 395.
12) N. Tanaka and J. Yamasaki: Proc.Microscopy & Microanal. (2004) pp.982CD
13) N. Tanaka et al.: J. Electron Microsc., **52** (2003) 69.
14) H. Bethe: Ann. Pyhs., **87** (1928) 55.
15) J. M. Cowley: *Diffraction Physics*, North-Holland (1983).
16) 今村勤：物理とフーリエ変換，[岩波全書] (1976).

1.6 高分解能電子顕微鏡法（Ⅱ）

1.6.1 はじめに

　1.5で高分解能電子顕微鏡法の基礎が説明された．1.6では，具体的にどのような条件のもとで材料の組織・構造の様子を鮮明に原子レベルで高分解能観察することができるかを説明しよう．ここでは，特に，アモルファス合金あるいはナノグラニュラー膜でのナノ組織形成の上で重要な役割を果たすクラスター構造やナノ結晶，ナノ粒子組織の高分解能観察法に重点を置く．

1.6.2 構造周期の結像

　1.5の図1-41で説明したように，電子回折パターンでのダイレクトスポット（逆格子原点）と，特定の例えば (hkl) 面からの回折スポットを対物絞りに入れて結像させることにより，000透過波と hkl 回折波を干渉させ，(hkl) 面間隔の格子周期を持つ **構造像** を得ることができる．多くの hkl 波と透過波とを対物絞りに入れて最適なディフォーカス条件のもとで結像（フーリエ変換）させれば，結晶構造を反映した **構造像** が得られることは **1.5** で述べた．この **構造像** 観察には分解能限界内の格子周期に関係した回折波をできるだけ多く結像に参加させる必要があり，対象は自ずと格子定数の大きい無機化合物や長周期の金属化合物，規則合金に限られる．

　図1-50に，構造像を撮影する場合 (a)，格子像撮影の場合(b)の回折パターンと対物絞りの関係を示す．これらの入射ビームは光軸上にあり，このような入射を **軸上照射** とよぶ．特に(a)の場合の対物絞りの有効な大きさは，**1.5**

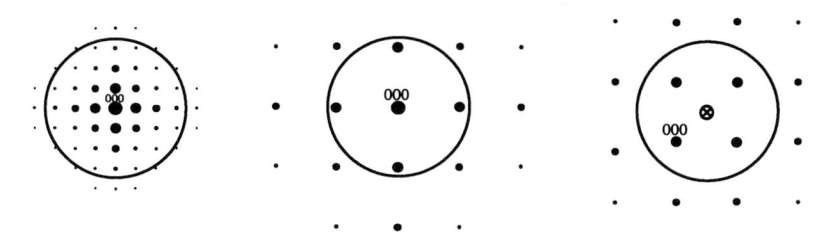

(a) 格子定数の大きい
　　結晶の場合
(b) 金属結晶の場合
(c) ビーム傾斜法：×印位置が光軸
　　に一致するよう傾斜する

図1-50 高分解能観察での電子回折パターンと対物レンズ絞り

で説明された分解能限界に関係し，通常の200kV高分解能電子顕微鏡では波長×(0.20nm)$^{-1}$に相当する散乱角を見込む大きさにほぼ等しい．金属結晶の場合は(図1-50(b))，格子面間隔が狭いために多くの回折波を有効に結像に参加させることはできず，高分解能像としては，構造像というよりむしろ格子像を観察することになる．なお，図1-50(c)で示したように，対物絞り位置をずらし，より高指数の回折波を取り込んで結像させる方法もある．実際には入射ビームを傾斜させて図(c)中の×印位置にダイレクトビームが来るように回折パターンをシフトさせる操作を行い像観察することで，バックグラウンドの低い高コントラスト格子像を得ることができる．これはビーム傾斜法とよばれ，軸上照射下で分解能限界外にあった回折波を，分解能限界内に取り込めるメリットがある．分解能がまだ十分でない時代にはよく用いられた手法であるが，最近の電子顕微鏡では軸上照射条件下でも十分な分解能の観察が可能であるので，この方法(非点収差補正が難しい)はあまり用いられなくなった．

　ナノ金属組織の高分解能観察では，**格子像観察**が重要となってくるため，以下においては**高コントラスト格子像(軸上照射)法**について詳しく説明することにする．

高コントラスト格子像の条件

　透過波に対して散乱波には，**1.5**の(1-53)式で表される位相伝達関数に関

係した位相が加わることになる．このとき，特定の散乱角 $(a=l\,(u^2+v^2)^{1/2})$ の波に対して第1項は固定されるが，第2項は Δf により変化でき，位相 $\chi(u,v)$ の制御が可能となる．位相伝達関数のこの位相項に起因して格子像のコントラストも大きく変化する．

位相変化 $\chi(u,v)$ を考慮することにより，弱位相物体近似のもとで像面での強度分布は **1.5** の (1-55) 式により

$$I(x,y) \propto 1 + 2\sigma\phi_p(x,y) \oplus \hat{F}\,[\sin\chi(u,v)] \qquad (1\text{-}62)$$

となる．像強度は投影ポテンシャルだけでなく，位相変化項 $\exp[-i\chi(u,v)]$ の虚数項 $\sin\chi$ のフーリエ変換にも比例するため，目的の格子像を与える回折スポットの位置 (u,v) で $\sin\chi(u,v)$ が大きくなるようなディフォーカス条件がまず必要となる．図1-51は，200kV電顕（C_s=0.5mm）について計算した $\sin\chi$ のディフォーカス量 Δf による変化の例を示している．この電子顕微鏡では $(0.22\text{nm})^{-1} \sim (0.18\text{nm})^{-1}$ の空間周波数域に散乱角を持つ格子面からの散乱の場合は，Δf=80nm（アンダーフォーカス）の条件下で透過波に対して散乱波の位相が $-\pi/2$ 変化し 0.22nm〜0.18nm の面間隔の格子縞は高コントラストで観察されることを示している．一方，Δf=43nm のもとで $\sin\chi(u,v)$ はマイナス側に高い値で大きく広がる（シェルツァー条件）が，こ

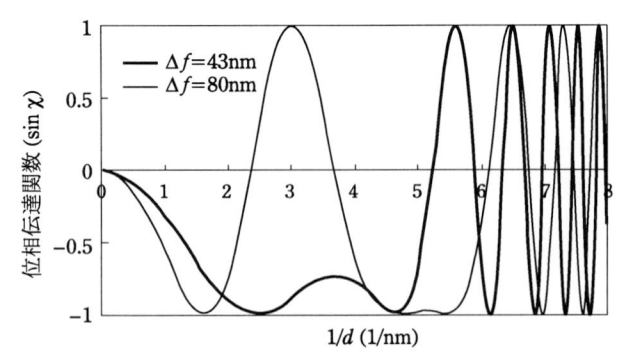

図 1-51 ディフォーカス量と位相伝達関数の例
加速電圧200kV，C_s=0.5mm，Δf=43, 80nm の場合．

れは，約 0.20nm の格子面間隔に相当する空間周波数までであり，0.20〜0.18nm の面間隔の格子像を楽に観察するには，コントラストが非常に弱く不利な条件である．

このように，希望の格子周期の像を得る目的でディフォーカス量を変化させることで，明瞭な高コントラストの格子像を得ることが可能である．図1-51 を見てわかるように，ディフォーカスによって $\sin\chi(u,v)$ は -1 から $+1$ に周期的に変る．$\sin\chi(u,v) = \pm 1$ となる条件 $\chi(u,v) = \pi(2n+1)/2$ (n は整数) に従う Δf と格子面間隔 d の逆数 $d^{-1}(u,v) = (u^2+v^2)^{1/2} = \alpha/\lambda$ の関係は，

$$\Delta f_n(u) = [C_s \lambda^3 u^4 - (2n+1)] / (2\lambda u^2) \tag{1-63}$$

となる．ただし，ここでは簡単のため，u は $u = |\boldsymbol{u}| = (u^2+v^2)^{1/2}$ としている．n をパラメータにした Δf と d^{-1} の関係を図1-52 に示す（200kV, $C_s = 0.5$mm の場合）．この場合では，例えば 0.3nm の面間隔の格子像は，約 0, 45, 75, 110nm アンダーフォーカス条件で得られることがわかる（横軸に平行な中央の実線に注目）．これらのディフォーカスシリーズのもとでは，$\sin\chi(u,v)$

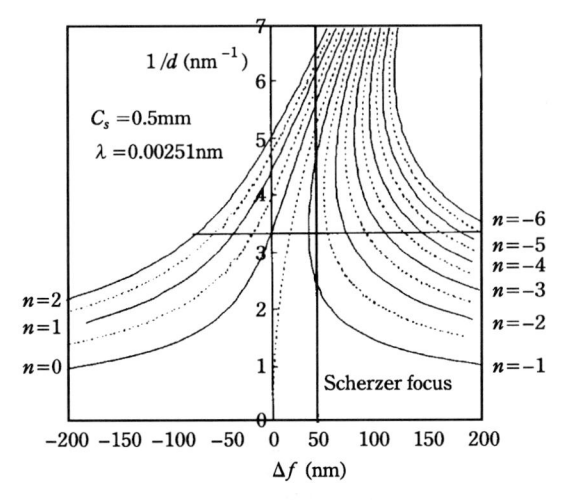

図 1-52 Thon ダイヤグラム
縦軸を d(nm) にとった図もあるので注意．

は+1, −1と交互に変化するため，格子位置での像コントラストは白黒の間を交互に変化する．図1-52のダイヤグラムは，Thonダイヤグラム[1]とよばれ，格子像を高コントラストのもとで観察する場合の目安となるダイヤグラムである．図中，$\Delta f=43$nm位置で縦軸に平行な直線は広い空間周波数域に渡って$n=-1$の曲線に沿っている．この，Δfのもとで縦軸を$\sin\chi$，横軸を$1/d$にとったものが図1-52中の$\Delta f=43$nmの曲線に相当する．

高コントラスト格子像と包絡関数

ところで，図1-52のThonダイヤグラムから読み取れる高コントラスト格子像を与えるΔfは，どのΔfについても同様に高いコントラストを与えるのであろうか．現実には**1.5**ですでに述べられたように，入射電子ビームのビーム開き角やエネルギー変動が位相伝達関数に影響を及ぼす．特に200 kV級の電子顕微鏡では$B(u, v)$項（ビーム開き角に関係した項）の寄与が大きいことがわかっている．この項（(1-58)式）は，Δfによって逆空間での広がりが変化し，観察目的の構造周期に関する空間周波数をu_0とした場合，

$$\Delta f(u_0)=C_s\lambda^2 u_0^2 \tag{1-64}$$

の条件下で特に高いコントラストを示す．これは，$B(u, v)$式を$B(u, v)=\exp(-A)$と記述すると，$A=0$となる条件であり，これは$(d\chi(u)/du)_{u0}=0$（極大値）となる条件に相当する[2]．図1-53は，Thonの式（(1-63)式）から得られる0.20nm周期の高コントラスト格子像を与えるΔf（アンダーフォーカス）のうち，$\Delta f=48, 79, 111$nm（200kV，$C_s=0.5$mm，ビーム開角1mrad，エネルギー変動幅5nmの場合）についての位相コントラスト伝達関数$\sin\chi$−空間周波数の図である．$\sin\chi$は太い実線で，ビーム開き角，エネルギー変動に関係した包絡関数はそれぞれ細線，破線で示されている．これより$\Delta f=79$nmの条件で0.20nm周期の格子像のコントラストが最大になるが，このΔf条件は，ちょうど(1-64)式の条件に相当していることがわかる（ビーム開き角に関する包絡関数が$(0.20\text{nm})^{-1}$位置で極大を示す）．

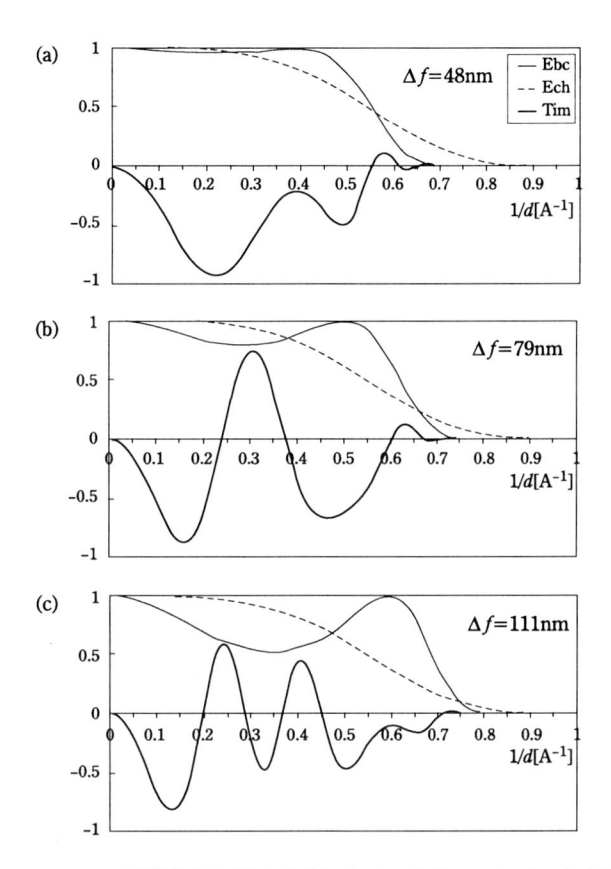

図 1-53 0.20nm 周期格子像観察条件における位相コントラスト伝達関数 $\sin\chi$ の包絡関数による変化

Δf=48nm(a), 79nm(b), 111nm(c). 200kV, C_s=0.5mm, ビーム開角 1mrad, エネルギー変動幅 5nm の場合の計算例.

なお，ここで示した格子像観察法は，試料が薄い場合に適用できるものであり，試料厚さが例えば数 10nm 以上になれば，多重散乱が起こり，散乱波の位相は運動学的理論（上述の範疇）での位相からずれてくる．その場合は厚さにも関係した格子像観察条件となり，複雑なことになる．

1.6.3 クラスター構造の高コントラスト観察例
アモルファス合金中の中範囲規則

上述した格子周期の高コントラスト観察法の好例は,橋本らにより行われたAu格子欠陥の2次元格子像による観察であり,鮮明な原子レベル分解能による積層欠陥構造を初めて明瞭に示し,動的構造変化も追跡している[3].是非参考されたい.ここではこの方法をアモルファス合金中の中範囲規則構造観察に応用した例を紹介しよう[4],[5].アモルファス合金を電顕観察すると,完全なハローパターンが電子回折で得られるにもかかわらず,高分解能観察においてはしばしば1〜2nm程度に広がる格子縞領域が観察される.

これらは,アモルファス構造と言っても,局所的には中範囲の規則構造が存在していることを示している.例えば,代表的アモルファス合金である共晶組成のa-Fe-B, a-Pd-Si合金の高分解能像中には(a-はアモルファスを意味する),それぞれ,0.20nm, 0.22nm周期の格子縞領域が局所的に観察される.これらアモルファス合金での第1段結晶化においてはα相(それぞれbccおよびfccの)結晶が析出することから,局所構造としてのbccあるいはfccクラスター(中範囲規則構造の一つの形態)がアモルファス構造中にすでに存在する事が考えられる.

筆者らは,これらクラスター構造をより鮮明に観察できる**高コントラスト観察条件**を像シミュレーションにより割り出し,それらの観察条件下で上記クラスター構造を明瞭に高分解能観察した.ただし,このような像シミュレーションには,位相伝達関数以外に,**1.5**で説明された入射ビーム開き角に関する関数,ビームエネルギー変動による色収差に関係した関数((1-57)式)などを考慮する必要がある.また計算には,①原子をランダムに配置した中に適当なサイズのクラスターを埋め込んだ構造モデルの作成,②構造モデルによっては,多重散乱を考慮したマルチスライス法による像計算が必要となる.後者については,モデル構造の厚さが〜2nm程度の場合は,多重散乱の効果はほぼ無視でき,(1-62)式のような運動学的近似で十分である.

図1-54はアモルファス $Pd_{82}Si_{18}$ スパッタ薄膜の成膜状態の高分解能電子顕微鏡像である（200kV電顕： $C_s=0.5mm$）[6]．広領域からの制限視野電子回折パターン（右上）では典型的なハローパターンが見られるが，丸で示される1nm程度に広がった領域に，0.22nm，0.19nm間隔の2次元格子縞が観察され，原子の規則配列（fcc-Pd(Si)クラスター）が認められる．図1-55は同

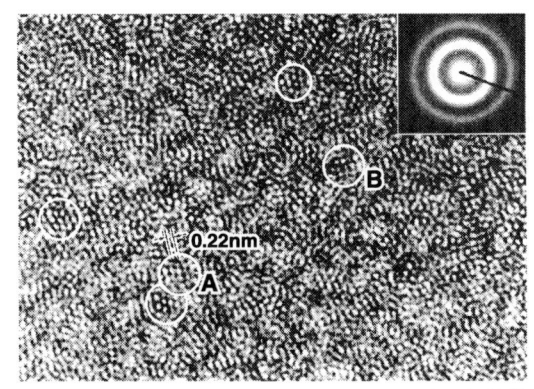

図1-54 アモルファス $Pd_{82}Si_{18}$ スパッタ膜の高分解能像
A, B領域にはそれぞれ，[110]，[100]方位のfcc-Pd(Siを含むと考えられる)クラスターの像が見られる．
加速電圧200kV, $C_s=0.5mm$, $\Delta f \sim 80nm$.

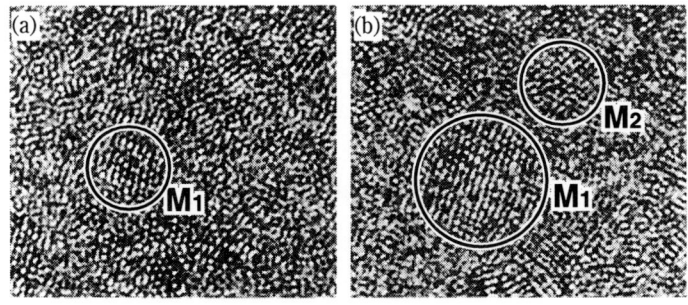

図1-55 アモルファス構造のアニール過程での構造変化
(a) 図1-54試料の100℃-1hアニール後のクラスター領域，(b) 同一視野での200℃-1hアニール後の構造．
クラスター（中範囲規則構造）M_1, M_2 が発達していく様子がわかる．

試料,同一場所での100℃-1h (a), 200℃-1h (b) アニール後の構造変化であり[6],局所的な規則構造がアニールに伴いさらに発達していくことがわかる(ハロー回折パターンの強度分布はこのような段階でもほとんど急冷状態と同じである).同様な局所 fcc-クラスター構造は,液体急冷したアモルファス $Pd_{82}Si_{18}$ リボン試料でも観察されている[2].図1-54の観察においては,ディフォーカス量は約80nm(アンダーフォーカス)であった.この条件での位相伝達関数はほぼ図1-53中の $\Delta f=79nm$ のものに相当しており,0.22nm,0.19nm間隔の構造周期がほぼ同時に高コントラストで観察されることを示している.また,この条件下では,ハローパターンの第1ハロー環の幅全体が, $(0.2nm)^{-1}=0.5 Å^{-1}$ 位置あたりを中心に伝達関数のふくらみ部分に入る形になり,このときの伝達関数はアモルファス構造情報をうまく取り込む band pass filter の役目を果たしている.

稠密ランダム原子充填(dense-random-packing; DRP)構造においても,原子配置の電子線入射方向への投影を考えると,空間的に局所規則化が起こっていない場合でも,投影ポテンシャル像として,局所規則原子配列が偽像として観察される可能性がある.この点につき調べる意味で,ランダムな原子配置を持つアモルファス $Pd_{82}Si_{18}$ 構造(約5000原子)を分子動力学法を用いて計算機により作り出し,上記高分解能観察での光学的パラメータを入れた高分解能像計算を行った.図1-56はその計算像であり,計算は多重散乱を考慮しマルチスライス法(1.5参照)により行った[2].計算の結果,ランダム原子分布構造では,どのような Δf 条件においても1nm程度に広がった格子縞領域は決して出現しないことがわかる.また,ランダム構造では, Δf の変化に対して,粒状像の様子が敏感に変化するのが特徴である.

一方,Pd-Si DRP構造中に1nm, 1.5nm, 2nmサイズの fcc-Pd(Siを含む)クラスターを作成し,その構造について高分解能像の計算を行った(図1-57)[2].構造モデルでは,構造の厚さは3.3nmであり,クラスターの方位は[001],[110]に限定した.図からわかるように, $\Delta f \sim 60, 80, 100nm$(アンダーフォーカス)あたりで高コントラストのクラスター像が出現する.ま

1.6 高分解能電子顕微鏡法（II）

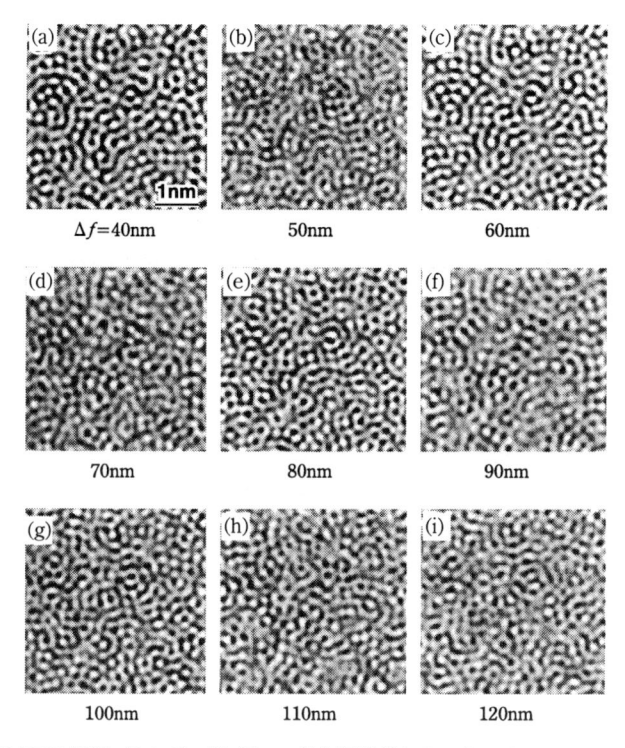

図 1-56 DRP 構造（$Pd_{82}Si_{18}$ 組成）の高分解能像シミュレーション
ディフォーカス量（Δf, アンダーフォーカス）を変えても規則周期の広がりは観察されない．

た，$\Delta f \sim 70, 90$nm とわずかにピントをずらしただけで急にこれらの構造は消えて，DRP 的な構造の像になることがわかる．図1-56, 1-57 の計算像から判断すると，図1-54 で観察されたクラスター像（$\Delta f \sim 80$nm）が，fcc-Pd(Si) クラスターの [110]，[001] 入射の像に相当していることが理解できる．

一方，図1-57 で結像されているクラスターは，サイズが1.5nm, 2nm のものに限られ，サイズが 1nm のクラスターについてはクラスターの像は得られない．これは，このクラスター上下の Pd, Si-DRP 構造が結像を乱していることが原因であり，このクラスター像は，構造の厚さを 2nm 以下にすると見えはじめる．また，計算像では，fcc-クラスターのコントラストは Δf

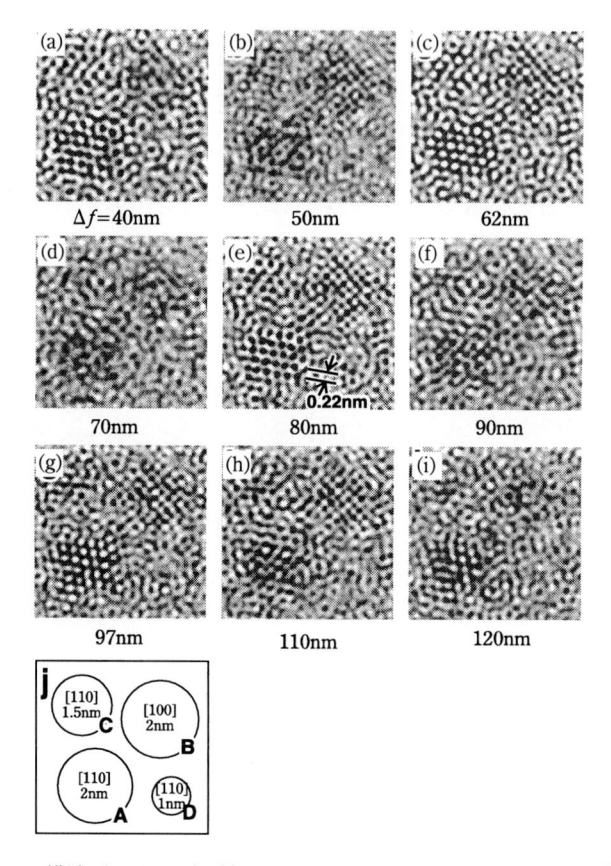

図 1-57 DRP 構造（$Pd_{82}Si_{18}$ 組成）に fcc-Pd (Si) クラスターを埋め込んだ $Pd_{82}Si_{18}$ 構造の高分解能像シミュレーション
クラスター方位，サイズを左下段図に示す．周期的な Δf のもとにクラスター像が観察され，特に Δf=62, 80nm でのコントラストは高い．

〜60, 80, 97nm あたりで強く，80nm あたりで最大になり像は明瞭となるが，これは先に説明した包絡関数と Δf の関係による．

このようなアモルファス中の結晶性クラスター構造の形成はアモルファス構造での中範囲秩序と関係するが，このような現象は分子動力学計算によっても予測されている[7]．現実のアモルファス化での冷却速度は $10^5 \sim 10^6$ K/s

程度であり,急冷の過程での原子のジャンプ頻度を考えれば,原子は十分に移動できる冷却速度であり,その原子移動は **相平衡的構造** に向かう移動のはずである.事実,急冷速度を変えることにより,アモルファス合金のクラスター存在密度や,クラスターサイズは大きく変化することがわかっている[2), 5)].このことを利用し,急冷条件を制御することで,ナノ結晶組織に関する核生成・成長のステージを制御する研究が始まりつつある.

ナノグラニュラー膜中の金属クラスター

以上ではアモルファス構造中に埋め込まれた結晶クラスター構造の高分解能観察法と観察例について記述したが,セラミクスなどの絶縁膜中に閉じ込められた金属クラスターの構造観察についても,まったく同様な高コントラスト観察法が適用できる.例として,MgO結晶内包Auクラスターの観察結果(図1-54撮影と同型の電顕を使用)[8)]を図1-58に示す.この観察条件は,図1-57の$\Delta f=80$nmの条件に近い.明瞭なクラスター像が黒いコントラス

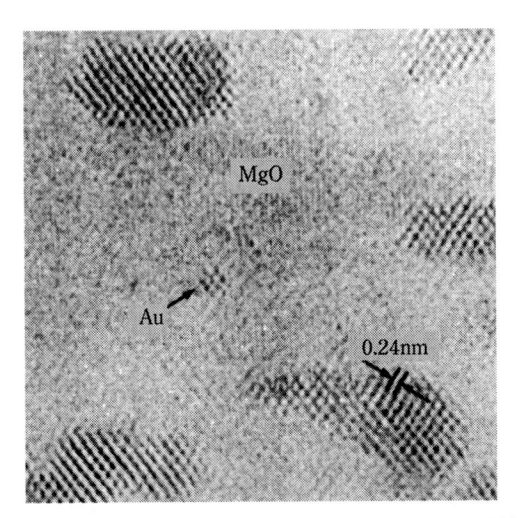

図1-58 MgOマトリックス中のAuクラスターの高分解能観察
ビーム入射方向に対してMgO膜方位は約5度傾いている.
Au原子配列は黒点コントラストとして観察される.

トとして観察される．この場合は，MgO結晶からの背景ノイズを極力消すため，結晶を数度傾斜させ，MgOの反射を除いている．Auクラスターに関しては **1.2**, 図1-9で示したようなサイズ効果のために逆格子まわりの強度分布が広がっているために，数度の傾斜によってもクラスターからの反射が励起され結像に寄与する．

1.6.4 ナノ結晶・ナノ粒子の観察例

ナノ金属組織の典型は，マトリックス中に埋められたナノ結晶組織であり，このような組織は，高機械強度や，優れた磁性を生み出す組織として非常に注目されている．図1-59は，軟磁性ナノ結晶材料である$Fe_{90}Zr_7B_3$のα-Feナノ結晶化の比較的初期段階の組織の観察例[9]であり，アモルファス

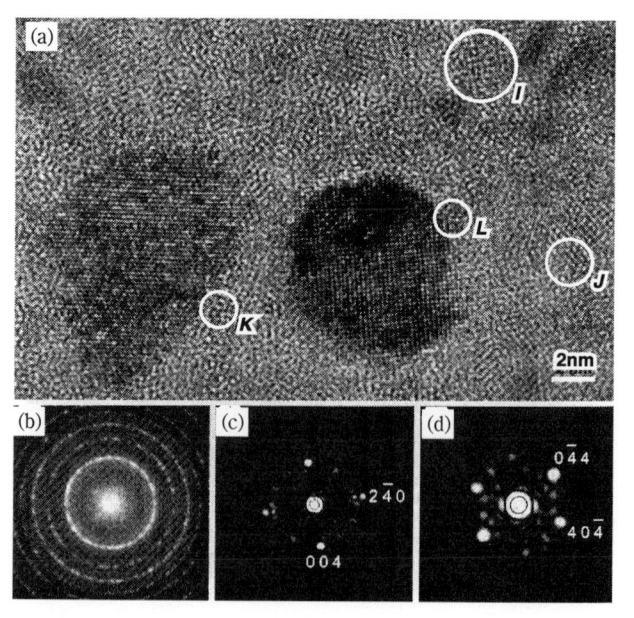

図1-59 (a)アモルファス$Fe_{90}Zr_7B_3$の650℃-1hアニール組織の高分解能像，(b)制限視野回折パターン，(c)および(d)はそれぞれ，I, J領域からのフーリエ変換パターン．

$Fe_{90}Zr_7B_3$ を650℃-1hアニールした試料を用いた．撮影は200kV電顕（C_s = 0.5mm）により行い，Δf の条件は $\Delta f \sim 60$nm である．図1-59 (b)の制限視野回折パターンでは α-Fe からの多結晶回折リングが見られる．図1-59 (a) の領域には，アモルファスマトリックスで囲まれた [100]，[111] 方位の α-Fe ナノ結晶が見られるが，マトリックス構造はDRP的ではなく，α-Fe の構造周期とは異なる周期が局所的に見られる．(c), (d) はそれぞれ，I, J 局所領域の像についてのフーリエ変換パターンであり，これらより，I, J 領域が，それぞれ，Fe_3Zr, Fe_2Zr 構造のクラスターからなることがわかり，組織的には相分離的構造であることがわかる．弱位相物体近似の成り立つ厚さの薄い領域からの2次元格子像は，結晶構造の情報（ポテンシャル投影）も持っており，フーリエ変換により，電子回折情報と同様な構造に関する情報が得られる．

1.6.5 おわりに

ここでは，高分解能電顕観察法として特に，格子像の高コントラスト観察法について述べた．結晶あるいはクラスターにおける構造周期を鮮明に観察するための条件についておわかりいただけたことと思う．ここでの話は，最初から構造が予測出来て，それらについて鮮明な格子像を得ようとする場合に役立つ議論である．どのような格子間隔の構造が現れるか予測のつかない場合もよくある．このような場合は，とりあえずシェルツァーフォーカスも含めて，ある程度広い Δf の範囲でHREM像を撮影し，構造周期の特徴を把握した後に，特定の周期構造について，上記の議論に基づき，さらに詳しい観察を行うのがよい．

【参考文献】

1) F. Thon: Z. Naturforsch., **20a** (1965), 154.
2) Y. Hirotsu, T. Ohkubo and M. Matsushita: Microsc. Res. Tech., **40** (1998), 284.
3) H. Hashimoto, Y. Takai, Y. Yokota, H. Endo and E. Fukada: Jpn. J. Appl. Phys., **19** (1981), L-1.

4) Y. Hirotsu and R. Akada: Jpn. J. Appl. Phys. **23** (1984), L479.,
5) Y. Hirotsu, M. Uehara and M. Ueno: J. Appl. Phys., **59** (1986), 3081.
6) K. Anazawa, Y. Hirotsu and Y. Inoue: Acta Met.Mater., **42** (1994), 1997.
7) C. Hausleiter, J. Hafner and C. Becker: Phys. Rev. B, **48** (1993), 13119. あるいは
   M. Shimono and H. Onodera: Mat. Res. Soc. Japan, **20** (1996), 802.
8) N. Tanaka, K. Kimoto and K. Mihama: Ultramicrosc., **39** (1991), 395.
9) T. Ohkubo, H. Kai, A. Makino and Y. Hirotsu: Mater. Sci. Eng., **A312** (2001), 274.

1.7 電子線動径分布解析法

1.7.1 はじめに

　トランスコアで代表される軟磁性材料や磁気記録関連材料, メモリ, 半導体デバイスなどの分野では, 最近, 種々のアモルファス物質が用いられ, それらの構造と物性との関連が重要視されるようになってきている. 軟磁性材料として用いられるアモルファス合金では, アニールにより α-Fe ナノ結晶が高い体積分率でアモルファス母相中に分散した組織(ナノ組織)が形成され, アモルファス母相での原子間相互作用とナノ結晶化に至る原子移動の関係に興味が持たれている. また, 記録・メモリ関連デバイスでは, アモルファス薄膜が**積層構造**に組み込まれているために, その構造解析は進んでいないのが現状である. このような状況を考えると, 構造形態の高分解能観察が可能であり, 同時に, 電子回折による局所の構造解析が可能な電子顕微鏡法は, これら先端的アモルファス材料関連分野に, 今後十分貢献できる研究手法である. ここでは, 先端電子顕微鏡技術 (**1.1** 参照) を利用した電子線アモルファス構造解析法, 特に, 原子動径分布解析法について (動径分布関数, 動径分布解析については **1.2** ならびに文献[1]参照), 通常の制限視野回折とナノビーム回折の場合に分けて, 実例を挙げながら説明することにする.

1.7.2 制限視野回折による動径分布解析

　高速電子回折の特徴の一つは, 電子線波長が非常に短いことから, 回折条

件式(**1.2**参照)から推察されるように,非常に高い空間周波数(散乱ベクトルの大きさに相当)域に及ぶ散乱情報を引き出せることである.また,電子線の物質に対する高い散乱能から,軽元素からの散乱情報を得やすい利点もある.ここでは,通常の制限視野電子回折(selected area electron diffraction; SAED)により得られるアモルファス構造からの電子線ハロー回折強度を利用した原子動径分布解析法について述べる.

電子回折強度精密測定

最近,非常に広い範囲の電子線量に対して検出信号強度が直線性を示すイメージングプレート(IP)法や,スロースキャンCCDカメラ法が登場し,広い分野で利用され始めている[2]. 従来のフィルムを利用した電子回折図形や電子顕微鏡像の撮影では,記録強度における高強度−低強度間の強度に直線性がないため,精度の高い強度解析は困難であった.このような新しい電子線強度検出法の登場により,従来より抱えていた電子線記録強度の非直線性の問題は一挙に解決した.IPの場合は,10^{-14}から10^{-9} C/cm^{2}の範囲の電子線量に対して検出信号の直線性が保たれる.IPは日本で開発されたこともあり,電子回折強度測定では,諸外国に比べてより広く利用されている.

非弾性散乱の除去

電子線散乱には,弾性散乱と非弾性散乱があることは1.1で記述した.電子回折においても,電子線散乱強度中に非弾性散乱強度が含まれており,電子回折において,この非弾性散乱は逆格子原点から高空間周波数側に向かって減衰する形の高いバックグラウンド強度を与える.従来の電子回折技術では,この非弾性散乱強度の除去は困難であったが,最近は,EELSやエネルギーフィルター(EF)装置[3]が普及し,散乱角に対する非弾性散乱強度の見積りや,非弾性散乱の除去などが可能となった.このことにより,電子線弾性散乱強度のみを用いた強度解析(**1.2, 1.3**の電子線強度解析の議論はすべて弾性散乱理論に基づく)が可能となったことから,電子線動径分布解析の

1.7 電子線動径分布解析法

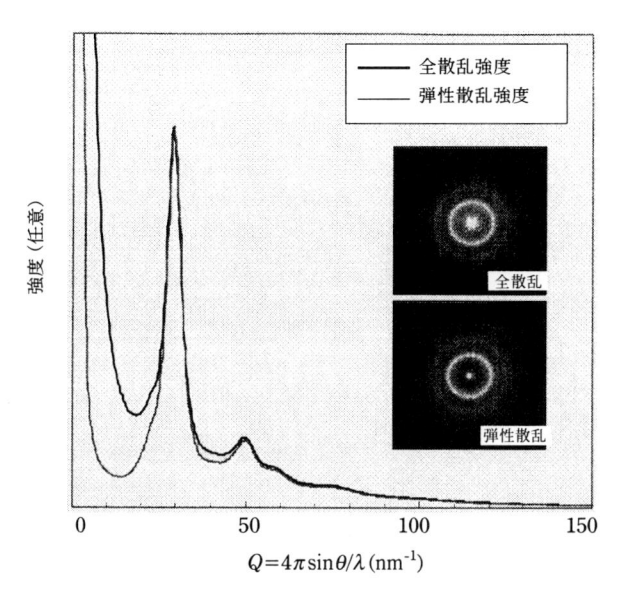

図 1-60 エネルギーフィルターによる弾性散乱強度と全散乱強度の比較（a-$Fe_{90}Zr_7B_3$ 試料）

精度は向上した．図 1-60 は，アモルファス Fe-Zr-B 合金について得られた非弾性散乱強度を含む全散乱強度と，エネルギーフィルター（Ω 型）により非弾性散乱を除去した弾性散乱強度を示す．強度は IP により記録されている．図中にはそれらの SAED パターンも示した．非弾性散乱は主に低散乱角強度および第 1，第 2 ピークあたりの強度に影響することがわかる．

干渉関数，動径分布関数

以上のようにして IP に記録された弾性散乱ハロー回折強度は，IP リーダーによりデジタル化される．IP 上の座標に記録された強度情報は 14-bit 0 〜 16383 階層の gray-level に分けられ，強度に変換される．このアドレスされた強度を，ダイレクトスポット中心からの距離（動径距離）R に関する強度に読み替えて回折強度とする．回折強度は R に関する平均をとる．IP 上

の回折強度 $I(R)$ は散乱強度 $I(Q)$ に相当しているが,散乱ベクトル[注1] Q ($=4\pi\sin\theta/\lambda$, θ:散乱角の半角,λ:電子線波長)と R の関係は,回折強度測定でのカメラ長を知ることにより得られる.ただし,動径分布解析で扱う散乱ベクトル Q は,**1.2** で定義された結晶回折で用いる散乱ベクトルの 2π 倍であることに注意.カメラ長の精密測定は,たとえば多結晶Auの回折リングなどを利用して行う.原子動径分布解析については,すでにその概要を **1.2** で説明したが,具体的な解析は以下のようにして行う.

決定された観測強度 $I_{obs}(Q)$ からバックグラウンド強度 (ハローリングのピーク強度と谷の強度の間を結ぶなだらかな強度に相当し,ほぼ $\langle f^2 \rangle$ に比例する) $BG(Q)$ を差し引き,干渉関数 $i(Q)$ を求めるが,それは次のような式である.

$$i(Q) = [I_{obs}(Q) - BG(Q)]\langle f \rangle^2 / BG(Q)\langle f \rangle^2 \qquad (1\text{-}65)$$

ここで,$\langle f^2 \rangle$ と $\langle f \rangle^2$ は,$\langle f^2 \rangle = \sum N_j f_j^2 / N$,$\langle f \rangle^2 = \sum (N_j f_j)^2 / N^2$ で与えられ,$N = \sum N_j$,N_j と f_j は j 原子種の原子数と原子散乱因子である.$i(Q)$ に Q を乗じた関数は還元干渉関数と呼ばれ,還元動径分布関数 $G(r)$ とフーリエ変換で結ばれ,

$$G(r) = (\pi/2)\int_0^\infty Qi(Q)\sin(Qr)dQ = 4\pi r[\rho(r) - \rho_0] \qquad (1\text{-}66)$$

となる.ここで,$\rho(r)$ は原子密度,ρ_0 は平均原子密度である.原子2体分布関数 (pair-distribution function; PDF; $g(r)$) は,$g(r) (= \rho(r)/\rho_0)$ であり,動径分布関数 (radial distribution function; RDF) は,$4\pi r^2 \rho(r)$ で与えられ,$G(r)$ から求められる[4].干渉関数や原子2体分布関数については,**1.2**(1-25),(1-26) 式参照のこと.

リバースモンテカルロ計算

実験で得られた PDF あるいは $Qi(Q)$ を再現する構造モデルを計算機シ

[注1] 結晶回折で用いる散乱ベクトルの大きさ ($2\sin\theta/\lambda$) と異なることに注意.

ミュレーションによって求めるのが リバースモンテカルロ（reverse Monte-Carlo; RMC）計算法である[5]. 最初に，実際の構造の密度，組成に従うとりあえずの初期構造モデルを乱数発生を利用したり，分子動力学（結晶を融解して急冷）を用いたりして求め，その後，原子をランダムに選んで移動させ，その都度，例えば実験PDFと計算PDFを比べ（実験干渉関数と計算干渉関数を比べる方法もある），双方が近づくようにこの操作を繰り返す. 通常，数千個の原子モデルで10万回以上の原子移動を行う.

Voronoi 多面体解析

この方法は，アモルファス構造の配位多面体局所構造の様子を調べる有効な方法である[6]. 中心原子とその隣接原子に関する2原子間垂直2等分面をつくり，面交線を繋いで出来る多面体がVoronoi多面体である. 多面体でのi角形面（$i=3, 4, 5, \cdots$）を構成する面の数n_iの並びをVoronoi indexとよび，$(n_3, n_4, n_5, \cdots)$のように表示する. 例えば，bccの環境だと，$(0, 6, 0, 8, 0, 0)$となる.

1.7.3 制限視野回折動径分布解析の例

以上のような最新電子顕微鏡技術と解析技術を用いて，筆者らはいくつかのアモルファス合金の電子線構造解析を行った. 電子線の多重散乱の効果を避けるには，20 nm程度以下の試料厚さの領域からの制限視野回折を行うことが重要である.

図1-61は，非弾性散乱強度の除去を行った，a-$Fe_{90}Zr_7B_3$合金からの弾性散乱による$Qi(Q)$と，それから得られたPDFを示す[7]. PDF中の第1ピークには低角側にFe-B原子間距離に相当する小さなサブピークが見られる. このように，高い空間周波数域にわたり散乱強度が得られることや（図1-61(a)），軽元素に関する相関ピークが得られることなどは，電子線構造解析の特徴である. 図1-62は，2500個のa-$Fe_{90}Zr_7B_3$初期構造モデルについてRMC計算を行って得られた最終構造モデルについてのVoronoi多面体解析結果

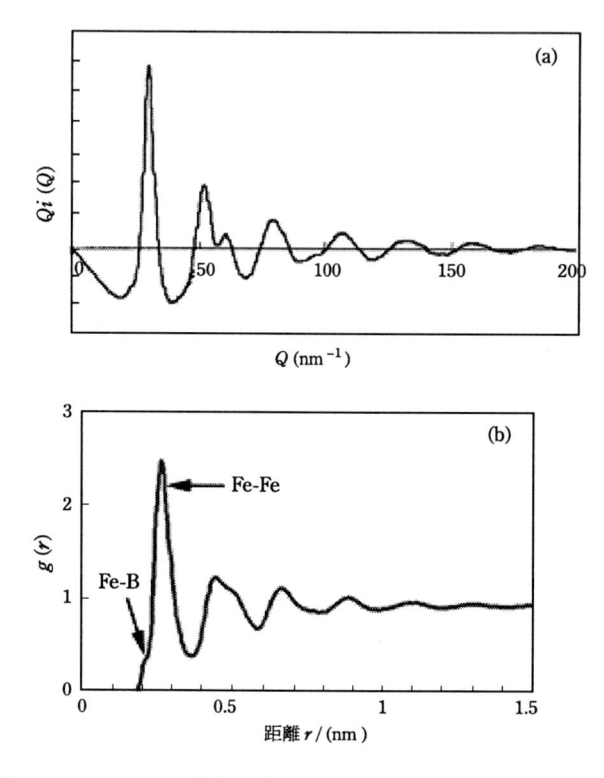

図 1-61 a-Fe$_{90}$Zr$_7$B$_3$合金の電子線還元干渉関数 (a) と2体分布関数 (b)

である．図1-62 (a) のFe原子周りでは，deformed-bcc配位多面体の構造が多く見られ（挿入構造図参照），(b) のZr周りは高配位数の多面体（14面体以上の）が多く見られる．Zrに関する多面体配位構造はFe-Zr化合物中に見られる多面体ユニットと類似している．また，B周りの多くは，Fe-Bアモルファス合金に見られるような三角プリズム配位構造を形成する．なお，Fe原子の40％は，bcc的局所構造に関与していることがわかり，bcc-Fe的クラスター構造の間を，FeZrクラスター，(Fe, Zr) Bクラスターが埋める．これより，ナノスケールレベルでの相分離的構造が急冷状態で形成されていることが判明した[7]．

図 1-62 a-Fe$_{90}$Zr$_7$B$_3$ 合金の RMC 構造モデル中に見られる配位多面体の Voronoi 解析結果
(a), (b), (c) はそれぞれ，Fe, Zr, B 周りの配位多面体解析結果を示す．

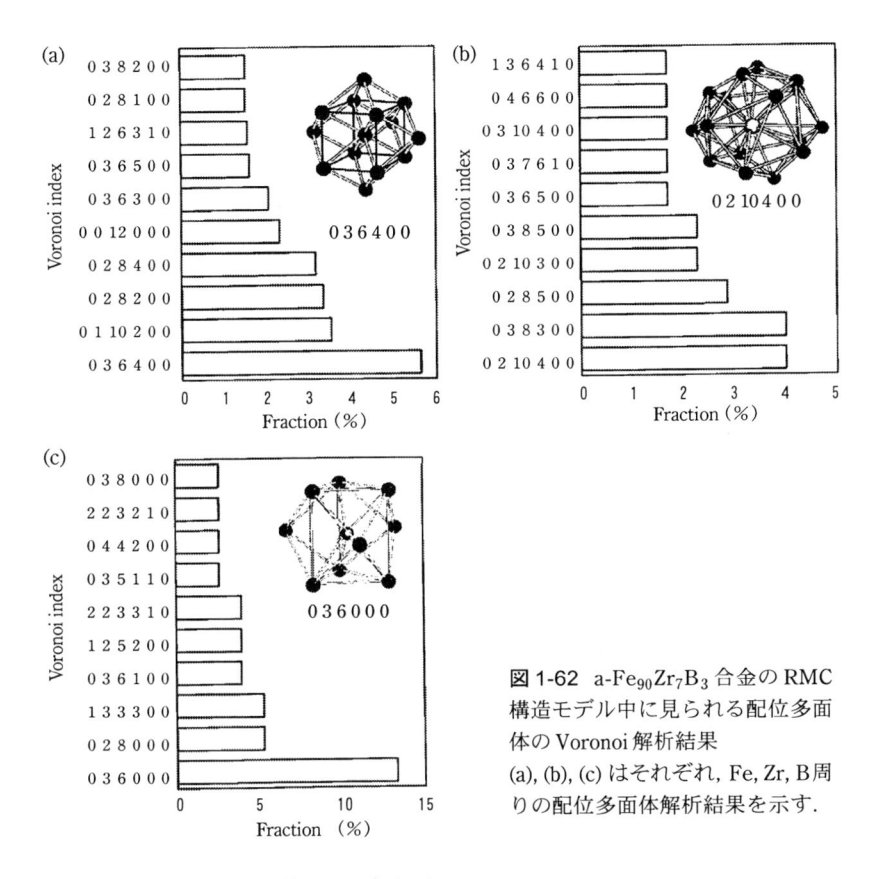

1.7.4 ナノビーム動径分布解析

　最初に述べたように，アモルファス合金の結晶化過程におけるアモルファス母相の構造変化を調べる場合，電子線ナノビーム構造解析は有効である．また，アモルファス関連のデバイスにおいて，アモルファス膜は積層化された構造中に組み込まれ用いられているため，それらの構造解析には膜断面方向からの電子線ナノビーム構造解析が有効である．また，アモルファス合金の結晶化過程におけるアモルファス母相の構造変化を調べる場合も電子線ナノビーム構造解析は有効である．ここでは，**アモルファスナノ領域**のナノビーム動径分布解析法[8)]と解析例を紹介する．

ナノビーム回折

　最近の電子顕微鏡で得られるナノビームは,図1-63に示すように,強励磁対物レンズの前方磁界をうまく利用している.ビーム収束角(beam-convergence angle)は,すぐ上のコンデンサーミニレンズの励磁とコンデンサー絞りの組み合わせで決まり,プローブのサイズ(スポットサイズ)は第1コンデンサーレンズの励磁で決まる.ここで,ナノビームの性質について若干触れる.通常のLaB_6エミッタから出る電子波のほとんどは,非干渉性の波と言われている.非干渉性のナノビームによる回折強度$I(u)$(u:散乱ベクトル)は薄膜近似のもとでは次の(1-67)式のように表すことができる.強度は平行平面波入射を仮定した場合の運動学的強度$|q(u)|^2$と,現実の収束ビーム入射波の入射角度依存強度分布関数$F(u)$とのコンボリューション(重ね合わせ積分)である.＊はコンボリューション演算を表す.

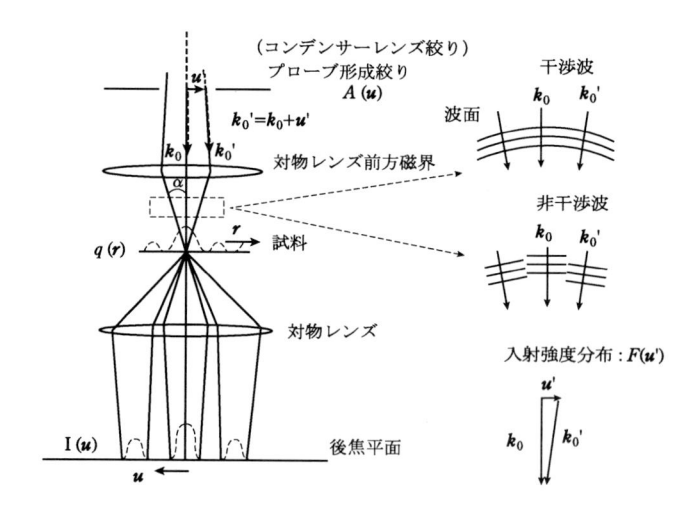

$$I(u)=F(u)\ast|q(u)|^2 \qquad (1-67)$$

図1-63 対物レンズ前方磁界によるナノビーム形成とナノ回折図
u'はコンデンサー絞り径に関係しビーム収束角を与える.

非干渉入射波の場合は，デコンボリュージョンの操作によって運動学的強度 $|q(\bm{u})|^2$ を取り出すことができ，動径分布解析が可能となる．LaB_6 エミッタ搭載の電子顕微鏡は常用されていることから，ナノビーム動径分布解析を正確に行うことができる[注2]．デコンボリュージョンとしては Wiener filter 法[9]は有効である．これは次式によって，観測強度 $I(\bm{u})$ のフーリエ変換 $I_{obs}(\bm{r})$，$F(\bm{u})$ のフーリエ変換 $F(\bm{r})$ から $|q(\bm{u})|^2$ のフーリエ変換 $I(\bm{r})$ を得て，最終的に $|q(\bm{u})|^2$ を求める方法であり，式中の γ は $F(\bm{r})$ がゼロになるときのゼロ割を排除するパラメータで，$0.08/F_{max}(\bm{r})^2$ のような値を用いる．

$$I_{obs}(\bm{r}) = I(\bm{r})\, F(\bm{r})/(F(\bm{r})^2 + \gamma) \qquad (1\text{-}68)$$

入射強度分布関数 $F(\bm{u})$ は，ナノビーム回折に用いる入射ビーム強度プロファイルを IP などにより測定する．

1.7.5 ナノビーム電子線解析の例

ここで，最近筆者らが行ったナノビーム動径分布解析の例[7]を示す．前出の a-$Fe_{90}Zr_7B_3$ 合金は，460℃あたりのアニールにより，α-Fe のナノ結晶析出が始まる．析出 α-Fe ナノ粒子のアモルファス母相の構造変化は，この合金でのナノ粒子組織形態の安定性に大きく影響するため，その構造解析に興味が持たれる．通常の電子線 SAED 解析や X 線回折では，ナノ結晶からのブラッグ反射が邪魔し，解析が困難である．

図1-64は，この合金の460℃アニールで得られた電子線動径分布関数であり，α-Fe 析出物の間のアモルファス母相領域からのナノビーム回折により

[注2] 電界放射型電子銃からの電子線の場合は，非常に干渉性の高い干渉波となっており，ナノビーム回折強度は，$I(\bm{u}) = |[A(\bm{u})\,H(\bm{u})] * q(\bm{u})|^2$ として表すことができる．$A(\bm{u})$ は照射系でのナノビーム形成時の絞り関数（$|\bm{u}| \leq u'$ の範囲で $A(\bm{u})=1$，それ以外で 0），$H(\bm{u})$ は対物レンズ前方磁界により入射波に位相変化を与える位相伝達関数である．干渉波ナノビーム場合，非常にビーム収束角の小さい場合を除いて（5×10^{-4}rad 程度以下），得られる強度から $|q(\bm{u})|^2$ を正確にとり出すことは難しい．$q(\bm{u})$ は（1-6）式 $G(\bm{h})$ に相当．

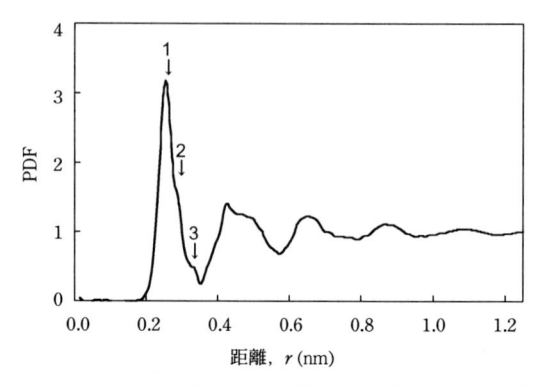

図 1-64 a-Fe$_{90}$Zr$_7$B$_3$ の 460℃アニール時のナノビーム電子線動径分布関数
1, 2, 3 位置はそれぞれ，Fe-Fe, Fe-Zr, Zr-Zr 相関位置を表す．

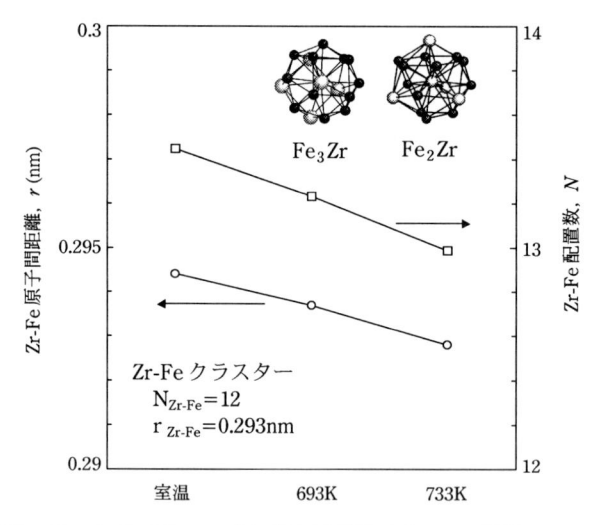

図 1-65 a-Fe$_{90}$Zr$_7$B$_3$ のアニールに伴う母相アモルファス構造の Zr-Fe 距離と Zr (center)-Fe 配位数の変化

得られた．ビーム径は約 10nm，ビーム収束角約 3×10^{-4} rad，IP 記録時間は 22sec である．PDF ($g(r)$) の様子は図 1-61 (b) と比較し，Fe-Zr と Zr-Zr の相関が強まり，PDF に変化があることがわかる．

　図 1-65 は，電子線動径分布解析により求めた本合金のアニール温度に伴

う母相アモルファス構造のZr周りのFe配位数，およびZr-Fe原子間距離の変化であり，アニールとともに，母相のアモルファス構造が$ZrFe_2$, Zr_2Fe化合物の基本構造単位である多面体クラスターを構造成分として持ち始めることがわかる．化合物構造型のFe-Zrクラスターの原子間結合は強いため，Fe-Bクラスターに加え，このようなクラスター形成によって母相中のFe原子拡散は抑制される．このために，アモルファス母相は比較的高温でも安定化され，α-Fe結晶の粗大成長を押さえる（α-Feナノ結晶組織が形成される）と考えられる．

1.7.6 おわりに

以上，電子線による動径分布解析について述べた．今後，特に狭領域のアモルファス構造解析は，アモルファス合金などの分解過程の研究には重要であり，HREM観察と併用した手法は有効である．また，ナノビーム動径分布解析は，ナノビーム元素分析やEELS状態解析などとともに，特にデバイス関連で注目されつつあるが，ここで述べたように，急速に発展した電子顕微鏡技術を利用することにより，数ナノの領域の解析が可能であり，今後が期待できる．ナノビーム電子線精密解析を行う場合，ナノビーム強度が弱いため，回折パターンの撮影には長い記録時間(20sec以上)が必要となる．このため，試料は汚染されやすく，回折パターンは不鮮明になりがちになる．十分な汚染対策が必要である．また，長時間記録では試料ドリフトによるビーム照射位置のずれも考慮する必要がある．3nm以下のビーム径が必要な場合は，ビーム強度を考えると，電界放射型電子銃によるビームがよい．この場合，強度解析上は，ビーム収束角を極力低くする必要があることが注2)の散乱強度式によりわかる．

【参考文献】
1) 作花済夫：ガラス科学の基礎と応用，内田老鶴圃 (1997).
2) 進藤大輔, 及川哲夫：材料評価のための分析電子顕微鏡法, 共立出版 (1999), 2章.

3) 前掲書，3章.
4) S. R. Elliott: *Physics of Amorphous Metals*, Longman Sci. & Tech., (1990), Chap. 3.
5) 白川善幸，田巻 繁：日本金属学会報，**33** (1994), 400.
6) 上田 顕：コンピュータシミュレーション，朝倉書店 (1990).
7) T. Ohkubo, H. Kai, A. Makino and Y. Hirotsu: Mater. Sci. & Eng., **A312** (2001), 274.
8) Y. Hirotsu, M. Ishimaru, T. Ohkubo, T. Hanada and M. Sugiyama: J. Electron Microsc., **50** (2001), 435.
9) R. Kuzui and M. Tanaka: J. Electron Microsc., **42** (1993), 240.

1.8 収束ビーム回折法

1.8.1 はじめに

　高電圧で加速された電子が観察中の試料に入ると，そこにある原子と相互作用を行って入射電子は散乱される．散乱の様式は相互作用の仕方によって様々であるが，ここではエネルギーを失わない波としての散乱（弾性散乱）を考える．試料が結晶質で原子が規則的な配列をしている場合に，ある結晶面（hkl）に対して角度 θ で入射した電子線が，ブラッグの条件 $2d_{hkl}\sin\theta = \lambda$ を満足すると，それぞれの原子で散乱された電子波の位相が揃い，結晶面に対して反射するようにして，進行方向から角度 2θ の方向に回折したブラッグ反射が生ずる．ここで d_{hkl} は原子面の間隔，λ は電子の波長である．これらの回折波も含めて試料を透過した電子は対物レンズに入り，進行方向が揃った平行な平面波はその焦点面において一点に集束される．通常の電子顕微鏡観察では，ある程度広い領域に平行に近い電子線があてられているので，対物レンズの後焦点面には，透過波やそれぞれの回折波に対応した斑点からなる回折図形が現れる．それぞれの回折斑点の位置は，対応する結晶面の方位と面間隔によって決まる．このあたりの事情は1.4で述べられているが，ここでも図1-66 (a) に示しておこう．電子顕微鏡では，回折図形観察のボタンを押すと対物レンズの下にある中間レンズの焦点が対物レンズの後焦点面に合って，蛍光板上に回折図形が現れる仕組みになっている．

　一方，電子線を試料上で収束させて回折図形を得ると，図1-66 (b) からわかるように，ブラッグ反射のそれぞれは電子線の入射方位の広がりに対応し

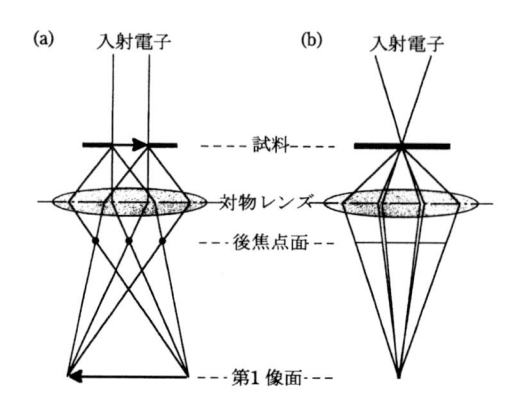

図1-66 平行ビーム(a)と収束ビーム(b)による回折と結像

てディスク状に広がる．試料が少し厚くなるとディスクの中に模様が現れ，そこから電子を照射している試料領域の結晶学的な情報を得ようとするのが収束ビーム回折あるいは収束電子回折(convergent beam electron diffraction; CBED)法である．最近の電子顕微鏡では，電子ビームを試料上に集束する機能をもつ対物レンズ（COレンズ）がほぼ標準仕様になっているので，容易に電子ビームを直径10nm以下の領域に絞ってCBEDを行うことができる．CBEDでは，結晶の対称性の判定，結晶構造因子の測定，格子定数の測定など，通常の制限視野回折では難しい様々な解析が可能である．詳細は成書[1]を参照していただくとして，ここではCBEDの原理と応用をなるべく平易に紹介する．なお，図1-66(b)からわかるように，CBEDでは中間レンズの焦点位置が対物レンズの後焦点面からずれても，図形の大きさが変わるだけでほとんどボケは生じない．すなわち，ビーム径が十分に小さいならば，CBED図形の観察ではフォーカスにあまり神経を使う必要がない．

1.8.2 収束電子ビーム回折に現れる模様は？

収束電子ビームにより反射($g=hkl$)が現れる様子を図1-67に示す．結晶の(hkl)面にとって収束ビームは，ブラッグ条件に近い入射方位にある電子ビームの集合である．その中で正確にブラッグ条件を満足しているのは，

(a) で斜線を引いた部分であり，ディスク内では散乱（gベクトル）方向に沿って連続的に回折条件が異なっている．図1-67(b) に入射波と回折波の波数ベクトルの関係を逆格子空間でgベクトルを基準にして描くと，ブラッグ条件からのはずれによる励起誤差s_gの関数として回折強度プロファイル（ロッキングカーブ）がディスク内に現れることが理解できよう．s_gは回折波の波数ベクトルの終点と逆格子点との距離で定義される．

図1-68にSiの[111]晶帯軸に沿って収束電子線を入射して得られたCBEDパターンとその模式図を示す．(a) の全体像では，中心付近に透過波を含む0次ラウエゾーン（zeroth-order Laue zone; ZOLZ）にある反射がディスク状になって，その外側に第1ラウエゾーン（first-order Laue zone; FOLZ）にある高次反射が各々ライン状の強度分布を持ち，全体では円環状になって現れている．透過波ディスク(b) に着目すると，その中に粗い明暗コントラストと細い暗線が観察できる．粗い明暗コントラストは6回対称を示しており，すぐ横に励起されている六つの220反射などZOLZにある低次指数のブラッグ反射との多重散乱（動力学的回折）によって生じたものである．一方，細い暗線は，(a) で外側にライン状に現れているFOLZ反射が励起されたことによる強度低下である．このようなCBEDディスク内に現れる模様についての説明は，動力学的回折理論に求めることができる．**1.3**で考察し

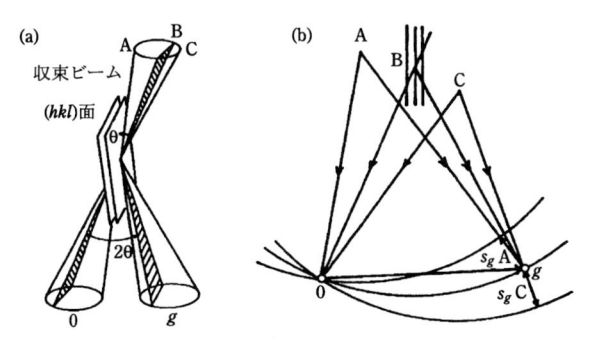

図1-67 収束ビーム回折の原理
(a) 入射ビームと回折ディスクの関係，(b) 収束ビームと回折条件の関係．

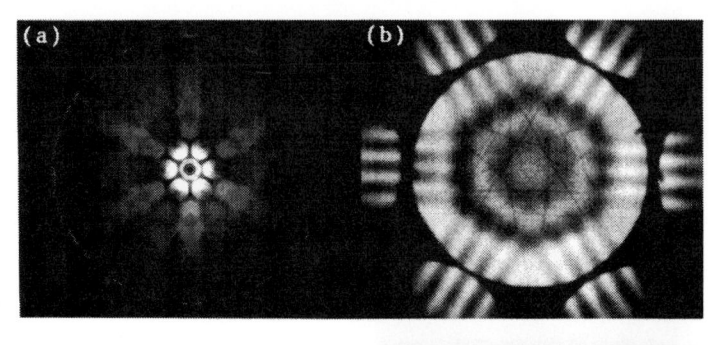

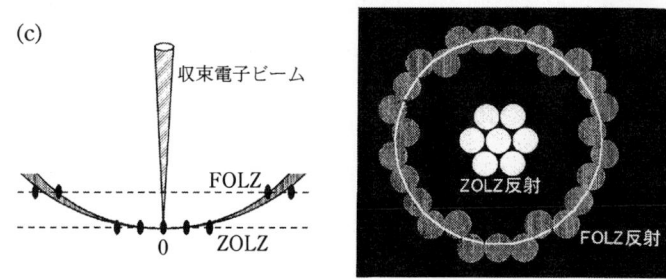

図 1-68 Si の [111] 晶帯軸入射による CBED 回折図形
(a) 全体, (b) 透過波ディスク, 加速電圧 $E=200$kV, (c) では模式的に CBED 図形の現れ方を示している.

たように,透過波と一つの回折波 g のみを考慮した2波近似では,それらの強度 I_0, I_g は試料による吸収の効果を無視すると,試料厚さ t と励起誤差 s_g の関数として

$$I_g(t, s_g) = 1 - I_0(t, s_g) = \frac{1}{1+(s_g\xi_g)^2} \sin^2\left(\frac{\pi t}{\xi_g}\sqrt{1+(s_g\xi_g)^2}\right) \quad (1\text{-}69)$$

で与えられる.ここで ξ_g は回折波 g の消衰距離であり,結晶構造因子 F_g と

$$\xi_g = \frac{\pi v_o}{\lambda |F_g|} \quad (1\text{-}70)$$

という関係にある.v_0 は結晶の単位胞の体積である.(1-69) 式は,よく知られているように,透過波と回折波の強度が試料膜厚とともに振動することを

示している．右辺にある sin 関数は励起誤差 s_g も変数として含んでおり，ビーム径が十分に小さくて一定の膜厚の領域から得られた CBED の回折ディスクの中では，励起誤差 s_g とともに強度が振動することがそこから理解される．

強度振動の振幅は s_g が大きくなるにつれて減衰するが，その広がりは ξ_g（あるいは F_g）に依存しており，図1-69 (a) に見られるように F_g が大きな低次反射では広い範囲で振動が現れるのに対して，F_g が小さく ξ_g が長い高次反射では振幅が s_g とともに急速に低下して，(b) に示すように $s_g=0$ 付近のみの鋭いピークとなって回折ディスク内では細いライン状に強度を持つことになる．

一般には複数のブラッグ反射が同時に現れるため，そのディスク内の強度はより複雑に変化するが，基本的には (1-69) 式が示すように，励起されている反射の消衰距離 ξ_g に依存しており，そこから結晶構造因子 F_g の大きさが求められる．また，(1-69) 式には含まれていないが，複数のブラッグ反射間の多重散乱と干渉による模様も現れ，そこから F_g の位相関係が明らかとなり，結晶の対称性などの判定が可能になる場合もある．一方，各々の高次反射のラインの位置と向きは，その反射の逆格子点の位置によって決まるため，そのラインパターンから結晶構造や単位胞の大きさが決定される．図1-

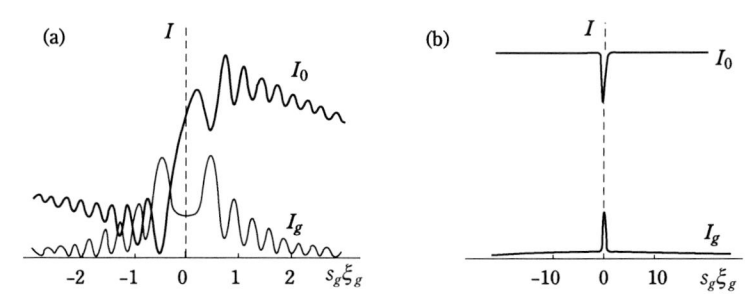

図 1-69 2 波動力学的回折による透過波 (I_0) と回折波 (I_g) の回折強度
回折波が低次 (a)，高次 (b) の場合．この計算では入射電子の吸収の影響も考慮されており，(a) の I_0 が $s_g\xi_g<0$ の領域で低下している．

68(b)に見られる細い暗線のパターンは，一般に高次ラウエゾーン（higher-order Laue zone; HOLZ）パターンとよばれるが，ZOLZ 反射による粗い明暗コントラストとは異なって3回対称を示しており，この結晶の[111]軸の3次元対称性を明らかにしている．

試料が非常に薄い（$t \ll \xi_g$）と仮定すると，(1-69)式は $I_g(t) \cong (\pi t/\xi_g)^2$ と近似することができて回折強度の s_g 依存性が失われる．この近似は入射電子が1回のみ散乱するとした運動学的回折理論と等価であり，そのような薄い試料からの CBED では，ディスク内の強度はほぼ均一になる．逆に言えば，CBED による解析に用いるディスク内の強度変化は，入射電子の多重散乱効果によるものであり，実験結果の厳密な解釈や定量解析にはどうしても動力学的回折理論が必要になる．

エネルギーフィルターの効果

これまでは入射電子の弾性散乱のみを考えてきたが，実際には試料中において電子系や格子系へのエネルギー付与を伴う非弾性散乱も生ずる．例えば，図1-69 (a) において透過波の強度プロファイル I_0 が $s_g<0$ 側で低下しているのは，そこで非弾性散乱の確率が高まることによる．非弾性散乱電子の一部は回折図形においてバックグラウンド成分となって，回折図形を不鮮明にするばかりでなく，回折強度の定量測定を難しくする．しかし近年，試料を透過した電子のエネルギー選別をして，特定のエネルギー成分の電子のみを用いて拡大像や回折図形を得るエネルギーフィルター（EF）が実用化され，その活用により上記のような問題は大きく改善された[2]．電子エネルギーフィルターについては 1.11 で詳しく取り上げられているが，光学におけるプリズムのような作用を行う磁界レンズとエネルギー選択を行うスリットが組み合わさったものである．

CBED 図形におけるエネルギーフィルターの効果を図1-70 に示す．フィルターを通さない上側のパターンと比較して，フィルターを通して非弾性散乱電子の大部分を除去した，エネルギーフィルター収束電子回折（energy

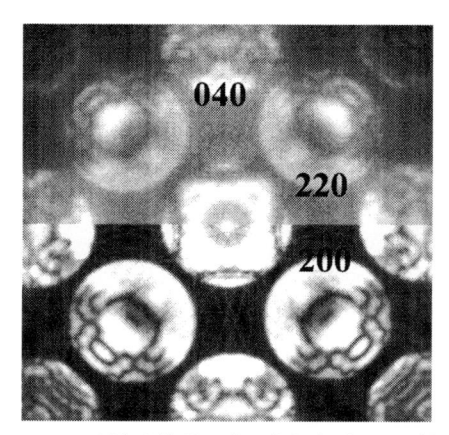

図 1-70 MgO・1.4Al$_2$O$_3$ スピネル結晶の [001] 収束ビーム回折図形（$E=120$ kV）〈上半分〉エネルギーフィルターなし，〈下半分〉エネルギーフィルター（$\Delta E=10$ kV）でゼロロス電子のみで結像．

filtering CBED; EF-CBED）（下側）では，200 反射の位置に細いライン状の反射が明瞭に現れている．スピネル構造（Fd3m）では本来 200 反射は禁制であり，これらの反射は HOLZ 反射を通しての多重散乱により現れたものである．このような，微弱な反射の確認や弾性散乱による回折強度の高精度な測定においてエネルギーフィルターの利用は非常に有効であり，後述するようにイメージングプレート（IP）などの高感度記録媒体との併用により，回折強度の定量解析が可能となって CBED の応用範囲は大きく拡大した．

1.8.3 収束ビーム回折の材料解析への応用例
試料膜厚の精密測定

　試料の膜厚は，像観察から転位や粒子の密度を求めたり，EDX などの精度良い分析を行うために測定が必要になる場合がある．(1-69) 式からわかるように，回折ディスク内の強度振動は，試料厚さ t とともにその周期は細かくなる．結晶格子の単位胞が小さい金属結晶などの試料では，2 波条件が比較的成立しやすいので，(1-69) 式を利用して試料膜厚を容易に精度良く測定することができる．図 1-71(a) に Cu-Ni 合金から得られた $g=220$ CBED

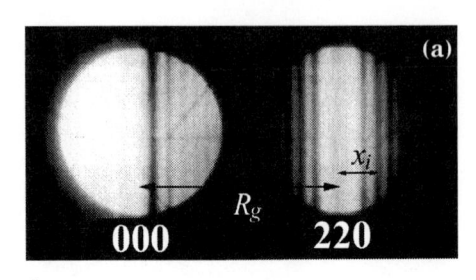

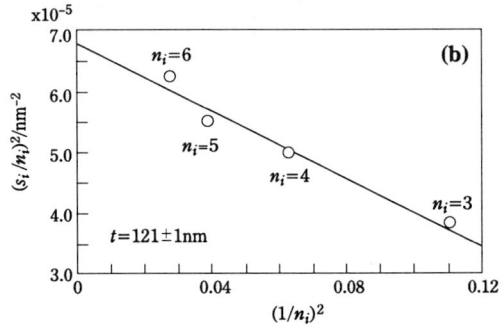

図1-71 2波励起CBEDによる試料膜厚測定
(a) Cu-25％Ni合金のCBED，(b)フリンジの間隔から膜厚を求める．

パターンを示す．透過波ならびに220回折ディスク内には，図1-69 (a) での強度振動に対応したフリンジが現れている．回折ディスク内で強度極小の暗線となる位置では（1-69）式より $t\sqrt{(1/\xi_g)^2 + s_g^2} = n_i$（$n_i$は整数）が成立しており，そこからその位置での励起誤差s_iと指数n_iの関係として

$$\left(\frac{s_i}{n_i}\right)^2 = \frac{1}{t^2} - \frac{1}{\xi_g^2}\left(\frac{1}{n_i}\right)^2 \tag{1-71}$$

が得られる．図1-71 (a) 中に示すような，$s_g=0$の位置から，そこまでの距離 x_i と透過波ディスクと回折ディスクの中心間距離 R_g を使って，s_i は $s_i = (\lambda/d_{hkl}^2)(x_i/R_g)$ の関係で求められる．したがって，各暗線についての $(1/n_i)^2$ に対して $(s_i/n_i)^2$ をプロットすると，図1-71 (b) に見られるように直線関係が得られ，その切片から試料厚さ t が求められる．

結晶構造因子の測定

　前記の方法では，試料膜厚と同時に直線の傾きからξ_gも求められるので，(1-70)式を使えばその反射の結晶構造因子F_gの値を見積ることができる．しかし一般には2波近似が成立するケースはごく稀であり，CBEDの強度プロファイルからF_gの値を精度良く求めるには，多波動力学的回折理論に基づく解析が必要である．

　図1-72に$MgAl_2O_4$スピネル結晶の400系統反射列のCBEDパターンを示す[3]．前述のように，電子エネルギーフィルターによる非弾性散乱成分の除去と，イメージングプレートによる記録により，(b)に示すように信頼性の高い回折強度の定量解析が可能となった．多波動力学的回折理論による散乱

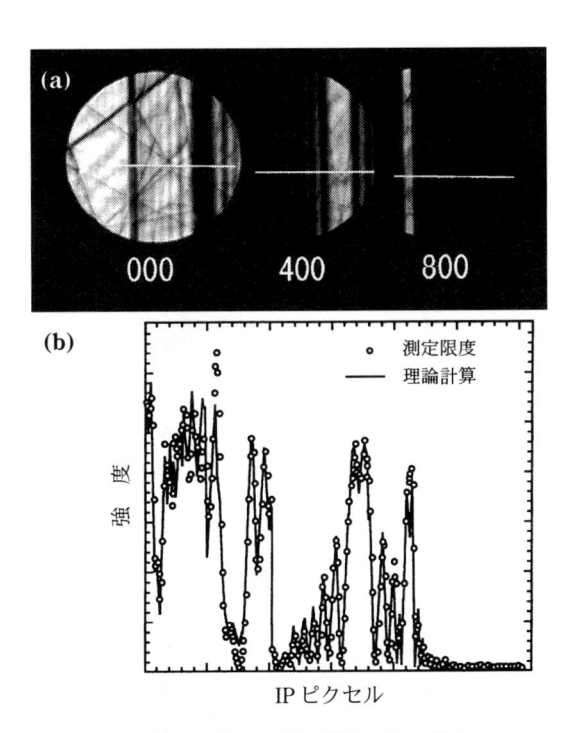

図1-72 $MgAl_2O_4$スピネル結晶の結晶構造因子の測定
(a) 400系統反射のEF-CBED ($E=200$kV)，(b) 強度プロファイルの解析．

強度計算とのフィッティングを行うことで，ここでは400反射の結晶構造因子が定量的に求められ，結晶中のカチオン配列が決定されている．最近では晶帯軸入射で多くの回折波を励起して，それらの回折ディスクの強度プロファイルから原子位置や電荷移動，原子の熱振動や静的変位に関するデバイ・ワラー (Debye-Waller) 因子などを同時に求めることも可能になってきている[4]．

単位胞が大きな結晶では，図1-73 (a)に見られるように，隣り合う回折ディスクが重なり合ってしまい，上記のような手法で着目するブラッグ反射

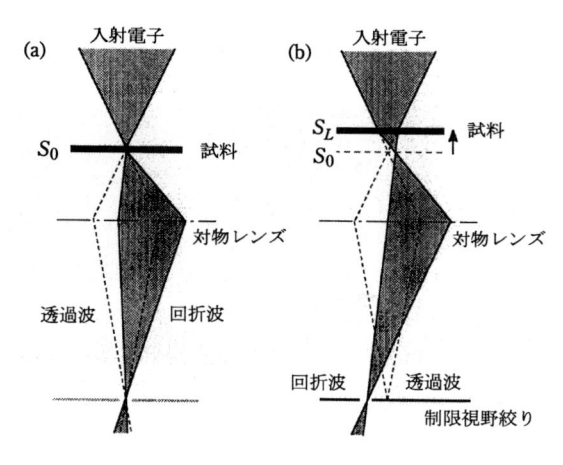

図1-73 大角度収束ビーム回折（LACBED）の原理
(a) 通常の試料位置：回折ディスクが重なる．
(b) 低次反射の観察：試料位置を標準位置 S_0 から S_L に上げて制限視野絞りで回折波を選択する．
(c) 高次反射の観察：高次反射はブラッグ条件を満足する $s_g=0$ 付近でのみ強度が現れる．

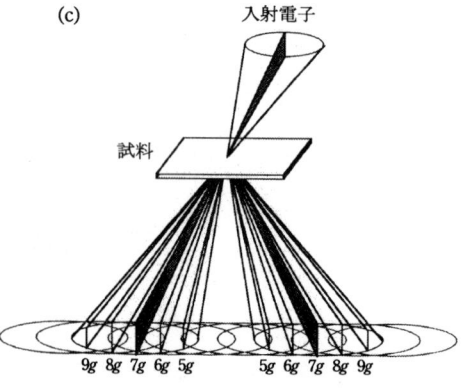

の結晶構造因子を精度良く求めることが難しくなる.そのような場合は,図1-73 (b) に示すように,試料を通常の位置 S_0 より上方の S_L に移動させて対物レンズの第1像面(制限視野絞りが入る位置)において回折図形をつくり,制限視野絞りで着目する反射を選択して,回折図形の観察モードに切り換えると,選択したブラッグ反射の回折ディスクのみを他の反射との重なりなく観察することができる.このように,電子ビームの収束角を隣り合う反射のブラッグ角より大きくして得られる回折図形は,大角度収束電子ビーム回折(Large Angle CBED; LACBED)パターンとよばれている.ただし,この方法では,図1-73 (b) からわかるように電子ビームの照射領域が広がり,その中の場所の関数として電子線の入射方位が連続的に変化する.したがって,通常のCBEDと同様な目的で利用するには,膜厚や内部構造が均質な試料が必要となり,ナノ構造物質の解析には不向きな面がある.一方,図1-73 (c) のように試料は通常位置 S_0 において,入射ビームの大きな収束角を利用して複数の高次反射がブラッグ条件を満足するように試料を傾斜させて,パターンを観察する方法もある.

図1-74にYBa$_2$Cu$_3$O$_y$の00l系統反射を励起したエネルギーフィルター大角度収束ビーム回折(energy filtering LACBED; EF-LACBED)パターンを示す[5].励起した反射が高次であるため,各反射は $s_g=0$ 付近のみに強度をもち,ディスクの重なりはほとんど問題にならない.しかもこの方法では,

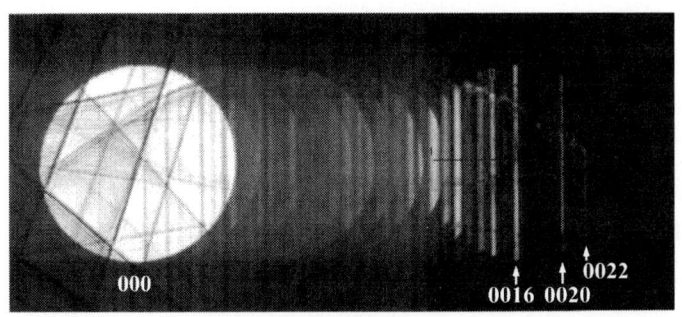

図1-74 YBa$_2$Cu$_3$O$_y$ の 00l 系統反射 EF-LACBED パターン (E=200 kV)

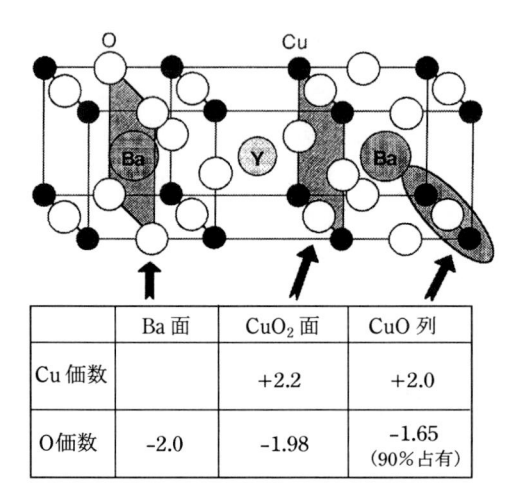

	Ba 面	CuO_2 面	CuO 列
Cu 価数		+2.2	+2.0
O 価数	-2.0	-1.98	-1.65 (90％占有)

図 1-75 $YBa_2Cu_3O_y$ の電荷状態

図1-73(a)とは違って照射領域が広がることはなく，微小領域の解析にも適している．ここでは0012から0022反射までの回折強度に着目して，励起されている00l系統反射の結晶構造因子を求めることにより，酸素濃度や各原子面でのCuとOのイオン化状態に関する解析が進められている．図1-75にその結果の一部を示す．

反転対称性のない結晶の極性判定

電子回折では動力学的回折効果が強いために g 反射と $-g$ 反射の強度が異なる場合があり（フリーデル則の破れ），1.4でも触れられているように，そこから反転対称中心をもたない結晶の向き（極性）の決定が可能になる．光デバイス等への応用が盛んなIII-V族半導体は反転対称中心がない閃亜鉛鉱構造あるいはウルツァイト構造を有しており，デバイスの構造評価において極性判定が必要になる場合が多い．

図1-76にGaAs結晶から得られた200系統反射列のLACBED図形を示す[6]．ここでは，図1-73(b)で示した条件より対物レンズの励磁を強くして第1像面より上の位置で電子を一度集束させ，制限視野絞りを使って各反射

1.8 収束ビーム回折法

のディスクにおいてブラッグ条件を満足している箇所が中心に来るようにしている。200と$\bar{2}00$反射のディスクを比較すると，200ではディスク中央部に暗い線が，$\bar{2}00$では逆に明るい線がそれぞれ2本ずつ現れている。200ディスクに現れている回折条件では200反射に加えて高次の$111\bar{1}$と$9\bar{1}\bar{1}$反射が同時にブラッグ条件を満足している。一方，$\bar{2}00$ディスクについては，$\bar{2}00$，$\bar{1}11\bar{1}$と$9\bar{1}\bar{1}$が正確なブラッグ位置にある。したがって，これらのディスクの中心では，図1-77で示しているように，直接200あるいは$\bar{2}00$へ散乱した回折波と，高次反射を経由してこれらに到達した2重回折波$\boldsymbol{g}_1+\boldsymbol{g}_2=200$（$\boldsymbol{g}_1=111\bar{1}$，$\boldsymbol{g}_2=\bar{9}1\bar{1}$；$\boldsymbol{g}_1=\bar{9}1\bar{1}$，$\boldsymbol{g}_2=11\bar{1}\bar{1}$），$\boldsymbol{g}_1+\boldsymbol{g}_2=\bar{2}00$（$\boldsymbol{g}_1=9\bar{1}\bar{1}$，$\boldsymbol{g}_2=\bar{1}\bar{1}11$；$\boldsymbol{g}_1=\bar{1}\bar{1}1\bar{1}$，$\boldsymbol{g}_2=9\bar{1}\bar{1}$）が重なり合って互いに干渉している。以下に，これらの回折波の位相に着目して，明線と暗線の成因について考える。

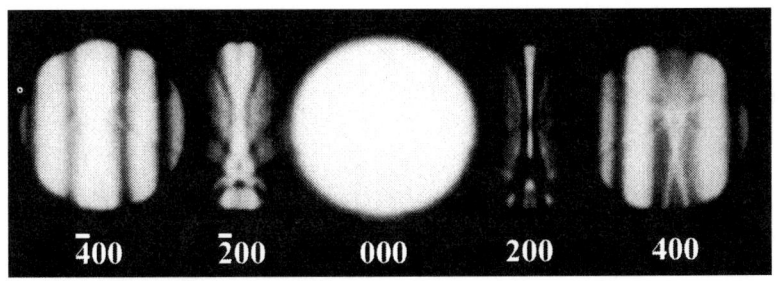

図 1-76 GaAs 結晶からの LACBED パターン
制限視野絞りで投影角度範囲を制限して，各反射ともディスクの中心がブラッグ条件の位置になっている。

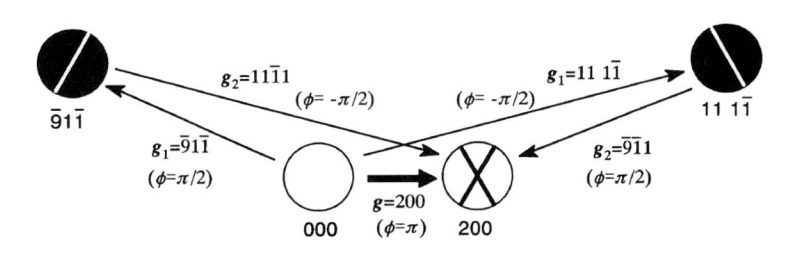

図 1-77 図 1-76 の 200 ディスク中心部での回折条件
ϕ はそれぞれの回折に伴う位相変化を表す。

1.3の (1-41b) 式で与えられている回折波の波動関数には，振幅項に結晶構造因子の位相項 $e^{i\delta}$ が含まれている．ここで (200) 面と ($\overline{2}00$) 面は，Ga 原子と As 原子の配置が逆であり，互いに表と裏の関係にある．そのため，200 と $\overline{2}00$ 反射の結晶構造因子は奇関数である sin 項のみで表され，位相角 δ はそれぞれ $\delta = \pi/2, -\pi/2$ となる．

　このような表裏がない結晶面 {911}{11 1 1} でのブラッグ反射 1 においては，結晶構造因子の値がそれぞれ正と負の実数になって，δ は 0 あるいは π である．回折波の振幅項にはさらに虚数単位 i が含まれており，それに伴う位相変化 $\pi/2$ が加わって，200 と $\overline{2}00$ 反射の振幅位相 ϕ ($=\delta+\pi/2$) はそれぞれ $\phi=\pi$ ならびに $\phi=0$ rad に，また，911 と 11 1 1 反射の ϕ は $\pi/2$ と $-\pi/2$ になる．高次反射を経由して 200 あるいは $\overline{2}00$ に到達した 2 重回折波は，互いに位相の正負が逆の関係にある 911 反射と 11 1 1 反射の組み合わせであるので，それらによる位相変化は互いにキャンセルしあって 2 重回折波の位相は 0 rad になる．そのため 200 回折波については，直接の散乱成分と 2 重回折成分が逆位相の関係になり，それらが干渉するところで強度低下が起こり，ディスク中に暗線が現れる．

　$\overline{2}00$ 反射においては両者が同位相になるので，互いに強めあって明るい線となる．このように，ディスク内の明暗の違いから，200 と $\overline{2}00$ 反射の結晶構造因子の位相が即座に判定できて結晶の向きが決まる．ここでは 1 枚の回折図形で多波干渉効果を示すために LACBED 法を用いたが，実際にはその必要はなく，200 と $\overline{2}00$ 反射のそれぞれがブラッグ条件にある 2 枚の CBED 図形を比較すればよい．また最近では比較的簡単に CBED 図形のシミュレーションができるので，それを利用すれば必ずしもブラッグ条件を満足させなくても，多波励起によるフリーデル則の破れから極性判定が可能である[7]．

局所的な格子定数や格子歪みの測定

　図 1-68 に示したように，結晶の晶帯軸に沿って収束ビームを入射させ，

1.8 収束ビーム回折法

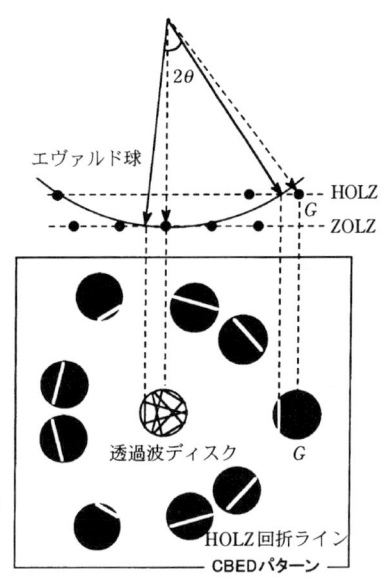

図 1-78 エヴァルドの作図と HOLZ ラインの位置との関係

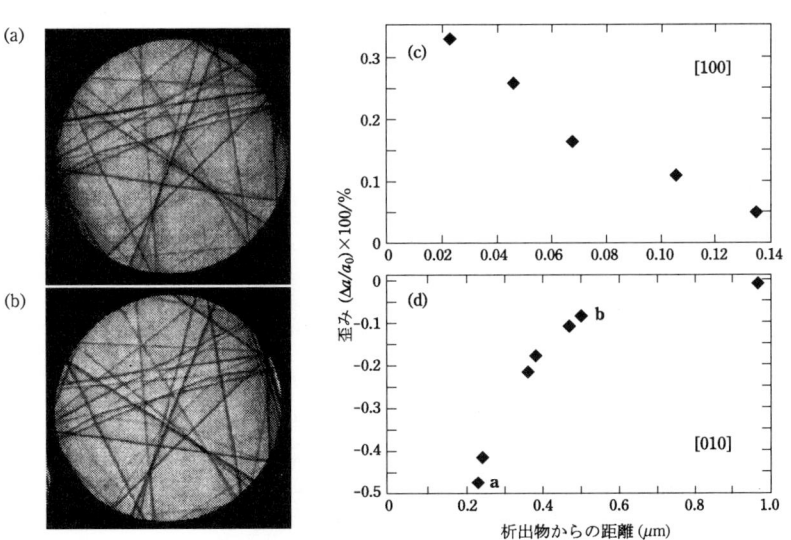

図 1-79 Si ウエハー中の板状酸素析出物付近の格子歪みの解析
(a), (b) EF-CBED 図形 [105] 入射，$E=200$ kV，(c) [100] 方向の歪み，
(d) [010] 方向の歪み．

HOLZ反射がライン状に強く励起されると,透過波ディスク中に細い暗線からなるHOLZパターンが現れる.HOLZ反射は指数が高いために,暗線の位置は加速電圧や結晶の格子定数に敏感に依存して変化する.暗線が現れる位置とそれらの組み合わせであるHOLZパターンの形状は,図1-78に示すように,エヴァルド球と逆格子点の幾何学的関係で単純に理解できるので,パラメータとしての加速電圧(電子の波長)が既知ならば,そこから照射している微小領域の局所的な格子定数を簡単な解析で求めることができ,特に半導体デバイスを中心にして様々な材料に応用されている.

図1-79にSiウエハー中の板状酸素析出物近傍を,ビーム径を2nm,入射方位を[105]として観察したEF-CBED図形の例と,それらの解析からマトリックス中の格子歪みを析出物からの距離の関数として求めた結果を示す[8].析出物は[010]を向いた板状であり,その方向には圧縮歪みが,それとは垂直の[100]方向には膨張歪みが存在していることが明らかにされている.

一方,図1-73(b)で紹介したLACBED法を利用すると,一つの回折図形で局所的な格子変形の様子を映し出すことが可能になる.その例を図1-80に

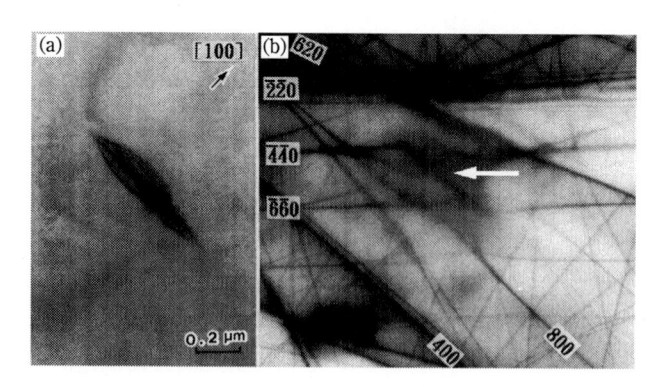

図1-80 Siウエハー中の板状酸素析出物(a)とその付近から得られたLACBED透過波ディスク(b)
(b)では中心付近に斜め方向を向いた板状析出物(矢印)が存在している.

示す.中心付近に析出物が存在しており,その周りで格子が湾曲している様子が一目でわかる.この像の空間・角度分解能は通常の試料位置で集束する電子ビーム径で決まるので,シャープな回折プロファイルを得るには,ビーム径を可能な限り小さくした方がよい.このような格子歪みの解析を必要とする領域は,析出物の周辺など特定の箇所に限られるため,かなり厚い箇所からパターンを得なくてはならないケースが生ずる.そのような場合に,電子エネルギーフィルターによる非弾性散乱成分の除去は,観察領域の制限を大きく緩和する点において極めて有効に働く.

ところで,HOLZ パターンを構成する高次反射は一般に結晶構造因子の値が小さいので,それ自身の動力学的回折効果は強くないが,その解析においては同時に励起されている ZOLZ 反射の動力学的回折効果の影響を無視することができない.すなわち,強い ZOLZ 反射の多重散乱によって,1.3 で述べたように,入射電子は波数の大きさが異なるいくつかの状態(ブロッホ波)に分岐しており,HOLZ 反射はそれらのブロッホ波から生じている.そのために,ZOLZ 反射によって形成される主要なブロッホ波の波数変化 $\gamma^{(i)}$ に伴って,見かけ上エヴァルド球の半径(加速電圧)が変化したような影響が現れる[9].HOLZ パターンの厳密なシミュレーションには多波動力学的回折理論による計算が必要になるが,HOLZ パターンの形状がエヴァルド球と逆格子点の幾何学的関係で大体において理解できるので,面倒な理論計算を避けて,測定したい試料と同じ物質で歪みのない試料の HOLZ パターンをこの幾何学的関係で解析することにより,実効的な加速電圧を求めて動力学的回折効果の影響を補正するのが現在のところ一般的である.ZOLZ 反射の動力学的回折効果によって HOLZ ラインが湾曲や分裂する場合もあるので,そのような影響を抑えるためには,電子線の入射方位を少し高指数の結晶軸とするのがよい.また,HOLZ ラインの現れ方は加速電圧や試料温度などにも強く影響されるので,それらも含めて実験条件を吟味しておくことが重要である.

1.8.4 まとめ

　収束電子ビーム回折は,材料のナノスケールでの定量解析を可能にする特色ある手法である.しかし,動力学的回折効果についての理解が多少なりとも必要であるためか,他の電子顕微鏡法と比べて広い利用がなされていないようである.最近ではコンピュータの性能が飛躍的に向上し,また汎用的なソフトウエアも出回ってきているので,ここで紹介した程度の動力学的回折効果に関する基礎的な理解があれば,CBED図形の解析は容易にできるようになっている.

【参考文献】

1) M. Tanaka, M. Terauchi, K. Tsuda and K. Saitoh: *Convergent-Beam Electron Diffraction IV*, (JEOL, 2002).
2) 友清芳二,松村 晶:まてりあ,**37** (1998), 408.
3) T. Soeda, S. Matsumura, J. Hayata and C. Kinoshita: J. Electron Microscopy, **48** (1999), 531.
4) K. Tsuda and M. Tanaka: Acta Cryst., **A55** (1999), 939.
5) Z. Akase, Y. Tomokiyo, Y. Tanaka and M. Watanabe: Physica C, **338** (2000), 137, and **339** (2000), 1.
6) 松村 晶,森村隆夫,沖 憲典:九州大学超高圧電顕室研究報告,**18** (1994), 3.
7) T. Mitate, Y. Sonoda and N. Kuwano: Phys. Stat. Sol., (a)**192** (2002), 383.
8) T. Okuyama, M. Nakamura, S. Sadamitsu, J. Nakashima and Y. Tomokiyo: Jpn. J. Appl. Phys., **36** (1997), 3359.
9) T. Okuyama, S. Matsumura, Y. Tomokiyo, N. Kuwanao and K. Oki: Ultramicroscopy, **31** (1989), 309.

1.9 暗視野走査透過電子顕微鏡法

1.9.1 はじめに

　これまでに説明したように，最先端電子顕微鏡法はナノ組織材料の局所的な原子構造や電子構造を研究するための有力手段の一つであるが，近年，さらに進んで**1個1個の原子や分子を直視する**[1]機能が各方面から求められている．この要望にかなう観察方法の一つが，高角度円環暗視野走査透過電子顕微鏡（high-angle annular dark field STEM; HAADF-STEM または ADF-STEM）法である．ここではこの新しい電子顕微鏡法の原理，結像特性およびナノ組織材料への応用について解説する．

1.9.2 走査透過電子顕微鏡（STEM）

　1.5, 1.6で説明された透過電子顕微鏡（TEM）は光学顕微鏡と同様，波動光学の原理に基づいて対物レンズで拡大した試料の像を**一度に**フィルムなどに記録する装置である．電子顕微鏡のもう一つの撮像方式として走査像方式がある．これは，テレビジョン（TV）の撮像方式と同様，細い電子ビームで試料を縦横に走査することによって，**一点一点**（ピクセルという）**を順に**形像する方法であり，走査電子顕微鏡（SEM）の結像法としてよく知られている．SEMは試料の上方に放出された2次電子強度（**1.1**図1-1参照）を像信号として用いる方法であるのに対し，ここで説明する走査透過電子顕微鏡（STEM）は試料を透過した電子を用いる方法である[2]．

　図1-81にSTEMの原理図を示す．電界放射型電子銃のように，高輝度で

微小な電子源（G）から放出された電子を電子レンズL_1, L_2により直径1nm以下に収束し，偏向コイル（d）により試料（SP）上を走査する．このとき，試料の各点から下方に透過および散乱された電子は，光軸上に置かれた小円板またはその周辺の円環状の検出器（D, D′）に入り，上記の走査信号に同期した時系列の電気信号が得られる．この時系列の信号強度を，偏向コイルの励磁電流の変化に同期させて陰極線管（cathode ray tube; CRT）上に表示して，STEM像を作る．STEM像の倍率はSEM像と同様にCRTの画面と試料上の走査領域の大きさの比で決まり，この変化は上記の偏向コイル（d）の励磁電流の振幅変化でなされる．

　明視野STEM像を得るための検出器（D）は，図1-81に示すように，試料の真下にあり，この開き角の小さい検出器によって透過波と回折波が重なった強度，すなわちTEMにおける多波干渉の軸上照射格子像と同じ強度が得られる（図1-40参照）．検出器の開き角が小さいのに二つ以上の波が入射する理由は，STEMではTEMと異なり，入射ビームが10^{-2} rad以上の収束角を持っているので，透過波と回折波もこれに対応して円板状になり，光軸上でも二つ以上の波が重なっているからである（**1.9.7**の**相反定理**の記述も参照）．

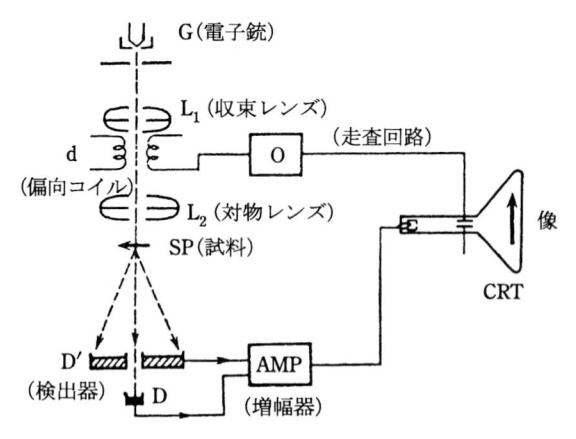

図1-81 走査透過電子顕微鏡（STEM）の原理図

一方，図1-81下部に示した円環状検出器（D'）を用いると，多数の回折波の円板が重なった暗視野像の信号が得られる．このとき，回折波同士の干渉項は，多数の回折波の干渉項が円環状検出器の上で重なることから互いに打ち消しあい，像信号が各回折波の強度のほぼ単純和のみになる．これを，**非干渉条件での像強度**という．この信号で形成した像は暗視野STEM（dark field STEM; DF-STEM）像とよばれる．この円環状検出器の内側の検出角をさらに大きくしたものがHAADF-STEMである．

1.9.3 HAADF-STEM像のコントラスト

　暗視野STEM法が近年注目を集めている理由は，重い原子からなる結晶中のコラムと軽い原子のそれとが明瞭に区別できるからである．これを原子番号依存コントラスト（Z-コントラスト）という．Z-コントラストの成因は次のように説明される．

　1個の原子による電子線の散乱は，弾性散乱と原子中の電子の励起などにより入射電子がエネルギーを失う非弾性散乱に分けることができる．

　前者はブラッグ反射も含め高角まで広がり，後者は散乱角10 mrad以内に集中する．Lenzによる原子モデルでは，その弾性散乱断面積 σ_{el} は原子番号Zの4/3乗に比例し，非弾性散乱断面積 σ_{inel} はZの1/3乗に比例する[3]．したがって，図1-81の外側の検出器D'に入射する弾性散乱電子の信号（$\propto \sigma_{el}$）を，検出器Dに入射した散乱電子から，エネルギーを失っていない透過弾性散乱電子をエネルギー分析器を用いて取り去った後の非弾性散乱電子の信号（$\propto \sigma_{inel}$）で電気的に割算したもので，STEM像を作れば，Zに比例する像強度が得られる．これがCreweが1970年代初頭に実験を行ったZ-コントラスト法の基本原理である[4]．

　1990年代にPennycookは高角度散乱波のみを使って形像するHAADF法を始めた[5]．簡単のために1個の原子が観察試料だとすると，その散乱強度（I）は原子の弾性散乱振幅（f）の2乗である．Zeの中心電荷を持つ原子番号Zの原子の静電ポテンシャルは，遮蔽されたクーロン場で表される．こ

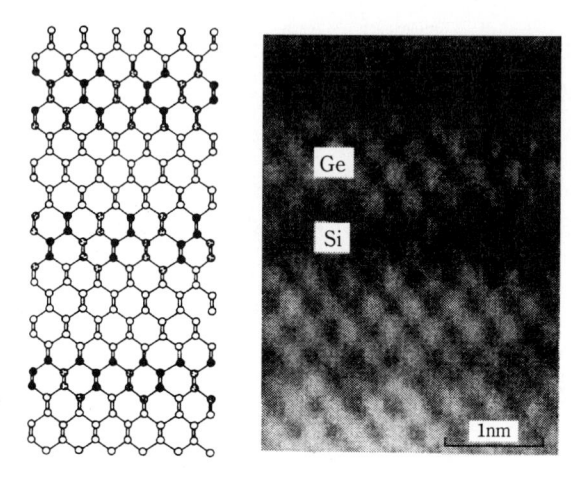

図1-82 SiGeの超格子の暗視野STEM像[7]

こに入射した電子で大きい散乱角を持つ散乱はラザフォード散乱となることが知られているので，$f \propto Z$である．したがって，$I \propto f^2 \propto Z^2$となる[3]．これが$Z^2$-コントラストの成因である．実際には，高角側には別の種類の非弾性散乱である熱散漫散乱（thermal dffuse scattering; TDS）が広く分布しており，内角が60 mrad以上（200 kVの場合）に開いた円環状検出器ではこの強度の方が弾性散乱波より大きく，Z^1とZ^2の中間の依存性をとるのが普通である[6]．

図1-82はSiGe超格子のHAADF-STEM像である．明るい点はZが大きいGeの原子コラム，暗い点はSiの原子コラムを表している[7]．この原子番号（Z）依存の原子直視コントラストが得られることは，波の干渉効果を使うTEMの格子像では得られない，HAADF-STEMの大きな特徴である．

1.9.4 HAADF-STEMの結像

HAADF-STEMでは，散乱波や回折波の強度を像信号として使う暗視野像法であることと，検出立体角の大きい円環状検出器を用いるので，すでに述べたように，TEMの結像過程でおこる入射波と回折波や回折波同志の干渉

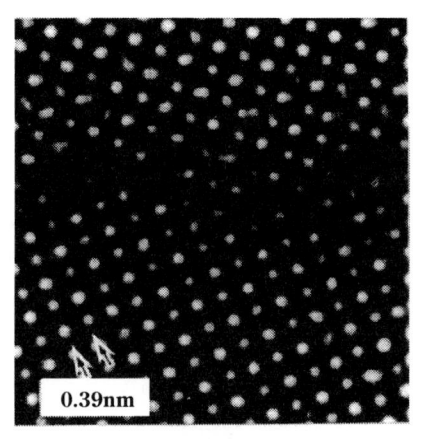

1.9 暗視野走査透過電子顕微鏡法

図1-83 SrTiO$_3$の大傾角粒界のHAADF-STEM像[9]

効果が重畳されて打ち消され，原子散乱振幅f，または結晶構造因子Fの2乗に近い像強度が得られる．したがって，原子コラムはいつも輝点として見え，フォーカスをはずすとボケるのみで，TEMの位相コントラスト像のように白から黒へのコントラストの反転がない[8]．これが**原子直視性**の特徴を生み出す一つの要因となっている．この特徴は，表面や界面の原子配列やナノグラニュラー試料や非晶質試料の原子構造を解析するときに大きな利点になる（図1-83[9]および後述の図1-86）．ただし，フォーカスの状態によってはプローブに強い副極大が生じ，この副極大ピークが原子コラムに入射することによる擬像が出ることもあるので注意する必要がある[6]．

1.9.5 HAADF-STEMの局所組成や状態分析機能

STEMでは像をつくるために，サブナノメータの大きさの電子ビームが偏向コイルによって試料上を走査しているので，この走査を止めれば，その場所から発生する特性X線などを使って，局所領域の分析データが原子レベルのSTEM像と同時に得られる．この場合のX線分析器には，回折格子による波長分散型のものか，半導体素子によるエネルギー分散型のものを用いる．また局所の物理状態の分析には，試料下に透過した電子のエネルギー

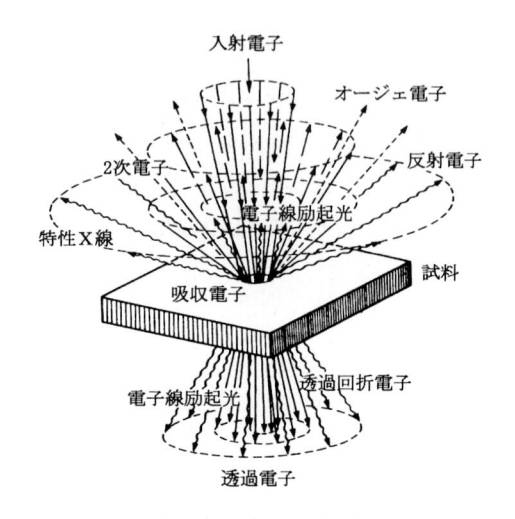

図1-84 ナノビーム電子線が試料に入射したとき発生する種々の2次発生線

損失分光 (EELS) を用いる．EELS では入射電子が $100\sim1000\mathrm{eV}$ のエネルギー損失をしたことを示す high-loss スペクトルから，**元素の同定**，**短範囲の原子配列解析**（electron enrgy-loss near-edge structure; ELNES），**中範囲の原子動径分布解析**（extended enrgy-loss fine structure; EXELFS），**イオン化状態解析** および **磁性状態解析**（white line ratio）ができ，一方，$5\sim50\mathrm{eV}$ の low-loss スペクトルからは **原子の結合状態** や **光学特性と比較できる情報** が得られる[10]．図1-84 に試料に電子線プローブを入射したときに出る種々の2次発生線を示す．STEM ではこれらの信号強度も2次元像として容易にマッピングできる．

1.9.6 HAADF-STEM の応用例

以上に説明したように，HAADF-STEM は，$2\sim3\mathrm{nm}$ 以下の構造が材料の物性の本質を決めるナノ組織材料の原子直視観察や原子レベルの分析のために原理的に優れている．この特徴はナノチューブやナノグラニュラー薄膜の研究にすでに有効に発揮されている．ここでは，ナノチューブの分析と磁性

ナノグラニュラー膜の研究例を二つ紹介する.

図1-85は,末永らによって得られた単層ナノチューブ内に詰められたガドリニウム (Gd) 内包フラーレン ($Gd@C_{82}$) かご型分子のHAADF-STEM/EELSマッピング像である[11]. 質量分析や粉末X線回折による事前の実験で, C_{82}の炭素かご型分子の中には1個のGd原子が内包されていることはわかっているので,この輝点は1個のGd原子が,図1-85 (a) のGdのEELSのN-エッジコアロススペクトル ($\Delta E \sim 150eV$) を使ってマッピングできることを示している.一方図1-85 (c)は炭素のK-エッジを使った像で,ナノチューブ全体が明るく写しだされている.

電子顕微鏡で原子を見ることは1970年にすでに述べたCreweらにより始

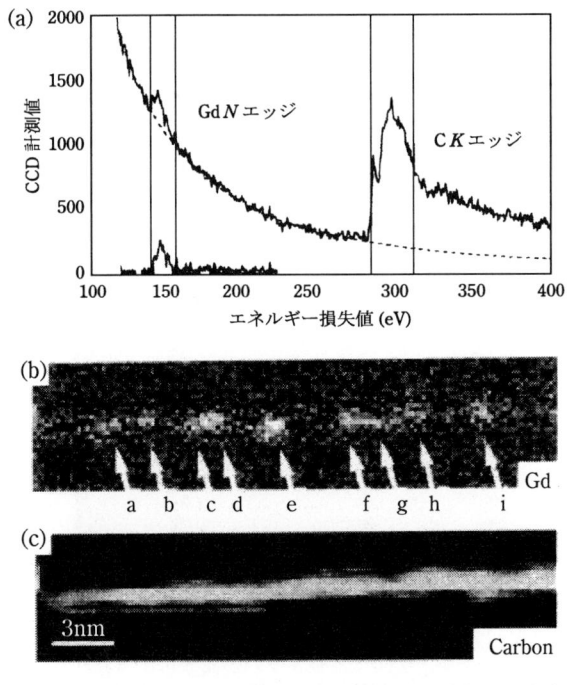

図1-85 単層ナノチューブ内に詰められたGd内包C_{82}炭素フラーレン分子中のGd原子のエネルギー選択STEM像

められ[4]，Hashimotoら[12]や筆者ら[13]によって取り組まれたが，それらは主に弾性散乱波を使って結像されたものである．図1-85のデータは，強度がさらに弱い非弾性散乱波のみを使っても，原子を元素ごとに**色分けして**写し出すことが可能であることを示している．

またその組成により金属—絶縁体相転移がおこるSi-V非晶質膜の内部構造もHAADF-STEMを使って画像化されている[14]．この研究では，通常のHRTEM像では，非晶質膜特有の粒状性像にさまたげられて観察しにくいバナジウムクラスターがZ-コントラスト（Z_V=23，Z_{Si}=14）の差により明瞭に区別して観察されている．

図1-86は，ソフト磁性材料開発のために研究されている非晶質磁性材料，Co-Al-Oナノグラニュラー薄膜のHAADF-STEM像である．輝点はAl_2O_3マトリックス中に存在する1.5〜2.0nm径のCoクラスターである．この像から各々のクラスターが連結しているか（矢印），分離しているか明確に判定

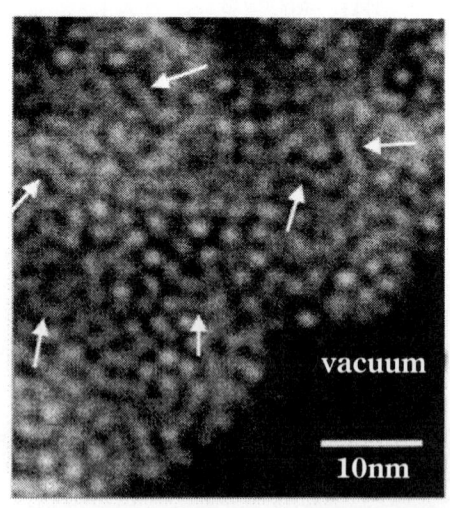

図1-86 Co-Al-OナノグラニュラーソЛ性体膜のHAADF-STEM像[15]
輝点はCoクラスター，矢印はクラスターが連結しているところを示す．
（このCo-Al-Oの試料観察は東北大学金属材料研究所の高梨研究室との共同研究である）

できる．さらに STEM/EELS 機能を使って，Co クラスターが純粋な金属状態と異なる状態かどうかも，EELS のコアロススペクトルの強度の定量的解析から判定できる[15]．

1.9.7 まとめと今後の展望

以上，HAADF-STEM を中心にして解説したが，STEM を用いても TEM の明視野像（回折コントラスト像）や，格子像に相当するものも観察できる（図 1-81 の検出器 D を用いる）．これは波動の進行方向を逆転して考えることを基礎とする **相反定理** によって保証される[3]．2004 年にはこの STEM の明視野法が酸素原子などの軽元素の識別のために再び注目されるようになった[16]．また HAADF-STEM の円環状検出器は試料の傾斜によっておこる回折コントラストの変化（ブラッグ条件の変化）を平均化し，低減化するのにも役立つ．この特性を利用して，従来は生物試料や SiO_2 などの非晶質材料にしか適用できなかった電子顕微鏡版トモグラフィーの研究も，2000 年以後急速に進展している．これは STEM によりナノ結晶材料の 3 次元観察を実現するものである（**1.1** 図 1-7）[17]．

HAADF-STEM/EELS の今後の技術開発の焦点は，収束レンズ（STEM では対物レンズという）の球面収差補正によるプローブ径のサブオングストローム化と，モノクロメータ付き電子銃による入射ビームのエネルギー幅の低下である．21 世紀に入りこの方面の研究開発が急速に進み，現段階では 0.1nm を切るビーム径，または 0.1eV 程度のエネルギー幅の極細 STEM プローブが実現しようとしている．図 1-87 は 300 kV の冷陰極電界放射電子銃と球面収差補正装置のついた HAADF-STEM によって得られた AlCoNi 準結晶の構造の 0.1nm 以下の分解能の像である．この像ではアルミニウムの原子コラムまでも結像されている[18]．

その他の興味ある研究としては，プローブが常時絞られていることを使った **孔掘りや微小切断型のナノ加工**，および電子線による試料の帯電現象を用いた微粒子やナノワイヤーの操作であろう．この方面の研究は，同様な

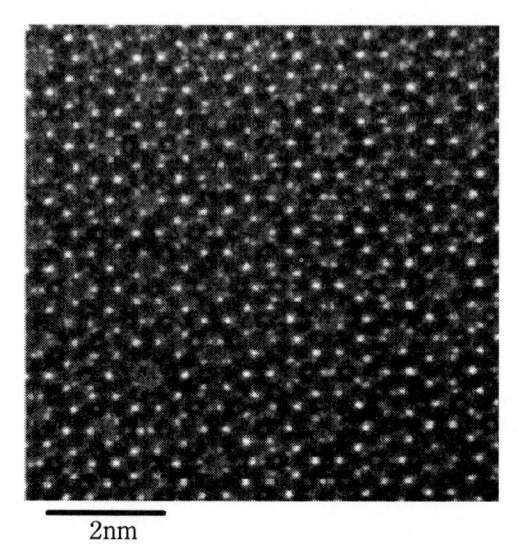

図 1-87 AlCoNi 10面体準結晶の300kV HAADF-STEM像[18]

走査型結像方式をとる走査トンネル顕微鏡 (scanning tunneling microscope; STM) ですでに実現しているが, 電子線と試料の強い相互作用を積極的に使ったこの方面の研究の今後の進展が期待される.

1.1.6 で概説したように, STEMは最初30kVの加速電圧のCreweによる自作装置よりスタートし[4], 次いで商用機として, 英国のVG社の100kVの装置が開発され, 1980年代欧米の大学や研究所で分析やナノ回折装置[19]として活躍した. 90年代, この装置は300kVの加速電圧のものが作られたところで生産中止となり, その後はTEMとSTEMとの併用機が主流になっている. 1998年には日本のメーカーがSTEM専用機を発表したが, これはSEMと同様の **操作の容易さ** を目標にしたものである. 上に述べたサブオングストロームの分解能をめざすものは, VG社の残存機を改良したものとフィリップスと日本電子のTEM/STEM併用機によって現在, 開発が進められている.

ナノ組織材料研究へのTEMとSTEMの有効性の比較については, ここに書いたような原理的な側面だけでなく, 操作性やデータの取り易さも重要視

される必要がある．この面でも，日本の装置メーカーの努力が，STEMを用いた世界の電子顕微鏡学の今後の発展のために大いに期待されるところである．

【参考文献】
1) 例えば，分子ナノテクノロジー，化学同人 (2002).
2) 田中信夫：マイクロビームアナリシスハンドブック，朝倉書店 (1985) p.199.
3) 田中信夫：電子顕微鏡, **34** (1999) 211.
4) A. V. Crewe et al.: Science, **168** (1970) 1338.
5) S. J. Pennycook et al.: Phys. Rev. Lett., **64** (1990) 938.
6) 塩尻詢ら：電子顕微鏡, **36** (2001) 24.
7) S. J. Pennycook et al.: Ultramicrosc., **37** (1991) 14.
8) 田中信夫ら：電子顕微鏡, **36** (2001) 39.
9) McGibbon et al.: Science, **266** (1994) 104.
10) R. F. Egerton: *Electron Energy Loss Spectroscopy in the Electron Microscope*, 2nd Ed., Plenum Press (1990).
11) K. Suenaga et al.: Science, **290** (2000) 2280.
12) H. Hashimoto et al.: Jpn. J. Appl. Phys., **10** (1971) 1115.
13) K. Mihama and N. Tanaka: J. Electron Microsc., **25** (1976) 65.
14) N. Tanaka et al.: Proc. MSA (1997) p.719.
15) N. Tanaka et al.: Acta Materialia, **48** (2003) 909.
16) M. F. Chisholm et al.: Proc. Microscopy & Microanalysis (2004) pp.256CD.
17) M. Koguchi et al.: J. Electron Microsc., **50** (2001) 235.
18) H. Abe et al.: Proc. European Microscopy Congress (2004) Vol. 2.
19) J. M. Cowley: J. Electron Microsc. Tech., **3** (1986) 25.

1.10 エネルギー分散型X線分光法

1.10.1 はじめに

　これまでは，試料中の原子によって入射電子の進行方向が変わる弾性散乱（回折）を利用した電子顕微鏡技法を取り扱ってきた．弾性散乱の度合いや仕方は衝突する原子の種類に依存するが，その結果得られる拡大像や回折図形から即座に散乱を引き起こしている原子の種類を同定することは，散乱強度の測定精度が十分ではないためにできていない．しかし，試料に入射した電子は，原子と弾性散乱だけでなく，試料中の様々なエネルギーレベルにある電子とも衝突する．非弾性散乱によっても運動エネルギーの一部を失う．そのときの入射電子のエネルギー損失は，試料内電子のエネルギー準位に依存するために，試料を透過した電子のエネルギー損失スペクトル(EELS)には原子の種類や結合状態などに関する情報が含まれる．

　一方，試料の電子は入射電子からのエネルギー付与により励起した状態に至るが，それが緩和する過程において，余分なエネルギーがX線などの電磁波や2次的な電子となって試料から発せられる．この電磁波のエネルギーやスペクトルもEELSと同様，試料物質に固有なものである．したがって，入射電子の非弾性散乱によって生じたシグナルの測定から，電子を照射している試料領域に存在する元素の種類や，状態に関する解析が可能になる．これからはこのような分析電子顕微鏡法が紹介されるが，ここでは，試料中に含まれている元素の同定とそれらの組成分析に広く利用されているエネルギー分散型X線分光法について，基本的な事項を中心に解説する．この手法

はEDS, EDX, XEDS（energy dispersive X-ray spectroscopy）などの略称でよばれている．詳細な解説は参考文献1），2）などをご覧いただきたい．

1.10.2 X線の発生

高速の入射電子が試料に入った場合，次の2種類の機構によってX線が発生する．一つは荷電粒子である入射電子がその軌道を曲げたり衝突したりして減速することによって発生する制動放射であり，これは連続的なエネルギー分布となる．一方，原子の内殻軌道電子が入射電子との衝突によってフェルミレベル以上の準位に励起され，生じた軌道空位がそれより高い準位にあった軌道電子によって埋められることにより，余分なエネルギーがX線として放出される．軌道電子の遷移には選択則があり，量子数 n, l, j において，異なる n の間で $\Delta l = \pm 1$ かつ $\Delta j = \pm 1$ または0を満たす過程のみが許される．図1-88に示すように，最内殻の1s軌道（K殻）へ L 殻にある2p軌道からの遷移によって発生するX線を $K\alpha$ 線，M 殻あるいはそれ以上のレベルにある軌道からの遷移によるものを $K\beta$ 線とよんでいる．一方，

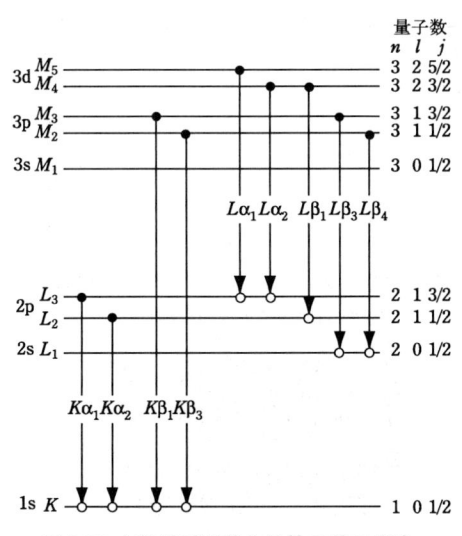

図1-88 内殻電子遷移と特性X線の発生

M殻以上からL殻への遷移によって$L\alpha, L\beta$線が発生する．これらのX線は，元素の電子軌道レベルによって決まる固有のエネルギー値をもつために特性X線（あるいは固有X線）とよばれており，試料から発生した特性X線を分光してエネルギー値と積分強度を測定することにより，試料内に存在する元素の同定と定量が可能になる．

1.10.3 X線の測定

透過電子顕微鏡で試料から発生したX線を分光測定するには，ほとんどの場合エネルギー分散型の半導体検出器が用いられている．これは，可動部がなく，広いエネルギー領域を短時間で計測できる，少ない照射電流で測定可能などの点で，透過電子顕微鏡での計測に適しているためである．そこでは，Liをドープした単結晶Siを素子とする検出器が最も広く使われているが，重元素からの特性線など20keV以上の高いエネルギーのX線計測に重きを置いて，純Geの検出器を用いる場合もある．

半導体検出器の簡単な原理と構造を図1-89に示す．X線が半導体検出器

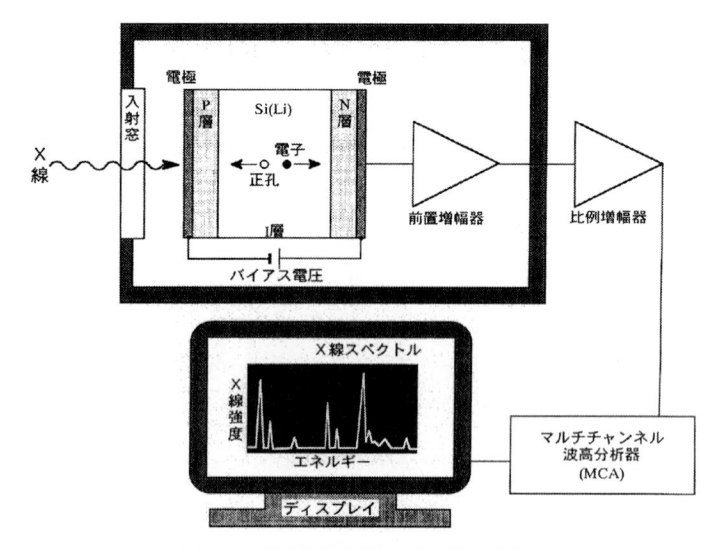

図1-89 半導体検出器の基本的な構造

に入ると光電効果によって，そのエネルギーに比例した数の電子－正孔対が生成される．この電流パルスは，電界効果型トランジスタ（field effect transistor; FET）を用いた前置増幅器により蓄積された後，微分・積分回路を持つ主増幅器で波形整形されて電圧パルスへと変換され，マルチチャンネル波高分析器（multi-channel analyzer; MCA）により波高値ごとのパルス数として計測・表示される．これにより，X線のエネルギーに対する強度スペクトルが得られる．あるエネルギーのX線によって生成される電子－正孔対の数は，検出素子の価電子帯と伝導帯のエネルギーギャップによって決まる．X線のエネルギー分解能は，その数の統計的ゆらぎ幅に支配されることとなり，Si (Li) 検出器では原理的に120 eV程度がその限界である．この値は，電子線マイクロアナライザ（electron-probe micro analysis; EPMA）などで使われている分光結晶による波長分散型検出器（〜10 eV）と比べて極めて見劣りするものであり，図1-88の$K\alpha_1$線と$K\alpha_2$線は分離されずに1本の$K\alpha$ピークとして観測される．また，複数のX線ピークの重なりも生じやすい．

　半導体検出器を装着した透過電子顕微鏡の外観と内部の模式図を図1-90に示す．Si (Li) 検出器は，ドープしているLiの拡散移動と熱励起による電子－正孔対の生成，ならびにFETのノイズなどを抑えるために，検出素子と前置増幅器の部分を常に液体窒素で冷却しておく必要がある．そのために図1-90 (a)で見られるように，比較的大きな液体窒素の容器が備えられている．検出器は試料の上側から覗くようにして，対物レンズポールピース内の試料近傍に挿入される．最近の装置では，X線の取り込み角θが20°程度で，試料の中心から半導体の検出素子までの距離は15 mm前後になっている．したがって有効面積が30 mm^{2}の検出器を使用した場合，X線測定の立体角Ωは0.1〜0.2 sr程度となり，試料から発生しているX線の1〜2％が計測されることになる．検出器の前面には入射窓として保護膜が置かれているが，検出器の位置が試料に極めて接近するために，低倍率モードなど対物レンズが作用していない状態で検出器を挿入することは，反射電子による検出器の損傷や保護膜の汚れを引き起こすため避けなくてはいけない．Si (Li) 検出

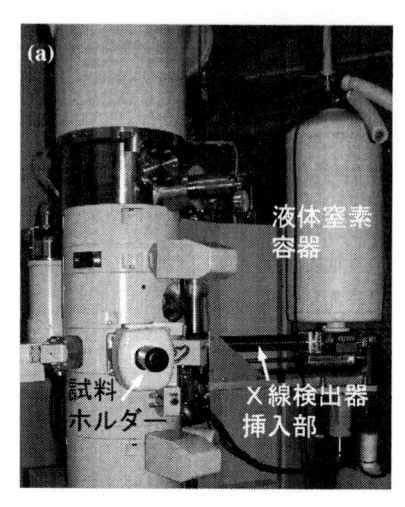

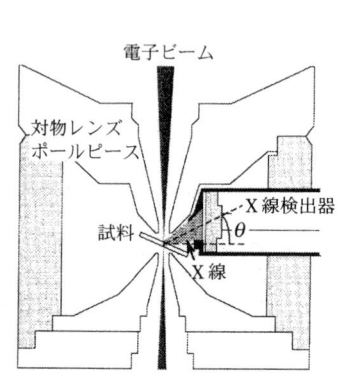

図1-90 (a) X線検出器を装着した透過電子顕微鏡の試料室付近の外観
(b) 試料室内部の配置

器の保護膜には，以前は厚さが7μm程度のBe膜が使われていたが，それによる吸収の影響でエネルギーが約1keV以下のX線が検出されず，Na（原子番号11）より軽い元素からの特性X線の測定ができなかった．最近では，保護膜にAlを蒸着した0.5μm厚程度の有機膜を使用したウルトラ・シン・ウインドウ（UTW）タイプの検出器が主流になっている．後者ではボロン（原子番号5）あるいは炭素（原子番号6）より重い元素からの特性X線の検出が可能と言われているが，低エネルギーのX線は試料による吸収や保護膜の汚れなどに影響されやすく，実際にはBやCの同定や定量は難しい場合が多い．

試料が非常に薄く，発生した特性X線のすべてが試料外に等方的に広がると仮定するならば，検出器で測定されるある元素iの特性X線の積分強度N_i^Xは，単純に入射電子線量Φ_pと電子照射領域内にあるその元素の数に比例することになり，

$$N_i^X = \Phi_p \left(\frac{N_0 \rho t C_i}{M_i}\right) \cdot Q_i^X \omega_i^X p_i^X \cdot \left(\frac{\Omega}{4\pi} \varepsilon_i^X\right) \qquad (1\text{-}72)$$

1.10 エネルギー分散型X線分光法

と表される．ここで，N_0はアボガドロ数，M_iは原子量，ρは試料の質量密度，tは試料膜厚，C_iは質量組成，Q_i^Xは電子励起の非弾性散乱断面積，ω_i^Xは蛍光収率，p_i^Xは特性X線の発生割合，Ωは検出立体角，ε_i^Xは検出器の効率である．

X線測定から定量的な解析を進めようとする場合には，検出に適したX線強度（単位時間あたりのX線発生量）になるよう実験条件を整える必要がある．着目するX線が弱く，その積分強度が十分でないと，統計誤差によって十分な定量精度が得られない．X線強度ピークにガウス分布を仮定すると，その標準偏差σはよく知られているように$\sigma = \sqrt{N_i^X}$となる．もし，95.4%の信頼度で誤差を評価するならば，その範囲は$\pm 2\sigma$ゆえに，例えば$N_i^X = 10^5$で誤差は± 0.63%であるのに対して，$N_i^X = 5000$では± 2.83%まで拡大する．

検出器の計数率（単位時間あたりのシグナル検出量）は，X線強度とともにまず増加していくが，あるところで最大となり，それ以上のX線強度の増加は逆に計数率の低下を招く．検出器がX線パルスを信号に処理している時間の割合はデッドタイムと呼ばれており，それもX線強度とともに増加する．最近の検出器はデッドタイムが50～60%付近に計数率のピークを持っており，それを超えるようであれば，電子線の電流値あるいは試料の場所を調整するなどして発生X線強度を抑え，デッドタイムが30～50%の範囲になるようにして測定を行う．単位時間あたりのX線の発生量が多い場合には，この他に，ほぼ同時に検出器に入った特性X線の分別ができずに，それらのX線のエネルギー和の位置にサムピークとよばれる見かけ上の強度ピークが現れる確率が高くなる．例えば，エネルギーがE_1, E_2の強いX線が検出器に入ったことにより，実際には存在しない$2E_1$, $2E_2$, E_1+E_2の位置にサムピークが見られる場合がある．

X線検出の動作原理も電子励起であり，生成された電子－正孔対の一部は検出器の中で再結合して蛍光X線へと変換されてしまう．この発生した蛍光X線が検出器の外へ抜け出てしまうと，そのエネルギーは検出器系から

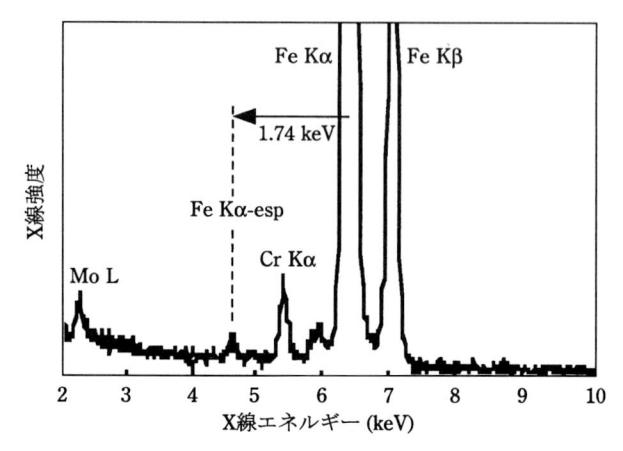

図1-91 2Cr鋼から得られたX線スペクトル
Fe$K\alpha$のエスケープピークが確認できる.

失われるために，見かけ上その分だけ低いエネルギーのX線が検出器に届いたこととなって強度ピークがスペクトルの中に現れる.このピークはエスケープピークと呼ばれている.Si(Li)検出器では，Siの$K\alpha$線によるエスケープピークが，実際のX線より1.74 keV低い値に見られる.

図1-91に2Cr鋼から得られたX線スペクトルを示す.ここでは4.7 keV付近にFe-$K\alpha$ (6.40 keV)のエスケープピークが微弱ながら確認できる.このようなエスケープピークや前述のサムピークは実体のないX線ピークであり,X線スペクトルから試料に存在する元素を同定する際に注意深く識別する必要がある.

1.10.4 X線分析の空間分解能

近年，高輝度な電界放射型電子銃（FEG）が分析電子顕微鏡に普及するようになり，従来の熱陰極型電子銃の装置と比べて3桁ほど小さな体積（〜10nm^3）でも十分なX線強度が得られて組成などの解析が可能になった.FEGを搭載した装置では，電子ビーム径を試料上面でナノメートルレベルまで絞ることができるので,その正確な値を見積るにはレンズ系などによる

収差の影響を考慮する必要がある．最近，渡辺ら[3]は波動光学的な考察からビーム径 d_p を与える式として

$$d_p = \left(d_g^{\,2} + \sqrt{d_d^{\,4} + d_s^{\,4}} \right)^{1/2} \qquad (1\text{-}73)$$

を導いている．ここで，d_g, d_d, d_s は，それぞれ電子光源像の直径，収束絞りの回折収差によるビームの広がり，対物レンズの球面収差によるビームの広がりを表しており，全入射電子の90％が含まれるビーム径（full width at tenth maximum; FWTM）を与えるものとして，入射電子線のビーム電流 I_p，輝度 β，収束半角 α，波長 λ，対物レンズの球面収差計数 C_s，焦点はずれ量 Δf の関数で，

$$d_g = \frac{0.604}{\alpha} \sqrt{\frac{I_p}{\beta}} + 1.897 \alpha \Delta f,$$
$$d_d = \frac{1.901 \lambda}{\alpha},$$
$$d_s = 1.708 \, C_s \alpha^3 - 1.897 \alpha \Delta f,$$

と見積られている．

図1-92に九州大学に設置されているJEM-2010FEF（加速電圧200 kV, C_s=1.2 mm）について，電子線の収束角と試料上面でのビーム径の関係を計算した結果を示す[4]．収束角 α が小さい領域では電子光源像でビーム径がほぼ決まるために，α の増加とともに有効ビーム径は縮小する．一方，α が大きくなると対物レンズの球面収差の影響が現れてくるために，ビーム径は α とともに増加する傾向に転ずる．したがって，ある収束角でビーム径は最小となる．図1-92では α=8.0 mradで最小値 d_p (FWTM) =1.6 nmとなることが見積られている．図1-93に実際にこの条件で得られたビーム強度の測定結果を示す．計算結果は実測の電子強度と良く一致している．

電子ビームが試料に入ると，その中でビームは散乱して広がりながら試料を透過していく．一回散乱を仮定したときの試料内でのビームの広がりは

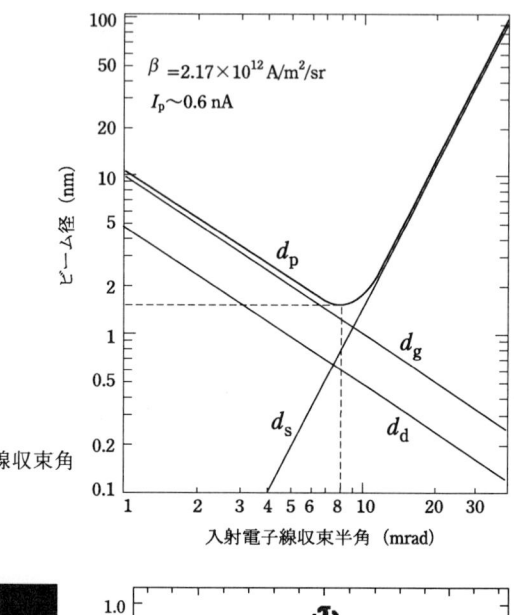

図 1-92 電子ビーム径と電子線収束角の関係

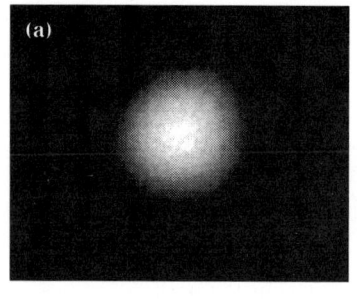

図 1-93 JEM2010FEF の電子ビーム (a) ビーム像, (b) 強度プロファイル.

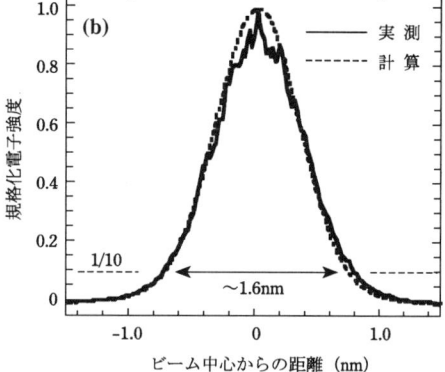

$$b = \kappa \frac{\overline{Z}}{E}\sqrt{\frac{\rho}{\overline{M}}} \cdot t^{\frac{3}{2}} \qquad (1\text{-}74)$$

となることが示されている[5)6)]. ここで, $\overline{Z}$ は試料の平均原子番号, $\overline{M}$ は平均原子量, E は入射電子のエネルギーである. b, t の単位を [cm], ρ を

$[g/cm^3]$,Eを$[keV]$単位で与える場合に$\kappa =721$となる.(1-74)式からわかるように,試料が同じならば,加速電圧が高いほどビームの広がりは抑えられる.(1-73)式と(1-74)式を用いて,試料下面における電子ビーム径は

$$D_p = \sqrt{d_p{}^2 + b^2} \tag{1-75}$$

と見積られる.この値は実際のX線分析における空間分解能よりも大きいことが知られており,実質的な空間分解能は試料の中間深さ位置でのビーム径

$$R = \frac{d_p + D_p}{2} \tag{1-76}$$

で定義されている[1].

1.10.5 局所組成の定量分析

元素A,Bを含む薄膜試料から得られた,それぞれの元素からのX線積分強度$N_A{}^X$,$N_B{}^X$の比は,(1-72)式から

$$\frac{N_B^X}{N_A^X} = \frac{M_A\, Q_B^X\, \omega_B^X\, p_B^X\, \varepsilon_B^X}{M_B\, Q_A^X\, \omega_A^X\, p_A^X\, \varepsilon_A^X} \cdot \frac{C_B}{C_A} = k_{AB} \frac{C_B}{C_A} \tag{1-77}$$

となり,元素A,Bの質量組成比に比例することになる.ここで,

$$k_{AB} = \frac{M_A\, Q_B^X\, \omega_B^X\, p_B^X\, \varepsilon_B^X}{M_B\, Q_A^X\, \omega_A^X\, p_A^X\, \varepsilon_A^X} \tag{1-78}$$

はk-因子(あるいはCliff-Lorimer因子)とよばれている.k-因子は(1-78)式に従って理論的に求めることが可能であるが,組成が既知の標準試料を用いた実験により決定し,その値を用いる方が定量精度や近接したピークの分離などにおいて高い信頼性が得られる.試料に含まれる元素の組み合わせのそれぞれについてX線積分強度比を求め,(1-77)式から得られる

$$C_\mathrm{A} = k_\mathrm{AB} \frac{N_\mathrm{A}^\mathrm{X}}{N_\mathrm{B}^\mathrm{X}} C_\mathrm{B}, \qquad ただし \sum_i C_i = 1 \qquad (1\text{-}79)$$

の関係により,各元素の質量組成が求められる.しかし (1-72) 式で前提としているように,(1-77) 式あるいは (1-79) 式による組成分析は,試料によるX線吸収が無視できる場合に限られる.厚い試料や低いエネルギーの特性X線による解析では,発生したX線が試料内で吸収・減衰する影響を考慮する必要がある.

図1-94に,藤田ら[7]が計算で見積った,Ni-26 at％Al 合金からの特性X線測定強度の試料膜厚依存性を示す.比較的高いエネルギーのNi$K\alpha$線 (7.48 keV) は,膜厚の増加とともにほぼ直線的にわずかな強度低下を示すのに対して,エネルギーが低いAl$K\alpha$線 (1.49keV) は大きく減衰しており,例えば厚さが200nmの試料では約25％も強度が低下する.試料上面からの深さzの位置で発生したX線が取り出し角θの検出器に到達するには,試料内部を$z \cdot \mathrm{cosec}\theta$の距離だけ進むことになるので,検出器で測定される積分強度N_i^Xは

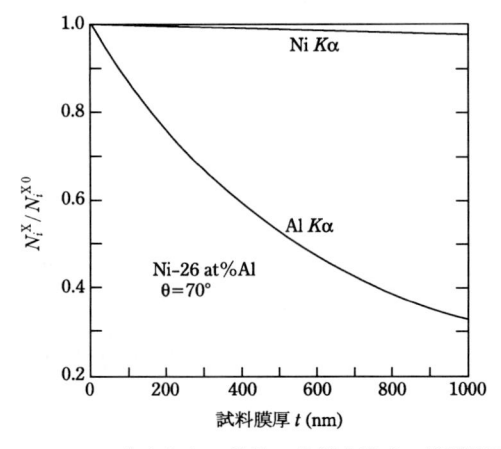

図1-94 Ni-26 at％Al 合金からの特性X線測定強度の試料膜厚依存性

$$N_i^X = N_i^{X0} \int_0^t \exp\left(-\rho\left(\frac{\mu}{\rho}\right)_i z \cdot \mathrm{cosec}\theta\right) dz$$

$$= \frac{1 - \exp(-(\mu/\rho)_i \cdot \rho t \cdot \mathrm{cosec}\theta)}{(\mu/\rho)_i \cdot \rho t \cdot \mathrm{cosec}\theta} \quad (1\text{-}80)$$

となる．ここで，N_i^{X0} は試料内部にある元素 i から検出器の方向に発生した特性X線の積分強度，$(\mu/\rho)_i$ は元素 i からの特性X線の試料による質量吸収係数である．(1-77) 式の N_A^X, N_B^X を N_A^{X0}, N_B^{X0} に置き換えて (1-80) 式を代入すると，吸収の影響がある場合に測定される特性X線の積分強度比と組成比との関係は

$$\frac{C_A}{C_B} = k_{AB} \frac{N_A^X}{N_B^X} \cdot \frac{(\mu/\rho)_A}{(\mu/\rho)_B} \cdot \frac{1 - \exp(-(\mu/\rho)_B \cdot \rho t \cdot \mathrm{cosec}\theta)}{1 - \exp(-(\mu/\rho)_A \cdot \rho t \cdot \mathrm{cosec}\theta)} \quad (1\text{-}81)$$

となる．この式の右辺に含まれている質量吸収係数は，今求めようとしている試料組成の関数であり，さらに分析領域の質量密度 ρ と試料膜厚 t も (1-81) 式の右辺に含まれている．そのために N_A^X, N_B^X の測定値から即座に

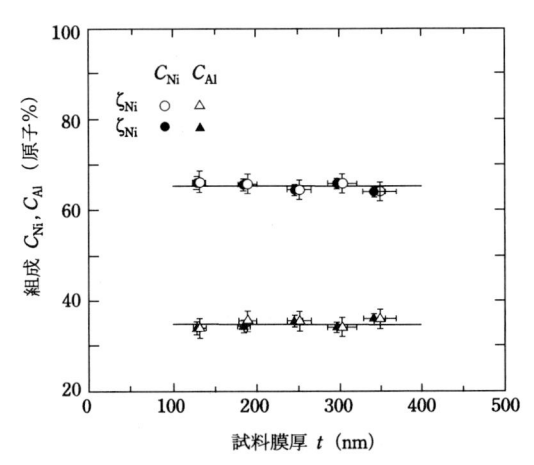

図1-95 ζ-因子法による $(\gamma' + \beta)$ Ni-30 at％Al 合金の β 相の組成決定

組成比を決めることは難しい．

　吸収による影響を補正する手法はいくつか提案されているが，渡辺らによるζ-因子法[7)8)]が高い精度と汎用性をもつ方法として知られている．この手法では，組成が既知の標準試料を用いて（1-72）式や（1-81）式の中で実験条件のみに依存する項の値を予め求めておき，同じ実験条件で得られた未知試料のX線スペクトルを数値解析することにより吸収補正を行い，その領域での組成を決定する．（$\gamma'+\beta$）の2相共存状態にあるNi-30 at%Al合金のβ相の組成を，ζ-因子法を利用して求めた結果を図1-95に示す．試料

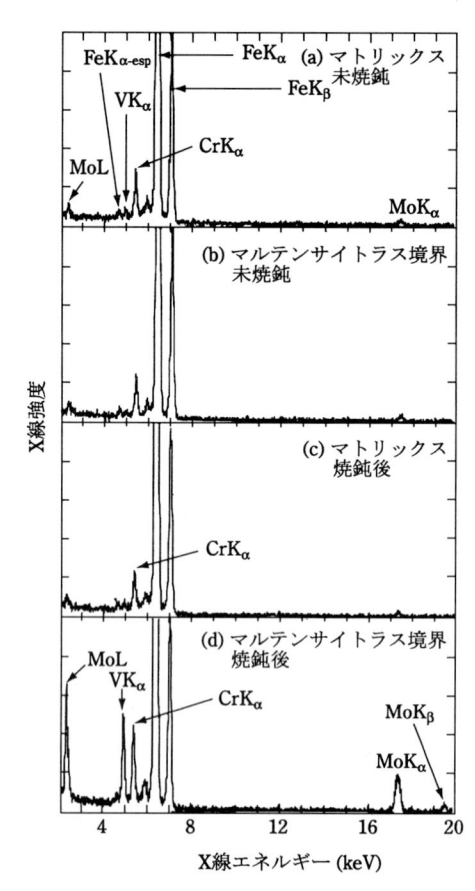

図1-96 2Cr鋼から得られたX線スペクトル
(a)未焼鈍試料のマトリックス
(b)未焼鈍試料のマルテンサイトラス境界
(c)焼鈍試料のマトリックス
(d)焼鈍試料のマルテンサイトラス境界

厚さが350nm程度まで大きく変化しても，NiならびにAlの組成はほぼ一定して約65 at%，35 at%と見積られており，この手法による吸収補正が極めて精度良く行われている．

図1-96に，2％のCrを含む鋼材（公称組成：0.1C-0.4Si-0.25V-2.0Cr-0.4Mn-1.0 Mo-Fe［質量％］）から得られたX線スペクトル[4]を示す．950〜1200℃の温度において鍛造した材料のマトリックス (a) ならびにマルテンサイトラス境界 (b) から得られたX線スペクトルは，どちらもほぼ同じであり大きな差違は見られない．この材料の旧オーステナイト粒界上から得たスペクトルもこれらと同様であり，合金元素は材料中にほぼ均一に分布しているものと考えられる．得られたスペクトルからζ-因子法により合金組成を求めた結果は，$C_V=0.28 \pm 0.06$, $C_{Cr}=2.07 \pm 0.19$, $C_{Mn}=0.49 \pm 0.09$, $C_{Mo}=0.86 \pm$

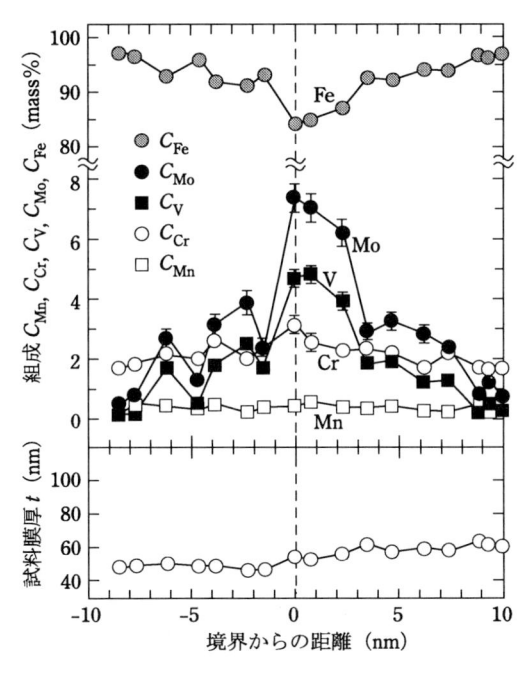

図1-97 焼鈍した2Cr鋼のマルテンサイトラス境界付近の組成変化
下図はζ-因子法で同時に求められた試料厚さ．

0.07［質量％］であった．これらの値は上記の公称組成とほぼ一致している．一方，750℃で15分間の歪みとり焼鈍を施した試料のスペクトル (c)，(d)を見ると，マルテンサイトラス境界においてMoやVなどの元素からの信号が増加している．焼鈍試料の旧オーステナイト粒界にはCrを主体とする$M_{23}C_6$炭化物の析出が観察され，歪みとり焼鈍によって添加元素がこれらの粒界に凝集することが明らかにされている．

マルテンサイトラス境界付近の組成変動を定量的に解析した結果を図1-97に示す．MoとVが粒界を中心にして±10 nm程度の範囲にわたって凝集しているのがわかる．一方，Crはそれらと比べてマルテンサイトラス境界への凝集傾向は強くない．後者は主に旧オーステナイト粒界に集まって炭化物を形成する．ζ-因子法の解析では同時に試料膜厚も求められ，その結果を見るとこの分析範囲では膜厚がほぼ一定である．このような膜厚の変化が少ないことが，定量の信頼性を高める上において重要である．

1.10.6 走査像観察機能を併用した元素マッピング

近年，透過電子顕微鏡においても電子ビームを試料上面に絞って2次元的に走査する走査像観察機能（STEM機能）が普及してきており，STEM-HAADF像に代表されるような走査透過像観察が透過電子顕微鏡を用いて盛んに行われている．このような電子ビーム走査機能を利用してX線スペクトルを試料の場所の関数として得ることにより，着目する元素の分布を示すマッピング像が描かれる．図1-98に，Znの収着処理を施したNd-Fe-B磁石材料の元素マッピング像を示す．直径が100nm程度のNd-Fe-B粒子の境界にZn富む相が形成され，粒子を均一に被覆している様子が観察される．このようなZn収着によりNd-Fe-B磁石の耐食性が向上して，磁化の経時的な減衰と劣化が抑えられる[9]．

元素マッピングは，X線スペクトルの中で着目する元素の特性X線ピークにウインドウをかけて，その中の積分強度を電子線の走査と同期してディスプレー上に表示することで，その場で容易に得ることができる．しかし，

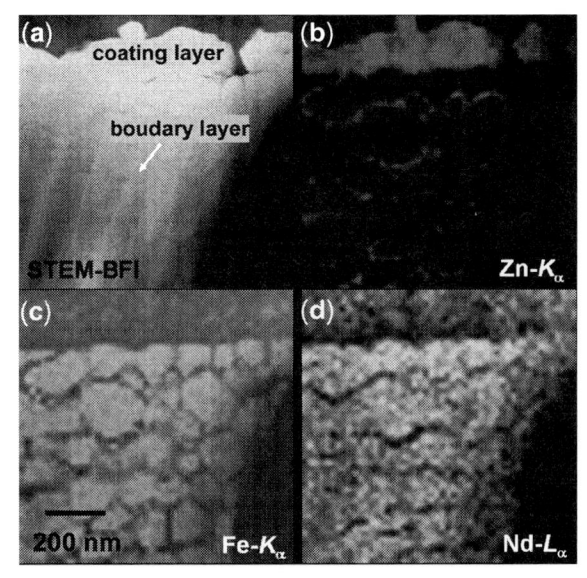

1.10 エネルギー分散型X線分光法

図 1-98 Zn 収着処理をした Nd-Fe-B 磁石の元素マッピング
(a) 走査透過明視野像，(b) Zn, (c) Fe, (d) Nd のマッピング像.

例えばピクセル数が 50×50 のマッピングを得る場合に，その各点でのスペクトルの取得時間を 1 秒としても，全体を描くには 40 分以上の時間が必要になる．そのためこのようなマッピング像は元素の分布を定性的に明らかにできても，各点での X 線強度の統計的信頼性が悪く，そこからそれぞれの場所における組成を定量解析することは一般に難しい．また，測定中の試料ドリフトや電子線照射に伴う試料の損傷にも注意を要する．最近の装置は測定の途中にその領域の走査像を取得して，試料ドリフトによる位置補正を自動で行う機能を持っており，比較的簡便にマッピング像を得ることができるようになっている．

1.10.7 おわりに

半導体 X 線検出器を装着した透過電子顕微鏡による試料の元素分布や局所組成の解析は 1970 年代後半頃から行われてきているが，その間に電子顕

微鏡本体,検出器ならびに解析ソフト等が徐々に改良され,当初と比較すると現在では非常に使いやすいものになっている.特に,試料室付近の真空の改善とFEGの実用化に伴って,分析可能な領域が一気にナノメートルスケールまで小さくなった.図1-92に示したように,このときの最小ビーム径を決めているのは対物レンズの球面収差であり,それがさらに改善されれば原子コラムレベルの分析も夢ではない.現在,走査透過電子顕微鏡の収差補正はKrivanekら[10]によって精力的に進められている.しかし一方で,ビーム径の縮小とそれに伴う高電流密度化により,加速電圧が原子の弾き出し閾値以下であっても深刻な試料損傷や原子の移動を引き起こしかねない状態である.ビーム径がさらに小さくなっても,試料損傷が分析領域の最小サイズを決めてしまう可能性は十分に考えられ,試料損傷対策を同時に進めていく必要がある.

【参考文献】

1) D. B. Williams, C. B. Carter: *Transmission electron Microscopy, A Textbook for Materials Science,* (Plenum, NY, 1996).
2) 進藤大輔,及川哲夫:材料評価のための分析電子顕微鏡法,共立出版 (1999).
3) M. Watanabe, D. B. Williams: *Microbeam Analysis 2000,* ed. D. B. Williams and R. Shimizu, (IOP, London, 2000), p.155.
4) H. Tanaka, A. Sadakata, M. Watanabe, Y. Tomokiyo, N. Nishimura, M. Ozaki: J. Electron Microscopy, **51** (2002), S127.
5) J. I. Goldstein, J. L. Costley, G. W. Lorimer, S. J. B. Reed: *Scanning Electron Microscopy,Vol.1,* (IITRI, IL,0 1977), 315.
6) S. J. B. Reed: Ultramicroscopy, **7** (1982), 405-409.
7) T. Fujita, M. Watanabe, Z. Horita, M. Nemoto: J. Electron Microscopy, **48** (1999), 561-568.
8) M. Watanabe, Z. Horita, M. Nemoto: Ultramicroscopy, **65** (1996), 197-198.
9) K. Machida, K. Noguchi, M. Nishimura, G. Adachi: J. Appl. Phys., **87** (2000), 5317.
10) N. Dellby, O. L. Krivanek, P. D. Nellist, P. E. Batson, A. R. Lupini: J. Electron Microscopy, **50** (2001), 177.

1.11 ALCHEMI-HARECXS法

1.11.1 はじめに

　1.10 では，電子顕微鏡において試料から発生したX線を利用する解析手法として，局所領域に存在する元素の同定とそれらの組成を測るエネルギー分散型X線分光法を取り上げた．そこでは，入射電子が照射領域内をむらなく均一な密度で流れており，測定される特性X線の強度が入射電子線の照射量に比例するという前提で解析が進められる．このような条件は，厳密には回折図形において透過波スポット以外に散乱強度ピークが見られない場合に成立する．したがって，エネルギー分散型X線分光法で結晶性試料の合金組成を精度良く求めるには，強い回折が生じない方向（擬運動学的条件）から電子線を試料に入射させなくてはいけない．

　試料内で強い回折が生ずると，入射した電子は試料内部で透過波や回折波の間で散乱を繰り返し，**1.3** で述べたように結晶の特定の部位に振幅極大をもつブロッホ波成分に分岐する．それぞれのブロッホ波の励起振幅は電子線の入射方位に依存しており，あるブロッホ波成分が強く励起されると，入射電子は結晶の特定の部位に集中して流れるチャンネリングを起こして，そこに存在する元素からの特性X線シグナルが強められる．

　図1-99に$L1_0$型規則構造と，その構造を持つCuPdAu 3元合金から得られたX線スペクトル[1]を示す．$L1_0$型構造は，図1-99 (a), (b) からわかるように，fcc格子を基本にして (001) 面あるいはそれに垂直な (110) 面において，異なる原子濃度の2種類の原子面が交互に積層した構造を持つ．そのため

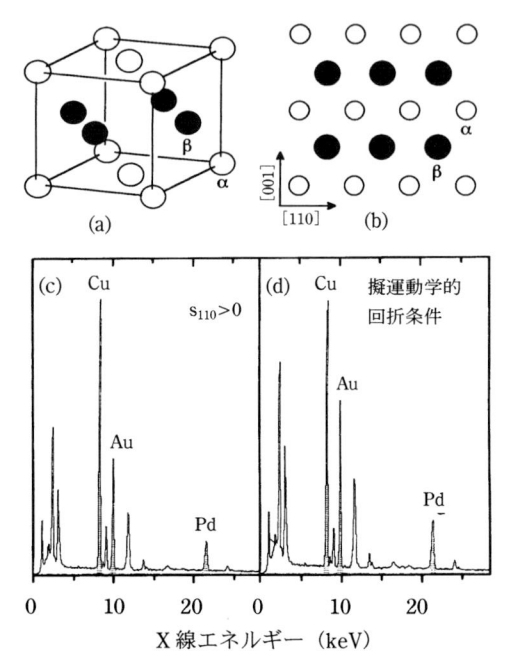

図 1-99 $L1_0$ 規則構造 (a), (b) と $Cu_{50}Au_{25}Pd_{25}$ 合金から得られた X 線スペクトル(c), (d)

に $L1_0$ 構造からは fcc では禁制な g =001 や 110 の回折が超格子反射として現れる. 図 1-99 (c) は,わずかに正の励起誤差を持たせて 110 超格子反射を励起した条件で得たスペクトルである.同じ試料領域で強い回折を抑えた場合(擬運動学的条件)のスペクトル (d) と比較すると,Au と Pd 原子からの特性 X 線シグナルが (c) において弱くなっており,逆に Cu 原子からのシグナルが相対的に強められている.この結果は,Au と Pd 原子の位置と Cu 原子の位置における入射電子線量が (c) の条件において違うことに由来しており,Au と Pd 原子が位置するサイトと Cu 原子のそれとは異なることが理解される.このように,低次の反射を強く励起した動力学的回折条件では,電子線の入射方位によって結晶の特定の部位を流れるチャンネリング電流をコントロールすることが可能であり,そこで得られた合金や,化合物

結晶のX線強度スペクトルには，注目する結晶サイトに位置する元素の種類とその量に関する情報が含まれることになる．この原理を利用した手法としてALCHEMI (atom location by channeling enhanced microanalysis) 法[2]が知られており，結晶中の不純物元素の位置や，多元系規則構造の解析に応用されている[1)~7)]．近年，X線発生に至る非弾性散乱過程を含む動力学的回折理論が大きく発展してきており[8), 9)]，それを基に動力学的回折条件での電子チャンネリングX線分光から詳細な結晶学的評価が可能になりつつある．ここでは，電子チャンネリングX線分光の基礎とその応用例を紹介する．

1.11.2 動力学的電子回折と電子チャンネリング

1.3 において，結晶に電子線が入射して透過波に加えて一つの回折波が励起された2波条件での電子の振る舞いについて考察した．そこでは透過波と回折波は，図1-100 (b) に示すように，異なる波数ベクトル（$k_0^{(1)}$と$k_0^{(2)}$，$k_g^{(1)}$と$k_g^{(2)}$）のブロッホ波成分の足し合わせになる．波数（波長）が違うために，これらのブロッホ波成分は異なる運動エネルギーを持っている．これは，1.3 の (1-43a)，(1-43b) 式が示すように，それらが通過する結晶の部位が異なることにより，両者で位置エネルギーが違うためである．

2波近似では，入射電子の回折を引き起こしている結晶ポテンシャルを，1.3 の 注2) で述べているように，gベクトルの周期をもつ正弦波の形で表したことになる．波数が大きいブロッホ波1とそれが小さいブロッホ波2は，そのようなポテンシャルの谷と山の部分にそれぞれの腹（振幅が大きい箇所）が位置している．回折波が正確にブラッグ条件を満足した場合に，1.3 の (1-40) 式が示すように，これらのブロッホ波成分は等しい大きさの振幅で励起される．結晶がそこからわずかに傾いて，g回折波の逆格子点がエヴァルト球の外側に来て励起誤差s_gが負の値をとる場合は，$A^{(1)} > A^{(2)}$となってブロッホ波1がブロッホ波2より強く励起される．

一方，g回折波の励起誤差s_gが正の場合にはその強度関係は逆転する．これは$s_g<0$の条件では，図1-100 (c) に示すように，そもそもの入射電子の

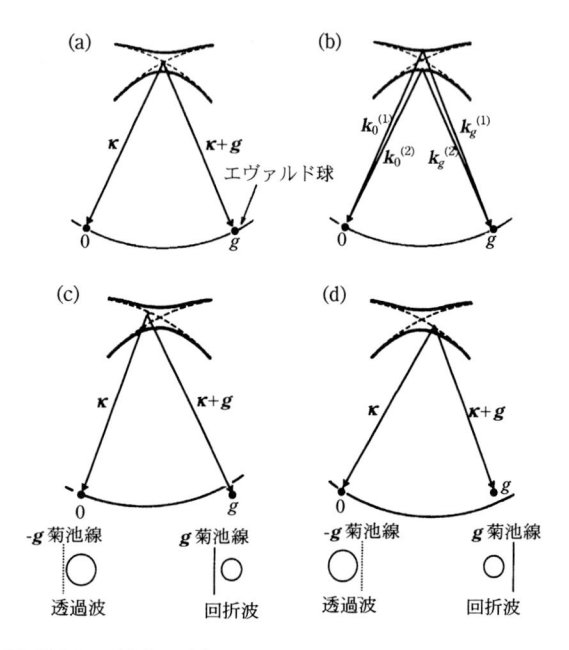

図 1-100 透過波と回折波の波数ベクトル
(a) ブラッグ条件，(b) ブロッホ波の波数ベクトル，(c) $s_g<0$，(d) $s_g>0$．
(c), (d) の下図は，それぞれの条件での菊池線と回折スポットの位置関係を示す．

波数 κ が $|\kappa+g|$ より短く，g 回折波を励起するには運動エネルギーが不足していることになるので，電子はこの反射を生じさせているポテンシャルのより低い所を流れようとして，ブロッホ波1がブロッホ波2より強くなる．逆に，図1-100 (d) のように，$s_g>0$ となると，入射電子の運動エネルギーが過剰となるので，ポテンシャルの高いところに局在するブロッホ波2がブロッホ波1より強くなる．もし，g 回折波が結晶格子そのものからの基本格子反射であれば，1.3で述べたように，その反射を生じさせている結晶ポテンシャルの低い所は正電荷がある原子面上であり，ポテンシャルの高い所は原子面の間である．

　g 回折波が，合金や化合物における結晶格子点上の原子占有の規則性に伴う超格子反射の場合は，事情が少し異なる．すなわち，超格子反射は原子面

の質量密度の違いによって生じているため,図1-101に模式的に示しているように,それに関するポテンシャルの低い所は原子質量密度が平均より高い原子面であり,ポテンシャルが高い所は逆に原子質量密度が低い面になる.したがって,超格子反射を励起して試料から発生する特性X線強度を測定すると,$s_g<0$の条件では結晶ポテンシャルが低い所に存在している元素からのシグナルが強くなり,逆に$s_g>0$では高い結晶ポテンシャルの部位に位置する元素のシグナルが強められる.

図1-99に示した$L1_0$構造においては2種類の原子面αとβを構成している原子の数が等しいので,それらの原子質量密度の違いはそこを占有している元素の平均の原子番号の違いに由来しており,(c)の$s_g>0$の条件では,この中で最も軽い元素であるCuが主として占有している原子面上での入射電子線量が高くなり,その結果Cuからの特性X線が他の2元素からのシグナルと比較して強められる.このように回折波の励起に伴うX線スペクトルの変化を定量的に解析することにより,結晶中の構成元素の占有位置とその

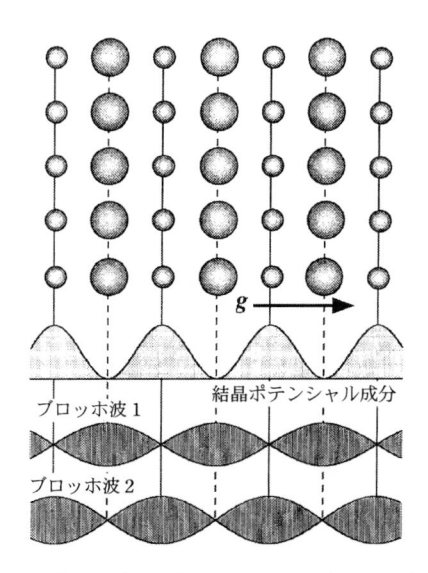

図1-101 超格子反射のポテンシャルとブロッホ波の振幅

割合を決定することができる.

電子顕微鏡では,一般に複数の回折波が同時に励起されて2波近似が成立することは稀であるが,多波励起の条件においても,入射電子はそれぞれの回折波との間の散乱によって,成分として以上に述べたと同様な局在化を生じながら結晶試料中を通過していく.したがって,例えばある低次の晶帯軸に沿って電子を入射させて多くの回折波が励起した場合には,それらのほとんどが負の励起誤差を持つので,入射電子は原子コラムの中心を,特に重い原子が存在するコラムに集中して試料中をチャンネリングすることになり,そこに存在する元素からの特性X線が強く発生する.

1.11.3 ALCHEMIによる多元化合物の原子配列の解析

ALCHEMI法では,試料の同じ領域において超格子反射を強く励起した動力学的回折条件 (D) と擬運動学的回折条件 (K) のそれぞれで構成元素の特性X線積分強度を測定し,その値 $N_i^{(D)}$, $N_i^{(K)}$ の比 $r_i = N_i^{(D)}/N_i^{(K)}$ から結晶格子上の原子配列を決定する.ここでは $L1_0$ 構造のように,原子濃度が異なる2種類の原子面 α と β が交互に積層した超格子構造をもつ n 成分化合物を考える.副格子 α, β における元素 i の存在確率 $\Gamma_i(\alpha)$, $\Gamma_i(\beta)$ を,合金組成 C_i と長範囲規則度 η_i を用いて

$$\Gamma_i(\alpha) = C_i(1+\eta_i), \quad \Gamma_i(\beta) = C_i(1-\eta_i) \qquad (1\text{-}82)$$

と表す.η_i は -1 から $+1$ までの値をとり,元素 i が片方の副格子のみにある場合は $\eta_i = \pm 1$,両方を等しく占有しているときは $\eta_i = 0$ となる.このような規則状態に対して電子を照射したときに測定される特性X線の強度は

$$\begin{aligned}N_i^{(D)} &= k_i \Gamma_i(\alpha) \Phi^{(D)}(\alpha) + k_i \Gamma_i(\beta) \Phi^{(D)}(\beta) \\ &= k_i C_i \left[(1+\eta_i) \Phi^{(D)}(\alpha) + (1-\eta_i) \Phi^{(D)}(\beta) \right]\end{aligned} \qquad (1\text{-}83a)$$

$$N_i^{(K)} = k_i \Gamma_i(\alpha) \Phi^{(K)} + k_i \Gamma_i(\beta) \Phi^{(K)} = k_i C_i \Phi^{(K)} \qquad (1\text{-}83b)$$

で表される.ここで,k_i は元素 i からの実効的な X 線発生効率, $\Phi^{(D)}(\alpha)$, $\Phi^{(D)}(\beta)$ は動力学的条件での α, β 面での平均的な入射電子線量, $\Phi^{(K)}$ は運動学的条件での入射電子線量である.試料の同じ領域から $N_i^{(D)}$, $N_i^{(K)}$ を測定してその比 r_i を求めると,(1-83a), (1-83b) 式から元素 i の長範囲規則度 η_i は,別の元素 j のそれに対して

$$P(i,j) = \frac{\eta_i}{\eta_j} = 1 - \frac{r_i - r_j}{\sum_k C_k (r_k - r_j)} \qquad (1\text{-}84)$$

であることがわかる[4].ここで,もし元素 j が α か β サイトのどちらかのみを占有している ($\eta_j = \pm 1$) ならば,元素 i の規則度 η_i は ALCHEMI 実験から (1-84) 式で決定できる.しかし,規則―不規則相転移を行う高濃度合金のように,どの元素もどちらかのサイトのみを占有するという保証がない場合には,ALCHEMI 実験からは相対的な原子配列の傾向しかわからず,η_i を決定するには超格子反射の結晶構造因子測定など他の解析との併用が必要になる[4].超格子反射の結晶構造因子は原子面 α と β の結晶ポテンシャルの差に相当するため,

$$F_g = 2 \sum_i f_i(\boldsymbol{g}) \, T_i(\boldsymbol{g}) \, C_i \eta_i \qquad (1\text{-}85)$$

で与えられる.ここで,$f_i(\boldsymbol{g})$ は原子散乱因子,$T_i(\boldsymbol{g})$ は原子の熱振動に伴う温度因子である.ALCHEMI 実験で $P(i,j)$ が求められれば,それを使って (1-85) 式は

$$F_g = 2 \sum_i f_i(\boldsymbol{g}) T_i(\boldsymbol{g}) C_i P(i,j) \eta_j \qquad (1\text{-}86)$$

となり,ここでは η_j のみが未知変数として残る.実験で (1-86) 式の値を測定すれば η_j が決まり,他の元素の規則度(あるいは $\Gamma_i(\alpha)$, $\Gamma_i(\beta)$)は $\eta_i = P(i,j) \eta_j$ の関係からすべて求められる.少し式の展開が続いたので,図 1-102 で結晶構造因子の測定と ALCHEMI の関係を模式的に示す.ALCHEMI では,(1-84) 式が示すようにある元素 j と比較したときの他の元素の相対

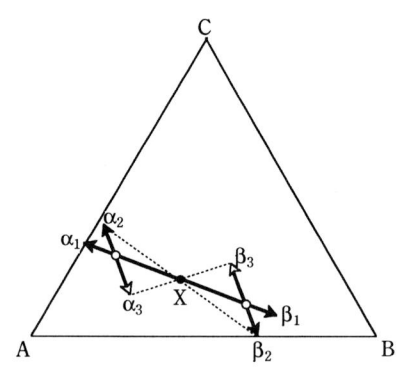

図1-102 結晶構造因子の測定とALCHEMIによるサイト占有率の決定

的なサイト占有の傾向が求められるため，その結果からα, βサイトの占有確率$\Gamma_i(\alpha), \Gamma_i(\beta)$が，図中で合金組成を示すX点から互いに反対方向に伸びる直線α_1-X, β_1-X上の値をとることになる．一方，超格子反射の結晶構造因子からは，格子面α, βの結晶ポテンシャルの差が求められ，そのようなポテンシャル差を与えるα, βサイトの原子占有割合として，X点を挟んだ(α_2, β_2)から(α_3, β_3)までの直線α_2-α_3, β_2-β_3が描かれる．したがって，これらの直線の交点からα, βサイトの原子占有割合がユニークに決定される．

このようにして得られた解析例として，$L1_0$規則構造を有する$Cu_{50-x}Au_{40+x}Pd_{10}$合金の573Kにおける原子配列を図1-103に示す[6]．ここでは110超格子反射を励起したALCHEMIと，菊池線交差法[10]による001超格子反射の結晶構造因子測定を併用した．この合金では，先に述べたようにCu原子とAuあるいはPd原子がそれぞれ別のサイトを占有することにより$L1_0$規則構造が形成され，図1-103ではそれらの優先サイトの占有確率を組成パラメータxの関数として示している．Cu組成が50 at.%より多くなる$x<0$では，Au原子とPd原子のほとんどはαサイトに位置しており，βサイトはほぼCuによって占有されている．一方，$x>0$になるとAu組成は増加しているにも関わらず，αサイト上のAu原子の割合がほとんど変化していない．

一方，Pd原子は，この組成範囲においてはxにほとんど依存せずに，そ

1.11 ALCHEMI-HARECXS法

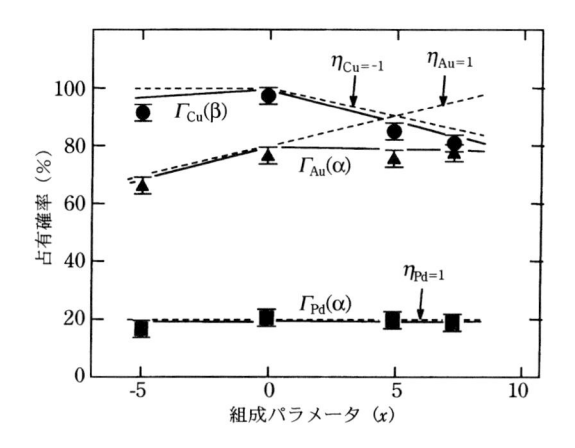

図 1-103 $Cu_{50-x}Au_{40+x}Pd_{10}$ 合金の 573K における $L1_0$ 規則原子配列 Cu, Au, Pd 原子の優先サイトにおける占有割合. 破線は最大規則度における占有確率示す. 実線はクラスター変分法による計算値.

のほぼすべてがαサイトを占有している. すなわち, $x>0$ では Au と Pd 原子の総数がαサイトの数より過剰になっており, その中で Pd 原子が優先的にαサイトを占有し, 余分となった Au 原子がβサイトに移る傾向にある. この結果は, $L1_0$ 構造を形成する主な原因と考えられる第 1 隣接原子間の規則化相互作用が, Cu-Au 原子間よりも Cu-Pd 間の方が強いことを示している. クラスター変分法[11)]によりこれらの原子配列を解析したところ, 本合金の第 1 隣接原子間相互作用エネルギーは, $V_{CuAu}=5.72\times10^{-2}$eV, $V_{CuPd}=0.112$eV, $V_{PdAu}=3.02\times10^{-2}$eV であるものと見積られた.

高温で不規則 fcc 相状態にあった $Cu_{45}Au_{30}Pd_{25}$ 合金を焼き入れた, 573K での等温焼鈍による $L1_0$ 規則相の, 発達過程における原子占有割合の変化を図 1-104 に示す[1)]. α, βサイトの原子占有割合は, 合金組成の値から逆 S 字型の曲線を描くように変化して平衡状態に至っている. この結果は, Cu-Au 間と Cu-Pd 間の規則化速度が異なっており, 前者が後者より先に進むことを示している. ここでは, 合金組成 C_i が既知であるとして話を進めてきたが, それらが未知であっても, 擬運動学的回折条件での X 線スペクトルから C_i

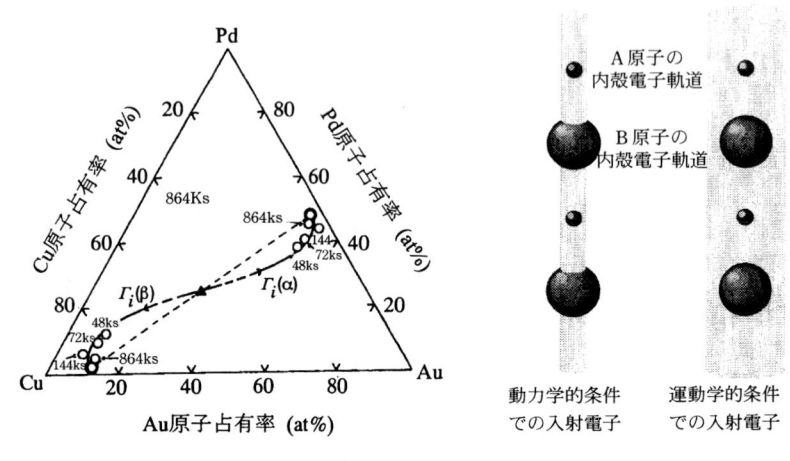

図 1-104　$Cu_{45}Au_{30}Pd_{25}$ 合金の 573K における $L1_0$ 規則化に伴う原子占有割合の変化

図 1-105　内殻電子軌道の広がりと入射電子の流れ

は求められるので，局所的に濃度が変化しているナノ組織材料へも応用できる[12]．

　これまでの取り扱いでは，特性 X 線の発光中心である内殻電子軌道の広がりを考慮しておらず，軽元素を含む化合物や着目する特性 X 線のエネルギーに大きな差がある場合，あるいは低指数の軸上照射条件を利用した ALCHEMI の解析において，(1-84)式を用いると無視できない大きな誤差が生じかねない．すなわち，これらの場合では，図 1-105 に示すように，動力学的回折条件において内殻電子軌道より狭い範囲内を入射電子がチャンネリングしてしまうため，一般にエネルギーが低い特性 X 線ほどその発生率が低下する．delocalization 効果とよばれる内殻電子軌道の広がりの影響の取り扱いはかなり難しい問題であるが，今までに様々な補正法が考案されている[13]～[15]．

1.11.4　HARECXS 法

　これまで考えてきた ALCHEMI では，超格子反射がブラッグ条件近傍にあ

るときの r_i 値を使って解析を行うが，HARECXS (high angular resolution electron channeling X-ray spectroscopy) [16)]では，広い角度範囲にわたって測定されたX線強度プロファイルから，より詳細な原子配列に関する解析を行おうとするものである．$MgO \cdot xAl_2O_4$ ($x=1, 3$) スピネル結晶について，電子線入射方位を $g=400$ 系統反射の $-4g$ ブラッグ条件から $4g$ ブラッグ条件まで連続的に傾けたときの，各構成元素の特性X線強度の変化を測定した結果を図1-106に示す[17)]．ここで横軸の k はエヴァルド球と系統反射列の軸との交点を表しており，例えば $k/g_{400}=1$ は400反射がブラッグ条件を満

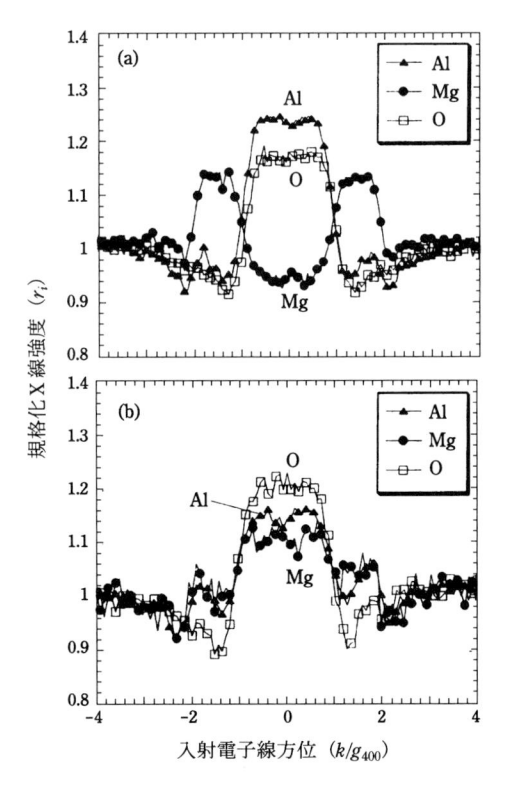

図1-106 $MgO \cdot xAl_2O_4$ スピネル結晶からの特性X線強度の回折条件依存性 $x=1$ (a), 3 (b)．加速電圧 120 kV で $g=400$ 系統反射励起条件．

足する電子線の入射方位である．また，それぞれのX線強度は擬運動学的条件での強度で規格化した相対値r_iで表示している．図1-106では，電子線の入射方位に依存してX線強度が大きく変化しており，例えば(a)の$x=1$化合物のプロファイルでは，対称励起条件を挟んだ$-1<k/g_{400}<1$の範囲で，AlとOからのシグナルが強くなっているのに対して，Mgからのそれは弱められており，その外側ではこの強度関係が逆転している．

　一方，(b)の$x=3$化合物では，3元素からの特性X線が$1<k/g_{400}<1$の範囲において，それぞれに程度の差はあるが強められている．スピネル構造では，酸素イオンがfcc格子を形成して，その4面体(IV)位置と8面体(VI)位置のそれぞれ1/8と1/2を金属イオンが占有している．その[100]方向には，図1-107に示すように，酸素イオンとVI位置からなる格子面IとIV位置のみの格子面IIが格子定数の1/4の周期で交互に配列している．格子面Iの方が格子面IIよりサイト数が多くて平均的な原子質量密度が高いため，s_{400}, $s_{\bar{400}}<0$となる$-1<k/g_{400}<1$の範囲で格子面Iを優先的に位置している元素のシグナルが強くなり，その外側では格子面IIに位置する元素のそれが強められる．

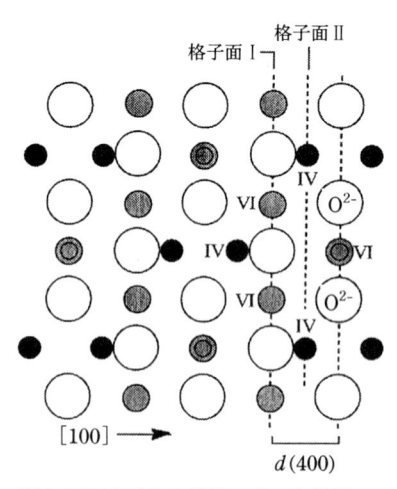

図1-107 スピネル構造の(011)投影

1.11 ALCHEMI-HARECXS 法

AllenやRossouwら[8),9)]によって定式化された内殻電子励起を考慮した動力学的回折理論を基に，$MgAl_2O_4$スピネル結晶（$x=1$化合物）について幾つかの陽イオン配列を仮定して特性X線強度の回折条件依存性を計算した例を図1-108に示す．Mg^{2+}とAl^{3+}イオンのすべてがそれぞれIVサイトとVIサイトを占有している理想的な正スピネル構造を仮定したときのプロファイル(a)では，Al-KとO-Kが対称励起条件付近の$-1<k/g_{400}$で強くなっているのに対し，Mg-Kはその外側で強くなり，実験で得られた図1-106 (a)のHARECXSプロファイルの特徴をよく再現している．

一方，両金属イオンがIVとVIサイトを区別なくランダムに占有した構造の(b)では，Mg-KとAl-Kのプロファイルがほぼ一致しており，さらにすべてのMg^{2+}イオンがVI位置に移動し，Al^{3+}イオンがIVとVI位置の両方に等量ずつ配列した逆スピネル構造では，入射電子方位の傾斜に対してAl-K

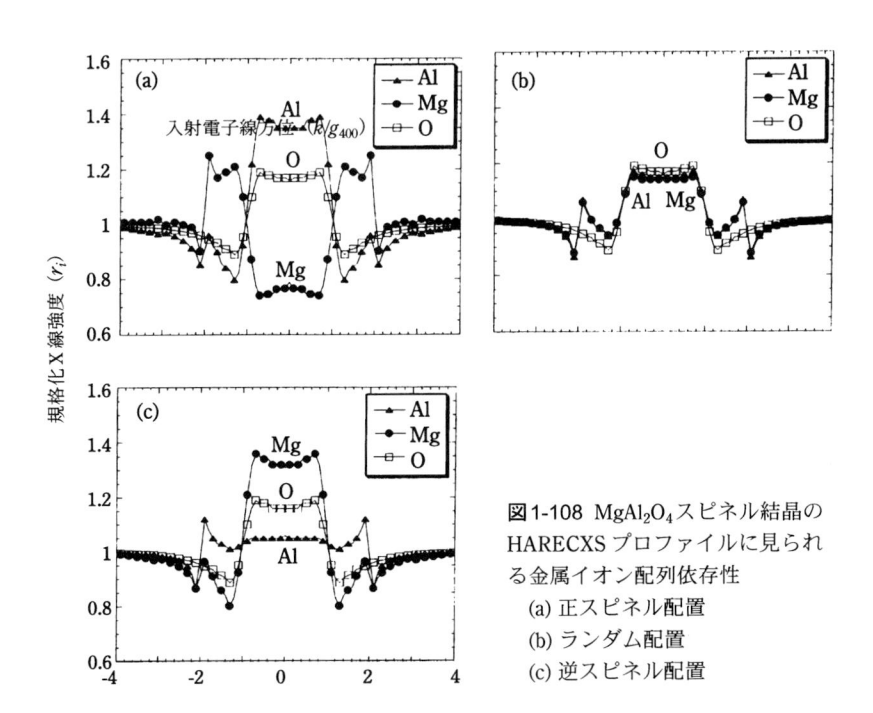

図1-108 $MgAl_2O_4$スピネル結晶のHARECXSプロファイルに見られる金属イオン配列依存性
 (a) 正スピネル配置
 (b) ランダム配置
 (c) 逆スピネル配置

の強度は大きく変化しないが，Mg-Kのシグナルが (a) の場合とは逆に$-1<k/g_{400}<1$で強くなっている．このようにHARECXSプロファイルはイオン配列の違いに対して非常に敏感に変化する．内殻電子軌道の広がりの影響を無視すると，正スピネル構造ではAl^{3+}とO^{2-}が同じ格子面上にのっているので，Al-KとO-Kのプロファイルは一致するはずである．図1-108 (a) では両者に明確な差違が現れており，この理論計算で内殻電子軌道のdelocalization効果が原理的な形で考慮されていることがわかる．

図1-106の実験プロファイルと理論計算の対応を試みた結果を図1-109に示す．(a), (b) のどちらにおいても，実際のプロファイルがよく再現されている．この解析で得られた原子配列を表1-1にまとめて示す[17]．HARECXS

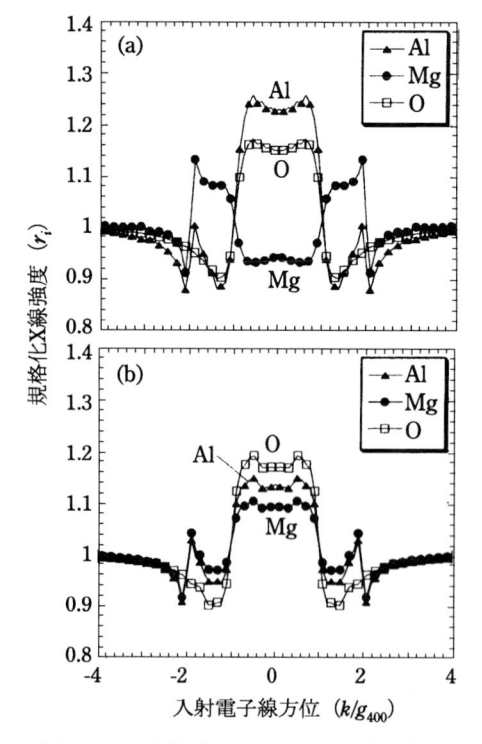

図1-109 図1-106の実験プロファイルの理論計算による再現

表 1-1 HARECXS により決定されたスピネル結晶のイオン配列

		単位胞あたりの占有原子数		
		数総	IV サイト	VI / fcc サイト
$n=1$	Mg^{2+}	8.0	5.6 ±0.2	2.4 ±0.2
	Al^{3+}	16.0	2.6 ±0.3	13.4 ±0.3
	O^{2-}	32.0	0.0 ±0.6	32.0 ±0 6
$n=3$	Mg^{2+}	3.2	1.2 ±0.1	2.0 ±0.1
	Al^{3+}	19.2	6.1 ±0.4	13.1 ±0.4
	O^{2-}	32.0	0.0 ±0.6	32.0 ±0.6
	空孔	1.6	0.6 ±0.5	1.0 ±0.5

ではALCHEMIと違って,化合物組成に関係なくこの手法単独ですべての構成元素の配列が決定できる.HARECXS法は結晶格子が歪んだ領域でも歪みのない領域と同様に実験と解析が可能であるという,大きな特徴を持っており,広範な材料への応用が期待できる.

1.11.5 おわりに

ここでは,電子チャンネリング条件におけるX線分光の基礎とその応用例を紹介した.後半で示したように,最近の散乱理論の発展に伴って,HARECXS法から局所領域の構造についてのかなり詳細な定量解析が可能になってきている.主要元素の内殻電子励起に関する非弾性散乱因子が,最近の電子論計算によって,弾性散乱の原子散乱因子の表と同じような形で求められており[16],実験結果の解析に利用しやすくなっている.また,Oxley,Allenによって開発されたHARECXSのシミュレーションプログラムも公開されている[17].一方,HARECXSでは各回折条件の一点一点で信頼あるX線強度プロファイルを測定するため,ALCHEMIと比較して格段に長い時間を実験に必要としており,通常「時間」オーダーとなってしまう.そのためその測定は自動操作に頼らなくてはならず,かつ試料ドリフトや電子ビームの偏向系の収差の影響などにより解析領域が拡大しやすい.したがって,局所

領域の解析にはALCHEMIの方が向いている．試料ステージの安定性や偏向系の性能が向上すれば，HARECXSによる微小領域の構造解析の可能性が拡大することとなる．今後の装置改良と発展を期待したい．

【参考文献】
1) S. Matsumura, T. Furuse, and K. Oki: Mater. Trans. JIM, **39** (1998), 159.
2) J. C. H. Spence, and J. Taftø: J. Microscopy, **130** (1983), 147.
3) D. Shindo, M. Hirabayashi, T.Kawabata, and M.Kikuchi: J. Electron Microsc., **35** (1986), 409.
4) S. Matsumura, T. Morimura, and K. Oki: Mater. Trans. JIM, **32** (1991), 905.
5) D.-H. Hou, I. P. Jone, and H. L. Fraser: Philos. Mag. A, **74** (1996), 741.
6) T. Morimura, S. Matsumura, M. Hasaka, and H. Tsukamoto: Philos. Mag. A, **76** (1997), 1235.
7) I. P. Jones: Advances in Imaging and Electron Physics, **125** (2001), 63.
8) L. J. Allen, T. M. Josefsson, and C. J. Rossouw: Ultramicroscopy, **55** (1994), 258.
9) C. J. Rossouw, C. T. Forwood, M. A. Gibson, and P. R. Miller: Micron, **28** (1997), 125.
10) J. Gjønnes, and R. Høier: Acta Cryst., **A27** (1971), 313.
11) 菊池良一，毛利哲雄：クラスター変分法［材料物性論への応用］，森北出版 (1997).
12) N. Kuwano, S. Matsumura, T. Furuse, and K. Oki: J. Electron Microsc., **45** (1996), 93.
13) C. J. Rossouw, P. S. Turner, T. J. White, and A. J. O'Connor: Philos. Mag. Lett., **60** (1989), 225.
14) W. Nuchter, and W. Sigle: Philos. Mag. A, **71** (1995), 165.
15) I. M. Anderson: Acta Mater., **45** (1997), 3897-3909.
16) M. P. Oxley, and L. J. Allen.: Acta Cryst., **A56** (2000), 470.
17) M. P. Oxley, and L. J. Allen.: J. Appl. Cryst., **36** (2003), 940.

1.12 電子エネルギーフィルター法

1.12.1 はじめに

1.10で記述されたエネルギー分散型X線分光法 (EDS)[1]とともに,汎用の分析電子顕微鏡[2]において最も多く利用されている分析手法に電子エネルギー損失分光法がある.これはEELS(イールス)とよばれ,EDS(イーディーエス)に比べ組成分析における定量性は低いものの,比較的分解能が高く電子状態に関する知見が得られるなどの特徴を持っている.最近は,エネルギー損失スペクトルの一部を選択し,特定のエネルギーを持つ電子で結像が行える電子エネルギフィルター法が開発され,元素マッピングや回折図形のバックグラウンドの除去などの新しい機能に注目を集めている.

ここでは,EELSの基本的な原理について述べた後,最近注目を集めているこの電子エネルギーフィルター法について解説する.

1.12.2 非弾性散乱電子の検出—スペクトロメータ

まず,試料内でエネルギー損失した電子を検出する方法について説明しよう.電子が速度vで運動しながら,均一な磁場(磁場の強さB)に入射すると,この電子は運動方向と直角方向にローレンツ力を受け円運動を始める.この円の半径Rは次式で与えられる.

$$R = \frac{\beta_m m_0}{eB} v \left(\beta_m = \frac{1}{\sqrt{1-\left(\frac{v}{c}\right)^2}} \right) \tag{1-87}$$

ここで，m_0は電子の静止質量でcは光速である．(1-87)式によれば，磁場の強さBが一定であれば電子の軌道半径Rは，電子の速度vだけに依存することになる．

図1-110は，スペクトロメータと電子の軌道の模式図である．実線で示す入射電子に対し，エネルギー損失を生じた電子（点線）は，より大きくその軌道が曲げられて，出射面で焦点を結んでいる．試料内で種々のエネルギー損失を行い，様々な速度を持つ電子が混在していれば，それぞれの速度に応じて軌道半径が異なり，電子の速度（エネルギー）分析ができることになる．したがって，均一な磁場をもつ電磁石からなる分光器（スペクトロメータと呼ばれる）に，様々なエネルギーをもつ電子が入射すると，そのエネルギー値に対する電子数の変化の度合い，つまり，エネルギースペクトルが得られることになる．

スペクトロメータ後方での，エネルギー損失した電子の検出には，従来，蛍光体（シンチレータ）と1本の光電子増倍管を組み合わせた検出器が利用されていた．光電子増倍管は1次元検出器であり，エネルギースペクトルが得られる場所にエネルギー選択スリットをとおして置かれていた．スペクトロメータにかける磁場強度を一定の速度で走査することによりエネルギー軸を移動させ，それと同期させて検出信号の強度分布を縦軸にプロットすることにより，エネルギー損失スペクトルを得ていた．この検出方式は，エネル

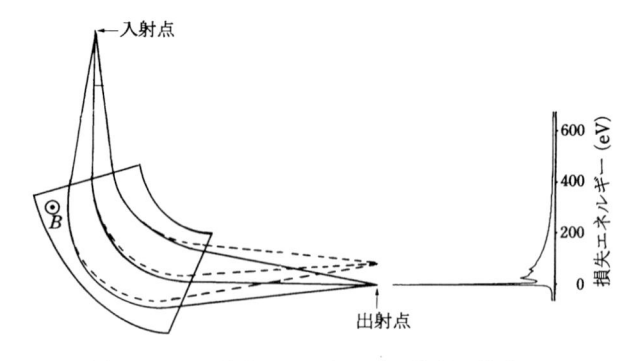

図1-110 スペクトロメータと電子軌道の模式図

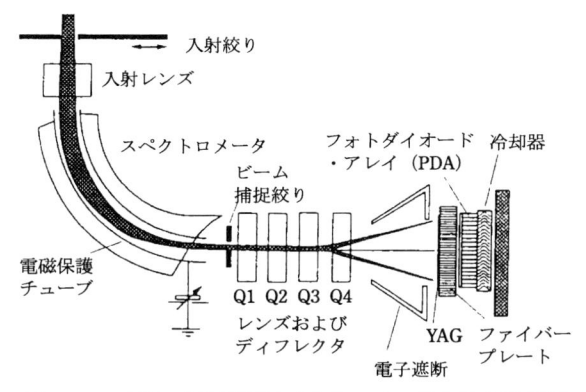

図1-111 パラレル検出型スペクトロメータとその光線図

ギー軸を時系列的に変化させることから，シリアル検出方式とよばれている．また半導体検出器が実用化されると，シリアル検出方式の検出効率の低さを改善するため，1980年代中期からはエネルギー損失スペクトルの測定に並列型検出器を配置したパラレル検出方式が広く用いられるようになってきた[3]．

図1-111は，パラレル検出型スペクトロメータの模式図である．パラレル検出器は，蛍光体であるヤグ（YAG）とオプティカル・ファイバでつながれた半導体の並列型検出器，フォトダイオードアレイ（1024あるいは2048チャンネルなど）から構成されており，各チャンネルの信号は同時に読みだすことができ，シリアル検出器に比べ，原理的にはチャンネルの数だけ検出効率が向上する．しかし，検出器にフォトダイオードを使用しているためダイナミックレンジ（電子線強度に対する動作範囲）が比較的狭いという短所もある．なお，200kV級の汎用の分析電子顕微鏡のエネルギー損失スペクトルの分解能は約1eV程度である．

1.12.3 電子エネルギー損失スペクトルから得られる情報

EELSの基本的な原理は，代表的な非弾性散乱過程の一つである内殻電子励起を用いて理解することができる．図1-112には，入射電子によるK殻の

1s 電子の励起に伴う電子状態の変化と，この際に観測される電子エネルギー損失スペクトルを模式的に示す．基底状態にある原子においては，フェルミエネルギー以下のレベルはすべて電子によって占有されており，内殻電子が励起される先は，フェルミレベル以上の非占有状態のレベルとなる．したがって，入射電子が，1sレベルとフェルミレベルとのエネルギー差 ΔE 以上のエネルギーを失った場合に，1s 電子が励起される割合が急激に増大することになり，これに伴いエネルギー損失スペクトルには，ΔE のエネルギー値に鋭いピークが現れることになる．この内殻電子励起に伴い，電子エネルギー損失スペクトルに現れるピークは，一般に高エネルギー側に尾を引く傾向にあり，その急峻な立ち上がりの形から，このピークは特にエッジとよばれている．このエッジの立ち上がりのエネルギー ΔE は，物質固有のものであり，その値から物質の同定が行われ，またエッジの後に続くピークの積分強度から組成情報が得られることになる．さらに，エッジの立ち上がりのエネルギー値やエッジの形から，原子の結合状態に関する情報を得ることもできる．

一方，励起状態にある原子が基底状態に移る際に，余分なエネルギーが特性X線やオージェ電子として放出される．この際，特性X線に注目してそ

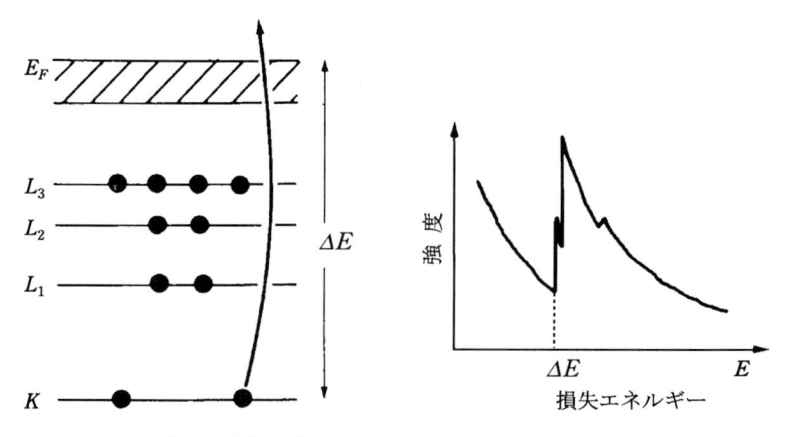

図1-112 内殻電子励起に伴う電子エネルギー損失スペクトルの模式図

の分光を行うのがEDSである．なお，電子の非弾性散乱過程には，このほかに，価電子の集団励起（プラズモン励起）やバンド間遷移などがある．

図1-113には，グラファイトで得られたエネルギー損失スペクトルの例を示す．エネルギー損失スペクトルの左端には，ゼロ・ロス（zero loss）とよばれるエネルギー損失ゼロの電子に対応するシャープなピークが現れている．そのそばには，プラズモン励起によってエネルギーを損失した電子のピークが現れている．さらに，高エネルギー側には，炭素のK殻電子励起に伴うエネルギー損失ピークが観測されている．内殻電子励起スペクトルのうち，エッジの立ち上がりから約50eVの領域は，非占有状態密度が強く反映された領域であり，特にエルネス（ELNES）とよばれている．これに対して，各エッジの立ち上がりより50eV以上の高エネルギー領域は，このエッジに対応する原子の周りの環境，つまり原子間距離などの情報が強く反映されるという特徴を持っており，イグゼルフス（EXELFS）とよばれ区別される．このように，プラズモン励起と内殻電子励起のエネルギー損失過程は，スペクトル上に明瞭なピークを形成し，そのエネルギー値や強度分布を用いて，元素の同定や，組成・状態分析ができる[4]．また，バンド間遷移はエネ

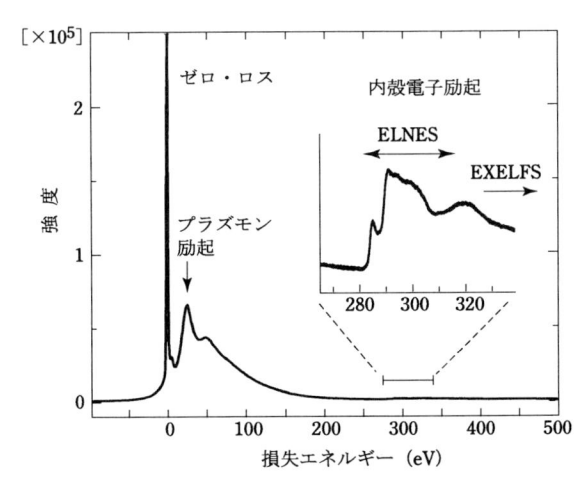

図1-113 グラファイトで得られたエネルギー損失スペクトル

ルギー損失スペクトルに明瞭なピークは示さないが,低エネルギー側のスペクトルに大きな影響を及ぼし,スペクトルの数値解析によって得られる情報である.

　この他,格子振動によるエネルギー損失(フォノン励起)過程はエネルギー損失量($<0.1eV$)が小さく,汎用のEELSの分解能では検出できない.また,制動放射X線の放出による電子のエネルギー損失は,一般にエネルギー損失スペクトルのバックグラウンドを形成し,有用な分析情報は得られない.以下では,エネルギー損失スペクトルに明瞭なピークを示す内殻電子励起とプラズモン励起のスペクトルの評価例ついて述べる.

内殻電子励起スペクトルの評価

　図1-114は,ダイヤモンド,グラファイト,非晶質カーボンの内殻電子励起スペクトルの例である.ELNES領域に注目すると同じ炭素原子(C)からできているものの,構造の違いによりスペクトルが大きく変化しているのがわかる.ダイヤモンドは図1-115(a)に示すようなダイヤモンド型結晶構造(シリコンと同形)をとり,Cは周りの4個の原子と結合している(4配位).

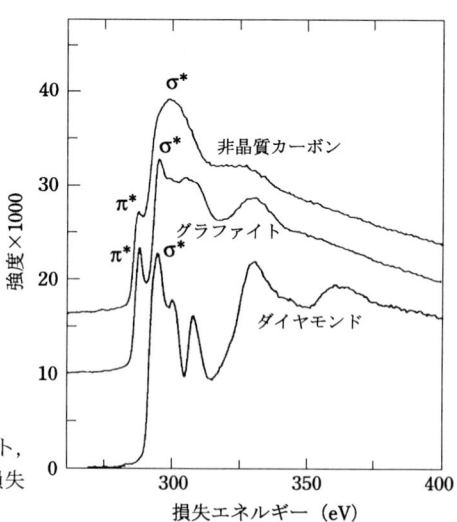

図1-114 ダイヤモンド,グラファイト,非晶質カーボンの電子エネルギー損失スペクトル

1.12 電子エネルギーフィルター法

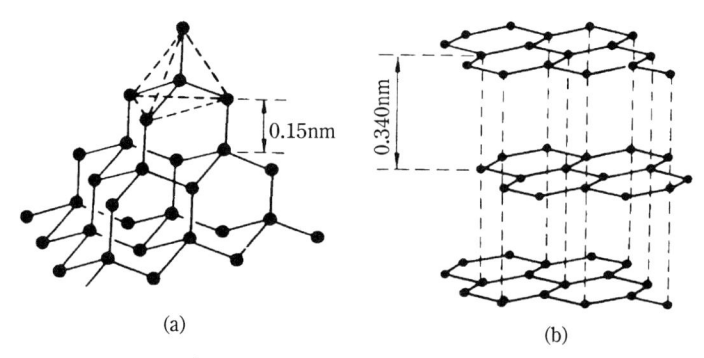

図1-115 ダイヤモンド(a)とグラファイト(b)の原子配列

このときのCとCの結合はsp³混成軌道に関係したσ結合とよばれ，強くて安定な結合を保持している．ダイヤモンドをEELSで分析するとσ結合に対応するσ*エッジが291eVに観測される．グラファイトは図1-115 (b)に示すようなグラファイト型（六員環の層状）構造をとり，Cは3個の原子と結合している（3配位）．このときのC-C結合もσ結合で，結合エネルギーはダイヤモンドのσ結合と一致している．しかし，炭素原子は本来4本の結合手があるため3配位結合では1本が余り，この結合手は六員環の外に局在し隣接原子と結合しており，これはsp²混成軌道に関係したπ結合である．したがって，グラファイトを分析すると，Kエッジの立ち上がりエネルギー位置にまずπ結合に対応するπ*エッジが284eVに観測される．さらに，291eVにはσ*エッジが測定される（図1-114）（電子によって占有されているπ，σの結合性軌道に対して，よりエネルギーの高い，非占有の反結合性軌道はπ*，σ*と記される）．非晶質カーボンではπ*の位置に微小ピークが測定され，3配位の微結晶が少し含まれていることがわかる．また，σ*のエネルギー位置のピークはブロードであり，σ結合をしている原子の原子間距離が一定でないことを示している．

プラズモン励起スペクトルの評価

一般に，非弾性散乱電子の主要な成分は，プラズモン励起によりエネル

表 1-2 プラズマエネルギー E_p の測定値と理論値の比較

物質		実測 E_p(eV)	理論値 E_p(eV)	文献
Na		5.72	5.95	5)
Al		14.95±0.05	15.8	6)
ダイヤモンド		34	31	7)
Si	結晶	16.45±0.1	16.6	8)
	非結晶	16.1±0.1		8)
Ge	結晶	15.9±0.1	15.6	9)
	非結晶	15.8±0.2	14.8	10)

ギー損失した電子である.このプラズモン励起スペクトルのピーク位置は,各物質固有の値(プラズマエネルギーとよばれる)を示す(表1-2).したがって,このプラズマエネルギーを知ることにより,物質の同定が行える.また,試料の厚みが増大するとプラズモン励起によって生じる非弾性散乱電子の数は増大し,相補的にゼロ・ロス強度は減少する.

図1-116には,酸化鉄粒子の異なる二つの試料厚さで得られたスペクトルの例を示す.一般的に,試料厚さ t の試料でのゼロ・ロスの強度 I_0 は,全電子線強度 I_T を用いて

$$I_0 = I_T \exp(-t/\lambda_p) \qquad (1\text{-}88)$$

と書くことができる.λ_p は非弾性散乱平均自由行程とよばれる定数で,入射電子がプラズモン励起を起こす場合の平均自由行程がその主な成分となる.(1-88)式より,試料厚さ t は

$$t = \lambda_p \ln(I_T/I_0) \qquad (1\text{-}89)$$

と書ける.I_T と I_0 は,EELS より容易に評価することができるから,λ_p を決定することができれば,EELS から試料厚さが精度よく求められることになる.λ_p は収束電子回折法などを用いて評価することが可能であり,上記の非弾性散乱平均自由行程が一旦求められれば,試料厚みの決定法としては,結晶性の良否や方位,格子欠陥の存在の有無によって精度が左右されない EELS が極めて有効であると言える.

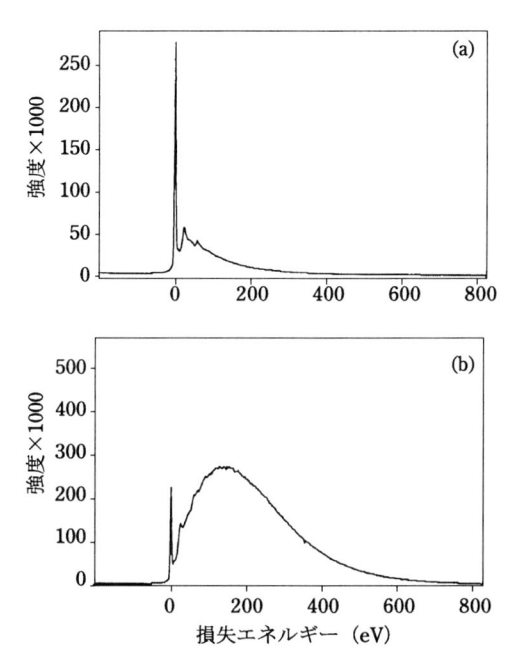

図 1-116 酸化鉄の電子エネルギー損失スペクトル
(a) 試料が薄い場合, (b) 試料が厚い場合.

1.12.4 電子エネルギーフィルターの種類と特徴

　上述したように, スペクトロメータを通して得られるエネルギー損失スペクトルには, 各種の非弾性散乱電子のエネルギーとその強度（電子の個数）の情報が含まれている. このエネルギー損失スペクトルの中の特定のエネルギーを持つ電子を選択し, その電子を用いて像や回折図形が得られるように考案されたものが, 電子エネルギーフィルター装置である. 最近, 汎用の電子顕微鏡に導入されたエネルギーフィルター装置は, 二つに大別される. 一つは顕微鏡本体に組み込む（インコラム方式とよばれる）もので, Ω型[11], Castaing-Henry型[12], γ型[13]などの装置がこれに属している. 他の一つは顕微鏡本体の蛍光板の下部に取付けるもの（ポストコラム方式とよばれる）で, セクター型のエネルギー分析器が一般に用いられている[14),15)]. いずれ

の場合もモニター上にエネルギースペクトルを映し出し,特定のエネルギー損失をした電子をスリットによって選択し結像系のレンズを用いて顕微鏡像や回折図形を撮影することができる.インコラム方式では,記録媒体にイメージングプレートとスロースキャンCCDカメラのどちらでも利用できるのに対し,ポストコラム方式では,現在のところ,スロースキャンCCDカメラのみが用いられている.また,ポストコラム方式では,回折図形を広い散乱角にわたって撮影することは困難であるが,各種の顕微鏡に装着することが可能なことから,特に高分解能電子顕微鏡法への応用が期待されている.現在,インコラム方式のΩ型エネルギーフィルターとポストコラム方式のセクター型エネルギーフィルターが数多く利用されてきている.

Ω型エネルギーフィルター(図1-117 (a))は,1975年Zanchiらによって開発されたもので[11],1991年Zeiss社により商品化された.3〜4個のスペクトロメータで構成され,電子の軌道がギリシャ文字"Ω"の形をしていることから,こうよばれている.スペクトロメータが対称的に配置してお

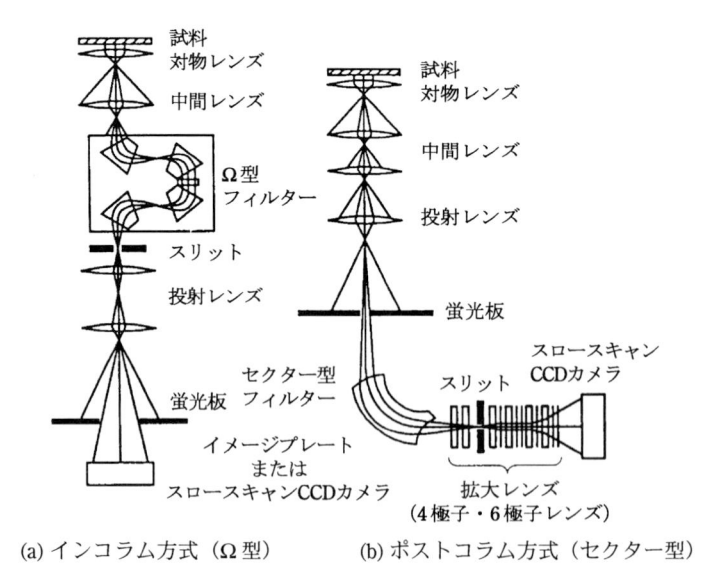

(a) インコラム方式(Ω型)   (b) ポストコラム方式(セクター型)

図1-117 二つの方式のエネルギーフィルター装置

り，収差が比較的小さく歪みの少ない回折図形が広い散乱角で撮影できるという特徴を持っている．しかし，スペクトロメータの入射点から出射点までの距離が比較的長く，電子顕微鏡の鏡筒が長くなる短所がある．

セクター型エネルギーフィルター（図1-117(b)）は，1983年に味香らによって開発されたもので[16]，1992年にGatan社により商品化された．従来の透過電子顕微鏡のカメラ室の下に取り付けられるスペクトロメータを発展させたもので，エネルギースペクトルの得られる面に，エネルギー選択スリットを置き，特定のエネルギーの電子を選択した後，再び拡大レンズでフィルター像を結像している．スペクトロメータによる像の歪みが大きいので4極子レンズや6極子レンズを用いて歪みの補正を行っている．拡大された電子顕微鏡像の中心部だけをスペクトロメータに入射させるため，観察視野が制限される短所があるが，既製のどの電子顕微鏡にも装着できるメリットがある．

1.12.5 エネルギーフィルター法の応用

元素マッピング

電子エネルギーフィルター法で構成元素の分布像つまり元素マッピング像を得るためには，エネルギー損失スペクトルのバックグラウンドを除去する

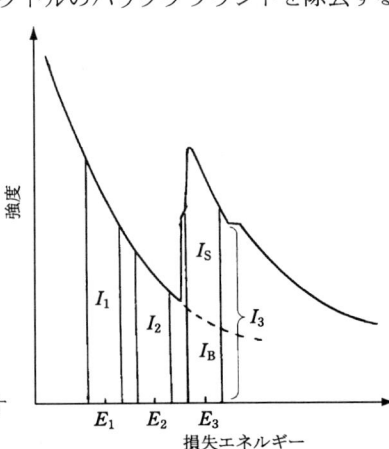

図1-118 スリーウィンドウ法の原理を示す模式図

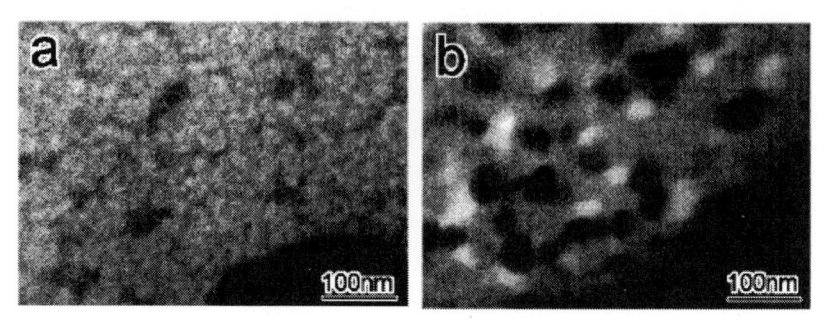

図 1-119 $Fe_{35}Pt_{35}P_{30}$ の Fe の元素マッピング像[17]
(a) 急冷状態, (b) 873K で 10 秒熱処理.

必要がある．バックグラウンド除去法として広く用いられているものにスリーウィンドウ法がある．この方法では，図1-118に示すように，注目する元素のエッジの手前（プリエッジ）のエネルギー位置（E_1, E_2）でエネルギースリットにより選択して得られる2枚のフィルター像と，元素信号の位置（ポストエッジ）で選択して得られるフィルター像の，合計3枚のフィルター像を撮影する．これらの画像の各画素について次の演算を行う．まず，ポストエッジ位置E_3でのバックグラウンドの強度$I_B(x, y)$を2枚のプリエッジの画像からフィッティング法により外挿して求める．次に，ポストエッジの画像$I_3(x, y)$より，このバックグラウンド像強度$I_B(x, y)$を引き，正味のシグナル強度$I_S(x, y)$を求める．

図1-119は，セクター型のフィルターを用い，スリーウィンドウ法を利用して求めた$Fe_{35}Pt_{35}P_{30}$のFeの元素マッピング像の例である[17]．急冷状態の(a)ではFeがほぼ均一に分布しているのに対し，873Kで10秒熱処理した試料(b)では，Feの明瞭な分布が認められる．ナノビーム電子回折法の併用により，灰色の領域はFePt，暗い領域はPtP_2，そして明るい領域は，Feに富むFe-Pの相であると解析されている．

電子回折図形のバックグラウンド除去

電子顕微鏡を用いた定量解析，特に電子回折図形の解析においては，動力

1.12 電子エネルギーフィルター法

学的回折効果と共に電子の非弾性散乱に伴う回折図形上に生じる大きなバックグラウンドが問題となる．このバックグラウンドの主要な成分は，上述したプラズモンを励起した非弾性散乱電子である．プラズモン散乱に伴うバックグラウンドは，透過波の周囲に大きな強度を持ち，散乱角の増大と共に急激に減衰する．したがって，収束電子回折図形の解析や原子の規則配列に伴う散漫散乱や規則格子反射のように基本格子反射の周りに弱い強度分布を持つ散乱強度を解析する際には，特にこのプラズモン散乱に伴うバックグラウンドが大きな影響を及ぼすことになり，これらのバックグラウンドを適切に除去することが重要となる[18]．

図1-120は，酸化鉄（α-Fe_2O_3）の回折図形へのエネルギーフィルター法の応用例である．2波励起の状態で撮影した収束電子回折図形内の白黒のバン

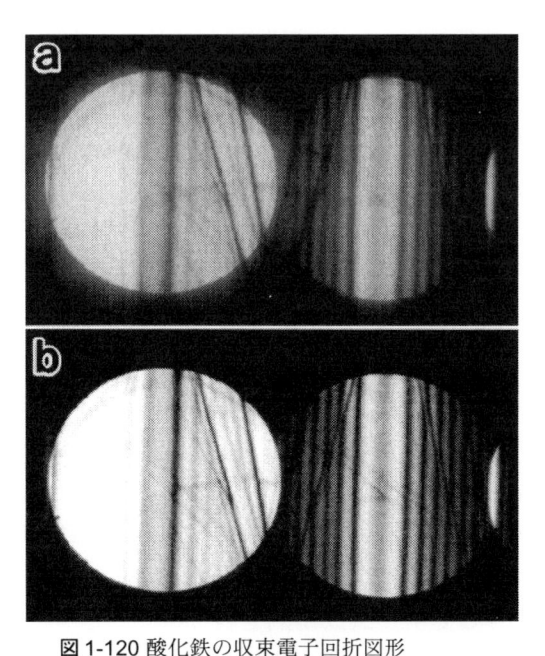

図1-120 酸化鉄の収束電子回折図形
(a) エネルギーフィルターを使用しない場合
(b) エネルギーフィルターを使用した場合

ドが，Ω型フィルターを用いることにより鮮明に観察されているのがわかる．図1-120 (b) の回折図形は，エネルギー幅10eVのスリットを用いて弾性散乱電子（ゼロ・ロス）のみで得られた回折図形である．これらのバンドの精確な強度分布の評価を通して，試料の厚みが高精度で決定されている．また，種々の化合物の電子回折図形に現れる微弱な短範囲規則配列などに伴って生じる散漫散乱の評価にも，このエネルギーフィルター法は有効に利用され，バックグラウンドが除去された後，透過ビームの周囲での散漫散乱のピーク位置やその強度分布が高精度で評価されている[19),20)]．

なお，エネルギー損失スペクトルの全強度I_Tとゼロ・ロス強度I_0を2次元画像の各画素について求め，(1-89) 式の演算を行えば定量的な厚さ分布像が得られることになる．

1.12.6 おわりに

従来，撮影されてきた電子顕微鏡像や電子回折図形が，弾性散乱電子と非弾性散乱電子の混じったバックグラウンドの高いものであったのに対し，電子エネルギーフィルター法は，そのバックグラウンドを除去し，さらに特定のエネルギーを持つ電子を選択して結像することに成功している．これにより，従来の電子顕微鏡法では成し得なかった構成元素の分布を示す元素マッピングや，高精度での電子回折図形の測定とその定量解析が可能となっている．これは，最近の分析電子顕微鏡法における進展の中でも特筆に値するものと言えよう．しかし，一方で電子エネルギーフィルター装置は高価であり，また十分な性能を発揮させるためには高度な知識と技術が必要となっていることも事実である．ハードを開発する研究者とそのハードを材料評価へ生かそうとする研究者の活発な情報交換と協力を通して，電子エネルギーフィルター法がナノスケールでの元素マッピング，さらに電子状態マッピング技法として発展していくことが期待される．

【参考文献】

1) 松村 晶:金属, **73** (2003) 148.
2) 進藤大輔, 及川哲夫:材料評価のための分析電子顕微鏡法, 共立出版 (1999).
3) O. L. Krivanek, D. B. Bui, R. P. Burgner, R. B. Keeney, M. K. Kundmann, D. Owen and R. Rosado (八木克道 訳):電子顕微鏡, **23** (1988) 161.
4) R. F. Egerton: *Electron Energy-Loss Spectroscopy in the Elecctron Microscope*, 2nd ed. (1996) Plenum Press, New York.
5) C. Kunz: Z. Phys., **196** (1966) 311.
6) T. Kloos: Z. Phys., **265** (1973) 225.
7) J. Daniels, C. V. Festenberg, H. Raether and K. Zeppenfeld: "Optical Constants of Solods by Electron Spectroscopy" in Springer Tracts in Modern Physics, vol. **54** Springer, Berlin, Heidelberg, New York (1970) p.78.
8) K. Zeppenfeld and H. Raether: Z. Phys., **193** (1966) 471.
9) O. Sueoka: J. Phys. Soc. Jpn., **20** (1965) 2203.
10) T. Aiyama and K. Yada: J. Phys. Soc. Jpn., **36** (1974) 1554.
11) G. Zanchi, J. Ph. Perez and J. Sévely: Microscopie Electronique à Haute Tension (Proc. 4th Int. Conf. for HVEM, (1975) Toulouse, p.55.
12) R. Castaing and L. Henry: Comptes Rendus, **B255** (1962), 76.
13) S. Taya, Y. Taniguchi, E. Nakazawa and J. Usukura: J. Electron Microsc., **45** (1996) 307.
14) O. L. Krivanek, A. J. Gubbens and N. Dellby: Micros. Microanal. Microstrct. **2** (1991) 315.
15) H. Hashimoto, Y. Makita and N. Nagaoka: Proc. 50th Annu. EMSA Meeting, Boston (1992), p.1194.
16) 味香夏夫, 橋本初次郎, 遠藤久満, 山口浩司, 富田雅人, R.F.Egerton:日本電子顕微鏡学会第39回学術講演会予稿集, (1983) p.134.
17) A. A. Kündig, N. Abe, M. Ohnuma, T. Ohkubo, H. Mamiya and K. Hono: Appl. Phys. Lett., **85** (2004) 789.
18) 友清芳二, 進藤大輔:電子顕微鏡, **31** (1996) 153.
19) 池松陽一, 進藤大輔:まてりあ, **40** (2001) 731.
20) Y. Murakami and D. Shindo: Mater. Trans., JIM **40** (1999).

1.13 走査ローレンツ電子顕微鏡法

1.13.1 はじめに

　ナノコンポジット磁石，ナノ結晶軟磁性材料，ナノグラニュラー磁気記録媒体に代表される先進磁性材料は，ナノスケールの特徴あるヘテロ構造を付与することによりその特性を向上させており，そのナノ構造は透過型電子顕微鏡（TEM），X線回折，APFIMなどを駆使して評価されている．一方，磁性材料の磁気的特性は一般的にVSM（vibrating sample magnetometer）やSQUID（super conducting quantum interference device）などを用いて試料全体として評価されることが多く，磁気構造をナノスケールにまでさかのぼって観察，あるいは計測することは技術的な制約もあってなかなか進んでいない．ナノ磁性材料では，名が示すとおりナノスケールでの不均一性を伴っているわけであるから，ナノスケールの組織と対応付けて構成単位の磁化，あるいはそれらの集合体の局所磁化を観察・計測し，それがマクロな物性とどのような関係にあるかを知ることはきわめて重要な研究課題といえる．
　電子顕微鏡では透過型，走査型を問わず電子が磁場中で受けるローレンツ力を利用した電磁レンズを使用しているため，一般的には材料の磁気的構造を評価するのは苦手である．すなわち，空間分解能を上げるには強磁場中に試料を入れなくてはならないし，元々の磁気構造をそのままに見ようとすると性能の悪いレンズを使ってしまうことになるからである．しかしながら試料自身が持つ磁化のため，電子もローレンツ力を受けるので，使い方によっては局所のローレンツ偏向を計測し，画像とすることも可能である．ここで

紹介する**走査ローレンツ電子顕微鏡**（scanning Lorentz microscope, differential phase contrast; DPC）**法**は，ナノスケールに収束された電子線が局所の磁化によって受けるローレンツ偏向を直接画像とする電子顕微鏡法であり，組織と磁化分布を同時計測できる極めて有用な手法である．ここではその原理と応用例を述べ，またその観察・計測時の留意点について触れる．

1.13.2 走査ローレンツ電子顕微鏡の原理と構成

電子顕微鏡はナノメータスケールの高い空間分解能を持っており，一般的には結晶内の静電ポテンシャルによる電子の散乱を画像化している．このほか，磁化や磁界によっても散乱を受ける．これがローレンツ偏向である．速度 v，電荷 $-e$ を持つ電子線が磁束密度 $\boldsymbol{B}$ の領域を通過すると

$$\boldsymbol{F} = -e(\boldsymbol{v} \times \boldsymbol{B}) \qquad (1\text{-}90)$$

のローレンツ力 $\boldsymbol{F}$ を受け偏向する．この偏向を種々の手段を使って検出し，画像化したものがローレンツ顕微鏡である．ローレンツ顕微鏡法の中で最も

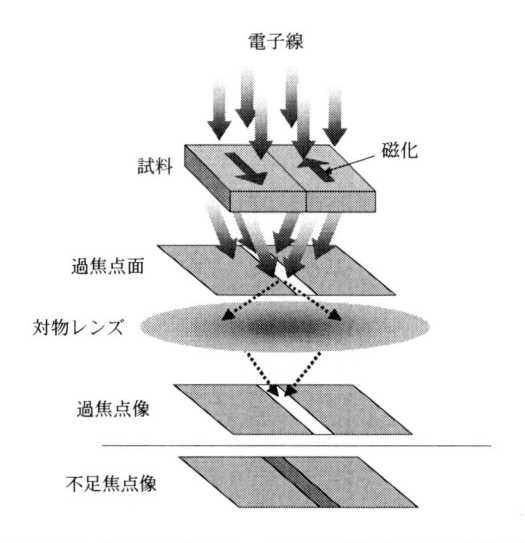

図 1-121 フレネル法によるローレンツ顕微鏡の電子線経路図

簡便で広く用いられている方法はフレネル法である．その原理図を図1-121に示す．フレネル法は，磁性体試料を通過した後，試料の充分下方で電子線が重なり合ったり離れたりしてできる強度分布の粗密を対物レンズで拡大・結像して磁化の場所的変化の像を得る方法である．加速電圧200kVの電子線を用い，磁束密度1T，厚さ50nmの磁性薄膜を通過後の偏向角は約30μradであり，これを電子線の干渉縞が起こる程度の焦点はずれ量(0.5mm)にレンズを設定すると，電子線の重なっている部分の幅は約0.05μmとなる．これが空間分解能となる．フレネル法によって磁化像膜の磁化情報を得ようとすると，非常に大きな焦点はずれ量が必要となり，高い分解能の像を得ることは原理的に不可能な上，像のコントラストは焦点はずれや電子線の干渉性によって大きく異なり，局所の磁気計測にも向いているとはいえない．また一様な領域の磁化を求めることも得意ではない．

　このような問題に対し，走査透過型電子顕微鏡（STEM）をベースに，局所の磁気計測を可能とした電子顕微鏡がグラスゴー大学のChapmanら[1]により提案された．これが走査ローレンツ電子顕微鏡である．この手法の原理図を図1-122に示す[2]．主な装置構成は①電子線源，②電子線走査部，③コンデンサーレンズ（対物レンズ），④4分割検出器である．この方法は集束した電子線を試料上に照射，走査する際，透過する電子線が試料内磁化により受けるローレンツ力による偏向角を検出し，画像とする方法である．このときの偏向角は次式で与えられる．

$$\beta = \left(\frac{|e|}{2mV}\right)^{1/2} \int B d\mathbf{s} \qquad (1\text{-}91)$$

ここで，βはローレンツ力による偏向角，eとmは電子の電荷と質量，Vは相対論補正した電子の加速電圧である．また磁束密度Bの積分は電子線経路sのすべての位置で行うものとする．試料に入射した電子線は試料の内部ポテンシャルによっても回折されるが，この回折角は磁化による偏向角に比べ十分大きいため区別して検出することができる．

1.13 走査ローレンツ電子顕微鏡法

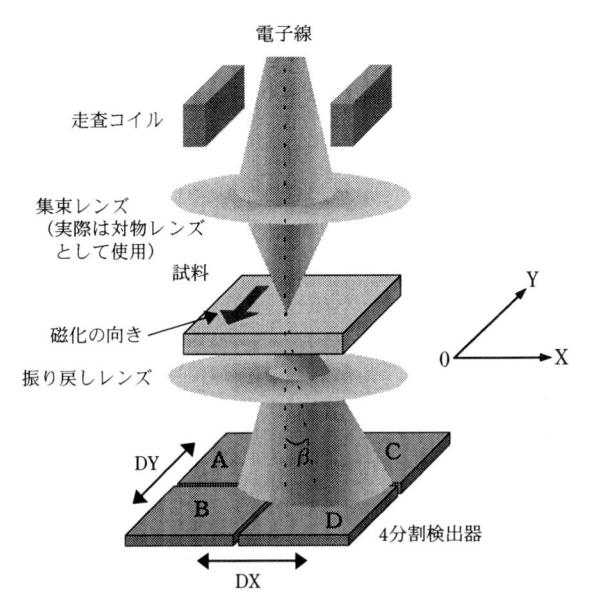

図1-122 走査ローレンツ電子顕微鏡の結像原理と検出器

　実際の画像化は以下のように行われる．収束した電子線を試料の1点に照射し，その場所を透過した電子の偏向角に対応した像中1点のコントラストを与える．次に電子線を照射する位置を移動させ，あらためて電子線の偏向角を計測して次の点の像コントラストとする．このようにして試料中の観察領域を走査し，偏向角をコントラストとした画像を作っていく．したがって，得られた像の各点は集束電子線が照射した点領域の平均偏向角に対応し，画像の分解能は照射領域の大きさすなわちビーム径で決まる．一方，偏向角の検出には4分割型偏向検出器を用いる．試料に磁化がないとき，試料を照射したビームが結像系で拡大されA, B, C, Dの検出器に等しく入射するように調整しておけば，磁性体試料を通過し β の偏向角を持った電子線スポットは偏向角 β に比例した位置ずれを起こす．このスポットの位置ずれを検出器A+BとC+Dの差信号（A+B−C−D）として検出する．この差信号が正のときY正方向に磁化があり，負のときはY負方向に磁化があり，

0のときはY成分の磁化は存在しないことを意味する．実際の偏向検出器は4分割されており，直交するX, Y 2方向の偏向量（DX, DY）を同時に算出することができる．図1-122では均一な試料厚みを想定しているが，一般には試料厚さが変化したり結晶方位が変わって透過波の強度が変わり各検出器に入る信号量も変化する．検出器に入る総和信号STEM＝A＋B＋C＋Dを求め，試料の厚みなど組織に関する情報を得ることができる．

一方，磁気偏向による差信号を総和信号STEMで割ることにより，検出された信号の大小によらずYまたはX方向の磁化情報を抽出することができる．すなわち総和信号で正焦点のSTEM像を得て組織情報を観察しながら，差信号/総和信号からX, Y 2方向の磁化情報（磁化膜厚積）を同時計測できるのがこの手法の最大の特徴である．念のため注意しておくが，この手法で検出される磁化は電子線入射方向に垂直な成分すなわち面内成分だけである．

前述したように，この装置の分解能は基本的に試料面上でのビーム径で決まってしまうため，装置の高分解能化には輝度の高い電界放射型電子銃が必要となる．また照射系のレンズ群で小さなビームを形成する必要があるが，磁性体の磁区観察の場合，試料には不要な外部磁場をかけることは許されない．そのため，通常のTEM試料室をそのまま使うことは一般に難しい．現実には電界放射型のTEMを改造し，通常の試料位置とは異なるコンデンサーレンズの直下に，あらたに試料室を作り走査ローレンツ顕微鏡専用の試料室とした[2]．対物レンズとしては通常のTEMのコンデンサーレンズを用い，加えて磁気シールドを施し試料近傍での漏洩磁界を1Oe（エルステッド）以下としている．このためSTEMとしての対物レンズの球面収差係数は150mm程度と大きく，電界放射型電子銃を用いても最小ビーム系は約2nm程度にしかならない．この分解能では，とても原子レベルの観察はできないが，数10nmオーダーの組織と局所の磁化分布の同時計測には極めて有効であり，特に，磁性薄膜の磁化分布の定量解析にはなくてはならない実験手法といえる．

1.13.3 ナノ組織を持つ磁性材料と局所磁化分布

走査ローレンツ電子顕微鏡法を用いて組織と局所磁化分布を計測した例について紹介する．

孤立平板ナノ粒子の還流磁化

図1-123はアモルファスカーボン上に作製した平板Fe粒子の，検出器差分信号から得た(a)磁化X成分像，(b)磁化Y成分像，および(c)STEM像である．STEM像左の直径約200nmの粒子および右の約100nmの粒子に着目する．左の大きな粒子では(b)の磁化Y成分像の右側が白く，左側が黒くなっている．これは粒子の右側でY負方向の磁化成分を持っていることを示している．(a)の磁化X成分像では粒子の下側で白く，上側で黒い．これは

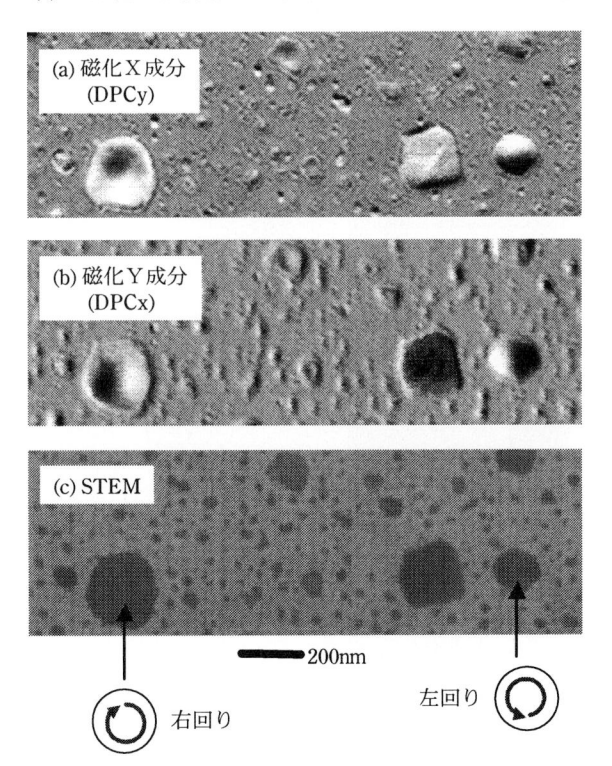

図1-123 孤立平板Fe粒子の(a)磁化X成分像，(b)磁化Y成分像，(c)STEM像．

下側でX負方向に磁化成分を持っていることを示している．右側の粒子ではこのコントラストは反転している．

　図1-124は同様な手法で解析したFe平板粒子の磁化X成分像，磁化Y成分像，STEM像および磁化ベクトルマップである．二つの方向の磁化成分を各点の磁化成分とし，その合成を矢印で表記すると磁化ベクトルマップとなる．これを見ると直径80nm径のほぼ平板状Fe粒子の中では，明確な磁区を形成することなく磁化が還流していることがわかる．もう一度図1-123に戻ろう．右下の粒子は図1-124のケースと同じく磁化は反時計回転で還流しているが，左下の大きな粒子では各磁化成分像のコントラストは反転しており，磁化は時計回転で還流していることがわかる．このように直径150ないし80nmの平板状の孤立磁性ナノ粒子では明確な磁区を形成することなく磁化は面内で回転し，時計回りおよび反時計回りの二つの還流磁区を形成して

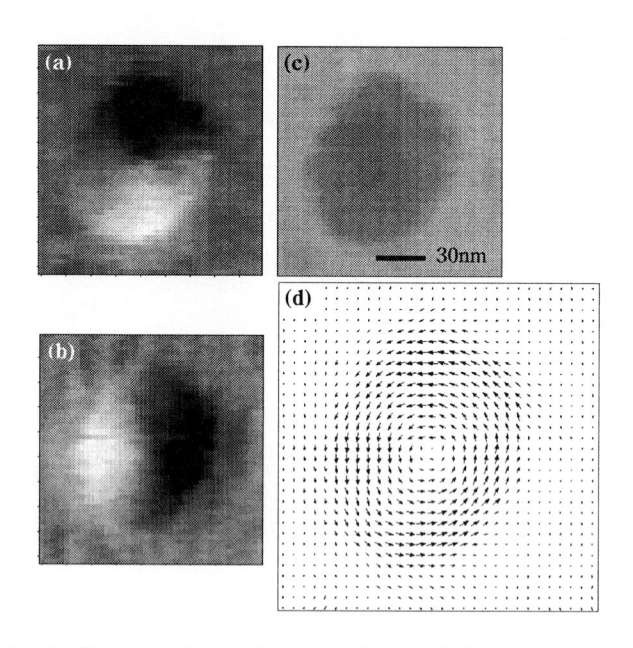

図1-124 直径約80nmの平板Fe粒子の (a) 磁化X成分像，(b) 磁化Y成分像 (c) STEM像，(d) 磁化ベクトルマップ．

いることが明らかとなった.時計回転,反時計回転の2種の還流磁区はデジタル情報として識別できることから,面内および垂直磁気記録方式に代表される磁化のベクトルそのものを記録ビットとする磁気記録方式とは異なる概念の新磁気記録方式となりうる可能性があり,還流磁区構造の安定性,個々の粒子への磁化回転記録および読み出し方法の検討を含め今後さらに研究していく必要がある.

近接分散 Fe 粒子

グラニュラー型の磁性分散粒子のモデルケースとして,SiO_2の支持膜上に20ないし40nmのFe粒子を2ないし3nmで分散させた薄膜を作製した.これらの膜は通常のTEM-フレネル法では磁気コントラストは観察されない.この試料の二つの磁化成分像およびSTEM像を図1-125に示す.STEM像には近接した粒子のコントラストがあるだけである.TEM像を見ても2,3の

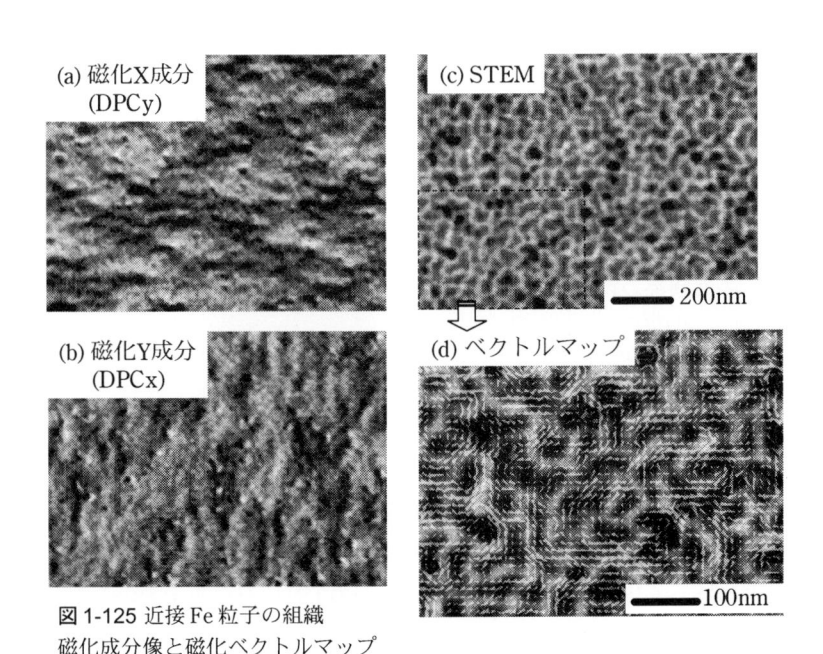

図1-125 近接Fe粒子の組織 磁化成分像と磁化ベクトルマップ

(a) 磁化X成分 (DPCy)
(b) 磁化Y成分 (DPCx)
(c) STEM
(d) ベクトルマップ

粒子が接触してつながることがあっても，5個以上の粒子が接触していることは観察されない．しかし磁化成分像には幅200，長さ500ないし1000nm程度の長細いバンド状の濃淡が検出される．これは物理的に接触していない粒子間にも磁気的な相互作用が働き，磁気的につながった磁気クラスターを形成していることを示している．しかし，この二つの磁化成分像ではどのような磁気クラスターを形成しているかよくわからないので，一部の領域について二つの磁化成分像から磁化ベクトルマップを作製しSTEM像に重ねたものを図1-125 (d)に示す．これを見ると磁化成分像ではよくわからなかった磁気クラスターの正体は磁束が，連続的に数ないし十数個の粒子を磁気的に貫通する還流磁区であることがわかる．細長く見えたのは一つの磁束の流れであり，太く見えるところはたまたま二つの流れの向きが揃ったところであって，強磁性体的な相関，すなわちある領域で磁化のベクトルを揃えている状態ではないことが明らかとなった．粒子サイズや分布の不均一によって前項で示した孤立粒子として還流磁区を形成するもの，3個の粒子で還流するもの，十数個の粒子で細長い還流磁区を形成するものなど個々の粒子のサイズや環境によって一番安易なループを形成していると理解された[3]．

　図1-125に示す薄膜よりもFe粒子が丸く，粒子間隔もわずかに広がった試料では，STEM像は一見したところほとんど変わらないが，磁化成分像には磁化の揃った領域を示す濃淡はほとんど出現せず，磁化ベクトルマップを作製しても個々の粒子で磁化が還流しているにすぎなかった．

Co-TiNナノコンポジット膜の垂直磁気異方性の起源

　Co-Ti複合ターゲットを窒素雰囲気で直流スパッタリングした膜を600℃で熱処理すると，as-depo時のアモルファス状態からCoとTiNの相分離が起きるとともに，磁化曲線は，図1-126に示すような垂直磁気異方性を示す膜となることが見出された[4]．熱処理後の膜のX線回折や，断面試料の電子回折図形は，多結晶fccのCoおよびNaCl型のTiNの存在を示すのみで，優先成長方位や集合組織などなく，垂直磁気異方性の要因は結晶磁気異方性で

1.13 走査ローレンツ電子顕微鏡法

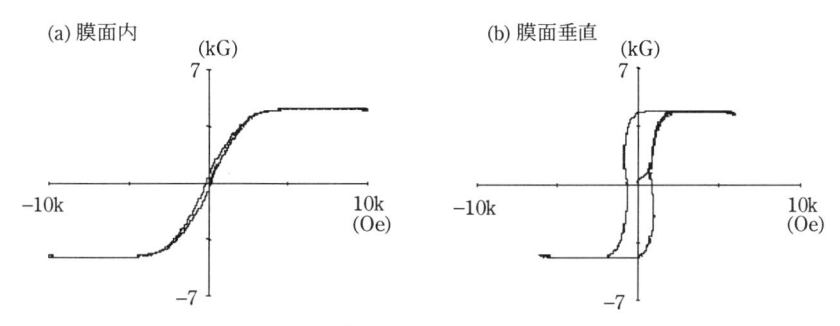

(a) 膜面内

(b) 膜面垂直

図1-126 Co-TiNナノコンポジット膜の磁化曲線（600℃, 3h熱処理後）

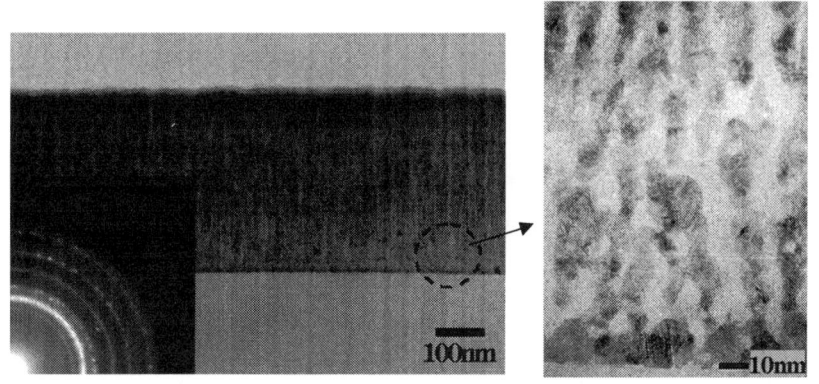

図1-127 Co-TiNナノコンポジット膜の断面TEM像

ない．

　図1-127にこの試料の断面TEM像を示す．低倍像で「霜柱」のように見える組織は直径約10 nmの析出Co粒子が数珠つなぎになって柱を形成し，その間を微結晶のTiNが埋めているいわば**ナノファイバー**構造であることが明らかとなった．垂直磁気異方性の要因は磁性粒子のナノファイバー形成による形状異方性であることが判明した．さて問題はこれからである．マクロな性質としては垂直磁気異方性を持つ薄膜であっても磁気記録密度をどこまで上げられるかはその磁気構造に依存する．その可能性を探るためこの断面を走査ローレンツ電子顕微鏡で観察した．図1-128がその結果である．二

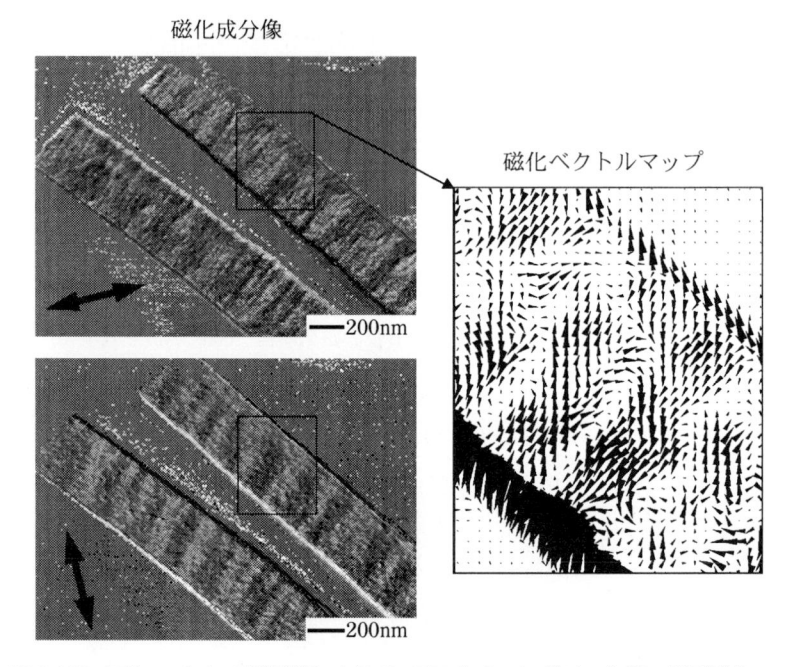

図 1-128 走査ローレンツ顕微鏡による Co-TiN ナノコンポジット膜の断面磁化成分像とそのベクトルマップ（太い矢印は各磁化成分像の磁化の方向を示す）

つの磁化成分像とも，おおむね100nm単位の濃淡が見られ，少なくともこの程度の磁気記録密度は期待される．さらに注意深く見ると1本のナノファイバーに対応するようなコントラストも観察され，このナノファイバー1本1本(約10nm)を磁気記録ビットとする垂直磁気記録膜も実現できる可能性が読み取れる．現在，試料作りおよび走査ローレンツ像の分解能および解釈も含め磁性ナノファイバーによる垂直磁化膜の検討を行っている．

1.13.4 走査ローレンツ電子顕微鏡の長所と欠点

本節のまとめとして，走査ローレンツ電子顕微鏡法の長所と問題点について検討したい．走査ローレンツ法の最大の長所は，組織と磁化成分像の同時観察と計測であり，しかも得られる像が直感的であることをあげておく．

磁化ベクトルマップへの変換も容易にでき，しかも組織と対応付けられる．20ないし50nm程度の粒子からなる組織と磁気構造の解析には向いていると思われる．しかし走査ローレンツ法も組織の不均一による解釈ミスを起こす可能性がある．

図1-129は，磁気的な構造を持っていないのにもかかわらず，差分像にコントラストが現れることを模式的に示したものである．いわゆる，この非磁気コントラストはフォーカス合わせが正しくないときに出現する[5]．すなわち走査している電子線が試料面でフォーカスしていないとき，粒子の端部を電子が通過する際，一つの透過波によるディスクに吸収による強度の差を生じ，透過波が磁気的に偏向されていないにもかかわらず，あたかも磁気構造があるかのように計測されてしまう．このようなことが起きないようフォー

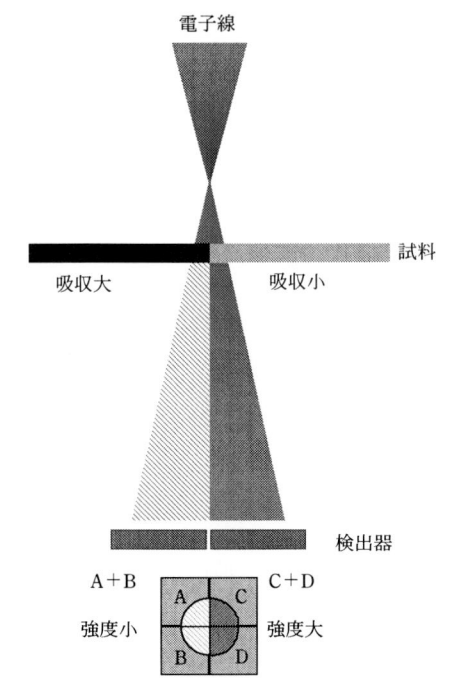

図1-129 走査ローレンツ顕微鏡に出現する非磁気的コントラストの説明図

カス合わせは慎重に行なわなくてはならない．現行の装置では四つの「目」（検出器）で透過波の偏向を計測しているが，CCDのような多数の「目」でその強度中心および位置を計測すれば，このような現象を解決できるかもしれない．

　走査ローレンツ法の原理は難しくないが，実験的には高輝度の電界放射型電子銃が必要なこと，試料室や対物レンズ，漏洩磁場低減の問題，検出系の感度向上の問題となかなか難しい問題が山積している．しかし，最近では電界放射型の電子銃を備えたTEMも普及し，STEM機も市場に出まわるようになってきているので，走査ローレンツ顕微鏡の機能を付加することはそれほど難しいことではないと思われる．電子顕微鏡メーカーがオプションの一つとして準備されることを期待して結びとしたい．

　なお，ローレンツ顕微鏡関係の参考文献はあまり多くないが，最近の電子顕微鏡誌の記事[6],[7]を挙げておく．

【参考文献】

1) J. N. Chapman et al: Ultramicroscopy, **3** (1978) 203.
2) Y. Yajima et al.: J. Appl. Phys., **73** (1993) 5811.
3) 三宮 工ら：まてりあ，**40** (2001) 1019.
4) C. C. Chen et al.,: J. Appl. Phys., **93** (2003) 6273.
5) Y. Takahashi et al.: Jpn. J. Appl. Phys., **32** (1993) 3308.
6) 原田 研：電子顕微鏡，**35** (2000) 62.
7) 丹司敬義：電子顕微鏡，**36** (2001) 81.

1.14 電子線ホログラフィー

1.14.1 はじめに

　ホログラフィー (holography) とは，注目する情報の **すべて**（ホロ：holo）を **再現させる記録法**（グラフィー：graphy）を意味する．その原理は，1948年にガボール (D.Gabor) によって示された[1]．ガボールによって提案されたホログラフィーは，電子顕微鏡の分解能の向上を目的とし，その対物レンズの収差を補正するためのものであったが，当時干渉性の高い電子源がなかったため，この目的を達成することはできなかった．この後，レーザーの出現により，ホログラフィーの応用研究は光の分野で開花することとなった[2]．

　近年，電界放出型電子銃の開発により，干渉性の高い電子源が得られるようになり，電子顕微鏡の分野においても，このホログラフィーの実験が可能となっている．電子線ホログラフィーでは，対物レンズの球面収差補正への応用が図れるほか，汎用の電子顕微鏡法では得難い電場や磁場の情報を定量的に可視化することができる．ここでは，電子線ホログラフィーの基本原理を説明するとともに，電場や磁場の評価例を紹介する．

1.14.2 電子線ホログラフィーの原理

　電子線ホログラフィーは，**電子顕微鏡内での電子波の位相情報の記録**と，**光学システムあるいはコンピュータを用いた位相再生**の二段階からなる．位相情報を記録するための電子波の干渉法には種々の様式があるが[3]，ここでは，最近最も多く用いられてきている，バイプリズムを用いた電子波

干渉法の原理について述べる．また，位相再生についても，最近のコンピュータを用いたデジタル画像データ処理法に基づいて説明する．

図1-130に，電子線ホログラフィーの原理を模式的に示す．真空中を伝播する電子波に対し，物体内外の電場や磁場の存在による電子の振幅と位相の変化は，一般的に，

$$q(x,y) = A(x,y) \exp(i\phi(x,y)) \qquad (1\text{-}92)$$

と記述することができる．ここで，汎用の電子顕微鏡法による観察を考えると，分解能や像の拡大率を無視すると，得られる電子顕微鏡像の強度は(1-92)式より，

$$I(x,y) = |q(x,y)|^2 = A^2(x,y) \qquad (1\text{-}93)$$

となる．(1-93)式より，汎用の電子顕微鏡法では入射電子の試料内での吸収

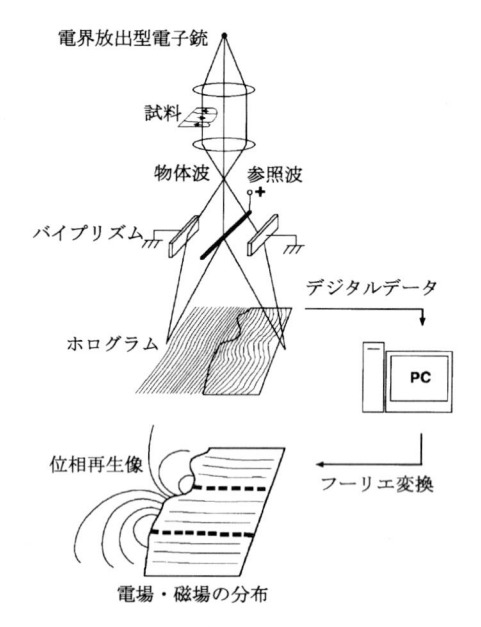

図1-130 電子線ホログラフィーの原理を示す模式図

や回折による振幅の減衰は評価できるが，電場や磁場の存在を示す位相情報 ($\exp(i\phi(x,y))$) は得られないことがわかる．電子線ホログラフィーでは，電場・磁場の影響を受けた電子波（物体波）と真空中を伝播した電子波（参照波）を干渉させ，電場や磁場による位相変化をこの干渉縞（ホログラム）に記録する（図1-130）．ここで，物体波と参照波がバイプリズムによって偏向を受け，それぞれ $-\alpha_h/2$ と $\alpha_h/2$ の角度で干渉したとすると，その散乱振幅 g_h は，

$$g_h(x,y) = A(x,y)\exp\left(-\pi i \frac{\alpha_h}{\lambda}x + i\phi(x,y)\right) + \exp\left(\pi i \frac{\alpha_h}{\lambda}x\right) \quad (1\text{-}94)$$

で与えられる．したがって，ホログラムの強度分布 I_h は，

$$I_h(x,y) = |g_h(x,y)|^2 = 1 + [A(x,y)]^2 + 2A(x,y)\cos\left[2\pi\frac{\alpha_h}{\lambda}x - \phi(x,y)\right] \quad (1\text{-}95)$$

となる．右辺の第3項に位相変化 $\phi(x,y)$ が含まれており，ホログラム上では，λ/α_h の周期の縞が，電場や磁場による位相変化によって変調を受けることを示している．さて，このホログラムをフーリエ変換すれば，

$$F[I_h(x,y)] = \delta(u,v) + F[A^2(x,y)] + F[A(x,y)\exp(i\phi(x,y))] * \\ \delta\left(u + \frac{\alpha_h}{\lambda}, v\right) + F[A(x,y)\exp(-i\phi(x,y))] * \delta\left(u - \frac{\alpha_h}{\lambda}, v\right) \quad (1\text{-}96)$$

となり，逆空間で $u = \pm \alpha_h/\lambda$ の領域（サイドバンドと呼ばれる）に，電場や磁場による位相変化の情報が保存されていることがわかる．したがって，この(1-96)式の第3項を選択して，逆格子原点まで α_h/λ だけ移動させ，フーリエ逆変換を行うと，

$$F^{-1}[F[A(x,y)\exp(i\phi(x,y))] * \delta(u,v) = A(x,y)\exp(i\phi(x,y)) \quad (1\text{-}97)$$

となり，電場や磁場による入射電子の位相および振幅の変化が数値データと

して再生できることがわかる[4]．以下では，この位相変化 (ϕ) を $\cos\phi$ として記述し，電場や磁場の分布を位相再生像として2次元的に表示する．

なお，電位 $\varphi(x,y,z)$ による電子の位相変化は，電子線方向への距離 z の積分として，

$$\phi(x,y) = \sigma \int \varphi(x,y,z)\,dz \qquad (1\text{-}98)$$

と記述できる．ここで，σ は相互作用定数とよばれ

$$\sigma = \frac{2\pi}{\lambda V\left(1+\sqrt{1-\beta^2}\right)}, \quad \beta = \frac{v}{c} \qquad (1\text{-}99)$$

で与えられ，V, λ, v および c は，それぞれ加速電圧，電子の波長，電子の速度そして光速を表す．一方，磁場による位相変化は，

$$\phi(x,y) = \frac{e}{\hbar}\iint B(x,y,z)\,d\mathbf{S} = \frac{e}{\hbar}\Phi(x,y) \qquad (1\text{-}100)$$

と記述できる．ここで，$B(x,y,z)$ と $\Phi(x,y)$ は，電子線に平行な面 (S) を通過する磁束密度と磁束に対応する．

1.14.3 内部ポテンシャル・電場の評価

図1-131(a)は，非晶質酸化ケイ素（SiO_2）粒子の試料端近傍で撮影した電子線ホログラムである．試料端近傍での拡大写真（図1-131(c)）より，真空領域では直線状の干渉縞が，試料端から試料内部にかけて干渉縞が直線からずれているのがわかる（矢印）．これは試料内での電場による位相変化を示している．試料外では，原子を構成する陽子と電子の正・負の電荷が相殺し電位はゼロとなるが，試料内の，特に，原子核の近くでは陽子の正電荷の影響で電位は高くなる．試料内での平均の電位は，平均内部ポテンシャルとよばれ，通常物質により異なるが数ボルトから20ボルト程度の値をとり，一般に物質を構成する元素の原子番号や密度の増大とともに大きくなる．試料が不純物や析出物を含まず，一定の平均内部ポテンシャルを有する場合に

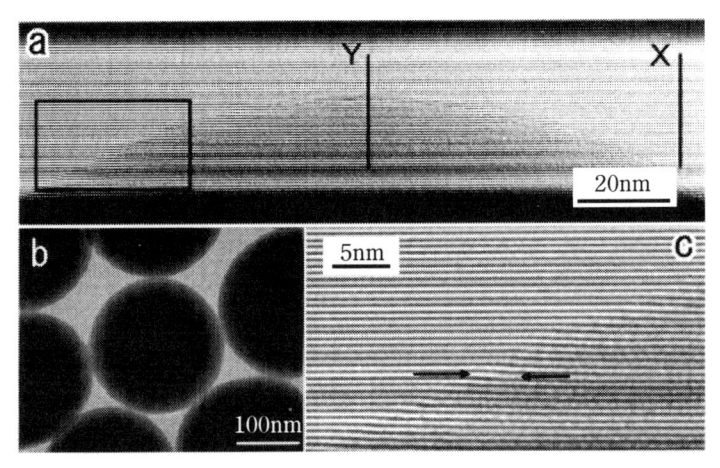

図 1-131 (a) 非晶質酸化ケイ素のホログラム，(b) 球形の酸化ケイ素粒子を示す電顕写真，(c) (a)の矩形領域の拡大写真．

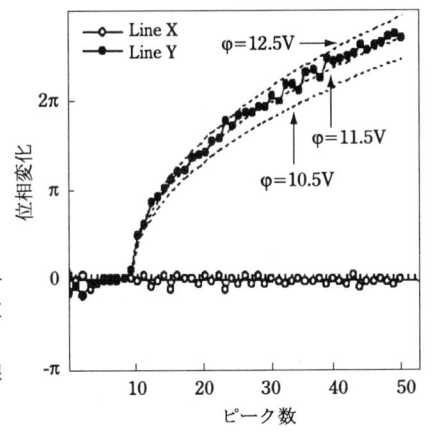

図1-132 酸化ケイ素のホログラム (図1-131 (a)) から得られた干渉縞のピーク数と位相変化
○：真空領域 (X線上)，●：試料上 (Y線上)，点線は計算値．

は，入射電子の位相変化は (1-98) 式より平均内部ポテンシャルと試料厚さに比例することになる．図1-131の非晶質酸化ケイ素の場合には粒子が球形であることから (図1-131 (b)) 試料上の任意の点での厚みを容易に求めることができる．したがって (1-98) 式より，電子線ホログラムから電子の位相変化を測定することで，平均内部ポテンシャル (φ) が決定できる．

図1-132では電子線ホログラムから得られた各点での電子の位相変化と，

平均内部ポテンシャルを仮定して，(1-98) 式を用いて計算により求めた位相変化の値を比較することにより，酸化ケイ素の平均内部ポテンシャルを11.5 V と精度よく求めている．いったん平均内部ポテンシャルが求められれば，(1-98) 式を用いて，非晶質酸化ケイ素の任意の形状をもつ薄膜の厚みが電子線ホログラムより測定できることになる．試料厚みの測定には，電子エネルギー損失分光法や収束電子回折法なども利用できるが，この電子線ホログラフィーを用いた厚み測定は，数ナノメートルの薄い領域まで厚さ評価

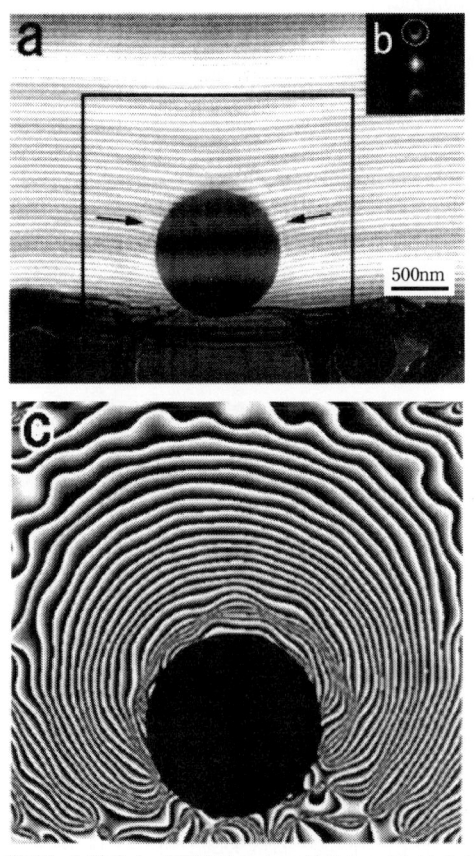

図1-133 (a) 帯電した酸化ケイ素粒子のホログラム，(b) (a)のホログラムのフーリエ変換図形，(c) 電場の分布を示す位相再生像 ($\phi(x, y)$)．

が可能であるという大きな特長を持っている.しかし,上記の平均内部ポテンシャルの測定,あるいは試料厚みの測定は,非晶質試料では高い精度で実施できるが,結晶性試料では電子の試料内での多重散乱に伴う,いわゆる動力学的回折効果への配慮が必要となる.

　酸化ケイ素は絶縁体であり,電子線を強く照射することにより帯電現象が生じる.これは,入射する高エネルギー電子の数に対し,2次的に放出される低エネルギー電子の数が多くなり,粒子がプラスに帯電することにより生じる.こうした状況でのホログラム(図1-133 (a))では,真空領域での干渉縞が粒子に近づくに従い,大きく直線からずれており,粒子周辺における電場の存在が示される.上述したフーリエ変換法を用いて,サイドバンド(図1-133 (b) の白円領域)の散乱振幅から得た位相再生像を図1-133 (c) に示す.黒く表示されている球形粒子の周囲に電場を示す同心円状の縞が現れており,帯電現象が明瞭に可視化されている.図1-133 (a) のホログラムあるいは図1-133 (c) の位相再生像より,帯電量を定量的に求めることができる[5].この他,電子線ホログラフィーは電界効果トランジスタ(metal oxide semiconductor field effect transistor; MOSFET)の電位分布の評価等にも利用されてきている[6],[7].

1.14.4 磁束線・磁区構造の観察
軟磁性体の磁区構造評価

　従来,磁性体の磁区構造はローレンツ顕微鏡法によって観察されてきた.図1-134 (a) は,急冷法によって得られた軟磁性体 $Fe_{73.5}Cu_1Nb_3Si_{13.5}B_9$ のローレンツ顕微鏡像の例である.磁壁の位置が白あるいは黒い帯状のコントラストとして観察されている.これに対して図1-134 (b) は電子線ホログラフィーによって得られた位相再生像である.一般に,試料の厚さ変化が緩やかな場合,磁性体の位相再生像に現れる白線(あるいは黒線)は磁束線に対応し,その白線の間には $h/e (= 4.1 \times 10^{-15}$ Wb$)$ の磁束が存在している.図中の矢印は磁束線の方向を示しており,磁束線の方向が急激に変化する場所

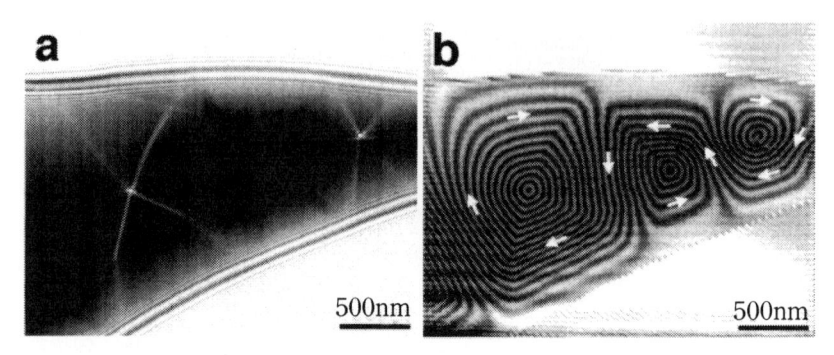

図 1-134 急冷した $Fe_{73.5}Cu_1Nb_3Si_{13.5}B_9$ のローレンツ顕微鏡像 (a) と位相再生像 (b)　((b)の矢印は，磁束線の方向を示す)

がローレンツ顕微鏡像で白線として現れた磁壁の位置に対応している．このように，電子線ホログラフィーによって得られる磁性体の位相再生像からは，ローレンツ顕微鏡法では得難い磁束の分布が直接得られ，図1-134 (b) では表面に磁極を作らない矩形状の還流磁区が明瞭に可視化されている[8]．

　磁区観察を行う際には，一般に電子顕微鏡の対物レンズの磁界は小さく抑える必要があるが，この対物レンズの弱い磁場を利用して，軟磁性体の磁化過程を観察することができる．対物レンズの磁場（H）は，通常薄膜試料面にほぼ垂直にかかっており，薄膜内に形成される還流磁区には直接影響を与えない．しかし，試料を傾斜させることにより，図1-135に示すように試料

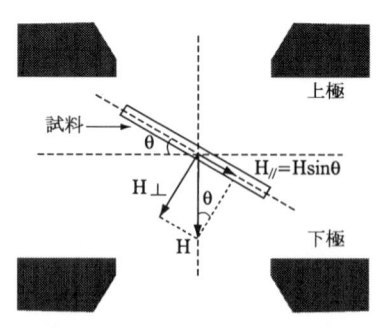

図 1-135 電子顕微鏡の対物レンズ内で試料傾斜（θ）に伴い導入される面内磁場（$H_{//}$）を示す模式図

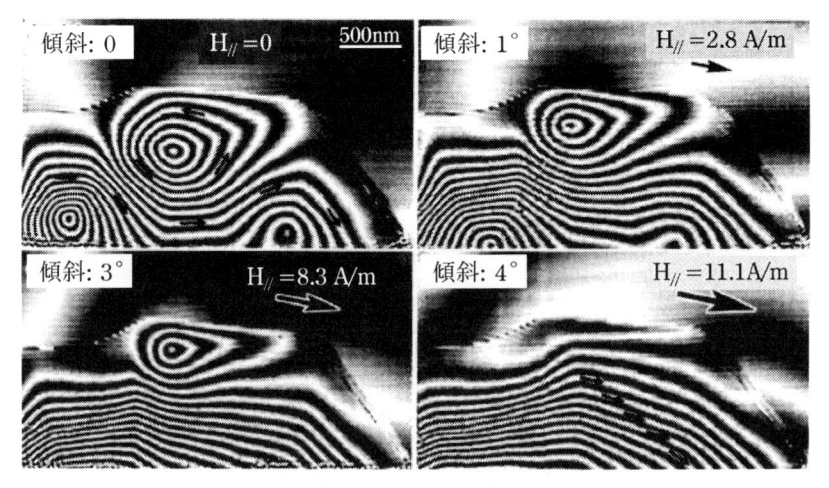

図1-136 軟磁性体 $Fe_{73.5}Cu_1Nb_3Si_{13.5}B_9$ の磁場印加に伴う磁化過程の観察
（大きな矢印は，面内に導入した磁場の方向を示す）

面内には，$H_{//}=H\sin\theta$ の磁場が導入される．823Kで熱処理した試料は，非晶質とナノ結晶からなる優れた軟磁性材料（ファインメット；FINEMET [9]）とよばれる）であるが，薄膜試料面内へのわずかな磁場の導入（H=160A/m（0.2mTに対応））により，一方向に磁化する様子が観察でき（図1-136），本試料の軟磁気特性（低保磁力，高透磁率）と良く対応していることがわかる[8]．

硬磁性体の磁区構造評価

最近，永久磁石としての磁気特性（最大エネルギー積とよばれる）を向上させることや，希土類元素含量を低く抑え低価格を実現させることを目的に，ナノコンポジット磁性体とよばれる硬磁性体が精力的に開発されてきている．ナノコンポジット磁性体では，高い保磁力（H_c）を有する硬磁性相と高い飽和磁束密度（B_s）を有する軟磁性相をナノスケールで組み合わせることにより，大きな最大エネルギー積を生じさせている（図1-137）．

図1-138に，2種類のナノコンポジット磁性体の位相再生像を示す．(a)は

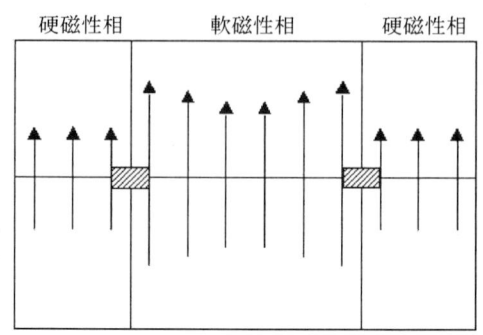

図1-137 交換相互作用を利用したナノコンポジット磁石の原理を示す模式図
(矢印は磁化を示すベクトル)

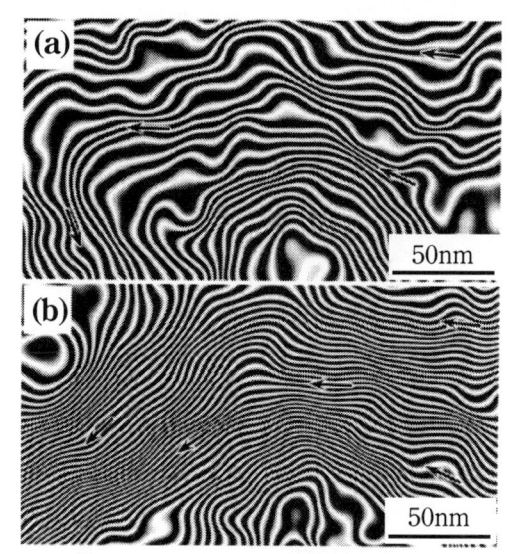

図1-138 電子線ホログラフィーによって得られたナノコンポジット磁石 $Nd_{4.5}Fe_{74}B_{18.5}Cr_3$ (a) と $Nd_{4.5}Fe_{77}B_{18.5}$ (b) の位相再生像位相が20倍増幅され表示されている.

893K 熱処理した $Nd_{4.5}Fe_{74}B_{18.5}Cr_3$ (残留磁束密度 $B_r=0.98T$, $H_c=410kA/m$) であり,また(b)は973Kの高温で熱処理した $Nd_{4.5}Fe_{77}B_{18.5}$ ($B_r=1.11T$, $H_c=280kA/m$) で,いずれも結晶粒が 10～30nm の硬磁性相 $Nd_2Fe_{14}B$ ($B_s=1.57T$) と軟磁性相 Fe_3B ($B_s=1.60T$) から構成されている.白い帯状の

曲線は磁束線に対応しているが，(a)では磁束線がところどころで大きく揺らいでいるのに対し，(b)の磁束線はほぼ平行に揃っている．(a)での磁束線のゆらぎは，磁壁のピンニングと関係し，この試料の比較的高い保磁力と対応している．一方，(b)の均一で平行な磁束線の分布は，高い残留磁束密度と対応していると理解できる．こうした二つの試料における磁束の分布の違いは，硬磁性相の結晶粒間での方位関係の違いにより生じると考えられる[10]．

1.14.5 磁気相変態の評価への応用

電子顕微鏡内で試料温度を変化させ，その磁気的構造の変化，たとえば強磁性体から常磁性体への転移に伴う磁区構造の詳細な変化を，電子線ホログ

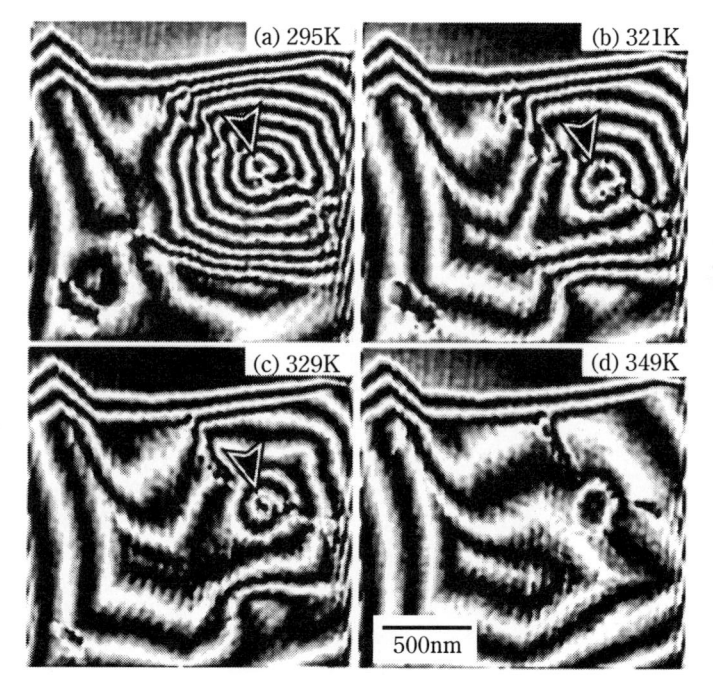

図1-139 $La_{0.46}Sr_{0.54}MnO_3$の磁気相変態（強磁性→常磁性）に伴う位相再生像の変化

ラフィーを用いて追跡することも可能である．この際，低い磁束密度でも磁束の分布を精度よく評価するためには，平均内部ポテンシャルによる影響を十分考慮する必要がある．

図1-139は，最近，巨大磁気抵抗効果や電荷整列現象などの興味深い物性を示す物質として注目を集めているペロブスカイト型構造をもつマンガン酸化物 $La_{0.46}Sr_{0.54}MnO_3$ の位相再生像である．図1-139 (a)〜(d)は，室温から徐々に温度を上昇させた際に得られた位相再生像[11]である．強磁性相から常磁性相への変態に伴い磁区構造が変化し，特に，矢先で示した領域の周辺に著しい画像の変化が認められる．しかし，試料厚みの変化に伴う内部ポテンシャルの影響により，詳細な磁区構造の変化を知ることは困難である．ここで，(d)の常磁性相の位相再生像には，内部ポテンシャルの効果のみが

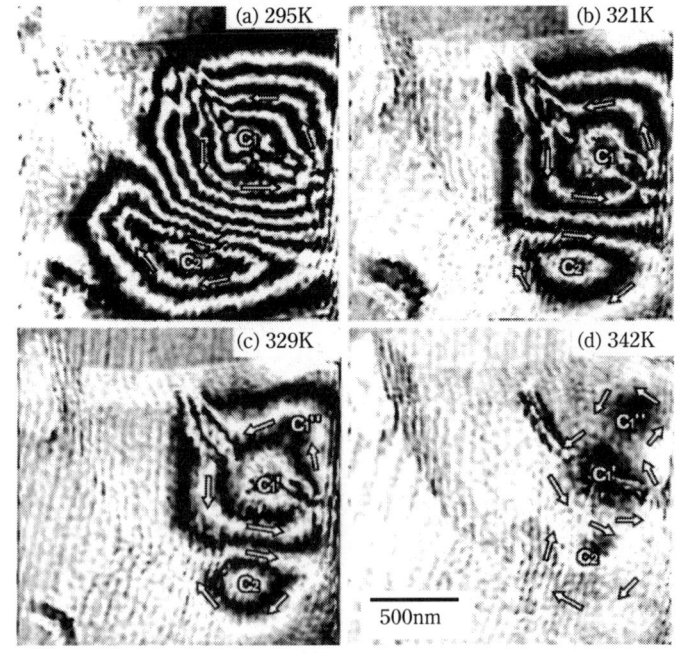

図1-140 図1-139の位相再生像について，内部ポテンシャルの影響を除去して得られた磁束の分布のみを示す位相再生像．

反映されていることを考慮して,磁場の情報だけを抽出することができる.

図1-140は,図1-139(d)の内部ポテンシャルの影響を,より低温での位相再生像から差し引いて出力したものである.こうして得られた位相再生像 (図1-140 (a) ～(d)) には磁束線の情報のみが現れている.室温 (a) ではC_1とC_2を中心にした二つの還流磁区が隣接して存在しているが,329K (c) ではのC_1磁区が二つ還流磁区 (C_1', C_1'') に分裂している.また温度上昇に伴い磁区は小さくなっているが,磁束線の間隔は増大し磁束密度が低下していることがわかる.この写真は,強磁性体から常磁性体への2次的磁気相変態に伴う磁区構造の変化を,詳細な磁束線の変化として初めて捉えたものである[11].

1.14.6 おわりに

電子線ホログラフィーは,汎用の電子顕微鏡では得難い電場や磁場の情報を定量的に解析できる最先端の科学技術である.電場の観察においては,内部ポテンシャルや,試料厚みの決定だけではなく,半導体デバイスの電位分布の評価にも応用されつつある.一方,磁場の観察においては,従来カー顕微鏡法やローレンツ顕微鏡法が用いられてきたが,それらによって得られる情報の多くはミクロンスケールでの定性的なものであった.これに対し電子線ホログラフィーでは,磁区観察用のポールピースを導入することにより,数ナノメートルの高い分解能で磁束の分布を定量的に捉えることが可能となっている.最近注目を集めているナノ結晶軟・硬磁性材料の磁区構造の解析において,電子線ホログラフィーは絶大な威力を発揮している.今後,サブナノスケールでの分析電子顕微鏡技術と併用することにより,先端材料の電気的・磁気的特性発現機構の解明に飛躍的な進歩をもたらすものと期待される.

【参考文献】
1) D. Gabor: Nature, **161** (1948) 777.
2) E. N. Leith and J. Upatnieks: J. Opt. Soc. Am., **53** (1963) 1377.

3) A. Tonomura: *Electron Hologarphy*, 2nd Edition, Springer-Verlag (1999).
4) D. Shindo and T. Oikawa: *Analytical Electron Microscopy for Materials Science*, Springer-Verlag (2002).
5) C.-W. Lee, D. Shindo and K. Kon-no: Mater. Trans., **42** (2001) 1882.
6) W. D. Rau, P. Schwander, F. H. Baumann, W. Hoppner and A. Oumazd: Phys. Rev. Lett., **82** (1999) 2614.
7) Z. Wang, T. Hirayama, K. Sasaki, H. Saka and N. Kato: Appl. Phys. Lett., **80** (2002) 246.
8) D. Shindo, Y.-G. Park and Y. Yoshizawa: J. Magn. Magn. Mater., **238** (2001) 101.
9) Y. Yoshizawa, S. Ogura and K. Yamauchi: J. Appl. Phys., **64** (1988) 6044.
10) D. Shindo, Y.-G. Park, Y. Murakami, Y. Gao, H. Kanekiyo and S. Hirosawa: Scripta Mater., **48** (2003) 851.
11) J. H. Yoo, Y. Murakami, D. Shindo, T. Atou and M. Kikuchi: Phys. Rev., **B66** (2002) 212406.

●● 第2章 ●●

アトムプローブ分析法

2.1 アトムプローブ分析法

2.1.1 はじめに

　アトムプローブ電界イオン顕微鏡 (atom probe field ion microscope; APFIM) は電界イオン顕微鏡 (field ion microscope; FIM) に飛行時間型質量分析器を取付けたもので，FIM で金属表面の個々の原子を観察して，これらを飛行時間型質量分析により同定することのできる局所分析装置である．

　1990年後半まで使われていたアトムプローブの大部分は，現在1次元アトムプローブとよばれている装置で，この装置では図2-1 (a) に示されるように針状試料表面から電界蒸発によりイオン化される原子のうち，プローブホールとよばれる分析用の絞りを通り抜ける原子だけを選択的に検出して局所領域の分析を行っていた．

　図2-1 (a) では原子を分析できるという特徴を強調するために試料サイズを誇張して表示しているが，実際の試料の先端の半径は50nm程度の非常に先鋭な針であり，このため針の表面から電界蒸発するイオンは放射状に飛行する．後述するように FIM の投影倍率は約 10^6，つまり100万倍に近くなるので，2mm のプローブホールの試料表面での直径は 2nm となる．つまり，1次元アトムプローブでは 2nm の絞りを通り抜ける原子の飛行時間分析を行っており，2nm 程度の絞りで覆われた局所領域内の原子を深さ方向に収集することにより，その領域からの1次元の濃度プロファイルを測定する．

　1988年にオックスフォード大学の Cerezo らはアトムプローブに位置敏感型検出器を導入し，図2-1(b) に示されるように，個々のイオンの質量とと

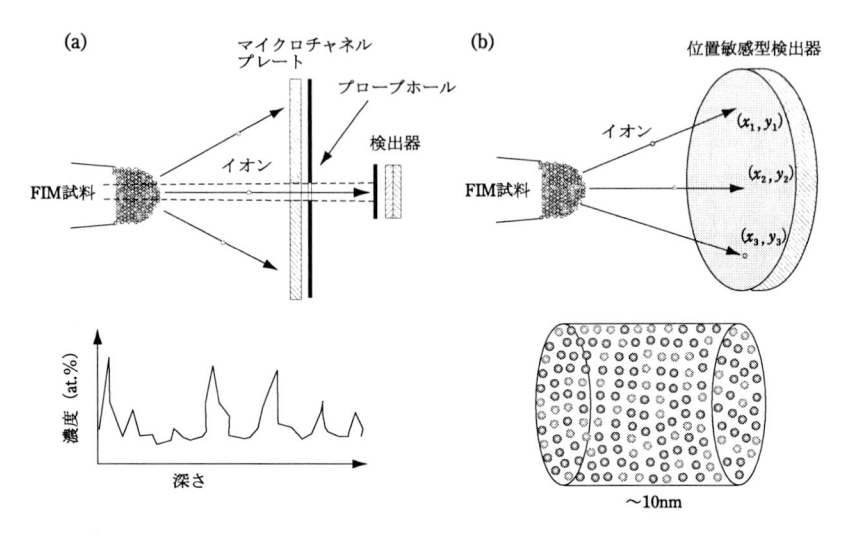

図 2-1 1次元アトムプローブと3次元アトムプローブの模式図
原子的な特徴をわかりやすくするために,試料サイズは誇張してある.

もに検出器上でのイオンの位置を同時に決定できる位置敏感型アトムプローブ(position sensitive atom probe; POSAP)を開発した.この装置によって試料表面に存在する合金中の全構成元素の原子レベルでの2次元マッピングが可能となった.原子は常に試料表面からイオン化されるので,連続的に原子を表面から収集することにより,2次元マップを深さ方向に拡張していくことが出来る.全検出イオンの質量とその座標をコンピュータに蓄積し,グラフィックワークステーションで3次元的に表示すると,合金中の原子の分布を3次元実空間中でほぼ原子レベルの分解能で再現することができる.この手法は従来のアトムプローブ法で分析領域がプローブホールのカバーする極めて微細な領域に限られるという欠点を克服しただけでなく,個々の原子の位置をサブナノメータの分解能で表示することの出来るユニークな分析手法であり,元素分布を3次元的に表示することが可能なことから3次元アトムプローブ(3DAP)とよばれている.

アトムプローブは,現在のところ汎用的な装置といえるほどには広く普及

していないが，これまでに鉄鋼材料を含め多くの金属材料のナノスケールの微細組織解析に応用されてきた．特に，軽元素をナノスケールで定量的に分析できるためにその実用的な利用価値は高く，マトリクス中に分散した微細析出物の定量的な解析に決定的な役割を果たしてきた．また3次元アトムプローブの開発により，アトムプローブ分析法の有用性が再認識され，今後3次元アトムプローブは金属系材料の研究機関で急速に普及していくものと予想される．ここではまずアトムプローブ法の基本となる電界イオン化と電界蒸発の基礎を述べ，それを応用した顕微鏡として電界放射顕微鏡，電界イオン顕微鏡の原理を解説した後にアトムプローブの原理と装置の解説を，さらに最近の3次元アトムプローブによる金属ナノ組織解析の応用例を紹介する．

2.1.2 電界放射と電界放射顕微鏡

先鋭な針に電圧をかけると，針の先端には非常に高い電界がかかる．そのような高電界で起こる表面現象を用いたのが電界放射顕微鏡 (field emission microscope; FEM) と電界イオン顕微鏡 (FIM) であり，FIMを分析手法として進化させたのがアトムプローブである．これら三つの手法はいずれもペンシルベニア州立大学のE.W.Müllerによって発明された．本章の目的はアトムプローブ分析法の解説にあるが，その基本はあくまでもFIMであるので，少し回り道になるが，FIMの基礎になる高電界下で起こる表面現象について述べる．

先端の半径がrの針状試料に電圧Vを印加したときの試料表面での電界Fは

$$F=V/kr$$

となる．ここでkは試料の形状による定数であり，通常5〜7の値である．いま試料に5 kVの電圧をかけたとすると，針状試料の先端の半径が1000 nm程度であれば試料表面での電界は10^9 V/m程度となる．このような高電界がかかった表面で起こる現象で，電界放射 (field emission)，電界イオン化

(field ionization), 電界蒸発 (field evaporation or desorption) の三つが重要である. 電界放射は 10^9 V/m 程度の負の電界を試料表面にかけたときに起こる現象で, それに反して電界イオン化, 電界蒸発は数 5×10^{10} V/nm 程度の正の電界を試料表面にかけたときに起こる. したがって, FIM やアトムプローブで利用される電界イオン化, 電界蒸発という二つの現象を観察するためには, 針の半径を電界放射で必要な半径よりもさらに小さくする必要がある. 例えば 5 kV で電界イオン化, 電界蒸発を観察するためには, 針の半径は 50 nm でなければならない.

　真空中の金属表面のポテンシャルとそれに負の電圧をかけたときの変化を表したのが図 2-2 (a) である. 電界をかけていないときに金属表面から電子を放出させるためには仕事関数とよばれるポテンシャルを超えるための熱エネルギー (熱電子放出) や光エネルギー (光電子放出) を与えなければならないが, 金属表面に負の電圧をかけると, 図 2-2 (a) に示されるように有限距離の表面近傍でポテンシャル障壁ができて, 電子のトンネリング現象によって電子放出が起こるようになる. これが電界放射とよばれる現象であり, 電界放射により放出される電子を蛍光板で観察できるようにしたのが

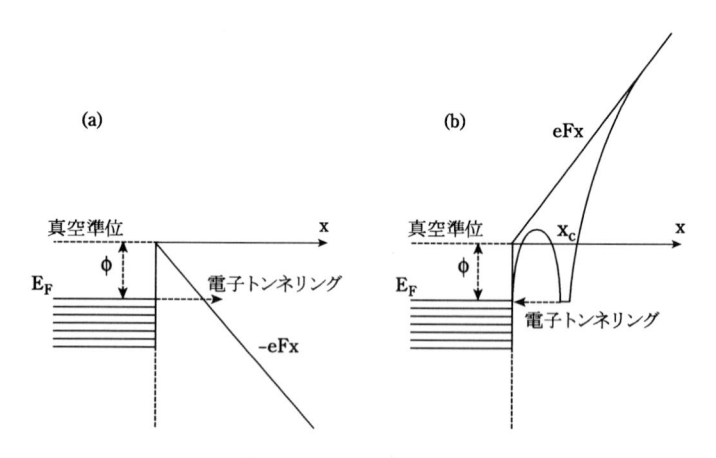

図 2-2 (a) 真空中の金属表面のポテンシャルとそれに負の電圧をかけたときの変化
　　　(b) 正の電圧をかけたときの変化

電界放射顕微鏡である．

　電界放射顕微鏡（FEM）は図2-3に示されるように，高電界を得るための針（tip）を超高真空チェンバーに保持しただけの単純な装置で，低温に冷却された針に負の高電圧を加えることにより試料表面の高電界から生ずる電界電子放射を蛍光板で観察することができる．電界放射に必要な電界強度は10^9V/mのオーダーであるので，前述したように試料先端の半径も数1000nm程度で十分である．このような針状試料は，後述するように金属ワイヤーを電解研磨することにより容易に作製することができる．FEM観察をおこなうためには試料先端が清浄表面でなければならないので，通常は試料を超高真空中で加熱して清浄表面を得た後に負の電界を試料に加える．この場合，表面エネルギーの面指数依存性を反映したファセッテングが半球状の試料表面に生ずるので，これらのファセットした面の仕事関数と局所的な電界に依存する電流密度の差から像コントラストが得られる．

　電界放射される電子の電流密度 I は Fowler-Nordheim の式

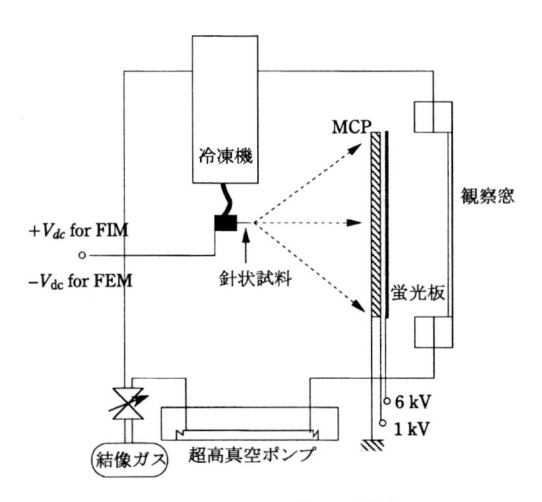

$$I/V^2 = a\exp(-b\phi^{3/2}/V)$$

図 2-3 FEM と FIM の装置の模式図

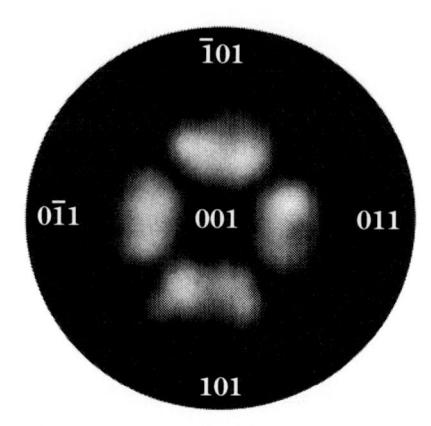

図2-4 Niの[011]方位の50nm程度のtipから得られたFEM像

で与えられる．ここでϕは表面の仕事関数，Vは試料に印加する電圧，a,bは実験的に求められる定数である．この式から$\ln(I/V^2)$を$1/V$に対してプロットした直線の傾きから$\phi^{3/2}$が求められ，それから試料表面の仕事関数を求めることができる．一例として，(001)面が中心にあるNi試料から得られたFEM像を図2-4に示す．電界放射では点源から干渉性と輝度の高い電子線を得ることができるので，最近ではハイエンドの電子顕微鏡用電子線源として応用されている．

2.1.3 電界イオン顕微鏡（FIM）

電界イオン顕微鏡（FIM）は1951年にE.W. Müllerにより発明された投影型顕微鏡で，レンズを用いないので収差の影響を受けない．このため，FIMにより人類は初めて原子を観察した．FIMの装置自体はFEMと全く同じで，違いはFEMでは針に負の高電圧をかけるのに対して，FIMでは正の高電圧をかける．またFEMは超高真空中で像を観察するが，FIMは高電界下での結像ガスの電界イオン化現象を用いるので，超高真空中に He, Ne, H_2 などの結像ガスを10^{-3}Pa程度導入する必要がある．正の高電界がかかったときの金属表面のポテンシャルは図2-2 (b)に示されるようになり，冷却により

運動エネルギーを失った結像ガスが表面からx_cの距離に達した時に，結像ガス原子は電子をトンネリングにより失いイオン化する．結像ガスの電界イオン化に必要な電界はHeで4.4×10^{10}V/m，Neで3.7×10^{10}V/m，H_2で2.3×10^{10}V/m程度であるので，それを実現するための針の曲率半径はFEMのそれよりも1桁低い50nm程度のものが必要である．また結像ガスのイオン化による蛍光版の輝度はFEMに比べると著しく低いので，FIMではマイクロチャネルプレート(MCP)という2次元のイメージ増倍管を用いて像を肉眼で観察できるようにしている．FIMが発明された当時は蛍光板が用いられていたので，像は完全な暗室内で全神経を集中させて見なければ観察できないほど暗かった．そのため，像撮影に長時間の露出が必要であり，蛍光効率の高いHeガスでの観察が可能なW, Mo, Pt, Rh, Ir, Reなどの高融点金属の観察しか行われなかった．

FIMの試料表面での電界イオン化の様子を図2-5に模式的に示す．試料は50nm程度の曲率半径を持つ先鋭な針であり，その表面の原子レベルでの形態は図のようになる．試料に高電界をかけると，分極した結像ガス原子が

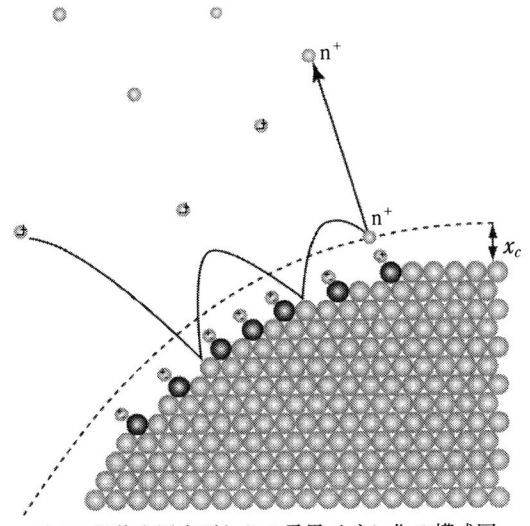

図2-5 針状金属表面からの電界イオン化の模式図

試料表面に引き寄せられて，表面の電界の特に高い突出した原子に強く電界吸着していると考えられている．分極した原子が高い運動エネルギーで金属表面に引きつけられて衝突すると，試料が冷却されているのでガス原子は運動エネルギーを失いながら，跳ね返される．跳ね返されたガス原子は再度表面に引き寄せられるというホッピングモーションを繰り返しながら徐々に熱エネルギーを失って，いずれガスが吸着している電界の高いところから図2-2で示されるx_cの位置に来たときに，電子をトンネリングにより失って電界イオン化される．これらのイオンは試料表面と接地されたスクリーンの間の電界により加速されスクリーンに衝突し輝点が観察される．

　試料表面の電界分布は一様ではなく，図2-5中試料表面で黒く塗りつぶされたレッジやキンクの位置で原子が突出していて局所的に電界が高くなりガス原子の電界イオン化の確率が高くなる．毎秒10^3から10^4個の結像ガス原子がイオン化することによって，一つの輝点が形成されると考えられている．その結果これらの半球状の試料先端で突出した原子を蛍光板に投影した位置が明るく観察されることになる．像の倍率Mは試料とスクリーン間の距離をD，針の曲率半径をrとすると

$$M = kD/r$$

で与えられる．ここでkは投影中心の位置と像の広がりの補正項である．典型的なFIMの試料の曲率は50nm程度であり，試料と蛍光板の距離は5cmであるので像の倍率はおおよそ10^6倍程度になる．このようにFIMは投影型の顕微鏡であり，レンズにより像を拡大しないので，像は試料の振動やドリフトの影響を受けにくい．したがって，装置の構成は非常に単純で，電子顕微鏡やSTMで不可欠な除振機構が一切不要である．

　FIMでは結像ガスの電界イオン化を利用するので，FIM像を得るためにはイオン化電界以上の電界を試料表面に加えなければならない．ところが高電界では試料原子自体がイオン化される電界蒸発とよばれる現象が生ずる．このため結像ガスのイオン化強度が試料の電界蒸発強度よりも低いことが

FIM像を得るための条件となる．一般に高融点金属の電界蒸発強度は高い．低融点金属の場合，電界蒸発強度は He ガスのイオン化強度を下回るので，He での像観察ができない．そのような場合は，イオン化強度の低い結像ガスを選ぶ．また電界蒸発は熱活性であるので，試料を極低温に冷却すれば，電界蒸発強度も上昇し，He での像観察も可能になる．

　電界蒸発現象は FIM を可能とする重要な現象でもある．つまり，FIM 用の針状試料(tip)は通常金属線を電解研磨することにより得られるが，これらの表面は酸化被膜で覆われていたり，研磨ムラにより凹凸があったりする．しかし凸面では電界が高くなり，その部分で優先的な電界蒸発が進行するので，電界蒸発を行っていくと自己触媒的に原子的にスムーズな清浄表面

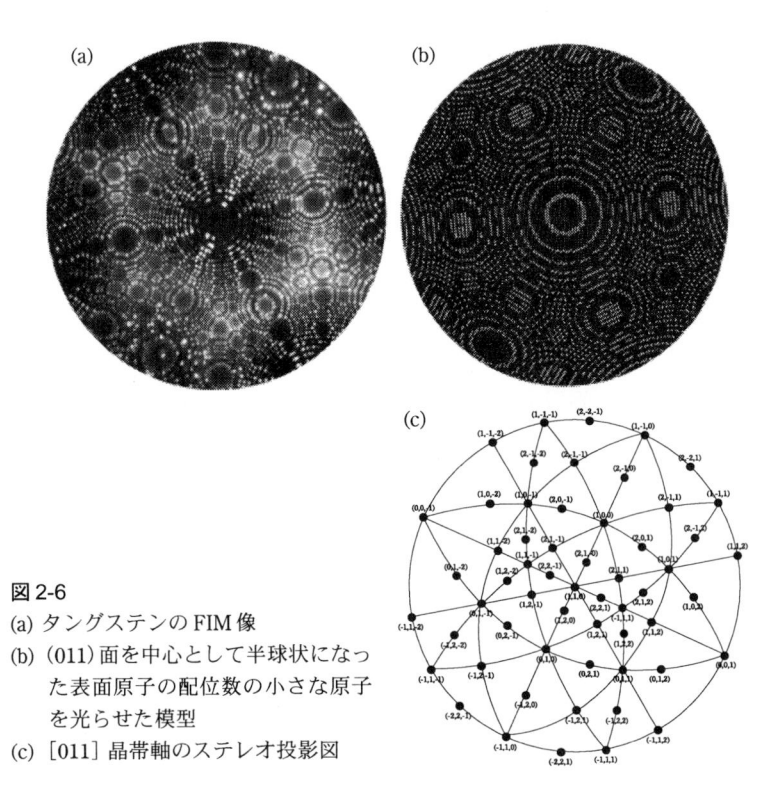

図 2-6
(a) タングステンの FIM 像
(b) (011) 面を中心として半球状になった表面原子の配位数の小さな原子を光らせた模型
(c) [011] 晶帯軸のステレオ投影図

ができる.またFIM像を観察しながら表面原子層を順次電界蒸発させることにより,試料表面から規則的に原子面を蒸発させて,試料の3次元的な観察が可能となる.後述のアトムプローブ分析法では高電圧パルスを同期させた電界蒸発を用いて原子のイオン化を行う.

図2-6に指数付けしたタングステンのHeによるFIM像と半球上の表面で突出した(配位数の少ない)原子を光らせたモデル,さらに [011] 晶帯軸のステレオ投影図が示されている.FIM像は半球状の表面原子を平面に投影したものであるので,結晶面はほぼステレオ投影と同じ対象性と位置関係で現れてくる.図2-6 (b) に見られるような針状表面で突出している原子(配位数の少ない原子)を平板スクリーンに投影したのがFIM像であるので,低指数面のレッジの原子列はFIM像上では同心円状に見える.図2-6 (a) のタングステン像では低指数面では原子ステップを表す同心円状のパターンが観察されるだけであるが,高指数面においては個々の原子が分解されている.

2.1.4 FIM試料作製法

後述するアトムプローブ分析では,FIM試料から電界蒸発するイオンを検出する.このため,アトムプローブ分析を行うためには,分析を必要とする領域を試料先端に含んだ針状試料を作製することが必要となる.FIM試料を作製するのに最も適した試料形状は0.2mm径程度の線材であるが,金属材料のなかには線引きが困難な試料や,すでに熱処理されたバルク状の試料を分析する必要のある場合が多々ある.そのような場合,分析を必要とするバルク状試料から0.3mm×0.3mm×10mm程度の角棒を切り出し,図2-7 (a) で示されるような電解研磨法で針に仕上げる.この場合重要なのは,角棒の断面が正確に正方形であることで,断面が長方形であると,電解研磨後に扁平試料に仕上がってしまう.多くの金属試料はこのような単純な電解研磨法で十分先鋭な針状試料に仕上げることができる.肉眼で針状になった試料を,200倍程度の光学顕微鏡で観察し,先端がほとんど観察できないほど細く仕上がっていれば針の先端の直径は100nm程度であり,数kVの電圧を

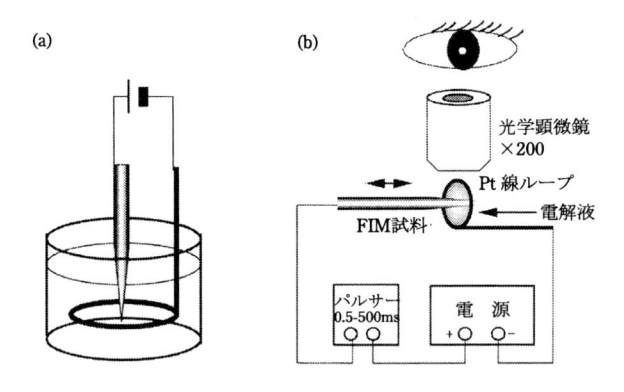

図 2-7 電解研磨による FIM 用針状試料作製法

かけると FIM 像を得ることができる.

また,より効率的に試料を仕上げ研磨するために多用されているのが,図 2-7(b) で示されるマイクロ電解研磨と呼ばれる方法である.白金線で直径 3mm 程度のループ電極を作製し,そのなかに表面張力で電解液を保持する.図 2-7(a) で予備研磨された針をこのループの中に入れて,光学顕微鏡で観察しながら研磨する.研磨されるのは電解液に浸かっている 0.5mm 程度の領域だけなので,試料ステージを前後させて任意の領域を研磨することができる.

FIM 観察,アトムプローブ分析では試料に高電界をかけるために,電界応力 $\sigma = F^2/8\pi$ が加わると言われている.この応力は金属の理想強度に近い値となるために,転位などが試料中に存在していると試料が電界応力により破壊する可能性が非常に高い.実際,多くの実用材料でアトムプローブ分析が極めて困難であることが知られている.たとえば,転位を大量に含むマルテンサイト鋼やクラックの発生源となるような大きな析出物を含む試料では,電界応力による試料破壊のためにアトムプローブ分析が行えないことが多い.このように FIM 試料は電界応力により頻繁に破壊するので,統計的に意味のあるデータを収集するためには,何度も同じ実験を繰り返す必要がある.一般の教科書にはあまり書かれていないが,この電界応力による試料

破壊がアトムプローブ分析を困難にしている最大の原因である．マイクロ電解研磨法を用いれば，電界応力で先端の破壊した試料を迅速に再研磨することができる．通常，試料の再研磨は5分程度の作業で終了するので，試料形状にもよるが，いったん作製された試料は5回程度は再研磨により再生することができる．

　通常の金属試料は上記のような方法で簡単にFIM試料に作製することができる．しかし，アトムプローブで結晶粒界や異相界面を観察したり，薄膜を観察するというような用途が増えてきている．さらにAgやTi合金などで電解研磨が極めて困難な材料の場合，電解研磨法以外の試料作製法を用いる必要がある．またメカニカルミリングやメカニカルアロイングなどで作製した粉体試料の分析用途も増えて来ている．さらに磁性薄膜や多層膜をアトムプローブ分析する用途も増えてきている．このような場合に最近盛んに用いられるようになってきたのが収束イオンビーム（focused ion beam; FIB）

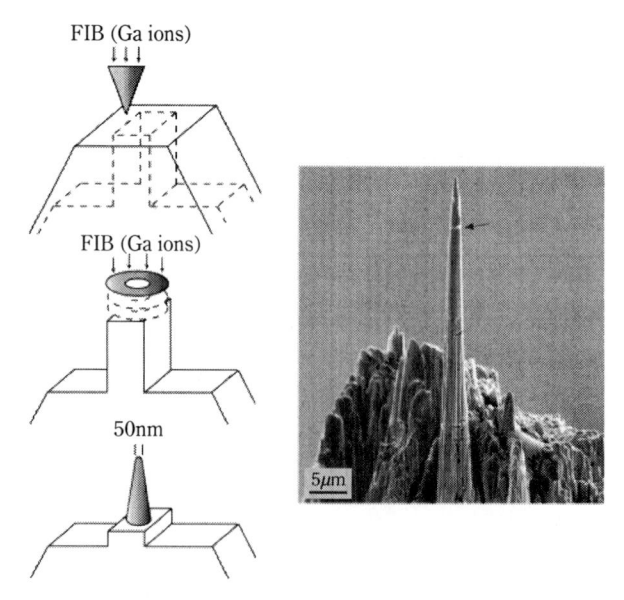

図2-8 収束イオンビーム法（FIB）によるFIM試料作製法と実際に作製された試料の2次電子像

法によるFIM試料作製法である．この方法は，Larsonらが初めて金属多層膜の断面試料を作製するために試みた手法で，最近ではそれが粒界試料作製にも応用されるようになってきた．FIB法ではGaイオンを試料表面に照射して発生する2次電子像を得ることができるので（SEM像とほぼ同じような画質が得られる），試料を観察しながら任意の領域の試料研磨を行うことができる．SEM像では結晶粒界のコントラストは現れないが，Gaイオンによるスパッタ速度は結晶方位に依存するので2次電子像で結晶方位によるコントラストが現れて，結晶粒界を観察することができる．

図2-8はFIBによる試料作製方法の模式的な説明図と，実際に作製された試料である．2次電子像で試料先端に結晶粒界があることがわかる．この手法の開発により，薄膜解析[14]や結晶粒界，異相界面の3DAP解析が急速に

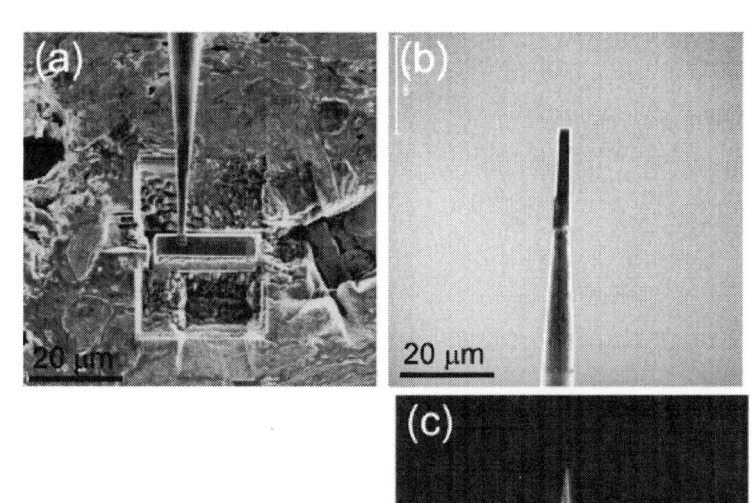

図2-9 FIBマイクロサンプリング法による任意箇所からの針状試料作製法
(a)でバルク試料から微細試片をタングステン針でリフトオフし，(b)のように棒状に加工後，図2-8に示された円環状ビームにより針状試料に仕上げる．

進展した．

　また最近ではFIBに備え付けられているマイクロサンプリング手法を用いることにより，図2-9に示されるように，バルクや薄膜，デバイスの任意箇所からマイクロ試料をタングステン針の先端にリフトアップし，それを円環状イオンビームで加工することにより，任意領域から針状試料を作製することができるようになっている．このような試料作製法の発展により，磁性薄膜デバイスや半導体デバイスの任意箇所からの3DAP分析が可能となってきている．電子顕微鏡試料作製法でイオンミルの開発により従来観察のできなかったような試料からもTEM観察が可能となり，TEMの応用範囲が飛躍的に拡大した．それと同じようにFIB法の進展により，アトムプローブにおいても従来分析が不可能であったような試料へ応用範囲が急速に広がりつつある．

2.1.5　像解釈の基礎

　FIM試料の先端は50nm程度の曲率を持つ半球状の形になっている．前述のように試料形状は電界蒸発による自己制御によって決まる．結晶面の表面エネルギーに差があると，表面エネルギーの低い面の曲率半径は高い面に比べて平坦になる傾向がある．また高温になればなるほど，このファセッテングが顕著になる．このように試料表面は理想的な半球状とならず曲率半径が

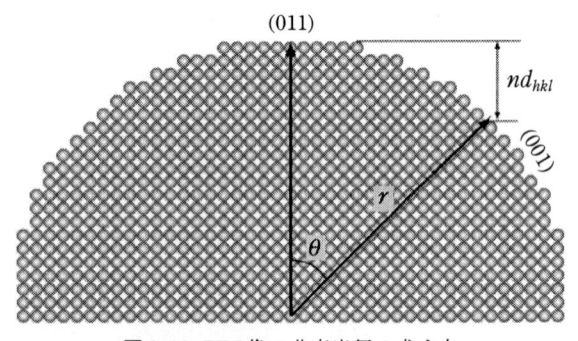

図2-10　FIM像の曲率半径の求め方

結晶面によって若干異なってくる．したがって，像倍率も結晶面により異なる．このような試料表面の曲率半径は図2-10に示すように，おなじFIM像中の二つの指数面間の距離とその間の面の数から評価することができる．今，FIM像を観察して（011）極と（001）極の間に（011）面が何層あるかを数える．図2-10では（011）面が6原子層観察される．曲率半径と二つの面の間の角度には次のような関係が成り立つ

$$r = \frac{nd_{hkl}}{1-\cos\theta}$$

この関係から，例えば図2-10で試料をタングステンとすると，（011）極と（001）極の間で（011）面が6枚観察されるので，$r=6\times0.22/(1-\cos45°)=4.5$ nmということになる．

ここで様々な試料のFIM像の実例を示すことによって，実際の金属材料がどのように観察されるかの理解の一助としたい．

図2-11(a)は結晶粒界を含むタングステンのHeイオン像である．このように高融点金属では個々の原子を分解できるような高い質のFIM像が得られる．さらに結晶粒界を隔てて二つの結晶方位のFIM像が観察される．粒界部分は原子が完全に接触して見える部分と，暗く像が抜けている部分がみられる．後者はこの部分で試料表面に凹部があるためと考えられる．

図2-11(b)は純アルミニウムのHeイオン像である．一般に低融点金属では面の表面エネルギーの差によって試料が大きくファセットするために，(001)面や(111)面での曲率半径が大きくなり，この部分での像が暗くなる．アルミニウム合金では(011)面の部分で試料が小さな曲率を持ち，像が最も明るく結像される．このような像のファセットはタングステンでも，試料観察温度を100K程度に上げていくと観察される．

図2-11(c)はGeを1at.%含む$L1_2$構造のNi_3Al金属間化合物である．$L1_2$化合物の場合(011)面と(002)面はNiAl面とNi面の交互の積層になっているが，図2-11(c)にもみられるように，NiAl面はNi面に比べて暗く観察される．また電界蒸発強度の高いGe原子が(011)面のテラスに残って突き出

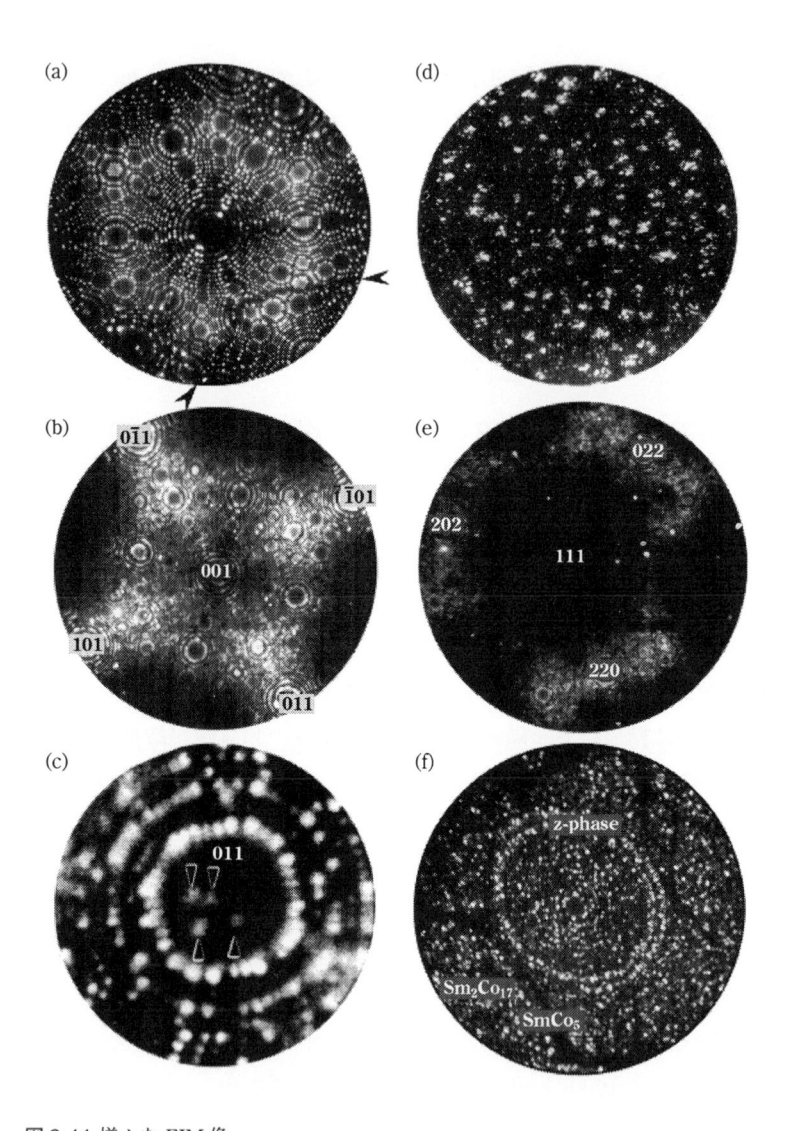

図2-11 様々な FIM 像
(a)タングステンの結晶粒界, (b)アルミニウムの He イオン, (c) Ge を含む Ni_3Al の Ne イオン像, (d) Fe の析出した Cr-20at.%Fe 合金の Ne 像, (e) Al_3Li の析出した Al-6 at.%Li 合金, (f) Sm_2Co_{17} 母相中に析出した $SmCo_5$ セル境界相と c 軸に平行な板状 Z 相を含む $Sm(Co_{0.72}Fe_{0.20}Cu_{0.055}Zr_{0.025})_{7.5}$ 焼結磁石の Ne イオン像.

しているためにこれらの原子4個が明るく観察されている.

図2-11(d)は時効処理したCr-20Fe合金で，Feのナノ析出物がCr母層中に析出している．FeはCrよりも蒸発電界が高いために，Fe析出物の部分が試料表面で突き出し，その結果，Fe析出物が母相に比べて明るく観察されている．析出物の蒸発電界が低い場合には全く逆のコントラストが現れる．図2-11(e)がその一例で，Al母相中に析出したAl_3Li（δ相）はLiの蒸発強度が低いために析出物のところで凹み，そのため析出物は母相に対して暗く観察される．

図2-11(f)はSm($Co_{0.72}Fe_{0.20}Cu_{0.055}Zr_{0.025}$)$_{7.5}$焼結磁石のNeイオン像である．この試料には$Sm_2Co_{17}$母相と，相分解によって母相をセル状に囲むように形成された$SmCo_5$セル境界相，c軸に板状に析出するZ相の3相が存在している．明るく観察されているのが母相で，暗く観察されているのがセル境界相である．また試料の長手方向に垂直に析出している板状試料は，特に明るいコントラストをもったリングとして観察されている．このようなFIM像を得てから，原子をイオン化させてアトムプローブ分析を行うことにより，ここで観察されているようなナノ相の組成分析を行うことができる．

様々な試料からのFIM像の例は物質・材料研究機構のホームページ（http://www.nims.go.jp/apfim/）で公開されている．

2.1.6 1次元アトムプローブ

FIMでは試料表面で電界イオン化される結像ガスのイオンを利用して，投影原子像を観察していたが，アトムプローブでは2.1.3で述べた電界蒸発とよばれる試料原子そのもののイオン化を利用する．1次元アトムプローブの概念は図2-1(a)に示されている．図2-11(d)のFIM像の中心には黒く観察される穴があるが，これがスクリーンの中心にあけられたプローブホールとよばれる局所分析用の絞りである．FIM像を観察しながら試料を傾斜させてプローブホールが分析したい領域を覆うようにする．その状態でFIM試料に数10 ns幅の高電圧パルスをかけると，パルスに同期して原子が試料表

面からイオン化される．電界蒸発した大部分のイオンはFIM観察用のMCPに衝突するが，プローブホールを通りぬけたイオンは検出器に到達する．パルスをかけた時間からイオンが検出器に到達するまでの飛行時間を測定することによりイオンの質量電荷比を求めることができる．いま，試料にかけられた高電圧をV_{dc}，パルスのピーク電圧をV_pとすると，試料がイオン化されるときのポテンシャルは$V_{dc}+\alpha V_p$となるので，次の関係が成り立つ．

$$\frac{1}{2}mv^2 = ne(V_{dc}+\alpha V_p)$$

ここでαは原子が電界蒸発するときに必ずしもパルスのピークの値を持ってイオン化しないことに起因するエネルギー欠損のパラメータ，vはイオンの速度，eはイオンの電荷，nはその価数である．イオンの飛行距離をl，飛行時間をtとすると$v=l/t$となるので，上記の式は

$$\frac{m}{n} = 2e(V_{dc}+\alpha V_p)\left(\frac{t}{l}\right)^2$$

となり，飛行時間測定からイオンの質量電荷比を求めることができる．実際の飛距離は1m程度，測定電圧が5～15kV程度であるので，飛行時間は2～60μs程度となり，それを1nsの分解能で測定する．

　面内方向の分析の空間分解能はプローブホールの試料表面への投影径で決まり，これは試料半径と試料とスクリーンとの距離（FIM像の倍率）によって変化する．プローブホールの実際のサイズは，直径2～3mm程度であり，FIM像の倍率を100万倍とすると試料上では通常2nm程度に相当する．これがアトムプローブの面内方向の分析の分解能である．もちろん，プローブホールを試料から遠ざけることにより，面内分解能を単原子距離にまで高めることができるが，単原子から合金濃度を決定することはできないので，0.5～1nm程度が実用的な面内方向の分解能といえる．

　1次元アトムプローブで析出物や界面が分析される様子を模式的に表したのが図2-12である[4]．試料針をスクリーンに投影して，プローブホール内の領域から原子を収集している．試料中に分散する微細析出物がプローブホー

2.1 アトムプローブ分析法

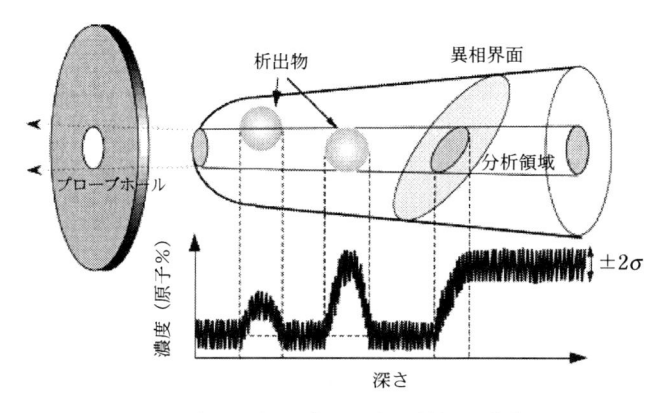

図2-12 1次元アトムプローブの試料と分析領域そこから得られる濃度プロファイルの模式図[4]

ルよりも小さいと，析出物の見かけ上の濃度は実際よりも低く観測される．また析出物がプローブホールよりも大きくても，析出物と母相の両相がプローブホールに覆われると，析出物の見かけの濃度は実際の濃度よりも低く測定される．析出物の実際の濃度が母相の影響を受けずに測定できるのは，プローブホールが析出物内にある場合だけである．また異相界面が試料の長手方向に対して90℃の角度から傾斜しているような場合には，実際の異相界面での濃度変化が急峻であっても，実際に測定される濃度変化が幅を持って連続的に観察される．1次元アトムプローブ分析では，このように析出物のサイズや界面の位置関係によって実際の濃度変化と異なった結果が出るので，実験結果をそのまま実際の濃度変化と解釈してはいけない．

一方で，電界蒸発が1原子層ごとに規則的に進行するという性質を利用すれば，分析の深さ方向には1原子層 (0.2 nm) の分解能を得ることができる．図2-13は$L1_2$構造をもつNi_3Al合金を (001) 面で分析した結果の一例である[4]．横軸は検出された全原子の個数，縦軸は検出されたAl原子の個数であり，プロットの傾きは (溶質原子数)/(全原子数) であるから合金中の局所的な濃度になる．合金の全体の濃度は平均的なプロットの傾きから約24 at.%Alであることが示されているが，局所的には傾きがゼロでNi原子だけが

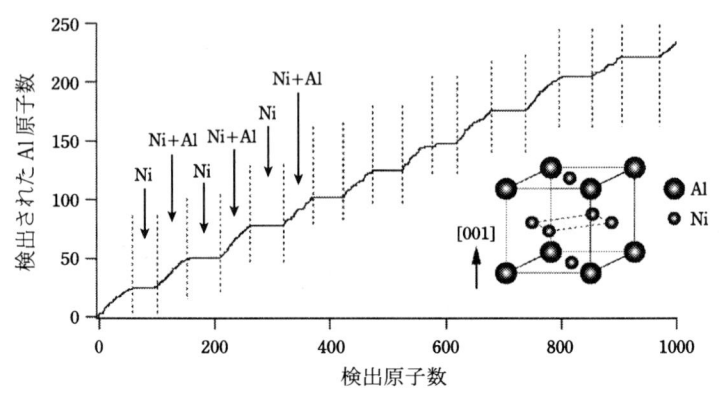

図 2-13 L1$_2$ 構造を持つ Ni$_3$Al 金属間化合物（Ni$_{76}$Al$_{24}$ 合金）を (001) 面で分析したときのラダーダイアグラム[4]

検出される領域と傾きが 0.5 の Al と Ni が 50％ である面が交互に分析されている．つまりこの分析結果は Ni$_3$Al の (002) 面が 100％ Ni の面と 50％ Al の面が交互に積層している L1$_2$ 構造を忠実に再現している．このように検出された溶質原子の個数をすべての検出原子数に対してプロットした図をラダーダイアグラム（ladder plot）とよんでおり，合金中の異相界面や結晶粒界での元素の偏析状態，さらに微量添加元素のクラスターを解析する際に頻繁に利用される．

アトムプローブ分析法では，イオンを飛行時間測定により同定するので，イオンの検出効率が原理的には質量によらず一定である．したがって水素，窒素，酸素，炭素，ボロンなどの実用材料で特に重要な軽元素の定量分析をサブナノスケールの分解能で行うことができる．ただし，電界蒸発強度に大きな差がある元素を含む合金を分析する場合には，電界蒸発強度の低い元素が V_{dc} で蒸発することにより，パルスと非同期にイオン化される確率が高くなり，検出効率に元素依存性が出て定量的な解析結果が得られないことがよくある．このような状態を避けるために，V_{dc} に対して十分大きな比率（通常 20％）の高電圧パルスを使ってデータ収集を行う．この V_p/V_{dc} がパルスフラクションとよばれている分析パラメータであり，学術論文では通常この

分析パラメータが明記されている.また,試料温度を極低温に冷却することによっても特定元素の優先蒸発を低減することができるので,一般的にアトムプローブ分析はできるだけ低温で高いパルスフラクションを用いて行うのが望ましい.ただし,試料温度を下げると電界蒸発強度が高くなり,原子を電界蒸発させるために試料により高い電圧を加えなければならないので,その分電界応力が高くなり,試料が破壊される確率も高くなる.このような相反する条件があるために,試料ごとに最適の分析条件を試行錯誤で決めていくことになる.破壊されやすい試料の場合,優先蒸発が起こることがわかっていても,高温で分析を行わざるを得ない場合がある.このような場合は分析結果の定量性は失われることがある.

原子を電界蒸発化させるために試料に高電圧パルスを加えるが,その際にパルス電圧が100％イオンに伝達しないことがある($\alpha=1$).その場合,飛行時間を正確に測定しても,エネルギーに広がりが生じるので質量を正確に

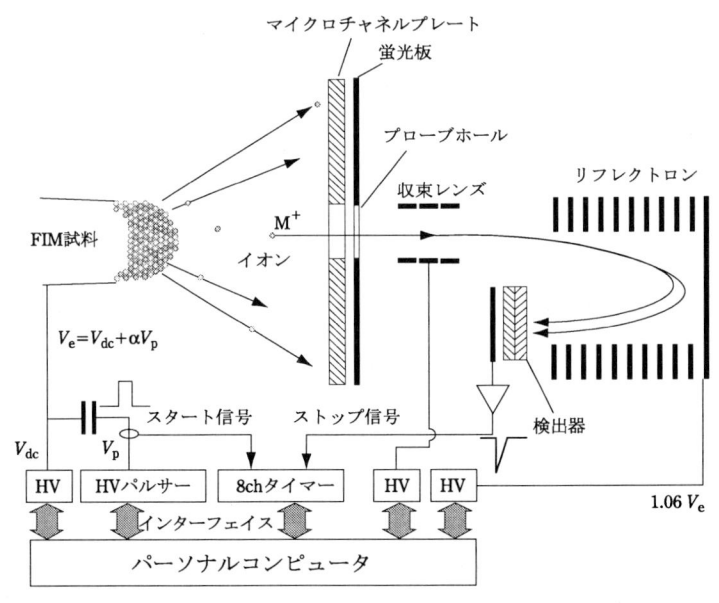

図2-14 エネルギー補償型1次元アトムプローブの原理の模式図[4]

決定することができなくなる.このため,アトムプローブ開発当初使われていた直線型アトムプローブでは質量分解能が低くなる.その結果,FeとMnのように,質量電荷比の近い元素の分離が困難になる.このようなイオンのエネルギー欠損を補正するために,実際のアトムプローブでは図2-14に示すように,イオンの飛行空間にエネルギー補償を行うためのリフレクトロンとよばれる静電反射板が装備されている.リフレクトロンの終段の電極ではイオンの最大エネルギーよりも数％高い電圧がかかっており,エネルギーの高いイオンはリフレクトロンに深く侵入して反射され,エネルギーの低いイオンは浅い位置で反射される.その結果,エネルギーの高いイオンの飛行距離がエネルギーの低いイオンよりも長くなり,質量が同じであれば飛行時間が等しくなるというのがリフレクトロンによるエネルギー補償の原理である.

　1990年代後半まで用いられていたアトムプローブは大部分がエネルギー補償型飛行時間型アトムプローブ (energy compensated time-of-flight atom prob) で,その当時1次元アトムプローブという呼称はなかった.2000年頃から3次元アトムプローブが普及するに従って,従来の飛行時間型アトムプローブを1次元アトムプローブとよぶようになってきた.

2.1.7　3次元アトムプローブ（3DAP）

　3次元アトムプローブは図2-1 (b) に示されたように,アパーチャーを用いずに個々の原子の位置と質量を同時に検出しようとするものである.試料表面から電界蒸発されるイオンは,表面から検出器に飛行する.このときの飛行時間を測定して質量を決定するが,同時に検出器上での座標を位置敏感型検出器（position sensitive proportional counter; PSPC）によって求める.これにより個々の原子について検出座標を決めることができるが,この時点では (x, y) の2次元座標が求められるだけで,2次元のマッピングしか表示できない.原子の電界蒸発は試料の最上表面で起こるために,連続的に原子を収集し集積された個数に比例するz座標を各原子に与えることにより,

3次元座標に拡張することができる．合計 n 個の原子を検出したときに試料が d nm 短くなっていたとすると，i 個目に検出した原子の座標は $(x_i, y_i, id/n)$ となる．低指数面では原子面のレッジから比較的規則的に電界蒸発が起こるので，再構成した3次元元素マップで z 方向に原子面を分解することができる．

実際に，低指数面から原子が電界蒸発して位置敏感型検出器に検出されるときの時間変化を図2-15に示す[6]．リングは Ni_3Al の (001) 面であるが，図2-15 (a) に示されるように原子はレッジからイオン化されており，テラス部分から原子は検出されていない．時間が経過するとレッジが最初の同心円の位置から内部に移動していくので，徐々にリングの内部からも原子が検出されるようになる．最終的にはすべての検出器面が一様に検出された原子で埋

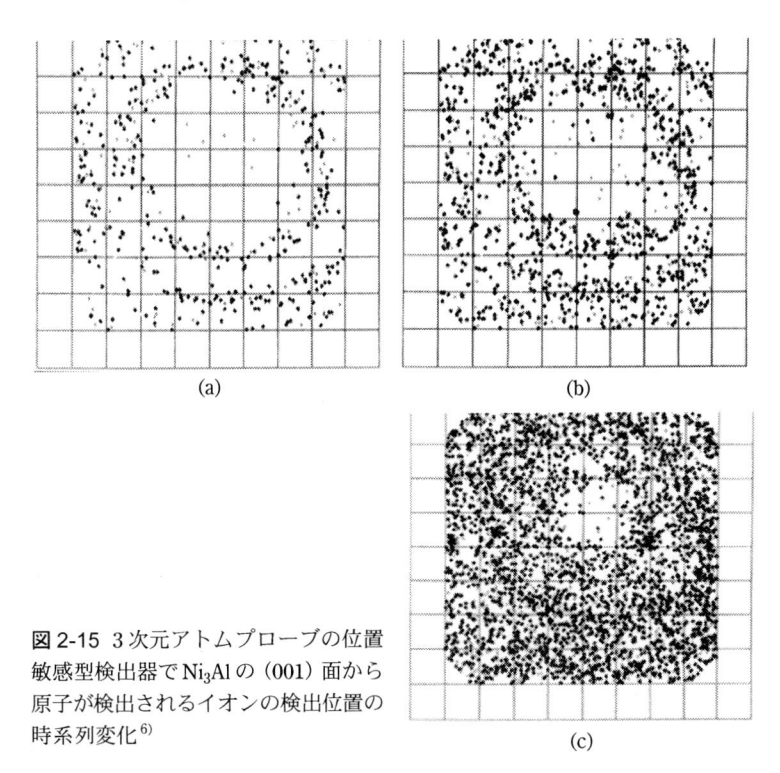

図2-15 3次元アトムプローブの位置敏感型検出器で Ni_3Al の (001) 面から原子が検出されるイオンの検出位置の時系列変化[6]

められるはずであるが，図2-15 (b) に示されるように (001) 面の中心部分では原子が検出されていない．これは原子が電界蒸発する際にわずかに外側方向に移動する，蒸発収差（evaporation aberration）によって起こる現象である．特に，原子面が完全に蒸発して消滅する最終段階での蒸発収差が大きく，図2-15 (c) に示されるように低指数面の中心で原子がほとんど検出されない領域が生じる．したがって，3次元アトムプローブデータを扱う場合には，このような低指数面の中心からのデータは用いないのが原則である．3次元アトムプローブの検出効率が高々50％程度であることと，蒸発収差により位置情報に誤差がでることから，3次元アトムプローブによる元素マップからは結晶構造を決定することはできない．

　3次元アトムプローブ用の位置敏感型検出器としては，これまで様々な方式が試みられてきた．MCPの背面の電荷を複数の陽極を用いて測定したものに始まり，高速化されたCCDカメラでMCPの蛍光板に写る輝点の座標を取り込む手法，さらに，最近ではパルスの高速化に対応できる検出器として遅延線を用いた方式の検出器が実用化されてきた．位置検出器の方式はアトムプローブ法を理解する上で本質的ではないので，詳細は省略するが，検出器の変遷についてはMillerの教科書[3]に詳しく記述してある．位置敏感型検出器として重要な特性はイオンが同時に2ヵ所に到達しても，それら複数の原子の位置を決定することができる機能である．初期の3次元アトムプローブでは同時に2個以上のイオンが検出されると，位置情報を得ることができなかった[7]．最近の位置敏感型検出器では，同時到達イオンの位置決めもできるように改良が重ねられている[8]．

　図2-1 (b) で概念の示されている3次元アトムプローブでは，飛行時間測定にエネルギー補償器を導入していない．3次元アトムプローブが開発された当初，広い分析領域から電界蒸発するイオンのエネルギー補償を行えば，位置情報が十分に保持できないのではないかという危惧があった．しかし，Cerezoらは，リフレクトロンを用いてイオンのエネルギー補償を行っても位置情報に実用的な障害になる程度の誤差は出ないことを実験的に示し，引

き続きエネルギー補償型の3次元アトムプローブを開発した[9].

図2-16にCCDカメラを用いたエネルギー補償型3次元アトムプローブの原理が模式的に示す.位置敏感型検出器には前述のように色々な種類があるが,この図で示した3次元アトムプローブではCCDカメラを用いて位置検出を行っている[10].MCPには透明な導電体を使って16分割された陽極があり,同一の陽極に同時にイオンが到着しない限りは同時到着イオンの飛行時間測定と位置検出が可能である.リフレクトロンは全長で8cm程度,飛行距離は60cm程度で,この装置を用いることにより,3次元アトムプローブの質量分解能が図2-17に示されるように飛躍的に向上する.

3次元アトムプローブは現在3社で商品化されており[11]~[13],完成品を購入することも可能である.基本原理は同じであるが,いずれも異なった位置検出の方式を採用している.FIM試料と検出器の間の飛行距離を著しく短くして非常に広い領域から高速に原子を収集できる3次元アトムプローブも市販されはじめており,FIBを用いた試料作製法の進展と相まって,応用範囲は今後ますます広まっていくものと期待される.

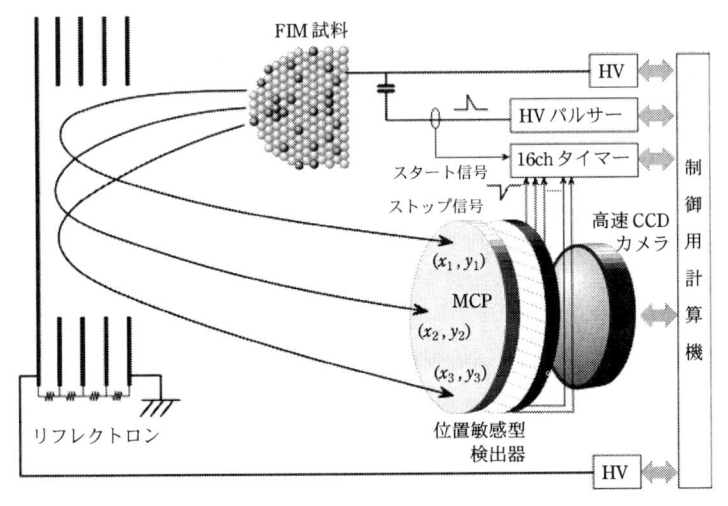

図2-16 エネルギー補償型3次元アトムプローブの原理の模式図

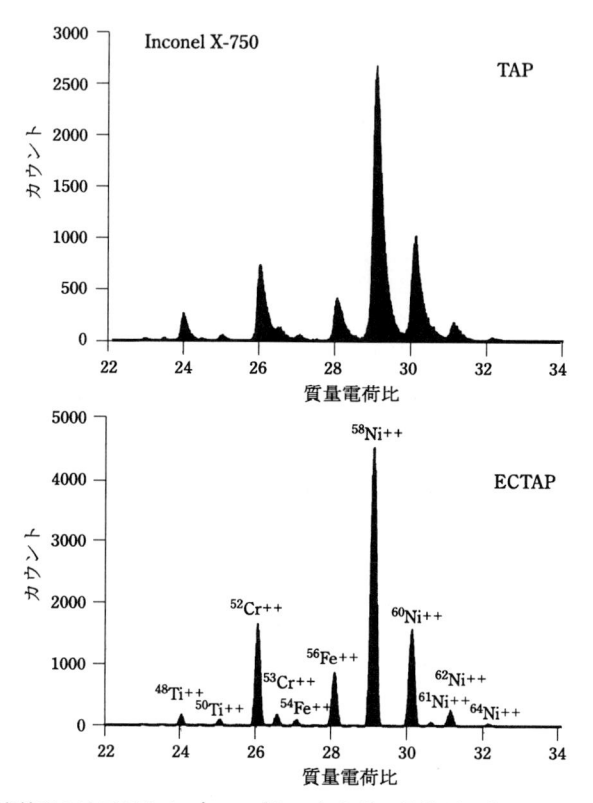

図 2-17 直線型 3 次元アトムプローブとエネルギー補償型 3 次元アトムプローブで得られた Ni 基超合金のマススペクトラムの比較

3 次元アトムプローブの一例として物質・材料研究機構で使われているエネルギー補償型アトムプローブの外観を図 2-18 に示す．この装置は自作の FIM・リフレクトロンとその鏡体に市販の検出システムを取り付けた装置である．

2.1.8 濃度プロファイルと相分離

アトムプローブの生データはイオンの飛行時間，試料に加えられた DC 電圧，パルス電圧，パルス数であり，3 次元アトムプローブではこの情報に検

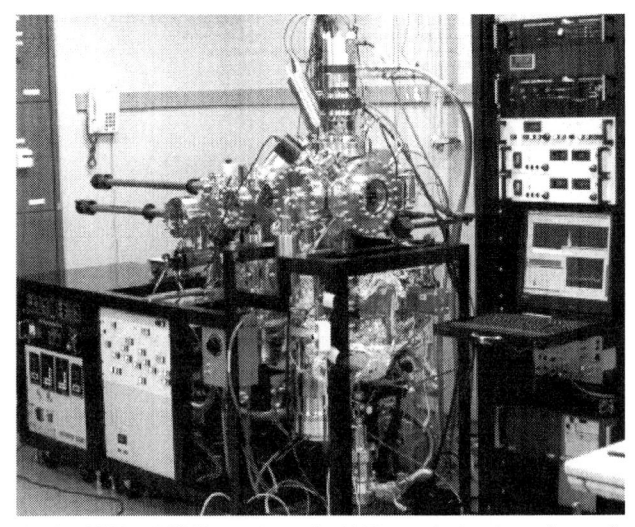

図2-18 物質・材料研究機構のエネルギー補償型3次元アトムプローブの外観

出器上での座標が加わる.この生データから個々のイオンの質量電荷比を計算し,元素を同定して濃度プロファイルや3次元の元素マップを構成する.

1次元アトムプローブでは濃度を決定するための原子位置の情報はない.分析領域の深さは図2-12からわかるように,原子の数でスケールすることができるので,1原子面あたりに検出される原子数がわかれば,およその深さを濃度プロファイルの横軸にスケールすることができる.例えば,図2-12のラダーダイアグラムから一原子面あたり55個の原子が検出されていることがわかるので,55個が0.178 nmとなり,10,000個の原子を収集したときの深さが32 nmに相当することになる.

アトムプローブで分析した領域内の平均濃度は,溶質原子数を検出した全原子数で割れば求められるが,高い空間分解能で局所濃度を求めるためには100個程度の検出原子中に含まれる溶質原子の数を数えて,一つの濃度点を求める.このように限られた原子数から濃度を決定するので,アトムプローブのデータには大きな統計誤差が含まれる.n個の原子からx at.%の濃度を決めたときの統計誤差は $\sigma = \sqrt{x(100-x)/n}$ となる.50 at.%の合金の局所

濃度を100個の原子から求めたとすると，σ =5 at.%となるので，2σを誤差とすると，実際の濃度は50±10 at.%ということになり，10%程度の合金組成の局所的な揺らぎを検出することが困難であることがわかる．このようにアトムプローブは個々の原子を数えて濃度を決定する手法であるので，直接的ではあるけれども，データの信頼性は統計誤差をどのように評価するかに大きく依存する．単なる統計誤差を濃度変調と解釈してしまう可能性があるので，データを過大評価をしないような注意が必要である．このように統計誤差の大きいアトムプローブデータから有意な濃度揺らぎを検出するため

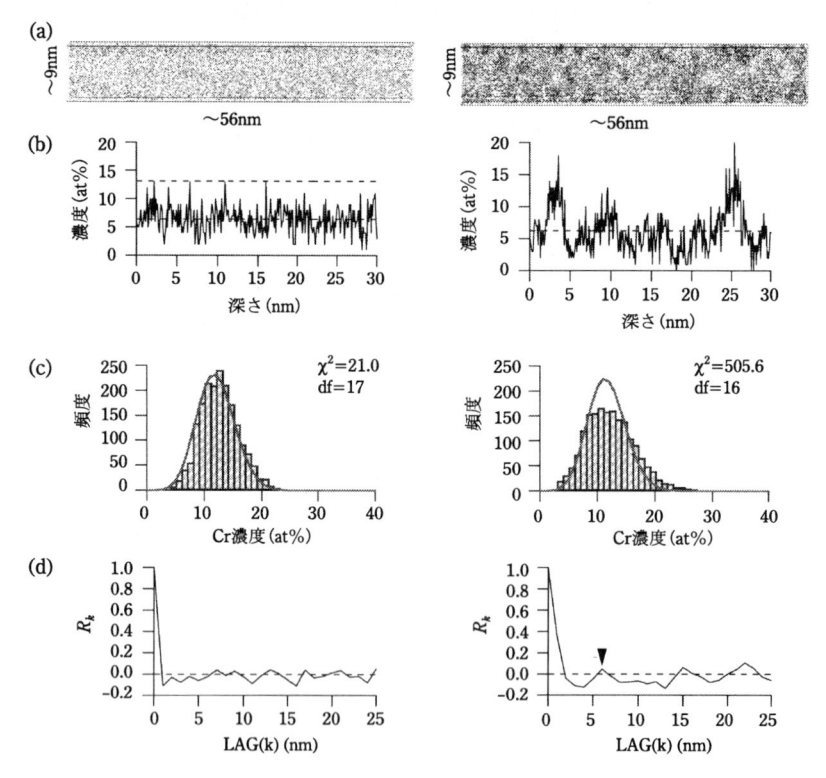

図2-19 時効処理したFe-Cr-Co-Mo系ステンレス鋼の，(a) 3次元アトムプローブによるCrの元素マップ，(b) その中の選択領域から得られた濃度プロファイルと，(c) 濃度分布図， (d) 自己相関関数．（左：533Kで時効，右：773Kで時効）

には統計的な検証が必要となる.

　図2-19は時効処理したFe-Cr-Co-Mo系ステンレス鋼の(a) 3次元アトムプローブによるCrの元素マップ, (b) その中の選択領域から得られた濃度プロファイルと濃度プロファイルから得られた(c)濃度分布図, (d)自己相関関数である. 3次元元素マップから773Kで時効された試料ではCrの分布が相分解により不均一になっているのが視覚的に捉えられる. 濃度プロファイルでも773K時効試料では相分解が起こっているのは明らかであるが, 533K時効の試料では相分解は進行していないように見える. これを統計的に検証したのが図2-19 (c) の濃度分布図で, もしCr濃度が均一に固溶しているとすると, Crの平均濃度12.5 at.%を中心として濃度分布は2項分布に従う. そこで, 12.5 at.%を中心とした2項分布を計算で求め, 実験的に求めた濃度分布が2項分布と一致しているかどうかをχ^2検定で決定する. 実験的に観察されたi番目の濃度領域の頻度をx_i, 2項分布から予測されるi番目の頻度の計算値をe_i, 濃度ブロックの数をnとすると $\chi^2 = \sum_1^n \dfrac{x_i - e_i}{e_i}$ となり, 実験により測定された濃度分布が2項分布と一致するという仮説を, 自由度$f=n-1$のχ^2の値から検定することができる. 図2-19 (c) の533Kでは実験による濃度分布は2項分布に従うので, Crの試料中の分布は一様であり相分離は起こっていないと結論される. 一方, 773K時効の試料の実験による濃度分布はχ^2検定により2項分布に一致しないと結論されるので, Cr原子の分布は一様ではなく, 相分離が進行したという結論になる.

　合金の相分離を観測したとき, 速度論的解析や特性に及ぼす相分離の影響を検討するために, その濃度ゆらぎの波長を評価したくなる場合がある. 直接濃度プロファイルから平均的な波長をおおまかに見積るのも一法であるが, より統計的に信頼できる平均値を求めるためには自己相関関数を計算する方法がある. アトムプローブのデータでは原子種が検出された順番に並んでいる. 100個の原子を濃度プロファイルの1測定点を計算するための原子のブロックサイズとすると, 100,000原子から構成されるデータから1000個

のブロックがとれる．このブロック数が濃度プロファイルの横軸となるが，通常の濃度プロファイルではこのブロック数を深さに換算してnm表示している．このようなデータで深さ方向に濃度変調にどのような相関があるかを数値化したのが自己相関関数 R_k である．

$$R_k = \frac{\frac{1}{n-k}\sum_{i=1}^{n}(c_i - c_0)(c_{i+k} - c_0)}{\frac{1}{n}\sum_{i=1}^{n}(c_i - c_0)^2}$$

この式からわかるように $k=0$ の場合，分母と分子は同じ波の分散であるので，$R_0=1$ となる．ブロックを k ずらしたときの分散と元の濃度プロファイルの分散の比を k の関数としたのが自己相関関数であるので，ブロック数をずらしたところからの濃度プロファイルが基点ゼロの濃度プロファイルに一致したときに自己相関関数の値が再度大きくなる．l ブロックずらした時の濃度プロファイルが元の基点ゼロのものとまったく一致した場合には勿論 $R_l=1$ となり，l ブロックが波長となる．つまり R_k は基点からずれると徐々に減少し，その後増加して極大値を示す．極大値を与える k が濃度変調の周期であり，R_k の値は k ブロックずらした濃度変調がどの程度基点ゼロのものと一致しているか（自己相似性）の目安になる．図2-19 (d) に (b) の濃度プロファイルから計算された自己相関関数を示す．濃度変調がない場合，自己相関関数にピークは現れない．濃度変調が現れると，図中矢印で示されるように変調の平均的な周期の位置でピークが観察される．

　以上のような統計解析には，統計的に意味のある十分原子数の多いデータを収集することが前提となる．アトムプローブ分析では電界応力による試料破壊が起こり，試料によっては十分なサイズのデータを収集することが難しいことがある．そのような場合，統計的にほとんど意味のないサイズのデータに上記のような統計手法を適応しているような場合も見られる．そのような解析から真実はなにも得られないのは言うまでもない．

2.1.9 ラダーダイアグラムとクラスターの検出

　実用材料では微量に元素添加を行って材料の特性を大きく変化させる例が多い．特に，鉄鋼材料ではppmレベルの元素添加を行っただけで，クリープ特性や歪み時効特性が大きく変化するような例がたくさんある．構造用アルミニウム合金では，時効析出によりナノスケールの溶質原子集合体を形成させ，この時効硬化により強化した材料が一般的である．時効硬化性の合金では電子顕微鏡で析出物が検出される前に時効硬化が進行する場合が多く，このような溶質原子クラスターを検出することにより時効硬化のメカニズムを解明することができる．溶質原子濃度が低いと統計誤差σが著しく小さくなるので，それだけ小さな濃度揺らぎ，つまりクラスター形成を敏感に検出できるようになる．たとえば1at.%の濃度を100原子を含むブロックで濃度を計算すると，統計誤差は±2%であるので数原子のクラスターを検出することは難しい．しかし，合金元素が0.1at.%になると統計誤差は±0.6at.%となり，数原子のクラスターでも感度良く検出できるようになる．

　図2-20(a)は，溶体化処理直後水焼き入れされたAl-1.9at.%Cu-0.3at.%Mg-0.2at.%Ag合金とそれを453Kで15s時効した試料のCu, Mg, Ag原子の3次元元素マップである．溶体化処理直後の試料ではすべての元素の分布が均一であるのに対して，15s時効後はAg原子とMg原子がクラスターを形成する傾向にあることがわかる．これらのクラスターは，数10原子程度であるので，その濃度を定義することにあまり意味がない．そこで，クラスター中の原子比を評価するために，しばしばラダーダイアグラムが利用される．

　ラダーダイアグラムは図2-13でも示したように，検出した溶質原子数を検出したすべての原子数の関数としてプロットするもので，プロットの傾きが溶質原子の局所濃度に相当する．図2-20(b)に示したのが，15s時効後に観察されたMg-Agクラスターから得られたラダーダイアグラムで，この図からクラスターを構成するAgとMgの原子比がほぼ1対1であることがわかる．3次元アトムプローブが開発される前は，溶質原子クラスターの検出はこのようなラダーダイアグラムによって行っていた．このラダーダイア

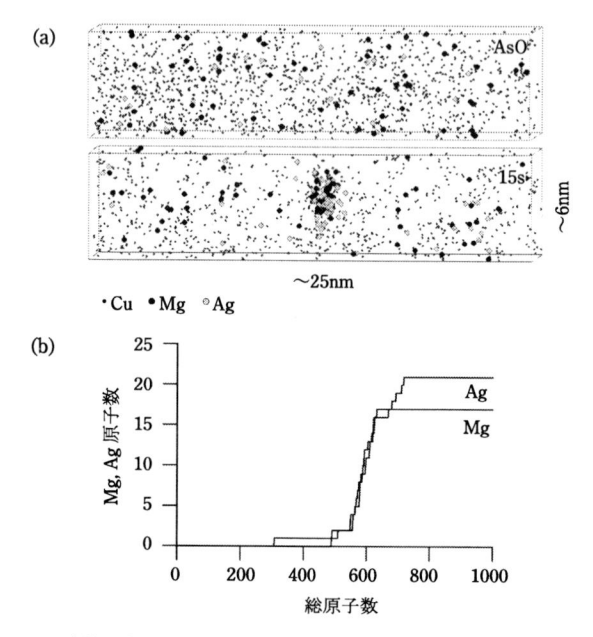

図 2-20 (a) 溶体化処理直後水焼き入れされた Al-1.9at.%Cu-0.3at.%Mg-0.2at.%Ag 合金とそれを 453K で 15s 時効した試料の Cu, Mg, Ag 原子の 3 次元元素マップ,(b) Mg-Ag クラスターからのラダーダイアグラム.

グラムではクラスターの形状とその後の析出物との位置関係に関する情報を得ることは不可能であったが,図2-19 (a) に示されるように,3次元アトムプローブによりクラスターの形状に関する情報まで得られるようになってきた.この合金の場合 Ag, Mg 原子の濃度が 0.1at.% と希薄であるので,クラスターを元素マップにより視覚的に捉えることも可能である.しかし,溶質原子濃度が 1at.% レベルになってくると,母相に固溶した元素が 3 次元元素マップでバックグラウンドとして見えてくるために,溶質原子クラスターを検出することが困難になってくる.このような場合には,再度統計的な手法により検定しなければならない.

表 2-1 は分割表 (contingency table) とよばれる表で,これは合金中の A 原子と B 原子の相関を見るための検定法である.ブロック内の原子数を仮に

100とすると,縦軸はそのブロックの中に含まれていたA原子の数,横軸はB原子の数をとっている.右の表は溶質濃度から計算で予測される頻度で,A原子とB原子に正の相関(引き合う)がある場合には表の中心部分の頻度が各溶質原子の濃度から予想される頻度よりも高くなる.A原子とB原子に負の相関(反発しあう)がある場合には,A原子数の多いところでB原子が少なく,B原子の少ないところでA原子が多くなる傾向が現れる.溶質濃度から見積もられる i 行,j 列の頻度は e_{ij} は

$$e_{ij} = \frac{\sum_{j=1}^{c} n_{ij} \sum_{j=1}^{r} n_{ij}}{\sum_{i=1}^{r} \sum_{j=1}^{c} n_{ij}}$$

となり,実験から求めた頻度分布と合金が均一であると仮定して計算した頻度分布表との間に有意な差があるかどうかを χ^2 により独立検定を行う.この場合の χ^2 は

表 2-1 A原子とB原子の相関を検定するための分割表

実験値

行 (変数A)		列 (変数B)				合計
		1	2	・	c	合計
	1	n_{11}	n_{12}	・	n_{1c}	$n_{1\cdot}$
	2	n_{21}	n_{22}	・	n_{1c}	$n_{2\cdot}$
	・	・	・	・	・	・
	r	n_{r1}	n_{r1}	・	n_{rc}	$n_{r\cdot}$
	合計	$n_{\cdot 1}$	$n_{\cdot 2}$	・	$n_{\cdot c}$	$n_{\cdot\cdot}$

予測値

行 (変数A)		列 (変数B)				合計
		1	2	・	c	合計
	1	e_{11}	e_{12}	・	e_{1c}	$e_{1\cdot}$
	2	e_{21}	e_{22}	・	e_{1c}	$e_{2\cdot}$
	・	・	・	・	・	・
	r	e_{r1}	e_{r1}	・	e_{rc}	$e_{r\cdot}$
	合計	$e_{\cdot 1}$	$e_{\cdot 2}$	・	$e_{\cdot c}$	$e_{\cdot\cdot}$

$$\chi^2 = \sum_{i=1}^{r}\sum_{j=1}^{c}\frac{(n_{ij}-e_{ij})^2}{e_{ij}}$$

で，自由度は $f = (r-1)(c-1)$ となる．

図2-21は室温時効したAl-0.6at.%Mg-1.0at.%Si-0.7at.%Cu合金の3次元アトムプローブによる元素マップである．Al-Mg-Si合金では室温時効によって

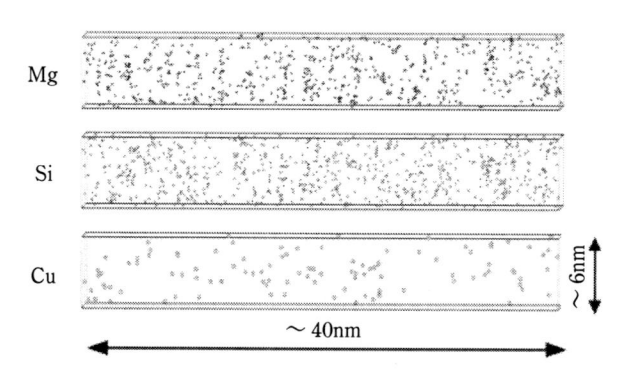

図2-21 室温時効した Al-0.6at.%Mg-1.0at.%Si-0.7at.%Cu 合金の3次元アトムプローブによる元素マップ

表2-2 室温時効した Al-0.6at.%Mg-1.0 at.%Si-0.7at.%Cu 合金の Si と Mg 原子の分割表

実験値

Si/Mg	0	1	2	3〜153	
0	106	96	48	35	285
1	85	89	38	33	245
2	43	40	29	30	142
3	20	24	30	24	88
4〜132	9	15	13	17	54
	263	264	148	139	

予測値

Si/Mg	0	1	2	3〜153	
0	92.1	92.4	51.8	48.7	285.0
1	79.2	79.5	44.5	41.8	245.0
2	45.9	46.1	25.8	24.2	142.0
3	28.4	28.5	16.0	15.0	88.0
4〜132	17.4	17.5	9.8	9.2	54.0
	263.0	264.0	148.0	139.0	

ブロック数：153, χ^2：35,123631, 自由度：12

Mg, Si 原子のクラスターが形成さえると言われているが，Mg, Si 濃度が数 at.%であり，元素マップではバックグラウンドが高くなり，これらの元素間に相関があるかどうかを判別することが困難である．

表2-2は図2-21のデータから得られた実験と計算によるSiとMg原子の検出個数の分割表で，χ^2検定により実験的に求められた表は合金が均一であると仮定した場合の表と有意差を持っていることが確認される．つまり，室温時効によりMgとSi原子がクラスターを形成していると判定できる．

この他にもアトムプローブデータの解析には様々な統計的手法が用いられる．しかし，アトムプローブのメリットは，あくまで実空間で直接原子の分布を見ることができることなので，あまりデータに過多な統計処理を施して元来引き出せないような情報まで出すような解析法は避けるべきである．例えば，アトムプローブデータから原子の短範囲規則状態に関する情報を引き出そうとする試みや，非晶質合金の動径分布を測定する試みなども行なわれているが，位置情報の不確かさや検出効率を考えれば，これらのデータ処理からなにが読みとれるかということに注意しなければならない．合金の短範囲規則状態に関する信頼できる情報を得たいならば，X線回折などその情報を取り出すのに適した手法を用いるべきである．

2.1.10 応用例

現在，3次元アトムプローブの応用は広範な金属材料に及んでいる．大部分の応用は，構造材料として使われるバルク金属材料のナノ組織解析であったが，分析の深さ方向に原子レベルの分解能を実現できるという特徴を活かして，最近では金属多層膜の解析にも応用されるようになってきた[14]．薄膜のアトムプローブ解析において，タングステンなどの tip 上に多層膜を成膜してその界面を測定する方法と[15]，実際に磁気抵抗材料として使われる平板基板に堆積された多層膜から微細加工，収束イオンビーム加工を組み合わせて tip を作成する方法がある[16),17)]．前者は，試料作成が簡便で大がかりな微細加工法を必要としないというメリットがあるが，3次元アトムプローブの

解析結果と磁気特性などの実用的に重要な特性との因果関係を解明することができないので,実用的にインパクトの高い成果には繋がらない.曲率半径50nmという特殊な試料形状に成膜された膜構造を解析しても得るところは少ない.後者の場合,試料作成には多大な労力とコストを要するけれども,薄膜で得られる磁気特性と解析結果を直接比較できるので,今後はこのようなアプローチが主流になっていくものと思われる.そのためには,より効率的な試料作成法の発展が望まれている[18].

3次元アトムプローブの特徴は,元素分析に対する高い空間分解能,母相に埋もれた粒子でも母相の影響を受けることなく分析できること,さらに軽元素を定量的に分析できる点である.このような特徴を活かした解析例をいくつか紹介しよう.

図2-22に$Nd_{3.4}Dy_1Fe_{71.7}B_{18.5}Cr_{2.4}Co_{2.4}Cu_{0.4}Zr_{0.2}$合金から得られた$Fe_3B$/$Nd_2Fe_{14}B$ナノコンポジット組織のTEM像と3DAPによる解析結果を示

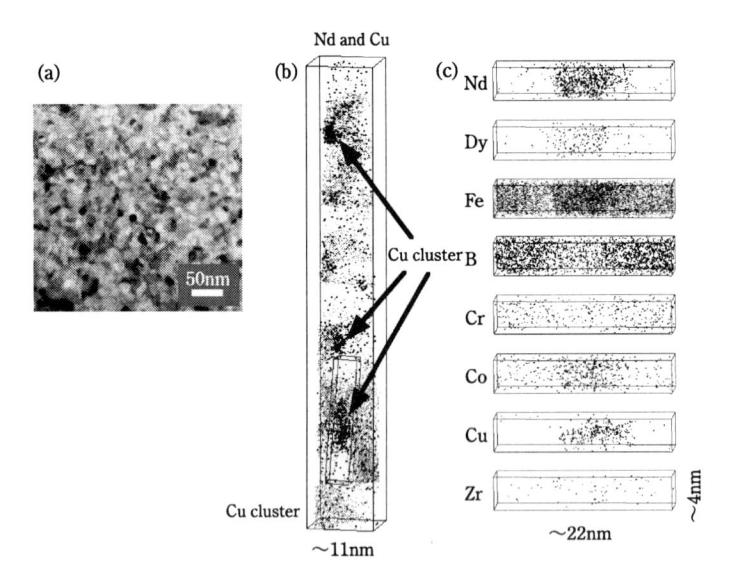

図2-22 $Nd_{3.4}Dy_1Fe_{71.7}B_{18.5}Cr_{2.4}Co_{2.4}Cu_{0.4}Zr_{0.2}$合金から得られた$Fe_3B$/$Nd_2Fe_{14}B$ナノコンポジット組織のTEM像と3DAPによる解析結果

す[19]. この組織の特徴は, 液体急冷法で作成したアモルファス相を結晶化することにより $Fe_3B/Nd_2Fe_{14}B$ という2相ナノコンポジット組織が得られることである. Cuの微量添加によってナノコンポジット組織が微細化され, それによって磁石特性が改善されるのが特徴である. 図2-22 (b) に示した $11×11×82nm^3$ の分析領域中のNdの元素マップではFe₃B相はNd原子の密度が低い中空状の空間として観察される. 大きい黒い点が集まっている部分がCu原子の集合体(クラスター)であり, Cu原子クラスターに接触してFe₃Bのナノ結晶が観察される. このことからCuクラスターがFe₃B結晶粒の不均一核生成サイトとして作用してナノ結晶化が進行したという知見が得られる. このような原子クラスターに関する情報は他の解析手法では得ることが不可能で, 3DAPによる解析によって初めてCu添加によるナノ組織微細化のメカニズムが解明された. 図2-22 (c) は図2-22 (a) に示された領域内の選択領域の中の全元素の分布である. このように8元合金中すべての元素を識別することが可能で, Bのような軽元素でも定量的に分析できるのが3次元アトムプローブの特徴である.

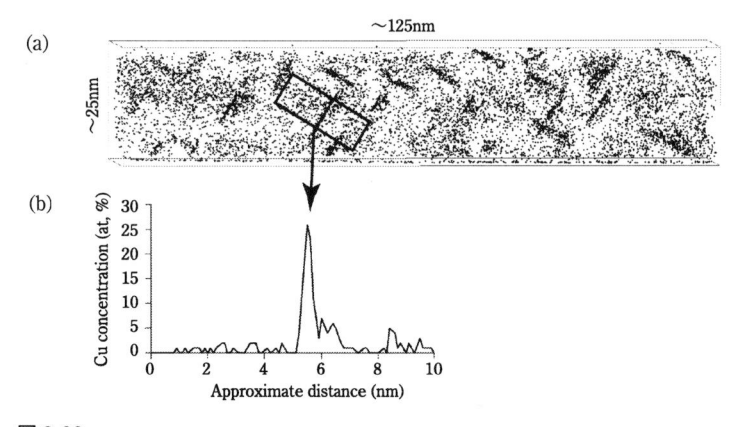

図2-23
(a) Al-2.5 at.% Cu-0.5at.% Si-0.5at.% Ge合金の{001}面に板状に析出したCuの原子クラスター(GPゾーン)の3DAPによるCuマップ
(b) GPゾーンの板面に垂直方向に測定された濃度プロファイル

図2-23はAl-Cu-Ge-Si合金に析出したCuのナノ析出物（GPゾーン）の3DAPによるCuマップである．分析面は(011)面であり，二つのバリアントの{001}面に板状に析出したCuのGPゾーンが明瞭に観察されている．このマッピングの中で，GPゾーンに垂直な方向に解析領域を設定し，析出物の板面に垂直に濃度解析したのが図2-23(b)の濃度プロファイルである．このように分析領域中の任意の領域から濃度解析の領域を選択することにより，ナノスケールのほぼ単原子面に集合した原子クラスターからでも濃度測定を行うことができる．

この他にもいくつかの解析例を口絵に紹介している．

2.1.11 おわりに

本章で紹介したように，3次元アトムプローブは金属材料のナノ組織解析に極めて有効な手法である．3次元アトムプローブでは析出物やナノ複合組織の元素分布から，組織の形態に関する情報を得ることもできる．しかし，相の構造を決定することはできないので，相の同定を行うためには電子顕微鏡法やX線回折法など構造を決定できる手法を併用しなければならない．近年，ナノ組織を持つ金属系材料（ナノメタル）の研究が盛んに行われるようになってきており，このような材料の組織解析に3次元アトムプローブは必要不可欠な手法として，金属材料を研究対象とする研究機関で普及しつつある．最近ではFIBを用いた新しい試料作製法の発達により，薄膜解析への応用が広がり[18]，磁気・半導体デバイスの解析手法として電気メーカーでも注目され始めている．

【参考文献】

1) T. T. Tsong: *Atom-probe field ion microscopy*, Cambridge University Press (1990).
2) M. K. Miller, A. Cerezo, M. G. Hetherington, and G. D. W. Smith: *Atom-probe field ion microscopy*, Oxford University Press (1996).
3) M. K. Miller: *Atom probe tomography: analysis at the atomic level*, Kluwer Academic (2000).

4) K. Hono: Nanoscale microstructural analysis of metallic materials by atom probe field ion microscopy, Prog. Mater. Sci. **47** (2002), 621-729.
5) http://www.nims.go.jp/apfim/
6) 宝野和博：ふぇらむ, **4** (1999), 474.
7) A. Cerezo, T. J. Godfrey, G. D. W. Smith: Rev. Sci. Instrum., **59** (1988), 862.
8) D. Blavette, B. Deconihout, A. Bostel, J. M. Sarrau, M. Bouet, A. Menand: Rev. Sci. Instrum., **64** (1993), 2911.
9) A. Cerezo, T. J. Godfrey, S. J. Sijbrandij, G. D. W. Smith, P. J. Warren: Rev. Sci. Instrum., **69** (1998), 49.
10) B. Deconihout, L. Renaud, G. Da Costa, M. Bouet, A. Bostel, D. Blavette: Ultramicroscopy, **73** (1998), 253.
11) http://www.cameca.fr/
12) http://www.imago.com/
13) http://www.oxfordnanoscience.com/
14) D. J. Larson, P. H. Clifton, N. Tabat, A. Cerezo, A. K. Petford-Long, R. L. Martens and T. F. Kelly: Appl. Phys. Lett., **77** (2000), 726.
15) K. Hono, Y. Maeda, J. L. Li, and T. Sakurai: J. Mag. Mag. Mater. **110**, L254 (1992).
16) N. Hasegawa, K. Hono, R. Okano, H. Fujimori, and T. Sakurai: Appl. Surf. Sci., **67**, (1993), 407.
17) D. J. Larson, D. T. Foord, A. K. Petford-Long, H. Liew, M. G. Blamire, A. Cerezo, G.D. W. Smith: ULTRAMICROSCOPY, **79**, (1999), 287.
18) 宝野和博, 大久保忠勝, 高橋有紀子：日本応用磁気学会誌, **24** (2005), 388.
19) K. Kajiwara, K. Hono, and S. Hirosawa: Mater. Trans. **42**, (2001), 1858.

●● 第3章 ●●

X線解析法

3.1 放射光X線回折・分光技術

3.1.1 はじめに

　広いエネルギー領域にわたり，高輝度X線を発生する放射光がX線回折や分光実験で比較的簡単に利用できるようになり，従来型のX線源による測定では困難であった様々な回折・分光現象を利用した物質・材料の評価技術が飛躍的に進歩した．また，それらの測定に必要な検出技術の発達も相まって，X線による物質・材料の評価技術は新しい応用分野を開拓し，これまであまりX線に馴染みがなかった新規の利用者も多数利用するようになってきた．ここではナノ金属材料評価のための放射光X線回折・分光技術を考えてみたい．

　ナノコンポジット材料やナノ粒子分散材料の研究には，元素選択性X線構造解析技術や迅速X線強度測定技術，小角散乱技術，高エネルギー単色X線回折技術などを，また薄膜・グラニュラー膜や人工格子などの薄膜材料には，X線全反射技術，X線定在波技術および表面X線散乱技術，蛍光X線ホログラフィー技術などを適用することにより，金属材料組織が時間的にどのように変化するかを追跡し，同時に構成元素が組織形成にどのような役割を担っているかを構造的な観点から議論できる．これにより，ナノ組織の成長過程を理解し，その制御方法を見いだすための重要な知見を得ることができる．またこれらの最新の回折・分光技術に加え，回折角が数度以下の0度近傍で観察される小角散乱強度を用いて，材料中のナノ構造の平均サイズやサイズ分布の解析も可能である．具体的に，各技術とナノ金属材料との関わ

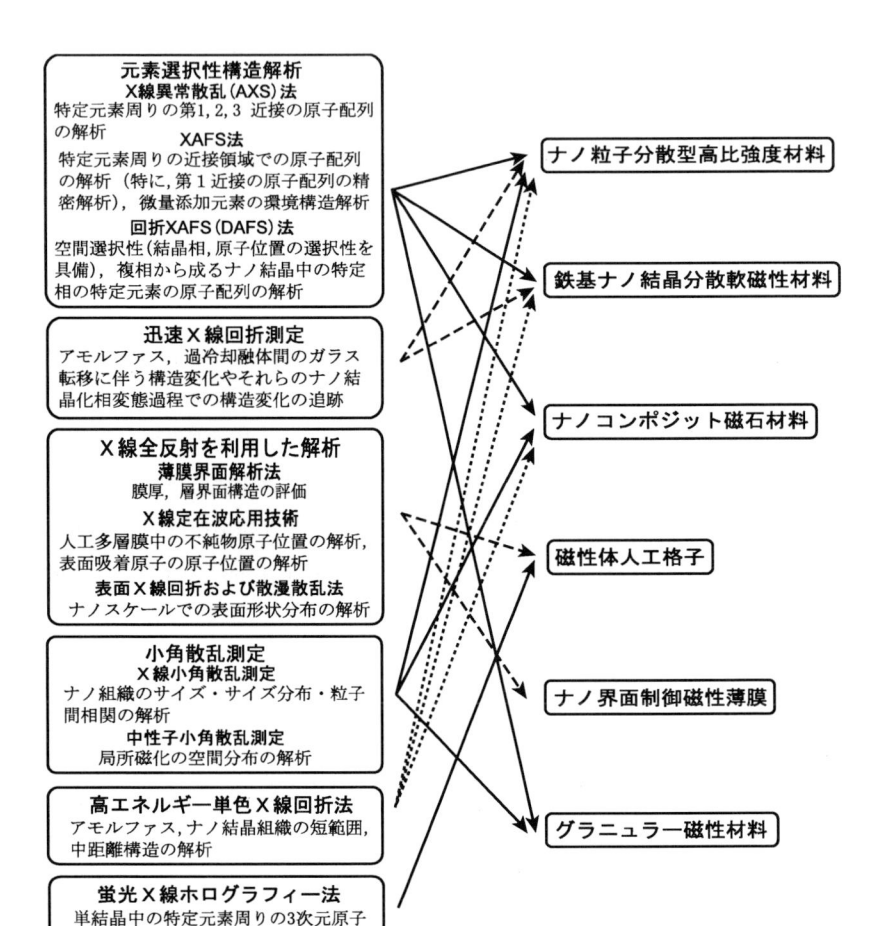

元素選択性構造解析
X線異常散乱(AXS)法
　特定元素周りの第1,2,3近接の原子配列の解析
　XAFS法
　特定元素周りの近接領域での原子配列の解析(特に,第1近接の原子配列の精密解析),微量添加元素の環境構造解析
　回折XAFS(DAFS)法
　空間選択性(結晶相,原子位置の選択性を具備),複相から成るナノ結晶中の特定相の特定元素の原子配列の解析

迅速X線回折測定
　アモルファス,過冷却融体間のガラス転移に伴う構造変化やそれらのナノ結晶化相変態過程での構造変化の追跡

X線全反射を利用した解析
　薄膜界面解析法
　　膜厚,層界面構造の評価
　X線定在波応用技術
　　人工多層膜中の不純物原子位置の解析,表面吸着原子の原子位置の解析
　表面X線回折および散漫散乱法
　　ナノスケールでの表面形状分布の解析

小角散乱測定
　X線小角散乱測定
　　ナノ組織のサイズ・サイズ分布・粒子間相関の解析
　中性子小角散乱測定
　　局所磁化の空間分布の解析

高エネルギー単色X線回折法
　アモルファス,ナノ結晶組織の短範囲,中距離構造の解析

蛍光X線ホログラフィー法
　単結晶中の特定元素周りの3次元原子配列の可視化

→ ナノ粒子分散型高比強度材料
→ 鉄基ナノ結晶分散軟磁性材料
→ ナノコンポジット磁石材料
→ 磁性体人工格子
→ ナノ界面制御磁性薄膜
→ グラニュラー磁性材料

添加元素の構造的役割の解明
ナノ界面構造の制御
ヘテロ界面での不純物などのナノスケール偏析の理解
ナノ組織のサイズ分布

図3-1 放射光を用いた最新X線回折・分光手法のナノ金属材料解析への適用説明図

りを図3-1に示す．本節では，様々なナノ金属物質や材料の解析に応用できる放射光X線回折・分光技術として，①元素選択性構造解析，②迅速X線回折測定，③X線全反射を利用した解析，④小角散乱測定，⑤高エネルギー単色X線回折法，⑥蛍光X線ホログラフィー法の概略を述べる．

3.1.2 元素選択性構造解析

X線を用いた元素選択性構造解析には，X線吸収微細構造（X-ray absorption fine structure; XAFS）法，X線異常散乱（anomalous X-ray scattering; AXS）法，回折EXAFS（diffraction absorption fine structure; DAFS）法の3種類がある．

XAFS法

元素固有の吸収端の高エネルギー側では，原子の内殻から叩き出された光電子が発生する．この光電子の波が，光電子を放出した原子の周囲の原子によって散乱され，散乱された波と元の光電子の波とが干渉し，その結果吸収因子に振動が観察される．この振動成分を取り出して解析することにより，試料中の吸収端に対応する元素周りの動径方向の原子配列を実験的に見積ることができる．この方法をXAFS法と呼ぶ．XAFS法は測定が簡便で，検出感度に優れていることから多くの研究者に利用されている．

AXS法

X線の回折強度を決める原子散乱因子には，エネルギーに依存する異常分散項が含まれる．この異常分散項の元素固有の吸収端近傍での大きな変化を利用し，試料中に含まれる吸収端に対応する元素に関する構造情報のみコントラストをつけることができる．この手法がAXS法である．吸収端の高エネルギー側では，先に述べたXAFSの影響で，異常分散項に振動が現れるため，通常は理論値と実測値が一致する吸収端の低エネルギー側を利用して測定が行われる．このAXS法を用いて得られる情報も吸収端に対応する

特定元素周りの構造情報という点ではXAFS法と共通している．しかし，AXS法の場合，測定方法がXAFS法に比べ複雑であり，検出感度に劣ることなどから，この方法を利用する研究者はXAFS法に比べ極めて少ない．しかし，XAFS法が光電子の干渉であり，AXS法は通常の回折同様，フォトンの干渉であることから，干渉の減衰が起りにくく，より遠くの原子相関でも定量性を失うことなく解析することができるという利点もある．このことにより，アモルファスや，結晶性がよくないナノ結晶粒子などの構造解析に有利な場合がある．したがって，試料に応じてどちらか一方を選択するか，あるいはこれら二つの方法を併用するかなど，使い分けることが賢明である．

DAFS法

DAFS法は，試料からの回折ピークの強度変化を吸収端近傍で入射エネルギーを変化させて精密に測定し，回折ピーク強度の変化に現れる振動成分をXAFS法と類似の方法で解析し，回折ピークを示す原子位置や結晶相中の特定元素周りの構造を決定する方法である．すなわち，DAFS法は，元素選択性に加え，結晶中の原子位置選択性（位置選択性）あるいは結晶相の選択性（空間選択性）をもつ方法である．したがって，複数の相が混在し，多数の元素で構成されるナノ金属材料の構造評価には魅力的な方法である．しかし，実際にこの手法をナノ組織材料に適用するためには，吸収補正の問題やバックグラウンドに混入する蛍光X線の補正の問題など，解決しなればならない問題がまだ多くあり，現状ではバックグラウンドが低く，吸収の問題も無視できるような単結晶基板上の単原子膜の構造評価などの利用に限定されている．

3.1.3 迅速X線回折測定

金属ガラスやその過冷却融体状態のナノ結晶化過程の**その場観察**は，ナノ結晶化機構を理解する上で重要である．しかし，この測定のためには，結晶とは異なり，広い散乱角度領域に広がったアモルファス物質からの回折強度

プロファイルを，理想的には1秒程度，遅くとも数秒程度で測定する必要がある．このような測定には，極めて高強度の放射光の利用に加え，広い角度領域を一度に測定でき，かつ微弱な強度から高強度まで精密に測定することができる検出器が不可欠である．検出器として，位置敏感型検出器（PSPC）やイメージングプレート（IP），CCDなどが利用されているが，それぞれ一長一短である．PSPCは高計数率では利用できないため，高輝度放射光からの強度を十分に利用できず，その結果，十分早い測定が困難である．IPはX線フィルムと同様であるため，様々な形状に曲げることができ，場所も取らず，直線性にも優れていることから，優れた2次元検出器として利用できる．しかし，IPに記録したデータを取り出すためには，読み取り装置にかける必要があり，IPと読み取り装置を一体化した装置などを工夫しても，多量の連続測定には限界がある．CCDはその点，読み取り速度など優れており有望な検出器ではあるが，CCDカメラの口径はまだまだ小さく，数インチ以上の大きなものでは1千万円以上し，IPのメディア本体は千円程度であることを考えると，価格に1万倍以上の開きがある．

　筑波高エネルギー研究機構物質構造科学研究所放射光施設フォトンファクトリー（PF）の放射光とIPを組み合わせ，デバイシェラーカメラのジオメトリーを用いて行ったアモルファスの結晶化過程を観察した実験では，10秒程度の測定で定量測定に十分堪えうるデータの蓄積ができることが確認されている．一方，高輝度，高エネルギーの放射光を利用して，CCDカメラを用いヨーロッパシンクロトロン放射光研究所（ESRF）で行われた類似の実験では，1秒間隔で測定を行っている．金属ガラスは，過冷却融体状態での均一核生成を利用してナノ結晶化あるいはナノ準結晶化材を作製することができることから，ナノ金属材料の重要な出発物質と考えられている．このような金属ガラスの加熱に伴うガラス転移やナノ結晶化などに関する重要な構造情報が，上記の迅速X線回折法により得ることができるようになると期待される．

3.1.4 X線全反射を利用した解析

X線を約0.1度程度の浅い角度で，鏡面がでた試料表面に入射すると，X線の試料中への進入は数nm程度に抑えられ，表面で完全に反射される全反射現象を実現することができる．その結果，このような条件下で測定を行うと，バルクの情報を含まない表面の構造に極めて敏感なX線回折や分光が実現する．具体的には，X線全反射のプロファイルを精密に測定することで，基板上の薄膜の膜厚はもちろんのこと，膜面の原子の位置や膜の形態，薄膜と基板界面の構造などを理解することができる．また，全反射が実現している状況で，試料表面近傍に形成されるX線定在波の節と腹の位置を，入射角を変化させて移動させることで，不純物原子が存在する位置や吸着原子の位置を解析したりすることができる．さらに，全反射を起こしている条件の下で，試料表面内からの回折を測定する表面X線回折や散漫散乱を測定することで，試料極表面の原子構造を決定することができる．このように，全反射現象を利用した回折・分光法は，試料表面の構造情報を決定するための優れた方法である．

3.1.5 小角散乱測定

ブラッグの条件，$2d\sin\theta = \lambda$，は結晶の面間隔とそれが現れる回折角2θ，測定に用いたX線の波長λの関係を表す有名な関係式である．この関係式で，仮に干渉を起こす距離dが，通常の面間隔である0.1nmのオーダーではなく，数nm～数10nmの場合にはどうなるか考えてみよう．通常の回折ピークが数十度付近に現れることを考えると，これらの干渉の相関に対応する回折は，散乱角が数度以下の極めて小さい散乱角に現れることが予想される．このような数度以下の入射X線方向近傍の回折強度分布を測定することにより，数nm以上の長い距離での原子相関，具体的にはナノ結晶組織中の結晶粒の平均粒径や形状，粒子相関の距離などの情報を決定することができる．回折強度が小角に現れることから，このような回折強度分布を小角散乱とよぶ．さらに，この小角散乱に先に述べた異常散乱現象を適用することに

より，試料中の特定元素が関係するナノ結晶粒の情報を決定することができる．この方法を異常小角散乱法とよび，多元素で構成される材料中で，添加元素の分布を決定し，ナノ結晶析出の機構などを明らかにする場合に威力を発揮する．また，X線の代わりに，中性子を用いると，化学的な濃度分布の情報に加えて，スピンに関する情報を得ることができ，鉄基ナノ結晶分散型の軟磁性材料やナノコンポジット磁石材料などのナノ組織形成機構と磁性の関わりを理解する際の極めて重要な情報を提供してくれる．

3.1.6 高エネルギー単色Ｘ線回折法

ナノスケールの物質の場合，表面や界面に存在する原子の割合が多くなり，バルク物質で観察されるような理想的な周期構造を示さず，様々な欠陥を含んでいたり，非晶質的な構造を示したりする場合がある．さらに，測定対象の物質の大きさがナノスケールであるため，得られる回折プロファイルは明瞭な回折ピークが観測されず，弱く広がった強度分布を示す場合が多く見られる．回折手法を用いて，これらナノスケールの物質の構造解析を行うには，アモルファスなどの非周期物質で用いられる試料中の任意の原子周りの原子分布を動径方向の距離の関数で表す動径分布関数（RDF）を用いる解析手法が有効である．RDFは，回折強度を補正して得られる干渉関数 $Qi(Q)$ をフーリエ変換して得られる．

$$4\pi r^2 \rho(r) = 4\pi r^2 \rho_0 + \frac{2r}{\pi} \int_0^\infty Qi(Q)\sin(Qr)dr$$

実験によってRDFを求める場合に注意すべき点は，上式右辺第2項の積分の上限が，本来のフーリエ変換では無限大であるが，実験的な制約から測定できる最も大きい波数ベクトルに相当する Q_{max} になる点である．そのため，RDF解析を用いて構造解析を行う場合，フーリエ変換の際の打ち切り誤差が問題になり，十分大きい波数ベクトルまで測定できるような条件で実験しないと，RDFに十分な空間分解能が得られず，その結果，精密な構造

評価ができなくなる．これは，結晶的な構造を持つ物質にRDF解析を適用する場合に特に問題となる．例えば，実験室のX線発生装置などを利用して一般的に得ることができる短い波長の特性X線は，AgKα(0.056nm)，MoKα(0.071nm)などである．これらの波長を用いて測定した場合，Q_{max}の値は最大でもおおよそ210nm^{-1}程度である．このようなQ_{max}の値は，非晶質的な試料では打ち切り誤差がさほど問題にならないが，ナノ結晶などでは不十分である．そこで，放射光から得られる単色化した30 keV(0.04nm)以上の高エネルギーX線を用いた回折実験が注目されている．このような場合，測定できるQ_{max}の値は300nm^{-1}以上になりナノ結晶物質にもRDF解析法を十分に適用することができる．数十nmのα鉄のナノ粒子が析出した鉄基のアモルファス試料の回折プロファイルを，筑波高エネルギー研究機構のPFにおいて，30keVの高エネルギーX線を用いて測定した結果を図3-2に示す．

図中の点線は，α鉄の体心立方構造を仮定して計算したRDFである．実験的に求めたRDFと，モデルに基づいて計算したRDFの図から明らかなよ

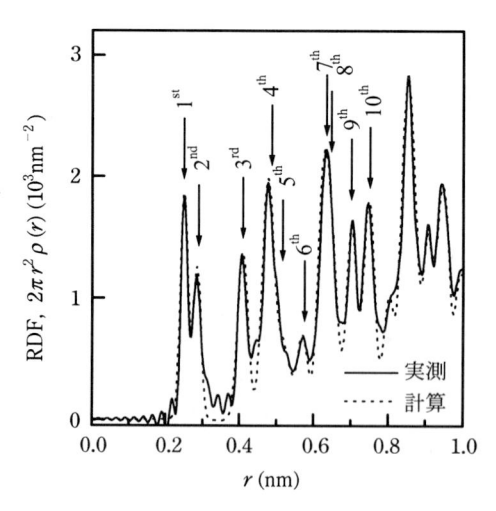

図3-2 940Kで1200秒の熱処理により，ナノスケールのα鉄が析出したFe$_{80}$Nb$_{10}$B$_{10}$アモルファス金属のRDF．

うに，高エネルギー単色X線を用いることによって1nm以上のかなり遠くにおいても，モデルと実測したRDFが極めてよい一致を示すことがわかる．このように，高エネルギー単色X線の利用により，結晶物質の短中距離領域での原子相関を直接的に決定できる．

3.1.7 蛍光X線ホログラフィー法

蛍光X線ホログラフィー (X-ray fluorescence holography; XFH) 法は，1990年代になって実現した手法であり，X線による構造解析法としては極めて新しい方法といえる．ホログラフィーという言葉からも想像できるように，この手法を用いることにより，3次元立体像を結像することができる．通常のレーザー光を用いたホログラフィー法とは異なり，X線を用いるために，単結晶試料中の原子の3次元配列を実験的に直接決定することができる．このような情報は，高分解能電子顕微鏡を用いて観察される原子の直接像とは異なる．高分解能電顕の場合，我々が原子像として見ている情報は，単結晶試料中を透過してくる電子線が作るいわば原子の影であり，3次元原子配列

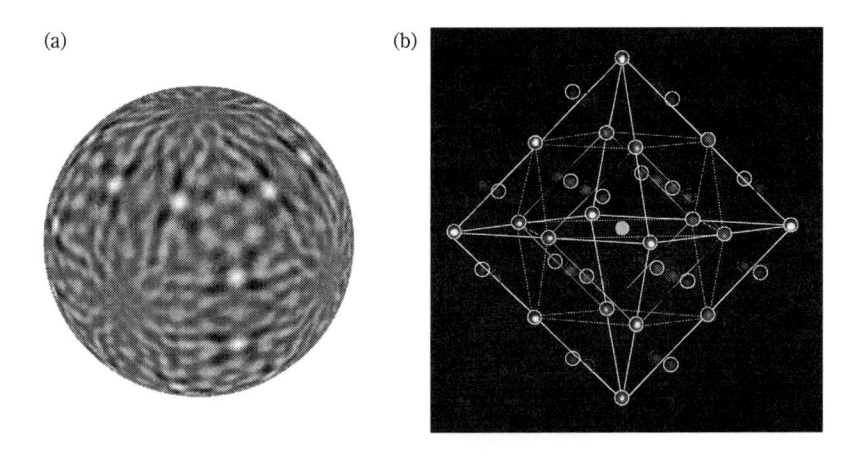

図3-3 15.75keVで測定された $Si_{0.999}Ge_{0.001}$ の (a) ホログラムパターン，(b) 再生されたGe原子の周りの3次元原子配列．

を2次元平面に投影した像である．それに対して，この手法で得られる情報は，単結晶中の特定元素から発生する蛍光X線と，それらが周りの原子によって散乱された散乱波との干渉を精密に測定し，それらから再生した3次元原子配列である．

例として，図3-3に$Si_{0.999}Ge_{0.001}$単結晶中のGeの蛍光X線ホログラムパターンとそれから再生したGe原子の周りの3次元原子配列を示す．この手法はまだ開発されて日が浅く，現在も手法の改良と，新たな応用研究を精力的に行っている．この手法が威力を発揮するのは，特に，局所的な3次元原子配列が物性と深く関わる単結晶中の不純物元素周りの化学的な構造と歪みに関する情報を決定したり，人工薄膜の面内と面直方法を直接決定したりする場合であると考えられる．

3.2 元素選択性構造解析

3.2.1 はじめに

　ナノ粒子分散型高強度材料や鉄基ナノ結晶軟磁性材料は，急冷し作製したアモルファス合金に熱処理を施し，ナノ結晶化させて作製する．また，ナノ結晶材料の多くはアモルファスの結晶化によって得られ，ガラスの過冷却液体からの均一核生成によらない．したがって，出発物質であるアモルファスの構造の詳細を明らかにすることは，ナノ結晶化機構を理解し，ナノ組織制御を行うために有用である．このような長範囲での周期構造を持たないアモルファスの構造を定量的に記述する唯一の方法は動径分布関数（RDF）である．ピークの位置および面積がそれぞれ原子間距離と配位数に相当する最も一般的な RDF は，2 種類以上の元素を含む試料の場合，次式で表される．

$$4\pi r^2 \rho(r) = 4\pi r^2 \sum_{j=1}^{N}\sum_{k=1}^{N} \frac{c_j f_j f_k}{\langle f \rangle^2} \rho_{jk}(r) \tag{3-1}$$

　すなわち，通常の回折実験で得られる式 (3-1) の左辺は，右辺の式で表されるように，元素 j の濃度分率 c_j と，元素 j と元素 k の X 線原子散乱因子 f_j, f_k を掛け合わせて，原子散乱因子の平均 $\langle f \rangle$ の 2 乗で割った重みを，部分 RDF ($4\pi r^2 \rho_{jk}(r)$) とよばれる j-k 原子対の分布を表す RDF に掛けて足し合わせた形になる．したがって，物質中に含まれる元素の数が 2, 3, 4 と増加すると，(3-1) 式右辺の部分 RDF の数はそれぞれ 3, 6, 10 と倍近くの割合で増加する．アモルファス合金を測定対象とする場合，3 種類以上の元素を含む

多元系であることを考えると，ここで説明する元素選択性回折手法を用いた評価技術が非常に重要になる．

3.2.2 X線異常散乱(AXS)法

物質によるX線散乱強度は元素固有のX線原子散乱因子fによって決まる．原子散乱因子は，波数ベクトルQとX線のエネルギーEの関数であり，

$$f(Q,E) = f_0(Q) + f'(E) + if''(E) \qquad (3\text{-}2)$$

で表される．右辺第1項はQの関数で，いわゆるX線原子散乱因子とよばれる項である．右辺第2項，第3項は異常分散項とよばれ，実数部分と虚数部分からなる．この異常分散項は図3-4に示すように，Eの関数で元素固有の吸収端近傍で大きな不連続変化を示す．したがって，試料に含まれるある元素の吸収端近傍で入射X線のエネルギーを変化させて散乱強度を測定した場合，異常分散項の変化に伴い散乱強度が変化する．この強度変化から該当する元素周りの構造（環境構造）の情報を選択的に決定できる．この方法

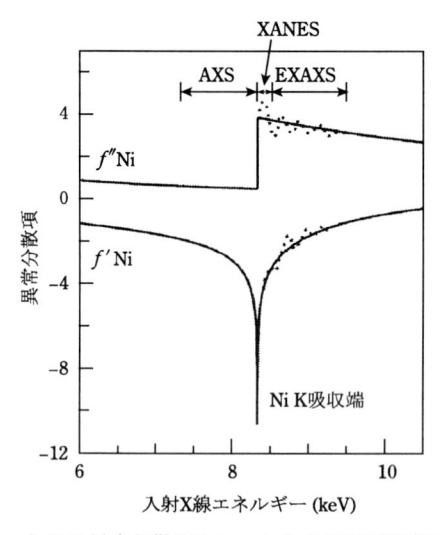

図3-4 ニッケルの異常分散項のニッケルK吸収端近傍での変化

をX線異常散乱（AXS）法とよぶ．

　このAXS法の原理は古くから知られていたが，実際にAXS法を用いて環境構造を決定するには図3-4からもわかるように，異常分散項が大きな変化を示す吸収端近傍，数100 eVのエネルギー領域を用いる必要があり，高強度の連続X線を発生する放射光線を利用することによって，はじめて容易に測定することができるようになった．国内では主に，筑波高エネルギー研究機構のフォトンファクトリー（PF）を用いてAXS測定が行われているが，放射光の加速エネルギーが2.5 GeVで臨界エネルギーが数keVのPFでは，強度の問題から周期表の第5周期後半から軽希土類元素に関するAXS測定が不可能である．これに対して，加速エネルギーが8 GeVで臨界エネルギーが，数10 keVである第3世代放射光に分類されるSPring-8では，Fe元素より大きい原子番号のほとんどすべての元素についてAXS測定が可能であり，例えば金属ガラスの準結晶化などで重要な添加元素であるPdやAgなどの役割を直接実験で明らかにすることができる．さらに，高輝度であるSPring-8を用いることにより，AXS法における検出限界が数％程度であったのが1％以下に拡張できると考えられ，より微量な添加元素の役割を理解するための手段として期待できる．

　吸収端の高エネルギー側では，試料から非常に強度の強い蛍光X線が発生し，異常分散項にXAFS振動（以下で説明）などが重畳するため，通常AXS法では，吸収端の低エネルギー側の異常分散項の実数部 f' の変化を利用する．例えば，元素Aの吸収端近傍の低エネルギー側の二つのエネルギー（E_1 および $E_2: E_1 < E_2$）を使い測定した散乱強度について補正し，規格化した後，弾性散乱強度 $I_{eu}(Q, E_1)$ と $I_{eu}(Q, E_2)$ の強度差からエネルギー差分干渉関数を計算する[1]．

$$Q\Delta i_A(Q, E_1, E_2) = \frac{\left\{\left(I_{eu}(Q, E_1) - \langle f^2(Q, E_1)\rangle\right) - \left(I_{eu}(Q, E_2) - \langle f^2(Q, E_2)\rangle\right)\right\}}{W(Q, E_1, E_2)} \quad (3\text{-}3)$$

ここで，$W(Q, E_1, E_2) = \sum_{j=1}^{N} x_j \Re \left[f_j(Q, E_1) + f_j(Q, E_2) \right]$

$\Re$は括弧内の数値の実数部を表している．式(3-3)のフーリエ変換により次式で与えられる元素A周りのRDF（以下，環境RDFとよぶ）を実験的に決定できる．

$$4\pi r^2 \rho_A(r) = 4\pi r^2 \rho_o + \frac{2r}{c_A \left(f'_A(E_1) - f'_A(E_2) \right)} \int_0^{Q_{\max}} Q \Delta i_A(Q) \sin(Qr) dQ \quad (3\text{-}4)$$

AXS法を利用した非周期系物質の環境構造解析

　X線異常散乱（AXS）法を利用した非周期系物質の環境構造解析は，すでに多くの材料に適用されてきた．例えば，通常のX線回折実験では識別することが不可能な，周期表で隣接するZrおよびYを含む4元系$Zr_{33}Y_{27}Al_{15}Ni_{25}$金属ガラスのような複雑な系についてもその詳細を明らかにできるようになった[2]．

　図3-5には，AXS法によって求めた急冷した状態と熱処理した状態での$Zr_{33}Y_{27}Al_{15}Ni_{25}$金属ガラスの環境RDFを示す．このZrとY原子周りでの熱処理に伴う構造変化から，この系における特異な熱分析プロファイルを，ZrとY原子周りの局所構造の熱安定性の違いと関連付けて説明することができた．このように，周期表で隣接する元素についてもAXS法により元素を識別して構造解析を行うことができる．

　今後のAXS法の課題は，迅速測定の実現と検出濃度の限界を下げることである．迅速測定については，高輝度のSPring-8のような放射光X線源と高計数効率で，できるだけ良好なエネルギー分解能を示す1次元，あるいは2次元検出器を組み合わせ，約1秒程度の短時間で測定できるようにすることにより，ナノ結晶化過程の時間変化の追跡と，より詳細な理解が可能になることが期待される．現在，AXS測定における検出限界は約数at.%である．しかし，実用材では，1%以下の添加元素も多く存在する．このような元素

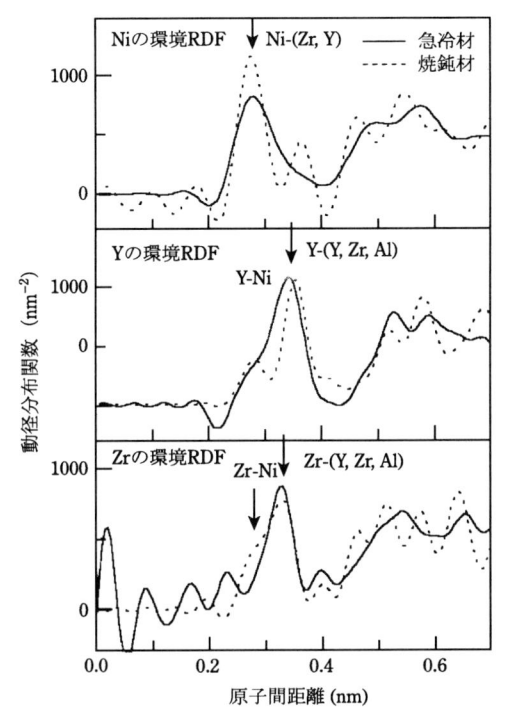

図 3-5 4元素 $Zr_{33}Y_{27}Al_{15}Ni_{25}$ 金属ガラスのニッケル，イットリウム，ジルコニウム元素の周りの環境動径分布関数

の役割を明らかにするために，高輝度X線源を用いて検出限界を改善するための実験的方法の改良にも取り組む必要がある．

3.2.3 X線吸収微細構造(EXAFS)法

　完全に孤立した1個の原子からの異常分散項は図3-4の実線のように変化するが，物質内の原子の場合，実際には周囲の原子配列を反映し吸収端の高エネルギー側で点線のような振動が観察される．この f'' の振動成分を解析することによって，AXS法と同様，吸収端に対応する元素周りの原子配列を実験的に見積ることができる．この方法を EXAFS (extended X-ray absorption fine structure) 法とよぶ．EXAFS法の場合，かなり低濃度の元素に

も適用でき,測定も比較的簡便に実施できることから,多元系物質中の微量元素周りの原子配列の解析などに特に有効である.しかし,多重散乱効果の影響を考慮し,位相やバックスキャッタリングなどの解析に必要なパラメータを標準試料のスペクトル解析や理論解析から見積る必要があり,データ解析が複雑である.また,EXAFSスペクトルは光電子の干渉であるためフォトンの干渉を利用する上述のAXS法などに比べ,検出感度に優れている反面,波の減衰が大きいため第2,第3近接付近など,遠方の原子相関を精度よく見積ることが難しくなる場合がある.これは特に欠陥を多く含む結晶や長周期を持たないアモルファス物質のような場合には顕著である.

　一方,AXS法の場合,データ解析はEXAFS法に比べ直接的であり,環境RDFから原子間距離および配位数を決定し,第2,第3近接も第1近接と同じ実験精度で決定できる.しかし,吸収端のエネルギーによっては,回折プロファイルを十分大きい波数ベクトルまで測定することができず,フーリエ変換に伴う打ち切り誤差の影響でRDFの分解能が低下することがあり,実験誤差の原因となる.測定はEXAFSスペクトルの測定ほど簡便ではなく,測定時間もEXAFS法の10倍以上かかる.また,検出できる濃度の限界はおよそ1 at.%程度でありEXAFS法に比べて悪い.このように二つの方法はある元素周りの局所構造という類似の情報を与えるが,その特徴を比較するとそれぞれの長所と短所がある.したがって,多数の元素を含んだ実用材料を取り扱う場合には,AXS法とEXAFS法を併用することが推奨される[3].

AXS法,EXAFS法による誘起共析型メッキの解析

　モリブデンやタングステンは水溶液から単独では電析しないが,Fe, Ni, Coなどの遷移金属イオンが溶液中に存在すると合金を形成し電析する.このような合金メッキの機構を誘起共析型メッキとよぶ.この不可思議な電析機構を理解するのに,水溶液中のモリブデンイオンの構造をAXS法とXAFS法を用いて解析した結果,水溶液中のモリブデンイオンが集まって形成するナノスケールのモリブデン錯体の構造が重要であることがわかった[4].モリ

3.2 元素選択性構造解析 293

ブデンK吸収端でのモリブデンイオンを含む溶液のEXAFSスペクトルから得られるモリブデンイオン周りの動径構造関数を図3-6に示す．EXAFS法により，モリブデンイオンを取り囲む6個の酸素イオンの構造について詳細を知ることができる．モリブデンK吸収端でのAXS法からも，図3-7に示すようにモリブデンイオン周りの環境RDFを決定できる．この環境RDF

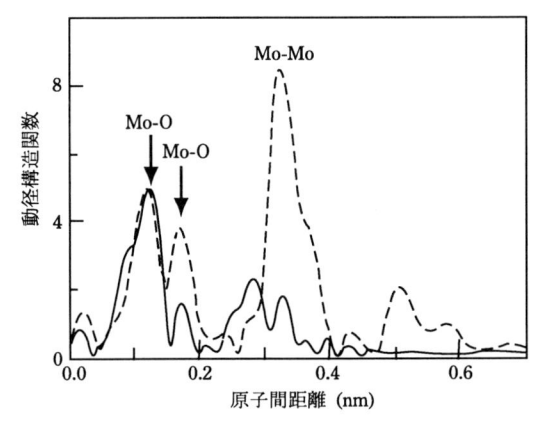

図3-6 1.0mol/l モリブデン酸ナトリウム水溶液中のモリブデンイオン（実線）とモリブデン酸結晶（破線）の動径構造関数

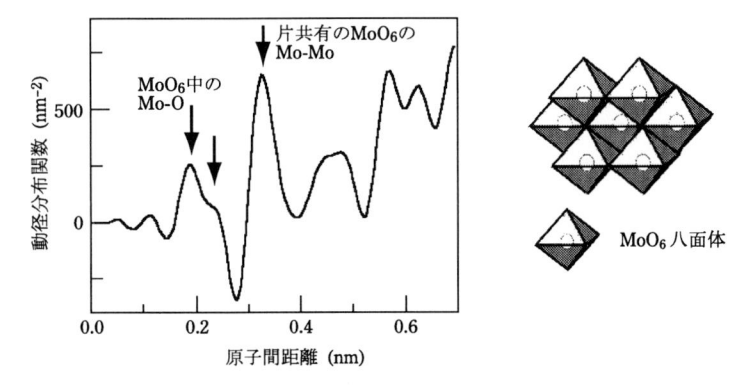

図3-7 1.0 mol/l モリブデン酸ナトリウム水溶液中のモリブデンイオンの環境動径分布関数とそれより予想されるモリブデン酸錯体の構造モデル

の解析により，EXAFS法の結果同様，モリブデンイオンは水溶液中で，4個の酸素イオンと，それから少し離れた距離にある2個の酸素イオンに囲まれたMoO_6八面体を基本構造単位とするモリブデン酸イオンであることわかる．しかし，最近接の4個の酸素イオンがさらに2種類の距離に分類できるというような構造の詳細についての解析はRDFの空間分解能の限界からAXS法では難しい．すなわち最近接での構造の詳細を知るのに，EXAFS法はAXS法より優れた感度と精度を示す．

モリブデン酸イオンが溶液中でどのように連結してポリモリブデン酸イオンを形成しているかを知るには，Mo-Mo原子ペア相関に対応する第2近接付近での構造パラメータを解析する必要がある．図3-6のEXAFS法による動径構造関数の第2近接付近での原子相関は，図3-7のAXS法による環境RDFに比べて明らかに不明瞭である．すなわち，第2近接以降での原子相関についてはAXS法の方がEXAFS法より定量性に優れており，金属錯体クラスター全体の構造を解析するために不可欠な実験データを提供してくれる．例えば，モリブデンイオンだけを含む1mol/lモリブデンイオン溶液の場合，Mo-Mo原子相関が0.330nmであることから，MoO_6八面体は辺共有で連結しており，その配位数から図3-6の挿絵のようなポリモリブデン酸イオンの存在が予想される[4),5)]．このようなEXAFS法とAXS法の併用した方法は，ここで紹介した溶液中の金属錯体の構造解析のみならず，様々な応用が期待される．

3.2.4 回折EXAFS(DAFS)法

結晶に含まれるある元素の吸収端の高エネルギー側で，入射X線のエネルギーを少しずつ変化させて結晶の回折ピーク強度を測定すると，結晶からの回折強度を決める構造因子に含まれる図3-4の異常分散項の影響で，回折ピーク強度はXAFS振動と似た変化を示す．ただ，XAFS振動との違いは，吸収端での入射X線のエネルギー変化に伴う回折ピーク強度の変化を測定する点である．すなわち，複数の結晶相が含まれる場合には，回折ピーク強

度を選択することにより，ある特定の結晶相での環境構造だけを選択的に抽出し決定することができる（空間選択性）．

このように空間選択性と元素選択性を兼ね備えたDAFS法は，複数の相が混在し，多数の元素で構成されるナノ金属材料の構造評価には魅力的な測定方法である．しかし，実際にこの手法をナノ材料に適用するためには，解決しなければならない問題が多く存在する．その中でも特に深刻なのは，実測した回折強度に含まれる吸収項とバックグラウンドとして混入する蛍光X線の補正の問題である．吸収項および蛍光X線は，上で説明したEXAFSスペクトルの振動を示す．そのため，これらの補正を精度良く行わない限り回折強度の振動成分（DAFSデータ）を正確に取り出すことはできない．したがって，DAFS法を活用するためにまず取り組まねばならない課題は，DAFSデータを取得するための実験装置および測定方法の開発研究と，得られたデータ解析のための理論研究と解析方法を確立するための研究である．現在，これらの解決方法として試みられている方法は，実際のDAFS測定において試料の吸収を同時に測定し，それを補正に利用することや，吸収が十分に無視できるような希薄な物質や薄膜などを測定対象とするような測定である[6),7)]．

3.2.5 まとめ

ナノコンポジット磁石，ナノ結晶磁性材料，ナノ粒子分散超高強度構造材料などのナノ金属材料は，金属ガラスあるいは非晶質合金に適当な熱処理を施して結晶化させることによって作製される．したがって，元素選択性技術を使って取り組むべき問題は，ナノ金属材料の前駆体である金属ガラスおよび非晶質合金，さらにガラス転移温度以上に加熱した金属ガラスが示す過冷却融体，急冷前の融体中の局所構造を特定し，局所原子構造の立場で，ナノ結晶化（準結晶化）機構を系統的に整理することである．さらに，析出した結晶中での添加元素の役割を元素選択性解析技術により解析することで，結晶前後でのその役割を明らかにする．そして，これらの情報はナノ構造組織

制御のために不可欠な構造情報となる.

　ここで紹介した元素選択性手法は, 放射光X線が比較的容易に利用できるようになった現在, 決して特殊な手法ではない. EXAFSがその典型的な例である. EXAFSに比べればAXSとDAFSはまだ一般的とは言えないが, EXAFS測定が可能なビームラインに, 2軸のゴニオメータと高計数効率の良好なエネルギー分解能を示す検出器を導入することによって測定をすることができる. 実際, PFでは長年EXAFS測定のビームラインを用いてAXS測定が行われてきた. このようにAXSもDAFSもEXAFS同様, より一般的な評価技術になっていくと予想される.

【参考文献】

1) E. Matsubara and Y. Waseda: *Resonant Anomalous X-Ray Scattering*, Eds. G. Materlik, C. J. Sparks and K. Fischer, Elsevier, Amsterdam (1994), p. 345.
2) E. Matsubara et al.: Mater. Sci. Eng., **A179/A180** (1994), 444.
3) 松原英一郎：X線吸収分光法, 太田俊明編, アイピーシー (2002), p.262.
4) K. Shinoda et al.: Z. Naturforsch, **52a** (1997), 855-862.
5) E. Matsubara and K. Shinoda: High Temp. Mater. Proc., **17** (1998), 133-143.
6) 水木純一郎：放射光, **6** (1993), 309.
7) 水木純一郎, 木村英和：応用物理, **68** (1999), 1271.

3.3 X線・中性子小角散乱

3.3.1 はじめに

　小角散乱（small-angle scattering; SAS）法による金属材料のキャラクタリゼーションの歴史は古く，1950年代にはナノスケールの組織に対するほとんど唯一の解析手法として利用され，Al合金の析出現象の研究等に寄与してきた．その後，微細組織解析の中心は著しく発達した電子顕微鏡手法等の直接観察法に移行したが，高強度や軟磁気特性といった新奇な特性が得られるナノ組織材料の出現により，X線小角散乱（small-angle X-ray scattering; SAXS）法，中性子小角散乱（small-angle neutron scattering; SANS）法の重要性が再び注目されている．その理由は以下の通りである．

① 平均粒径や平均粒子間隔等の平均スケール情報を高精度で得ることができる．

② 数 $10\mu m$ ～数 $100\mu m$ 厚の試料が非破壊で測定可能である．

特性と組織との定量的な関係を解明するためには①は欠かすことができない情報であり，非平衡プロセスを用いて作製された材料に対しては薄膜化等の試料加工に伴う組織変化を排除できるため②の特徴は極めて有利である．

　一例として，チッ化鉄磁性流体の透過電子顕微鏡（TEM）像[1]と対応するX線小角散乱プロファイルを図3-8に示す．この例ではTEM観察にあたっては磁性流体の溶媒を蒸発させ観察を行うのに対し，X線小角散乱プロファイルは流体の状態のままで測定が可能である[2]．希薄試料ではこのような小角散乱プロファイルの左側の平らな領域から粒子径，右側の顕著な強度減少

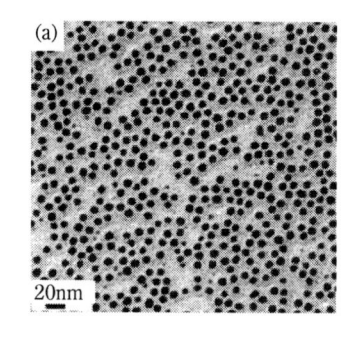

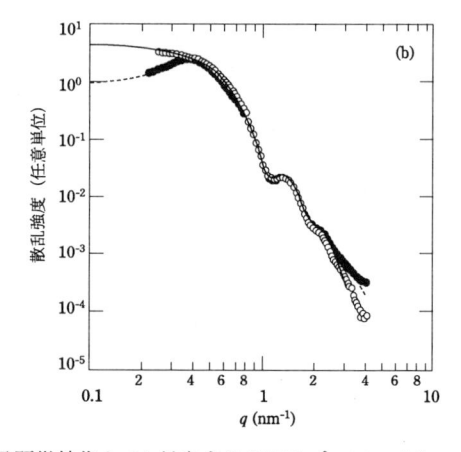

図 3-8 (a) チッ化鉄磁性流体の電子顕微鏡像と (b) 対応する SAXS プロファイル（低濃度流体：白抜き丸印，高濃度流体：黒丸）
(b) 内には平均粒径 8.6nm で低濃度試料に対しては (3-10) および (3-23) 式より計算したプロファイルを実線で，高濃度試料に対しては (3-10), (3-25) および (3-27) により計算したプロファイルを破線で示した．

の q 依存性から界面の形状，サイズ分布等の情報が得られる．高濃度試料の場合はこれらに加え，出現するピーク位置から粒子間隔の情報が得られる．観測範囲（SAXS; 数 mm^2 ×数 $100\mu m$ 厚，SANS; 数 cm^2 ×数 0.1～数 10mm 厚）が TEM 観察で観測可能な領域（数 $100\mu m^2$ ×数 100nm 厚程度）の数万倍以上に及ぶため，平均粒径やサイズ分布等の情報をより正確に評価することができる．

　小角散乱で取り扱う角度領域は散乱角 2θ でおよそ 3°以下の領域である．解析上は角度ではなく，波数 q ($=4\pi \sin\theta/\lambda$) が重要であり，q 領域で 3～5nm^{-1} 以下の領域を対象とする．この q 領域を金属材料研究には欠かせない電子回折図形（bcc-Fe の回折図形）に重ねてみると図 3-9 のようになる．bcc-Fe の (110) 回折リング ($d=0.203nm$) と比較すると小角散乱領域がどのような位置にあるかが理解できる．この領域の散乱は，図 3-8 (b) に示したように明瞭な回折ピークを持たないことが多く，データの解析法も広角領域の解析とは異なったものとなる．しかし，小角散乱も広角領域の回折も同じ

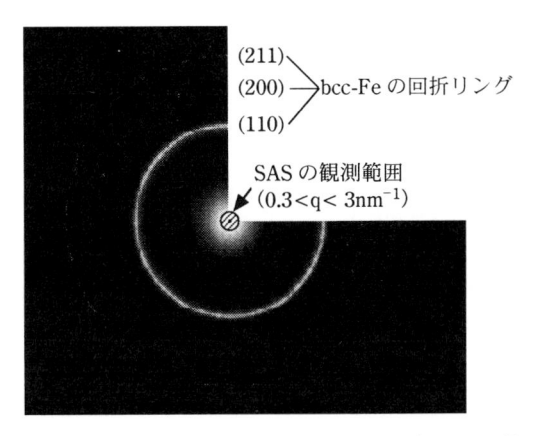

図 3-9 bcc-Fe 相の電子回折像と SAS の基本測定領域の比較
外側の円が $3nm^{-1}$, 中心の点が $0.3nm^{-1}$ に相当.

原理により生じることには変わりがない. ここではこのような視点から小角散乱の原理をはじめに解説し, 散乱・回折実験で不可欠なフーリエ変換, コンボリューションおよび相関関数の概念について簡単に触れる. 次に図3-8に白丸で示したような希薄系における基本的なプロファイル解析法を紹介する. 金属材料の小角散乱測定ではしばしばこのような基本的な解析法では取り扱えない試料に遭遇する. それらの例として, 粒子サイズ分布がある場合, 図3-8に黒丸で示したような粒子の体積分率が大きな系の解析手法を紹介する. 最後にこのような小角散乱領域の散乱プロファイルを精度良く測定していくために必要な光学系を紹介し, 実際の測定データから種々のバックグラウンドシグナルを取り除き対象試料の散乱プロファイルを得るプロセスを紹介する.

3.3.2 小角散乱の原理

散乱・回折現象を考えていく場合, 最もなじみ深いアプローチの一つはブラッグの法則の導出に関する考察であろう. 図3-10にその典型例を示す. 原子面A, および原子面Bにより回折された波の行路差は両原子面の間隔を d

とすると図に太線で示した$2d\sin\theta$である．したがって，原子面Aにより反射された波と原子面Bにより反射された波の重ね合わせは，波の散乱振幅をf，波長をλ，原子面Bにより反射された波の前行路をxとして

$$f\left\{\cos\left(2\pi\frac{x+2d\cdot\sin\theta}{\lambda}\right)+i\cdot\sin\left(2\pi\frac{x+2d\cdot\sin\theta}{\lambda}\right)\right\}$$
$$+f\left\{\cos\left(2\pi\frac{x}{\lambda}\right)+i\cdot\sin\left(2\pi\frac{x}{\lambda}\right)\right\}$$

と表すことができる．ここで行路差$2d\sin\theta$が波長λもしくはその整数倍と一致すると

$$f\left\{\cos\left(2\pi\left(\frac{x}{\lambda}+n\right)\right)+i\cdot\sin\left(2\pi\left(\frac{x}{\lambda}+n\right)\right)\right\}+f\left\{\cos\left(2\pi\frac{x}{\lambda}\right)+i\cdot\sin\left(2\pi\frac{x}{\lambda}\right)\right\}$$
$$=2f\left\{\cos\left(2\pi\frac{x}{\lambda}\right)+i\cdot\sin\left(2\pi\frac{x}{\lambda}\right)\right\}$$

となり，A面，B面で回折された波の位相が揃い，強めあう．つまりブラッグの法則

$$2d\cdot\sin\theta=n\lambda \tag{3-6}$$

は異なる場所で散乱された波が強めあう条件を表している．小角散乱法にお

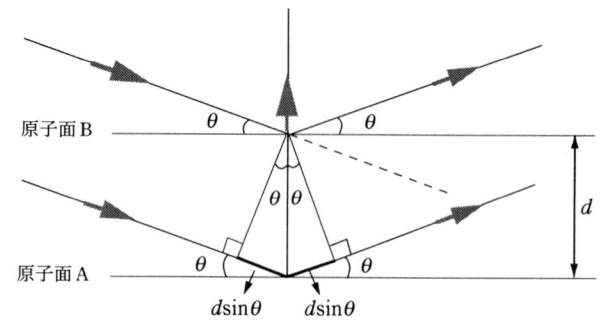

図3-10 面間隔dの原子面AおよびBにより反射された波の行路差

いても異なる場所で散乱された波の行路差を考え，その重ね合わせをとる点は全く変わらない．異なる点は強めあうという条件が不必要なだけである．

図3-11に示したn個の原子からなる粒子の散乱について考えてみよう．球の中心にある原子とそこから$\mathbf{r}_n$離れた点にある原子によりA方向に散乱された波との行路差を考える．図3-10では二つの回折面の面間距離はdであったがこの場合には回折面に垂直な単位ベクトル$\mathbf{q}_i$を用いて表すと$(\mathbf{q}_i \cdot \mathbf{r}_n)$が$d$に相当する．したがって中心にある原子により散乱された波と比較して$2(\mathbf{q}_i \cdot \mathbf{r}_n)\sin\theta$分その行路は短い．同様に$\mathbf{r}_m$離れた点にある原子に散乱された波の行路は$|2(\mathbf{q}_i \cdot \mathbf{r}_n)\sin\theta|$長いからこの球状粒子内の全ての原子により散乱された波を足し合わせると$\mathbf{r}_n$にある原子の散乱振幅（散乱長密度：付録参照）を$\rho(\mathbf{r}_n)$として

$$\sum_n \rho(\mathbf{r}_n)\left\{\cos\left(2\pi\frac{-2(\mathbf{q}_i \cdot \mathbf{r}_n)\sin\theta}{\lambda}\right) + i\cdot\sin\left(2\pi\frac{-2(\mathbf{q}_i \cdot \mathbf{r}_n)\sin\theta}{\lambda}\right)\right\}$$
$$= \sum_n \rho(\mathbf{r}_n)\exp\left(4\pi i\frac{-(\mathbf{q}_i \cdot \mathbf{r}_n)\sin\theta}{\lambda}\right) = \sum_n \rho(\mathbf{r}_n)\exp(-i(\mathbf{q}\cdot\mathbf{r}_n))$$

となる．ここで

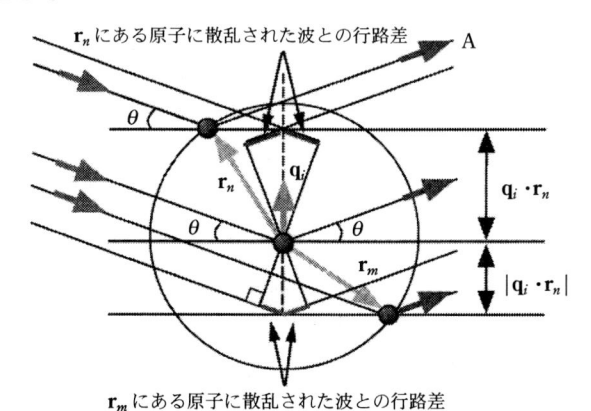

図3-11 n個の粒子で構成されている（球状）粒子からの散乱
$\mathbf{r}_n$にある粒子により散乱された波の行路差を太線で示している．

$$|\mathbf{q}| = \frac{4\pi \sin\theta}{\lambda} \qquad (3\text{-}7)$$

とおいた．さらにこれを $F(\mathbf{q})$ とおき，体積 V の粒子内の積分として書き直すと

$$F(\mathbf{q}) = \int_V \rho(\mathbf{r}) \exp(i(\mathbf{q}\cdot\mathbf{r})) d\mathbf{r} \qquad (3\text{-}8)$$

となり，$F(\mathbf{q})$ は散乱長密度 $\rho(\mathbf{r})$ のフーリエ変換の形を取っている．また，粒子 V 内で $\rho(\mathbf{r})$ が一定（濃度が一定）であれば $F(\mathbf{q})$ は粒子の形状のみに依存するので通常，これを粒子の形状因子 $F(\mathbf{q})$ とよんでいる．実際に測定する散乱強度 $I(\mathbf{q})$ は振幅の自乗に比例するのですべての波を重ね合わせた $F(\mathbf{q})$ を使って

$$I(\mathbf{q}) = |F(\mathbf{q})|^2$$

で与えられる．以上のことから粒子サイズが大きくなる（$|\mathbf{r}|$ が大）ほど，また，散乱角度が大きくなる（$|\mathbf{q}|$ が大）ほど行路差が大きく，種々の位相差を持った波の足し合わせとなり，強度が弱くなるという小角散乱プロファイルの一般的な特徴が予想される．

(3-8) 式は球対称粒子の場合は以下のように書き換えられる（付録参照）．

$$F(q) = 4\pi \int_0^\infty \rho(r) \frac{\sin(qr)}{qr} r^2 dr \qquad (3\text{-}9)$$

(3-9) 式を用いて粒子内の散乱長密度が ρ，半径 R の球状粒子の形状因子 $F(q)$ を簡単に計算することができる（付録参照）．

$$F(q) = \rho V_R \frac{3[\sin(qR) - qR\cos(qR)]}{(qR)^3} \qquad (3\text{-}10)$$

ここで V_R は半径 R の球の体積である．

図3-12に種々の半径の球状粒子の散乱プロファイルを $I(q)/(\rho V_R)^2$ の形で示した．このように行路差に関する考察から予想されるとおり，粒子サイズ

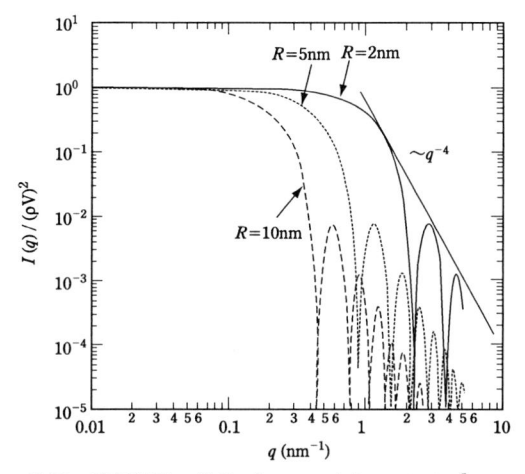

図 3-12 種々の半径の球状粒子の散乱プロファイル $I(q)/(\rho V_R)^2$
粒子半径が小さいほど散乱プロファイルは high-q 側（広角側）まで広がる．粒子内の濃度が等しく，半径が異なる粒子1個を比較した場合，実際には V_R^2 の項がかかるため強度が大きく異なる．すなわち図中 $q=0.01\mathrm{nm}^{-1}$ 付近で $R=10\mathrm{nm}$ の粒子の強度は $R=5\mathrm{nm}$ の粒子の強度の64倍になることに注意．

が小さくなるほど散乱プロファイルは高角側に広がる．高角側の振動部分は金属系の実際の材料ではサイズ分布のためほとんど観測できないが，図3-8に示したような化学プロセスにより作成したサイズ分布が極めて小さい系では第3極大まで観測可能である．(3-10)式は球に対する形状因子であるが，そのほか代表的な形状に対してその形状因子が求められており[3]～[5]，それらのうち金属材料研究においても有益なものを文献3)より抜粋し表3-1に示した．

　ここまでは粒子の周りは $\rho=0$ の状態を仮定してきたが，金属材料の場合，粒子，すなわち析出物の周囲はやはり金属マトリクスであり，$\rho=0$ とはならない．このような2相構造の場合でも，マトリクスの濃度分布が均一であれば平均散乱長密度を ρ_0 と考えると ρ_0 は r によらず一定，すなわち非常に大きな粒子と同等と考えられ，図3-12からも予想されるようにマトリクスからの寄与は q のごく小さな領域で減衰してしまい，観測可能な q 領域

表 3-1 種々の形状を持つ粒子の形状因子（文献3）より抜粋）
異方性を有する粒子についてもランダム配向を仮定し全方位にわたり平均化した形状因子 $F(q)$ もしくはその強度 $P(q)=F^2(q)$ の形で示している．

形状	式
(1) 半径 R の球	$F_1(q) = \dfrac{3[\sin(qR) - q R \cos(qR)]}{(qR)^3}$
(2) 外径 R_1，内径 R_2 の球殻構造 $V(R)=4\pi R^3/3$	$F_2(q) = \dfrac{V(R_1) F_1(q, R_1) - V(R_2) F_1(q, R_2)}{V(R_1) - V(R_2)}$
(3) N 層からなり各層の散乱長密度が ρ_i，各層の外径が R_i の複数の球殻よりなる層状粒子 ($R_i > R_{i-1}$)	$F_3(q) = \dfrac{1}{M_3}\left[\rho_1 V(R_1) F_1(q, R_1) + \sum_{i=2}^{N}(\rho_i - \rho_{i-1}) V(R_i) F_1(q, R_i)\right]$ here $M_3 = \rho_1 V(R_1) + \sum_{i=2}^{N} V(R_i)(\rho_i - \rho_{i-1})$
(4) 回転楕円体 軸長；$R, R, \varepsilon R$	$P_4(q, R, \varepsilon) = \int_{0}^{\pi/2} F_1^2[q, r(R, \varepsilon, \alpha)] \sin\alpha \, d\alpha$ here $r(R, \varepsilon, \alpha) = R\sqrt{\sin^2\alpha + \varepsilon^2 \cos^2\alpha}$
(5) 円柱 （半径 R，長さ L）	$P_5(q, R, \varepsilon) = \int_{0}^{\pi/2}\left[\dfrac{2B_1(qR\sin\alpha)}{qR\sin\alpha} \cdot \dfrac{\sin\left(\dfrac{qL\cos\alpha}{2}\right)}{\dfrac{qL\cos\alpha}{2}}\right]^2 \sin\alpha \, d\alpha$ here $B_1(x)$ is the first order Bessel function
(6) 無限に細い長さ L の円柱	$P_6(q) = \dfrac{2\mathrm{Si}(qL)}{qL} - 4\dfrac{\sin^2(qL/2)}{q^2 L^2}$ here $\mathrm{Si}(x) = \int_{0}^{x}\dfrac{\sin t}{t} dt$
(7) 無限に薄い半径 R の円板	$P_7(q) = \dfrac{2}{q^2 R^2}\left[1 - \dfrac{B_1(2qR)}{qR}\right]$

の散乱プロファイルには寄与しない．したがって，散乱長密度 ρ_0 のマトリクスに埋め込まれた粒子（散乱長密度 ρ）からの散乱強度 $I(q)$ は

$$I(q) = |F(q)|^2 = (\rho - \rho_0)^2 V_R^2 \left\{ \frac{3[\sin(qR) - qR\cos(qR)]}{(qR)^3} \right\}^2 \quad (3\text{-}11)$$

と表すことができ，両者の散乱長密度差（コントラスト）の自乗に相当する強度が得られる．

3.3.3 散乱強度と相関関数

すでに他の箇所でも触れられたように，散乱・回折現象ではフーリエ変換の概念が重要になる．これは小角散乱においてもまったく変わらず，(3-9) 式から明らかなように，形状因子 $F(q)$ は散乱長密度分布 $\rho(r)$ のフーリエ変換である．したがって $F(q)$ がわかれば，そのフーリエ逆変換として $\rho(r)$ を求めることができる．しかし，実際に観測される散乱強度 $I(q)$ は $F(q)$ の絶対値の自乗であり，$I(q)$ のフーリエ逆変換は $\rho(r)$ ではない点に注意しなければならない．では $I(q)$ のフーリエ逆変換が何に対応しているかを考えてみよう．このためにはフーリエ変換とコンボリューション積分の概念とその関係を知る必要がある．フーリエ変換の概念は別の節で解説されているので，ここではコンボリューションについて解説する．

例として図 3-13 上段のような関数を考えよう．これら二つの関数のコンボリューション積分は図 3-13 中段に示したものになるが，これは下段のように片方の関数を x だけ移動させた際に重なり合っている部分の面積に各関数の重みを付加したもので表される．このコンボリューション積分とフーリエ変換との間には，フーリエ変換を $\mathcal{F}$，コンボリューション積分を $*$ とすると以下の関係がある．

$$\mathcal{F}[\varphi_1(r)\,\varphi_2(r)] = \mathcal{F}[\varphi_1(r)] * \mathcal{F}[\varphi_2(r)] = [f_1(q) * f_2(q)]$$

$$\mathcal{F}[\varphi_1(r)\,\varphi_2(r)] = \mathcal{F}[\varphi_1(r)]\,\mathcal{F}[\varphi_2(r)] = f_1(q) f_2(q) \quad (3\text{-}12)$$

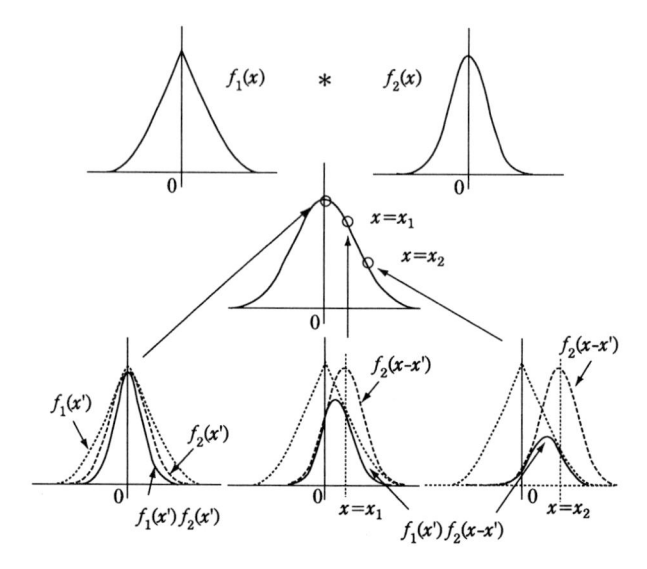

図 3-13 コンボリューション積分の概念図
関数 $f_1(x)$ と $f_2(x)$ のコンボリューション積分は中段の図になるがこれは次のように求められる．コンボリューション積分の $x=0$ の値は下段左に実線で示した両関数の積 $f_1(x) f_2(x)$ が作る面積に相当する．コンボリューション積分の $x=x_1$ の値は関数 $f_2(x)$ を x_1 だけシフトさせた関数 $f_2(x-x_1)$ と $f_1(x)$ との積 $f_1(x) f_2(x)$（下段中央の実線）左に実線で示した両関数の積 $f_1(x)\ f_2(x)$ が作る面積に相当し，同様に $x=x_2$ のコンボリューション積分の値は下段右図に示した実線が作る面積に相当する．別の言い方をすれば両関数の重なり合っている部分の面積に両関数の重みを付加したものがコンボリューション積分である．

つまり，ある二つの関数の積のフーリエ変換はそれぞれの関数のフーリエ変換のコンボリューション積分であり，コンボリューション積分のフーリエ変換はそれぞれの関数のフーリエ変換の積である．これらを使って散乱強度 $I(q)$ のフーリエ変換を記述すると

$$\mathscr{F}[I(q)] = \mathscr{F}[|F(q)|^2] = \mathscr{F}[F(q)] * \mathscr{F}[F^*(q)] = \rho(r) * \rho(-r) \quad (3\text{-}13)$$

となり，散乱長密度 $\rho(r)$ の自分自身へのコンボリューション（セルフコンボリューション）であることがわかる．

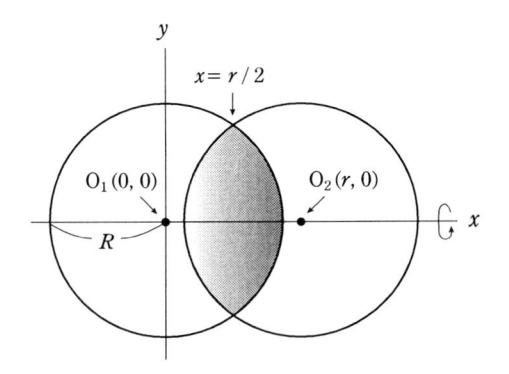

図 3-14 散乱長密度一定の球状粒子の相関関数
散乱長 $\rho=1$ の場合, $g(r)$ は $O_1(0, 0, 0)$ にある半径 R の球と $O_2(r, 0, 0)$ にある半径 R の球の重なっている領域に等しい. これは上図のように $O_1(0, 0)$ にある半径 R の円と $O_2(r, 0,)$ にある半径 R の円の重なっている領域を x 軸の周りに回転して得られる体積に等しいので, $g(r) = \int_{r/2}^{R} 2\pi \left(\sqrt{R^2 - x^2}\right)^2 dx$ となる.

この概念を球状粒子を使って模式的に示したものが図3-14である. はじめは同じ点にあり, 全く同一な $\rho(r)$ および R を持つ二つの粒子を考えよう. そのうちの一つを r だけずらしていった場合に重なりあっている点の体積に $\rho(r)$ の重みを付与した値が (3-13) に相等し, 散乱強度 $I(q)$ のフーリエ変換である. この $\rho(r)$ のセルフコンボリューションを以下に (自己) 相関関数 $g(r)$ とよぶ. $\rho(r)$ が粒子内ですべて 1 である場合には $g(r)$ は単純に重なりあう部分の体積に等しいから以下のように求めることができる (付録参照).

$$g(r) = \rho^2 V_{\text{particle}} \left(1 - \frac{3}{4}\frac{r}{R} + \frac{1}{16}\left(\frac{r}{R}\right)^3\right) \quad (3\text{-}14)$$

(3-12)式の関係は後に示すような**粒子の体積分率が大きな系**を取り扱う場合も重要となる. 例として剛体球の配列を考える. この系全体の相関関数 $g_{\text{total}}(r)$ が図 3-15 (a) に模式的に示したような関数となると仮定しよう. この関数は図3-15 (b) に示した粒子の自己相関関数 $g_{\text{particle}}(r)$ と図3-15 (c) に示

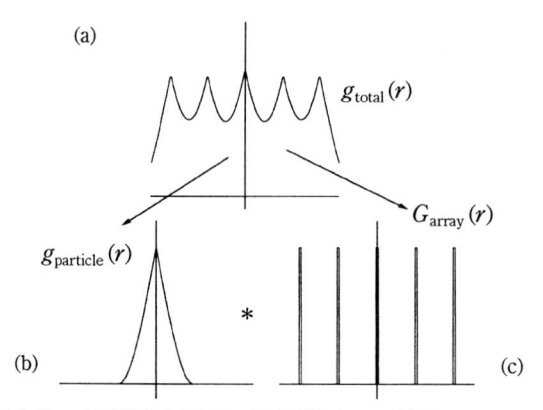

図 3-15 粒子自身の相関関数と配列の相関関数とへの分離
コンボリューション積分とフーリエ変換の関係は粒子の体積分率が大きな場合の解析に有効なアプローチを提供する．すなわち散乱強度の直接のフーリエ変換に相当する系全体の相関関数 $g_{total}(r)$ を個々の粒子の相関関数 $g_{particle}(r)$ と配列の相関関数 $G_{array}(r)$ とのコンボリューションと見なすことができる．(3-13)に示したようにコンボリューション積分のフーリエ変換はそれぞれの関数のフーリエ変換と見なすことができるから散乱強度 $I(q)$ を粒子の形状因子 $F(q)$ とのフーリエ変換 $S(q)$ を使って $F^2(q)S(q)$ のように表され，粒子内の散乱と粒子間の散乱とに分離して考察することができる．

した粒子の配列を表す相関関数 $G_{array}(r)$ とのコンボリューションである．観測する散乱強度 $I(q)$ は両者のフーリエ変換 $\mathcal{F}[g_{particle}(r) * G_{array}(r)]$ であるから（3-12）式の関係より $\mathcal{F}[g_{particle}(r)]\,\mathcal{F}[G_{array}(r)]$ である．したがって，散乱強度 $I(q)$ は粒子の形状因子 $F(q)$ の自乗と配列をあらわす相関関数 $G(r)$ のフーリエ変換 $S(q)$ との積 $F^2(q)S(q)$ と記述でき，配列と形状との寄与を分離して考えることができる．粒子の形状が既知の場合，この考え方は極めて有効である．

　結晶からの回折現象ではあまり意識することのないやや抽象的な相関関数という概念を持ち込む必要があるのは，小角散乱の解析を含めた不均一系の散乱／回折手法による解析において，実空間での散乱体の形状，分布，配列について単純化したモデルが構築できない場合が存在するためである．そのような場合には散乱強度のフーリエ変換から実空間の構造を考えるため相関

関数の概念の理解が必要である.ただし,コンピュータの性能の著しい向上から,複雑な実空間モデルを用いても直接 $I(q)$ を計算することができるようになりつつあり,実測した $I(q)$ を再現するように $\rho(r)$ モデルの各パラメータをリファインしていくというアプローチが不均一系の散乱/回折データの解析法としてすでに行われている[6].さらに本書で紹介されている電子顕微鏡やアトムプローブ法といった直接観察法からの知見を有効に活用することで小角散乱微細組織解析においても $g(r)$ を直接意識する頻度は少なくなりつつある.

3.3.4 基本的なプロファイル解析法

逆空間の情報である小角散乱では q の小さい領域は実空間の大きなスケール,q の大きな領域は実空間の小さなスケールに対応する情報,すなわちlow-q 側から high-q 側に向けて実空間では粒子の平均的なサイズ,形状,界面構造に関する情報が順に得られる.各領域から得られる典型的な情報をlow-q 側から順に見ていこう.はじめに q の小さい領域における重要な解析法であるギニエ(Guinier)プロットから見ていこう.球対称粒子の散乱強度 $I(q)$ を相関関数 $g(r)$ を用いて記述すると

$$I(q) = 4\pi \int_0^\infty g(r) \frac{\sin(qr)}{qr} r^2 dr \tag{3-15}$$

となる(付録参照).ここで $\sin(qr)/(qr)$ を qr が小さい領域,すなわち散乱角が十分に小さい領域においてマクローリン展開し,(3-15)式を書き直すと

$$I(q) = 4\pi \int_0^D r^2 g(r) dr \left(1 - \frac{q^2}{3} \left(\frac{\int_0^D r^4 g(r)\, dr}{2\int_0^D r^2 g(r)\, dr} \right) + \cdots \right) \tag{3-16}$$

となる.ここで

$$I(0) = 4\pi \int_0^D r^2 g(r) dr, \quad R_g^2 = \frac{1}{2} \frac{\int r^4 g(r) dr}{\int r^2 g(r) dr} \tag{3-17}$$

とおくと (3-17) 式は以下のように書き換えられる.

$$I(q) = I(0)\left(1 - \frac{q^2}{3}R_g^2 + \cdots\right)$$

上式において括弧内は $\exp(-q^2 R_g^2/3)$ のマクローリン展開の最初の 2 項ゆえ, (3-15) 式は qr が十分に小さい領域において以下のように近似できる.

$$I(q) = I(0)\exp\left(-\frac{q^2 R_g^2}{3}\right) \quad (3\text{-}18)$$

(3-18) 式は相関関数 $g(r)$ の定義から散乱密度長分布を用いて書き直すとそれぞれ

$$I(0) = 4\pi\int_0^D r^2 g(r)dr = \left|\int_V \rho(\mathbf{r})\,d\mathbf{r}\right|^2 \quad (3\text{-}19)$$

$$R_g^2 = \frac{\int_V \rho(\mathbf{r})r^2 d\mathbf{r}}{\int_V \rho(\mathbf{r})d\mathbf{r}} \quad (3\text{-}20)$$

となる. したがって (3-19) 式より散乱長密度が均一な粒子においては, $I(0)=(\rho V)^2$ (V：粒子の体積) である. (3-20) 式右辺の分子は散乱長密度を重みとした慣性モーメントを表しており, それを粒子内総散乱長で割った R_g は慣性半径 (回転半径; radius of gyration) とよばれ, $\ln\{I(q)\}-q^2$ プロット (ギニエプロット) により求めることができる.

図3-16に慣性半径 R_g の意味を模式的に示した. この慣性半径 R_g と実際の粒子半径との関係を散乱長密度が一定の球形粒子を例に考えると(3-15)および (3-18) 式から以下の関係を得る.

$$R_g^2 = \frac{3}{5}R^2 \quad (3\text{-}21)$$

同様に種々の形状の粒子 (散乱長密度は粒子内で一定) の特徴的な長さ (球の半径や円柱の長さと断面半径など) との関係が求められており, それらの

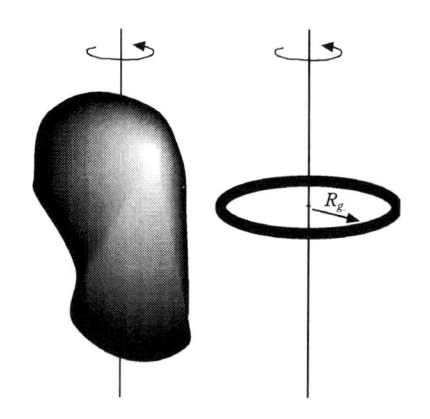

図 3-16 慣性半径の意味
ある形状の散乱体をある軸の周りに回転させた時の慣性モーメントと左の散乱体の全散乱長を黒いリングで示した半径R_gの円周上に置き,中心軸の周りに回転させた時の慣性モーメントが等しい.つまり,散乱長密度分布の広がり―散乱体の大きさを表すパラメータである.

値を文献 4), 7) からの抜粋として表 3-2 に示す.

　マクローリン展開であるこの近似が極めて良い精度を持つ条件は $qR<1$ である.図3-17には(3-10)式より計算した球状粒子の理論散乱強度 $I(q)$ と,ギニエ近似である (3-18) 式より計算した散乱強度とを示した.広角領域にいくに従い理論散乱強度からのずれが大きくなることがわかる.

　図3-18には半径2nmの球状粒子の理論散乱強度を $\ln\{I(q)\}-q^2$ プロット(ギニエプロット)で示した.これをいくつかの領域に分けて直線でフィッティングを行い,得られた慣性半径より R を計算すると,$qR<2$ 程度までは良い精度を保っていることがわかる.実験的にもこの範囲内で慣性半径を求めることが望ましいが,現実的には観測範囲の限界もあり $qR \sim 3$ 程度でも利用することがある.この場合には,図3-18に示したように得られた結果の精度に10%以上の誤差を含んでいることを認識する必要がある.また,フィッティング後に qR の値をチェックし,3を超えるようであればフィッティング領域を見直すか,ギニエプロットの適用を見送るべきであろう.

表3-2 種々の形状を有する粒子の特徴的な長さ（球の半径や円柱の長さと断面半径など）と慣性半径との関係（文献4）および7）からの抜粋）

半径 R の球	$R_g^2 = \dfrac{3}{5}R^2$
内径 R_1，外径 R_2 の球殻	$R_g^2 = \dfrac{3}{5}\dfrac{R_1^5 - R_2^5}{R_1^3 - R_2^3}$
半軸長 a, b, c の回転楕円体	$R_g^2 = \dfrac{a^2 + b^2 + c^2}{5}$
半径 R 長さ L の円柱	$R_g^2 = \dfrac{R^2}{2} + \dfrac{L^2}{12}$
半径 R の薄い円盤	$R_g^2 = \dfrac{R^2}{2}$
各辺が $2a, 2b, 2c$ の直方体	$R_g^2 = \dfrac{a^2 + b^2 + c^2}{3}$
各辺が A, B, C のプリズム	$R_g^2 = \dfrac{A^2 + B^2 + C^2}{12}$
半軸長 a, b，高さ h の楕円柱	$R_g^2 = \dfrac{a^2 + b^2}{4} + \dfrac{h^2}{12}$
内径 R_1 外径 R_2，高さ h のパイプ	$R_g^2 = \dfrac{R_1^2 + R_2^2}{2} + \dfrac{h^2}{12}$

　ここまでは単分散粒子を想定して例を示した．多分散粒子の例については次項で述べる．なお，このギニエ領域は有限の大きさを持ったあらゆる形状の散乱体や界面が不明瞭な粒子にも現れる．

　シャープな界面を持ち，粒子内の散乱長密度 ρ が一定である球状粒子ではこのギニエ領域からそのままポロド（Porod）則 q^{-4} が現れる領域へとつながる．一方，異方的な形状を持つ粒子では複数の特性長（例えば円柱の長さと断面半径）を有するために中間的な領域が現れる．

3.3 X線・中性子小角散乱　313

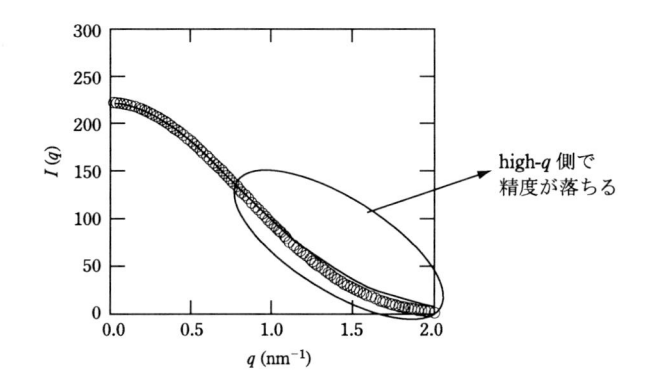

図3-17 (3-10)式より計算した球状粒子 ($R=2$nm) の理論散乱強度 (○) とギニエ近似である (3-18) 式より計算した散乱強度 (曲線) $qR<1$ (この場合は$q<0.5$) の領域では極めて良い一致を示すが$qR>2$の領域では (この場合は$q>1$) ではずれが大きくなる.

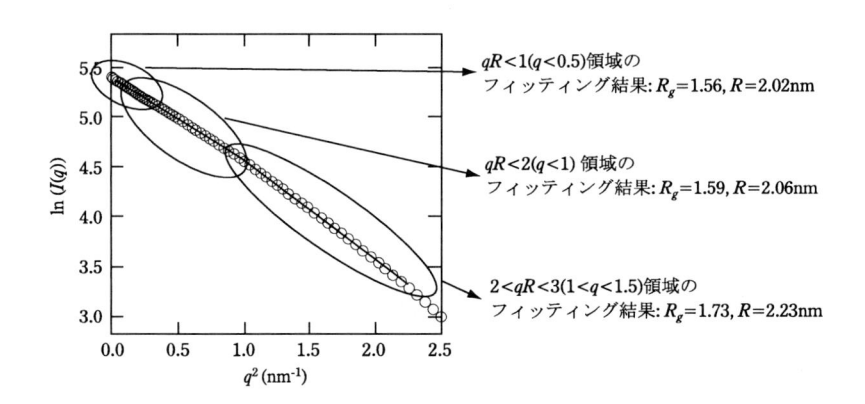

図3-18 $R=2$nm の球状粒子の理論散乱強度 (○) の $\ln\{I(q)\}-q^2$ プロット(ギニエプロット)と各領域において直線近似した傾きから求めた慣性半径および粒子半径
実験的には$qR<2$の領域を最も良く使うが$2<qR<3$の領域を使用することも少なくない. その場合, このように得られた粒子径に10%程度のずれが生じる.

図3-19には回転楕円体，円柱および円盤のプロファイルを示した．このように中間領域のq依存性は円柱の場合q^{-1}，円盤ではq^{-2}というように形状に依存するので，この領域から散乱体の形状に関する情報を得ることができる（ただし，形状に関する情報の検討にはTEM観察も可能な限り併用すべきである）．さらに，円柱状粒子のように二つの特性長が明確に区別できる形状では図3-17のようにもう一つの特性長に対応するギニエ領域が現れる．qが$(2\pi/L)<q<(1/R_{cg})$（L; 円柱の長さ，R_{cg}; 断面慣性半径，$R_c^2=2R_{cg}^2$）の領域では散乱強度が以下のように記述できる．

$$qI(q) = I(0)\exp\left(-\frac{q^2 R_{cg}^2}{2}\right)$$

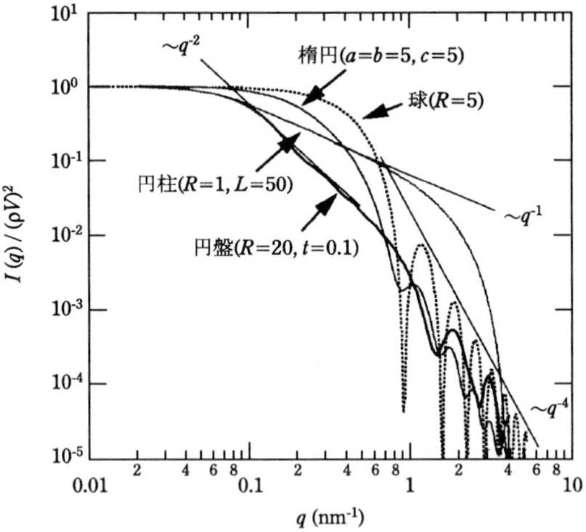

図3-19 種々の形状の粒子からの散乱プロファイル（計算値）
球形（$R=5$nm），回転楕円体（$a=b=5$nm, $c=15$nm），円柱（$R=1$nm, $L=50$nm）および円盤（$R=20$nm, $t=0.1$nm）のプロファイル．球形ではギニエ近似できる領域より広角側でポロド領域につながるがそれ以外の粒子では遷移領域が現れる．そのq依存性は形状により異なり，長い円柱の場合はq^{-1}，薄い円盤の場合はq^{-2}での強度の減衰が観測できる．ただし，両者とも二つの特性長（断面半径Rと長さLまたは厚さt）が比較的近い値を持つ場合はこのような領域が明確には観測されない．

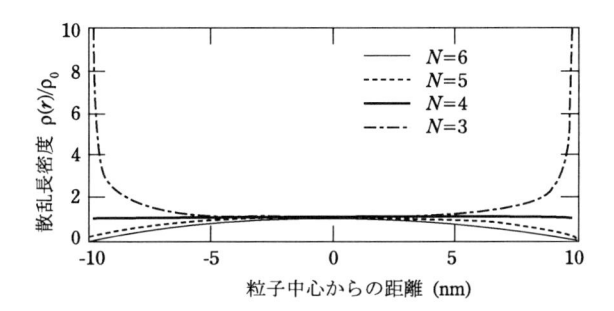

図3-20 q^{-N}の漸近挙動を示す漸近挙動を示す球状粒子の粒子内散乱長密度分布(粒子中心を$r=0$とした)

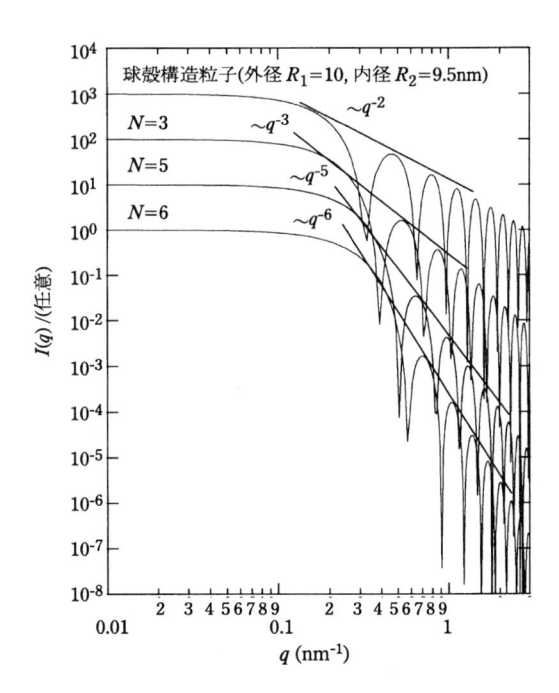

図3-21 表3-1(3)に示した一般化した球殻構造粒子の散乱強度を用い(3-22)式の散乱長密度分布を持つ球状粒子($R=10$nm)の散乱プロファイル
粒子内の散乱長密度が一定の場合の漸近挙動ポロド則,q^{-4}からずれてくる.
各プロファイルは図3-18に示した散乱長密度分布に対応している.
あわせて外径10nm,内径9.5nmの球殻構造のプロファイルも示した.

したがって，通常のギニエプロットと同様に $\ln\{qI(q)\}-q^2$ プロットの傾きから R_{cg} を求めることができる．

上述した系の最小特性長に対応するギニエ領域より高角側には界面に関する情報があらわれる．シャープで明瞭な界面の場合，図 3-12 に示したように ポロド則，q^{-4} が現れるが，界面付近の濃度が粒子内部やマトリクスと大きく異なっている場合や，界面の形状が複雑に入り組んでいる場合にはこの値からずれてくる．Boucher ら[8]はポロド領域での q 依存性が異なる例として次式のような散乱長密度分布を有する球状粒子を提案している．

$$\rho(r) = \left[1-\left(\frac{r}{R}\right)^2\right]^{\frac{N-2}{2}} \qquad (3\text{-}22)$$

(3-22) 式は $N>2$ で q^{-N} の漸近挙動を示す．その散乱長密度分布を図 3-20 に示す．球状粒子の場合，表 3-1(3) に示した一般化した球殻構造粒子の散乱強度を用いて任意の散乱長密度分布を仮定したプロファイルを計算することができる．これを (3-22) 式の散乱長密度分布をもつ球状粒子の散乱強度を計算した例を図 3-21 に示した．

以上のように，high-q 側には界面構造に関する情報が出現するが，実際の測定では観測範囲が限られていることや，粒子サイズ分布等の影響も少なくないため，散乱プロファイルの high-q 側の傾きだけで界面構造を議論するのは危険であり，そのような場合には電子顕微鏡観察やアトムプローブ法等の直接観察法と並行した検討が望ましい．

3.3.5 サイズ分布がある系のプロファイル解析

散乱長密度コントラストがすべての粒子で一定 $\Delta\rho$ で粒子形状は等しく，サイズ分布がある系の散乱強度 $I(q)$ は粒子の形状因子を $F(q, R)$ とすると

$$I(q) = \Delta\rho^2 \int_0^\infty F^2(q,R)N(R)dR \qquad (3\text{-}23)$$

となる．したがって，$F(q, R)$ が既知でその系に適用可能な粒子サイズ分布

関数がある場合には,散乱プロファイルフィッティングより比較的容易に粒子サイズ分布を求めることができる.ただし,フィッティングにあたってはビームの広がりによるスメアリング効果を考慮に入れる必要がある.

種々の材料において,特性と微細組織とを関連付ける上では平均粒子径が重要なパラメータとなる.粒子サイズ分布が複雑で特定の関数を適用できな

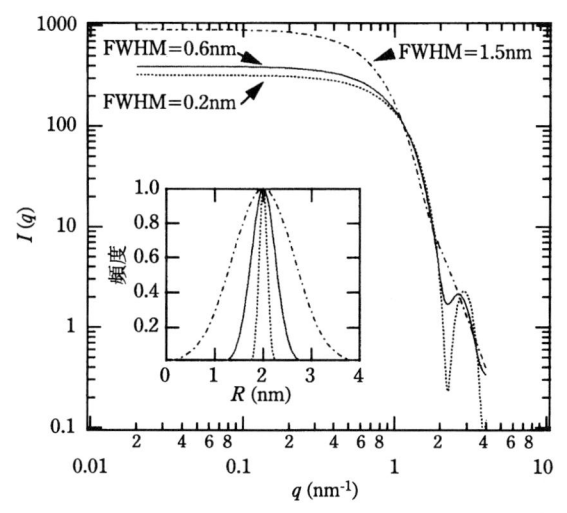

図 3-22 粒子サイズ分布のピーク値が $R=2$nm, FWHM が 0.2, 0.6, 1.5nm の球状粒子の理論散乱強度((3-23)式より計算)

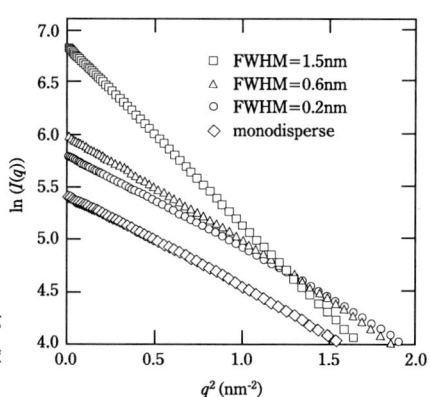

図 3-23 粒子サイズ分布のピーク値が $R=2$nm, FWHM が 0.2, 0.6, 1.5nm の球状粒子のギニエプロット

い場合や,平均粒子径の簡便な決定法としてサイズ分布を持つ系からの散乱プロファイル解析にもギニエプロットが用いられることも多い.その場合に得られる粒子半径 R とサイズ分布との関係を見ていこう.例として粒子サイズ分布のピーク値が $R=2$nm,半価幅(full width at half maximum; FWHM)が 0.2, 0.6, 1.5nm の球状粒子の場合を考える.

図 3-22 にそれぞれの場合についての頻度分布と(3-23)式より計算した

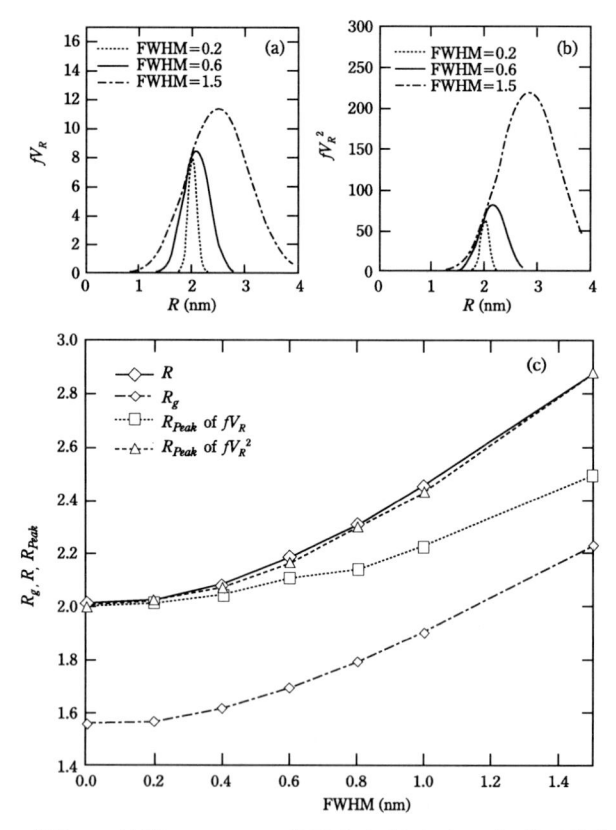

図 3-24 半径 2nm 粒子について,(a) 粒子サイズと各サイズの粒子体積分の重みを付けた頻度分布,(b) 粒子サイズと各サイズの粒子体積の 2 乗分の重みを付けた頻度分布,(c) ギニエプロットから決定した R_g および R(表 3-2 参照)と (a), (b) のピーク位置 R_{peak}

理論散乱強度を示す．粒子サイズ分布が大きくなるほどhigh-q側の振動が不明瞭になってくることがわかる．

図3-23には対応するギニエプロットを示した．このようにFWHMが大きくなるほどギニエプロットの傾きが急，つまり粒子径が大きくなっていることがわかる．これは(3-10)式から明らかなように散乱強度は粒子体積の2乗に比例するため，大きな粒子の寄与が大きくなっているためである．

これを視覚的に理解するために，図3-24に粒子サイズに対し各サイズの(a)粒子体積および(b)その2乗の重みを付けた頻度分布を示した．また(a)および(b)のピーク位置と図3-21のギニエプロットから決定したR_gおよびR（表3-2参照）を合わせて図3-24(c)に示した．このように粒子サイズ分布がある場合にギニエプロットを適用して得られる粒径は，体積の2乗の重みを付けた粒子サイズ分布のピーク値とほぼ一致する．

Bimodal distributionのような場合，ギニエプロットでも分離できる可能性がある．その場合には小さな粒子に対応するhigh-q側のフィッティングを始めに行い，その寄与を差し引いた残りを使って大きな粒子に対応するよりlow-q側のフィッティングを行って分離する（Fankuchenの方法[9]）．

3.3.6 粒子の体積分率が大きな場合の解析手法

以上は，粒子の体積分率が比較的小さく，粒子間の干渉がプロファイルに大きな影響を与えない場合である．これに対して，粒子の体積分率が大きい場合は，粒子間の干渉により散乱プロファイル形状が異なってくる．図3-8に例とし示したチッ化鉄磁性流体のSAXSプロファイルの場合には低濃度試料には見られなかったピークが高濃度試料には現れているのがわかる．球状粒子の場合にはこの例のようにピークが現れ，このピーク位置$q_{\max}$とブラッグの式から平均粒子間隔を求めることが出来る．ブラッグ間隔をL_Braggとすると(3-6)，(3-7)式から

$$L_\mathrm{Bragg} = \frac{2\pi}{q_{\max}}$$

となる．こうして求めたL_{Bragg}は基本的に粒子の重心間距離に相当する．ただし，粒子間隔とブラッグ間隔との関係は粒子の体積分率（充填方法）にも依存し，常にブラッグ間隔＝平均粒子間隔とはならない．特に，高密度の粒子の規則的な充填では注意が必要である．

このようにして，特性と微細組織との関係を理解する上で重要な粒子間隔についての情報が得られるわけだが，粒子径に関してはピークの存在によりギニエ領域が (3-18) 式で近似できる状態から大きくずれてしまい，適用に問題が生じる．しかし，図3-8からもわかるようにピークよりやや広角側では希薄試料と高濃度試料の差が小さい．体積分率が20％以下の場合にはこの領域を利用してギニエプロットによるサイズ決定が行われている[10]．この場合，R_gの絶対精度は悪くなるが体積分率に大きな差がない系に関しては相対的な差を議論することは可能である．

すでに **3.3.3 散乱強度と相関関数** の節でも触れたように散乱強度$I(q)$は粒子の形状因子$F(q)$と粒子の配列に起因する構造因子$S(q)$の積として (3-24) 式のように表すことができる．

$$I(q) = \Delta\rho^2 S(q) F^2(q) \quad (3\text{-}24)$$

表3-1に示したように種々の形状について$F(q)$が与えられていると同様にいくつかのケースに対して構造因子$S(q)$が与えられている[3]．半径R_{HS}の単一分散剛体球 (mono-disperse hard sphere) の場合，体積分率ηの無秩序充填の構造因子$S(q)$としてAschroftらにより以下の式が提案されている[11]．

$$S(q) = \frac{1}{1 + 24\eta G(2R_{HS}q)/(2R_{HS}q)} \quad (3\text{-}25)$$

ここで

$$G(A) = \alpha(\sin A - A\cos A)/A^2 + \beta\left[2A\sin A + (2-A^2)\cos A - 2\right]/A^3 \\ + \gamma\left\{-A^4\cos A + 4\left[(3A^2-6)\cos A + (A^3-6A)\sin A + 6\right]\right\}/A^5$$

$$\alpha = (1+2\eta)^2/(1-\eta)^4$$

3.3 X線・中性子小角散乱

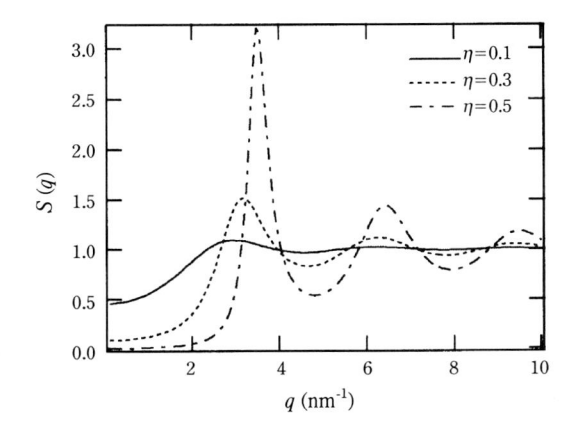

図 3-25 粒子半径 $R=1$ nm, 体積分率 $\eta=0.1, 0.3, 0.5$ の場合の $S(q)$
((3-25) 式を使って計算)

$$\beta = -6\eta(1+\eta/2)^2/(1-\eta)^4$$

$$\gamma = \eta\alpha/2$$

図 3-25 に粒子半径 $R=1$ nm, 体積分率 0.1, 0.3, 0.5 の場合の $S(q)$ を (3-25) 式を使って計算した例を示した.これを使い粒子間干渉によるピークを示す系の散乱強度 $I(q)$ を次のように表すことができる.

$$I(q) = \Delta\rho^2 F^2(q, R) S(q, R_{HS}, \eta) \qquad (3\text{-}26)$$

ここでは $S(q, R_{HS}, \eta)$ の粒子半径,および体積分率として仮想的な粒子サイズ R_{HS} とその体積率 η を使用する.これに対し,粒子の形状因子 $F(q)$ はもちろん実際の粒子サイズ R を使って (3-10) 式から計算する.したがって,$S(q)$ は周囲のある範囲に別の粒子が存在しない領域(排除体積)を持った粒子の構造因子となる.

これを模式図で示したものが図 3-26 である.金属の析出では粒子同士が接触していることは少なく,マトリクスに埋め込まれた系を扱うことがほとんどである.また,拡散速度が比較的遅い析出過程では,溶質原子が不足または粒子から排除される元素が濃化すること等により,析出物の存在しない

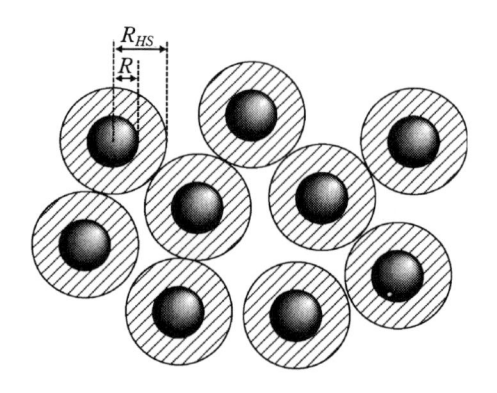

図 3-26　mono-disperse hard sphere model（3-26）式の概念図
実際の粒子は半径 R であり形状因子 $F(q)$ はこの粒子に対して考えるが，粒子配列は重心位置が同じ仮想的な粒子を想定し，(3-25) 式にこの粒子の半径 R_{HS} および体積分率 η を入れて $S(q)$ を計算する．したがってハッチング領域は隣接粒子が存在しない排除体積で金属材料等の PFZ 等に相当する．

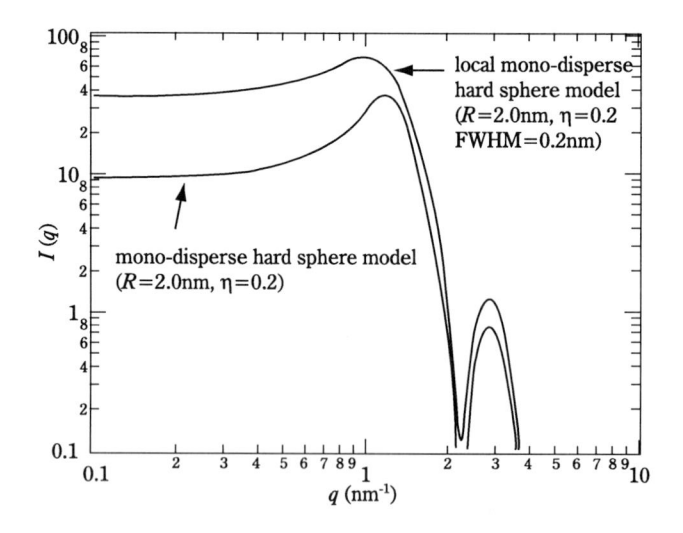

図 3-27　粒子間干渉によるピークが現れる系を想定し mono-desperse hard sphere model と local mono-disperse hard sphere model によりの散乱曲線
（前者は（3-26）式，後者は（3-27）式により計算）

領域 (precipitetion free zone) が形成されることがある．このような状況は排除体積を有するこのモデルと良く適合する．もちろん，粒子の接触が生じている場合にはR_{HS}/Rを1とすることで表現できる．

図3-27に(3-26)式を用いて計算した例を示した．このように，単一分散モデルで計算したプロファイルは，体積分率が低い状態でもかなりシャープなピークを与えてしまうが，実際の合金系では粒子サイズに分布があるためこのようなシャープなピークが観測されることはほとんどない．それでは粒子サイズ分布をどのように取り込んでいくのが良いであろうか．第一の考え方は粒子サイズの異なる二つの粒子からなる系の部分構造因子を考え，これに数密度の重みをつけたものの積分とし

$$I(q) = \Delta\rho^2 \int_0^\infty \int_0^\infty \sqrt{n(R_1)n(R_2)} F(q,R_1)F(q,R_2)[\delta(R_1-R_2) + H(q,R_1,R_2)]dR_1 dR_2$$

ここで

$$H(q,R_1,R_2) = \sqrt{n(R_1)n(R_2)} 4\pi r^2 h(r,R_1,R_2) \frac{\sin(qr)}{qr} dr$$

$$h(r,R_1,R_2) = g(r,R_1,R_2) - 1$$

と表すものである．ここで$n(R)$は半径Rの球の数密度，$g(r, R_1, R_2)$は半径R_1とR_2からなる系の動径分布関数である．この式をanalyticalに計算したものがVrij[12]により与えられている．Pedersenはこのモデルを使ってフィッティング精度を検討している[13]．それによればこのモデルでは粒子サイズ分布が大きくかつ粒子の体積分率が大きい（〜0.3）というフィッティング上厳しい条件でも良い精度の結果が得られている．しかし，このanalytical modelは煩雑であり，適用上種々の制限があるため，より簡便な手法として局所単一分散剛体球モデル (local mono-disperse hard sphere model) が同じくPedersenにより提案されている[14]．この手法では散乱強度は次式で表される．

$$I(q) = \Delta\rho^2 \int_0^\infty F^2(q,R) S(q,R_{HS},\eta) N(R) dR \qquad (3\text{-}27)$$

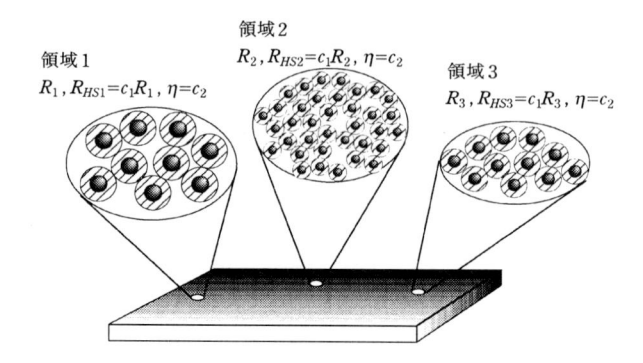

領域1
$R_1, R_{HS1}=c_1R_1, \eta=c_2$

領域2
$R_2, R_{HS2}=c_1R_2, \eta=c_2$

領域3
$R_3, R_{HS3}=c_1R_3, \eta=c_2$

図 3-28 local mono-disperse hard sphere model の概念図
微少な各領域内では単分散粒子であるがそれぞれの領域で粒子サイズは異なっている．しかし，各領域において粒子の体積率や排除体積と粒子のサイズ比は一定，すなわちそれぞれの領域は相似である．

すなわち，あるサイズR_nを持った粒子の周囲には同じサイズの粒子が存在していることを仮定したモデルである．

図3-28にこのモデルの概念図を示した．このモデルを適用すると図3-27にmono-disperse modelと合わせて示したように比較的小さなサイズ分布で粒子間干渉によるピークはdiffuseとなり，実験で得られる結果を良く再現できる．図3-8内に点線で示した曲線はこのモデルにより計算したプロファイルであり，測定データとよく一致する．文献13)には種々のケースにおける各モデルの妥当性が詳細に検討されている．前述のanalytical modelと比較すると多少荒っぽい近似という印象を受けるlocal mono-disperse hard sphere modelであるが，サイズ分布幅が広い場合には誤差が大きくなる傾向があるもののそれ以外の場合にはanalytical modelと遜色のない結果を与える．このモデルは銅合金のKr析出過程[14]，ナノグラニュラ金属―非金属薄膜等[15],[16]の解析に適用され，威力を発揮している．

なお，$S(q)$は(3-25)式にあるように体積分率ηは1未満であればどのような値をとることも可能であるが当然の事ながらfccやhcp構造のような稠密充填の体積分率0.74より大きな値は物理的に意味がない．また，そこ

から類推可能なようにその値に近い状態も (3-25) 式では表現できない. 文献11)では液体純物質において $\eta<0.5$ 程度でフィッティングを行っているが，これをサイズ分布がある系に適用する場合には0.3〜0.4程度に適用限界があると思われる. local mono-disperse hard sphere model の場合，0.3程度までは観測プロファイル形状を良く再現できるが, 0.4 近傍では特にピークより小角側のプロファイル形状の不一致が顕著になる. Analytical model では0.4程度でも比較的良くプロファイル形状を再現できる[13].

以上のように，粒子の体積分率が比較的小さい系においては,粒子間干渉によるピークを示す場合でも良い精度を保ちながら粒子径を求めることや，粒子間隔,排除領域の大きさなど微細組織を特徴づける各種のパラメータを得ることが可能になってきている. しかし，いずれも現状では $S(q)$ の精度による適用限界がある. 今後，コンピュータシミュレーション等を利用してより実際の系に適した $S(q)$ を導入することで，近似精度の向上やより体積分率の大きい試料への適用が可能になることが期待される. そのような場合でも (3-24) 式を出発点にすることに違いはない.

3.3.7 小角散乱の測定

これまでに示してきたように，小角散乱測定では極小角側から広角側にかけて強度が大きく変化する (注：測定例, 計算例として示した図はいずれも散乱強度を対数表示としている). 最大強度に対して0.01％程度の弱い強度まで測定する必要があるため，ある角度範囲の測定を同時に行うことができる位置敏感型の検出器を使用するのが一般的である. 位置敏感型検出器としては，1次元および2次元のマルチワイヤー型位置敏感検出器，イメージングプレート，CCDカメラ等が利用可能である. 位置敏感検出器の使用を前提とした光学系模式図を図3-29に示す.

試料に散乱されず透過してくるX線(ダイレクトビーム)は散乱強度と比較して極めて強く, 検出器にも有害であるため, ダイレクトビームストッパを配置し, 検出器への入射を防ぐ. したがって, この領域は測定不能である

ため，到達できる最小角度，すなわち分解能が決まってくる．3スリット光学系の分解能は図3-29に示したようにスリット間の距離，ピンホールスリットの径，カメラ長によって次のように決まってくる．

すなわち，ダイレクトビームの検出器位置での広がりをaとし，試料位置からの角度$2\theta_{min}$に変換すると

$$2\theta_{min} = \tan^{-1}\left(\frac{a}{L}\right)$$

となり，この角度以下の測定は不可能である（付録参照）．ϕ_1, ϕ_2を小さくすることでもaを小さくすることは可能であるが，その場合は並行性の良いビームまで捨ててしまっていることになる．これに対しϕ_1, ϕ_2をある程度の大きさに保ったままで距離d_1を大きくした場合，並行性の高いビームを十分に利用することができる．目的とする角度領域で十分な強度を得るためには，使用するビームのサイズ，線束を考慮して最適の条件を選択する必要がある．このようにして第1, 2コリメータにより並行性の高いビームを切り出すがこの際，それぞれのコリメータのエッジ部分で反射が起きる．特

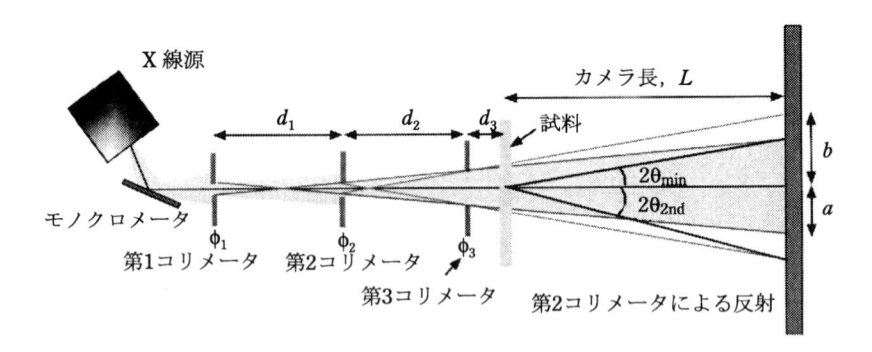

図3-29 3スリット小角散乱測定装置光学系の典型例（透過型）
ϕ_1, ϕ_2, ϕ_3はそれぞれ第1, 2, 3コリメータの直径．
第1, 第2コリメータにより平行で細いビームを切り出し，aを小さくする事により小角側まで測定を可能にする．第3コリメータはダイレクトビームには接触させずに第2コリメータによる反射を可能な限りカットしbを小さくする．

に第2コリメータで生じる反射はaの領域よりも外側にバックグラウンドが著しく高い領域を生じてしまう.これを可能な限り低角度側に抑えるために第3コリメータを使用する.この時,使用可能な最小コリメータサイズは,第3コリメータ位置でのビームサイズよりも大きくなくてはならない.これは第3コリメータがダイレクトビームに接触すると新たな反射を生じてしまうためである.したがって,第2コリメータからのすべての反射を抑えることはできず,図中にbで示したバックグラウンドの高い領域が生じる.これを試料位置からの角度に変換した$2\theta_{2\mathrm{nd}}$は

$$2\theta_{2\mathrm{nd}} = \tan^{-1}\left(\frac{b}{L}\right)$$

となる.この領域もデータとして使用しない(付録参照).

小角散乱測定は試料を透過したX線または中性子線を測定するため,ある程度大きな透過率(試料を透過したビーム強度/ダイレクトビーム強度:付録参照)を確保する必要がある.金属材料をX線で測定する上で,この点が大きな問題となる.

回折・散乱実験に最も多く用いられるCu-Kα線は表3-3に示したようにAl合金やMg合金等に対しては十分な透過力があり利用可能であるが,FeやCoを含む磁性材料では透過力が不十分であり利用できない.また,位置敏感型検出器を使用した場合,カウンタモノクロメータ等のシステムが使用できないため,試料からの蛍光X線を排除できず,バックグラウンドが極めて高くなってしまう.これらの問題を排除するために,FeやCoを含む金属材料に対してはMo-Kα線の利用が有効である.しかし波長の短いMo-Kα線の利用は到達可能なqの最小値を大きくしてしまう.このため,前節までに見てきたように大きなスケールの情報を得る上で不利となるので注意が必要である(例えば,ギニエ近似の実際上の適用限界は$qR<3$である).放射光を利用する場合は,測定する試料に合わせて波長を選択できるので,このような弱点を克服できる.中性子は表3-3に示したようにほとんどの金属に対して大きな透過能を有し,金属材料研究において極めて有利であるが,

表 3-3 各透過率を与える時の試料厚さ
International Tables の質量吸収係数 (μ/ρ) 値[17]をもとに計算
$T=\exp(-(\mu/\rho)\rho x)$ として x(mm)の値を表示した.

element	Cu-Kα (λ=1.54Å)			Mo-Kα (λ=0.71Å)			Thermal Neutron (λ=1.08Å)		
	~25%	~50%	~75%	~25%	~50%	~75%	~25%	~50%	~75%
B	2.50	1.25	0.50	15.20	7.50	3.20	0.25	0.12	0.05
Mg	0.21	0.10	0.04	1.95	0.97	0.41	-	-	1600
Al	0.11	0.05	0.02	1.00	0.50	0.20	-	-	350
Ti	0.015	0.007	0.003	0.12	0.06	0.03	-	-	140
Cr	0.007	0.004	0.002	0.062	0.031	0.013	-	45	19
Fe	0.006	0.003	0.001	0.046	0.023	0.010	-	58	25
Co	0.005	0.003	0.001	0.037	0.018	0.008	7.5	3.7	1.5
Ni	0.034	0.017	0.007	0.033	0.017	0.007	-	28	11.5
Cu	0.029	0.015	0.006	0.030	0.015	0.006	-	37	15.5
Pd	0.006	0.003	0.001	0.047	0.024	0.010	-	-	-
Ag	0.006	0.003	0.001	0.051	0.026	0.010	6.5	3.3	1.4
Pt	0.003	0.002	-	0.006	0.003	0.001	-	21	9
Au	0.003	0.002	-	0.006	0.003	0.001	4.3	2.1	0.9

B や Li など一部の軽元素は中性子の吸収が大きく,また非干渉性散乱によるバックグラウンドレベルの上昇が起きるのでこれらの元素を多く含む系では注意が必要である.

小角散乱領域では空気による散乱の影響が大きいため,上図のすべての光学系もしくは試料部分以外の光学系を真空槽内に設置し,空気散乱の影響を排除することも重要である.比較的散乱長コントラストの小さい系を扱う金属材料の場合,真空槽を設置せずに測定することは事実上不可能である.

このようにしてバックグラウンドの低減を図った光学系を用いても,バックグラウンドをゼロにすることは困難である.また,薄膜試料等のように

基板とともに測定を行なう場合や,液体試料のように容器に入れて測定する場合もある.これら目的とする試料からの散乱以外の影響を取り除くために,通常測定データは以下のように処理をする.(試料＋容器または基板)からの測定データをI_{s+c},透過率をT_{s+c},(容器または基板のみ)のデータをI_c,透過率をT_c,完全にビームを止めた状態での測定データをI_offとすると試料からの散乱$I_s(q)$は

$$I_s(q) = (I_{s+c} - I_\mathrm{off})/T_{s+c} - (I_c - I_\mathrm{off})/T_c \qquad (3\text{-}28)$$

となる.ホルダまたは基板を使わない場合には試料位置に何も入れない状態で測定したI_emptyがI_cに相当する.I_offは周囲からの放射線や計測系のノイズに相当し,I_emptyはその光学系に固有の散乱(寄生散乱)である.

散乱長密度ρの粒子一個からの散乱強度は,(3-10)および(3-11)式から明らかなように[長さ]^{2}の次元を有する.このような散乱体がX線または中性子の照射領域V_sampleにN個あるとするとその散乱強度は(3-11)式のN倍となる.したがって単位体積の試料からの散乱強度$I_{abs}(q)$は半径R球状粒子の場合は次式のように表される.

$$I_{abs}(q) = \frac{N}{V_\mathrm{sample}} \rho^2 V_R^2 \left\{ \frac{3[\sin(qR) - qR\cos(qR)]}{(qR)^3} \right\}^2 \qquad (3\text{-}29)$$

$I_{abs}(q)$は[長さ]$^{-1}$の次元を有し,絶対化した散乱強度または単に絶対強度とよぶ.上式より明らかなように$I_{abs}(q)$からはスケールの情報だけに留まらず粒子の散乱長密度(濃度),粒子の体積分率といった有益な情報が含まれる.これに対し(3-28)式で評価した散乱強度$I_s(q)$は相対強度であり,同一測定条件下であれば散乱長密度(濃度),粒子の体積分率の比較は可能であるが,その絶対値を決定することはできない.相対強度$I_s(q)$と絶対強度$I_{abs}(q)$の関係は使用する装置の装置定数(単位面積当たりの検出効率:ε,入射するX線または中性子ビームの強度:I_0),ビームが照射される試料の

体積を V_{sample} として以下の式で表される.

$$I_{abs}(q) = I_s(q) \cdot \frac{1}{I_0 \varepsilon V_{sample}} \quad (3\text{-}30)$$

ここで $I_s(q)$ はすでに立体角補正を行ったデータを使用しているとした.したがって,粒子およびその粒子が埋め込まれているマトリクスの濃度とそれぞれの体積分率が既知の試料を測定し,装置定数 (I_0, ε) を決定することで測定データを絶対強度化することが可能となる.例として粒子の体積分率が小さく粒子間干渉によるピークが出現しない試料を標準試料として使用する場合を考える.マトリクスの散乱長密度が ρ_0,粒子の散乱長密度が ρ,1個あたりの粒子の体積を V_R,粒子の個数を N とすると (3-29) 式の{ }内は $q=0$ 近傍で1となるのでそのときの強度 $I_{abs}(0)$ は

$$I_{abs}(0) = \frac{N(\rho - \rho_0)^2 V_R^2}{V_{sample}}$$

と表される.$I_{abs}(0)$ はギニエプロットから決定できるので (3-30) 式における装置定数 $1/(I_0 \varepsilon)$ が決定できる.一方,粒子間干渉ピークが現れる場合には散乱プロファイルの積分強度 Q

$$Q = \int_0^\infty q^2 I_{abs}(q) dq$$

を求め,これが

$$Q = \frac{2\pi^2 N(\rho - \rho_0)^2 V_{particle}}{V_{sample}}$$

となるように装置定数を決定することで絶対強度化することができる.

　以上,金属材料に対して小角散乱法を利用する上で必要な情報を述べた.解析に関しては逆空間の情報が実空間の情報とは1対1には対応せず,解析には実空間のモデルが必要であることを常に認識してあたる必要がある.金

3.3 X線・中性子小角散乱   331

属材料の場合,透過電子顕微鏡等の実空間観測手法が利用可能であり,これらによって得られた情報の体積分率の定量化,スケール精密化,および,材料全体の平均情報化といった観点で小角散乱法を利用するとナノ組織の強力な解析手法となりうる.しかし,不適当な実空間モデルで解析すると,X線回折など多数のピークが観測される系とは異なり,結果がまったく間違ったものとなる可能性があるので細心の注意が必要である.

3.3.8 種々の物質の小角散乱測定例

ここでは金属系材料に実際に小角散乱測定を適用した例を紹介する.図3-30および図3-31には純Co相が非晶質アルミナ相中に分散した金属-非金属グラニュラ膜の高分解能透過電子顕微鏡(HRTEM)像とSAXSプロファイルをそれぞれ示した.両図において(a)がCo粒子の体積分率が最も大きく,(c)

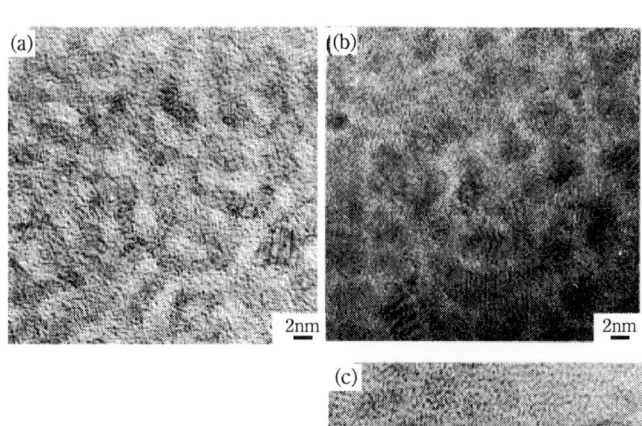

図3-30
Co-Al-O グラニュラ膜の HRTEM 像
(a) Co 相の体積分率が大きい膜($Co_{61}Al_{26}O_{13}$ 膜),(b) Co 相の体積分率が(a)と(c)の中間($Co_{63}Al_{13}O_{24}$ 膜)の膜,(c) Co 相の体積分率が小さい膜($Co_{52}Al_{20}O_{28}$ 膜).

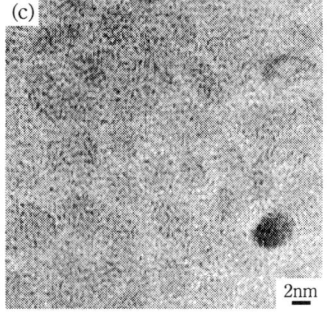

が最も小さい．(a)および(c)では粒子間干渉により小角散乱にピークが現れる．ただし，(a)ではHRTEM像で明るく結像している酸化物相が小角散乱で観測される粒子であるのに対し，(c)では純Co相がそれにあたる．これは（3-11）式をはじめとしてすでに示してきたように，小角散乱では2相の濃度の差の2乗，$\Delta\rho^2$ が散乱強度を決めるのであり，散乱体内部の散乱長密度が母相と比較して大きいか小さいかということは問題にならないためである．(c)に示した **Co粒子＋アルミナ母相** 構造を持つ膜では組成をわずかに変化させるとことで微細組織スケールが変化する．このことを示すのが

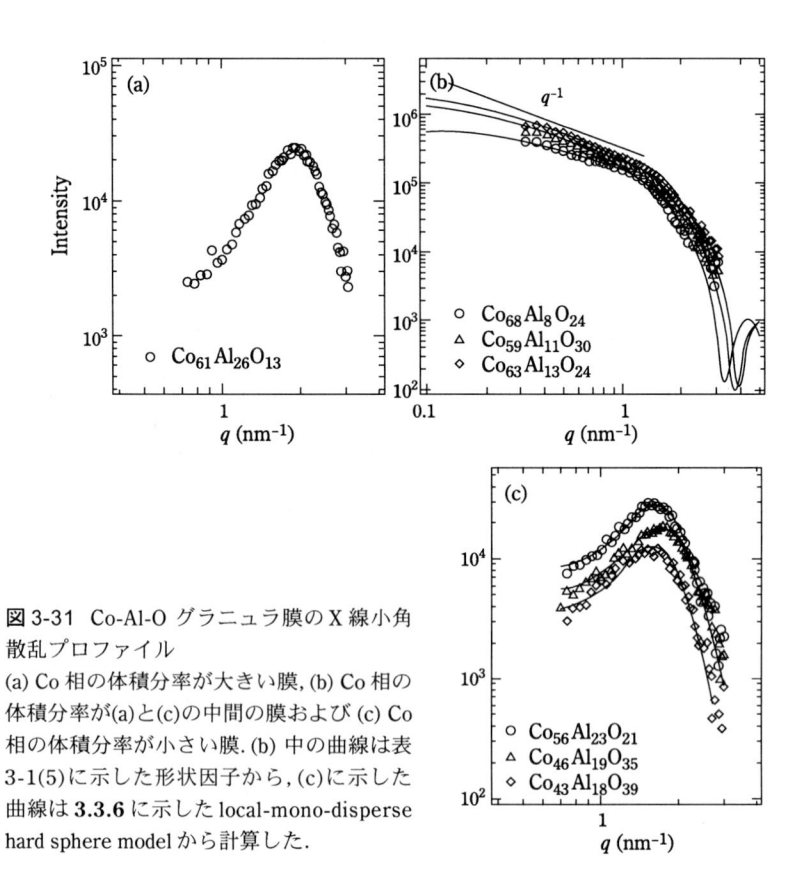

図3-31 Co-Al-O グラニュラ膜のX線小角散乱プロファイル
(a) Co相の体積分率が大きい膜，(b) Co相の体積分率が(a)と(c)の中間の膜および(c) Co相の体積分率が小さい膜．(b)中の曲線は表3-1(5)に示した形状因子から，(c)に示した曲線は **3.3.6** に示した local-mono-disperse hard sphere model から計算した．

図3-31(c)である.粒子間隔（重心間距離）は**3.3.6**に示したように小角散乱プロファイルのピーク位置から求めることができる.このピーク位置から粒子間隔を求めると，ピーク位置がqの大きい領域にある順に±0.05nm程度の精度で3.50, 3.65, 3.80と求められる.このように平均スケールで0.1nm程度の差が図3-31(c)に示したピーク位置の明瞭な差異として観測可能であることが小角散乱法の特徴である.さらに**3.3.6**で説明したlocal mono-disperse hard sphere modelを用いることでこのようなピークを持つ系においても粒子径を求めることが可能である[15), 16)].フィッティング結果を図3-31(c)に曲線で示した.これらの「Co粒子＋アルミナ母相」構造を持つ膜では，磁場を印加すると電気抵抗が小さくなるトンネル型の磁気抵抗が出現する.この磁気抵抗の大きさがわずかな組成差で大きく変化することが知られていた.この主因が微細組織スケールの変化にあることがここに示した小角散乱測定により明らかにされた[18)].

一方，体積分率が(a)と(c)の中間にある(b)の領域では，磁場に対する応答性が高い特徴を持つ軟磁性膜が得られる.透過電子顕微鏡で観測される組織は(b)においても(c)と同様に「Co粒子＋アルミナ母相」構造となっているが，両組織の特徴の差異を簡潔に説明することは困難である.これに対し，小角散乱プロファイルは大きく異なっており，(b)にはピークが出現しない.プロファイルの特徴は表3-1(5)に形状因子を示したランダム配向した柱状粒子のプロファイルと一致しており（図中に曲線で示した），この膜を **複数の粒子よりなる凝集構造を有する膜** として特徴づけることができる.微結晶材料の軟磁気特性の発現には粒子間の磁気結合が不可欠であり，Co-Al-Oナノグラニュラ膜ではこの磁気結合が粒子の凝集構造により達成されることがこれらの検討より明らかになった[19)].

異なる相を分散させることで材料特性を向上させる手法は，構造材料においても盛んに行われている.分散させる相がナノメータスケールになってくると精度の良い平均スケール評価として小角散乱が有効である.図3-32には微細なNiAl析出物を分散させ強化したステンレス鋼の透過電子顕微鏡像

およびX線小角散乱プロファイルを示す[20]．図3-32 (a) はNiAl析出物の回折点を使って結像させた暗視野像であり，やや広いサイズ分布を持った微細粒子が析出していることがわかる．この像に対応するX線小角散乱プロファ

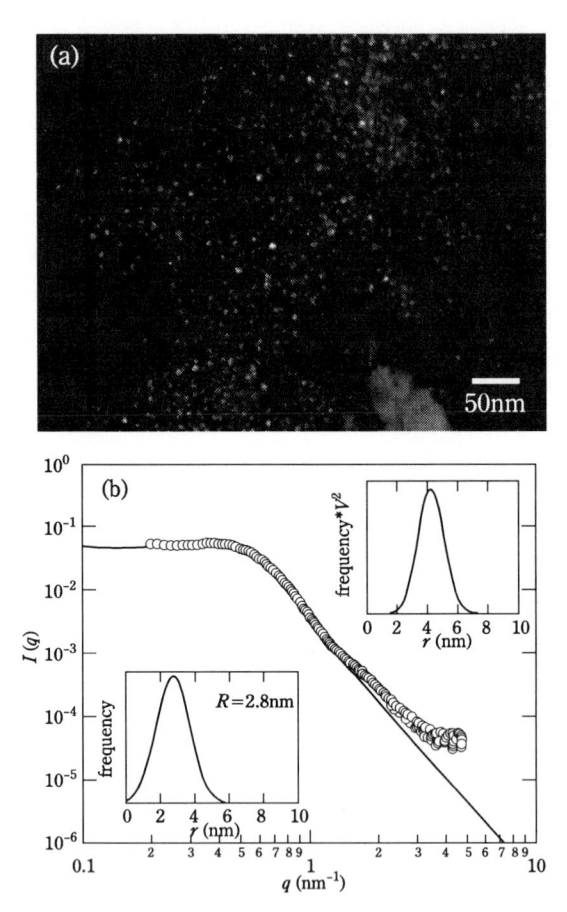

図3-32 微細なNiAl析出物を分散させ強化したステンレス鋼の (a) 透過電子顕微鏡像および (b) X線小角散乱プロファイル
(b) の散乱プロファイル中の曲線は図中左下の粒子サイズ分布を持った場合の散乱プロファイル．local mono-disperse hard sphere model にて計算（FWHM=1nm, η=0.12, R_{HS}/R=1.2; 各パラメータの意味は**3.3.6**参照）．右上の図はこの粒子サイズ分布に体積の自乗を付加した場合の分布でありピーク位置が大きく異なることに注意．

3.3 X線・中性子小角散乱

イルが図3-32 (b)である．このようにサイズ分布幅が大きいと高角側の振動項はほとんど観測されず，ポロド則に従った漸近挙動のみが観測される（参考 **3.3.5**）．また，粒子間干渉ピークも重心間距離のばらつき，粒子の体積分率の低さを反映して不明瞭となる．しかし，粒子間干渉ピークは依然として存在し，ここでも local mono-disperse hard sphere model による解析が威力を発揮する．粒子サイズ分布が正規分布に従いその半値幅が1nmであると仮定して解析を行うと，平均粒子半径が 2.8nm という値が得られる．この例のように粒子サイズ分布が比較的大きい場合，図3-32 (b)中右上に示したように体積の2乗の重みを付加した場合の平均粒子半径は4nm以上となり，本来の平均粒子半径よりかなり大きな値となる．図3-24において指摘したようにこの系を mono-disperse であるとして解析した場合には後者の値が解析結果として得られることを認識する必要がある．

このようにX小角散乱測定も金属系の微細組織スケールの解析に大きな威力を発揮する．しかし，鉄系合金におけるクロム，銅，コバルト，また，アルミ系合金におけるマグネシウムやシリコンのように実用金属材料では主構成元素が原子番号の近いもので構成され，X線では十分なコントラストが得られない場合がある．このような場合，異常散乱効果（**3.1.5**参照）を使ったX線小角散乱[21]や中性子小角散乱[22]が有効である．

例として，図3-33にAl-Mg-Siを主構成成分とする6000系アルミニウム合金の中性子小角散乱プロファイルを示す．この系ではβ''相の析出により材料強度が向上する．このβ''相の析出状態の制御のため各種の熱処理が施されている．これらの熱処理の詳細についてはここでは触れないが，ここに示した例では T6 といわれる熱処理により析出強化した合金と，改良型の熱処理である T6I6 といわれる熱処理を施した合金の小角散乱プロファイルを示した[23],[24]．硬さ試験による強度評価では後者の方が優れており，また他の多くの例と異なり，衝撃特性も後者の方が優れているというユニークな特徴を持つ．小角散乱プロファイルの解析結果はどちらも微細な柱状粒子が分散しているものの後者の方が柱状粒子の長さが短く，より等方的な形状を持っ

図3-33 異なる熱処理を施した6000系アルミニウム合金の中性子小角散乱プロファイル

T6-15h に対するフィッティング結果は $R=1.6 \pm 0.1$, $L=7.5 \pm 0.6$nm であり図中に点線で，T6I6 は $R=1.6 \pm 0.1$, $L=6.0 \pm 0.3$nm であり実線でそれぞれ示してある．

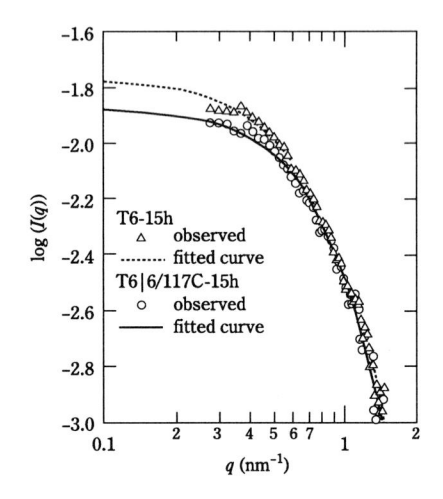

ていることが明らかとなった．この結果から，等方的な粒子形状が応力集中効果を低減できるため優れた衝撃特性が得られると考えられる．

材料特性は通常，ある程度大きな試料サイズにおいて測定される．したがって，特性と組織とを議論する上では特性測定に用いた試料と同程度の領域の平均スケールが重要なパラメータとなる．この目的で小角散乱法を用いることで前述のように極めて有効な情報が得られる．しかしまた，図3-30および31(a), (c) に示した例のように，微細組織的には正反対といえるほどの大きな差異に対しても小角散乱は類似したプロファイルを与える例からもわかるように，小角散乱単独で微細組織解析を行うことは危険である．高分子系試料と比較してdiffuseな散乱のみが観測されがちな金属系の材料においては，この点に十分留意して透過電子顕微鏡などの直接観察を最大限に活用すべきことをここであらためて強調しておく．

【付録】

1. 補足説明

散乱長密度

散乱長密度 ρ は i 原子の散乱長を b_i，単位胞内の i 原子の数を n_i，単位胞

の体積を V_{cell} とすると

$$\rho = \frac{\sum n_i b_i}{V_{cell}}$$

と表される.各原子のX線に対する散乱長は小角領域では原子番号をZとしてトムソン散乱振幅 r_0 (=2.82×10^{-13}cm)との積 $r_0 Z$ である.したがってX線の場合には**電子密度**と読み替えられる.これに対し各元素の中性子に対する散乱長は原子番号とは無関係であり,その値はinternational tables for crystallography[25]等にある.X線・中性子どちらの場合にも**濃度**と読み替えても大きな問題は生じない.ただし,マトリクスと析出物の密度の差が大きい場合は注意が必要である.また,中性子小角散乱の場合,上述したbによる核散乱に加え,磁気的な相互作用による散乱が加わる.中性子小角散乱の詳細については文献22)に解説されている.

装置の配置と分解能

ダイレクトビームの検出器位置での広がり a および第2コリメータでの反射により生じる広がり b と各コリメータのサイズおよび間隔との関係は以下の通りである.ここで第1,2,3コリメータの径を ϕ_1, ϕ_2, ϕ_3 および各コリメータ間の距離を d_1, d_2, d_3, カメラ長をLとした

$$\frac{\frac{\phi_1}{2}+\frac{\phi_2}{2}}{d_1}=\frac{\frac{\phi_1}{2}+a}{d_1+d_2+d_3+L}$$

$$a=\left(\frac{\frac{\phi_1}{2}+\frac{\phi_2}{2}}{d_1}\right)(d_1+d_2+d_3+L)-\frac{\phi_1}{2}, \quad b=\left(\frac{\frac{\phi_2}{2}+\frac{\phi_3}{2}}{d_2}\right)(d_2+d_3+L)-\frac{\phi_2}{2}$$

透過率の測定

(3-28)式で使用する透過率の測定には

①試料上流に適当な吸収板を入れ,十分に強度を下げた状態でビームス

トッパを退避させ，ダイレクトビーム強度を直接測定，比較する．
②グラッシーカーボン等，強い散乱を生じる試料を試料前に設置し，積分強度を比較する．
③ダイレクト強度測定専用の検出器をビームストッパ位置に設置する．

などの方法がある．いずれの場合にも試料無しの状態のカウント数I_{zero}と試料または容器を置いた状態で同時間測定したカウント数I_{trans}の比，I_{trans}/I_{zero}を透過率Tとする．I_{zero}と比較するとI_{off}は普通は小さいため透過率を求める場合には無視できるがI_{off}が大きい場合には$(I_{trans}-I_{off})/(I_{zero}-I_{off})$として$T$を求める．

2. 各式の導出

本文中では各式の導出を省略した．いずれの式の導出もそれほど困難なものはないが理解を助けるために以下にその詳細を示す．

(3-9) 式：(3-8) 式の曲座標表示を行い，θ, ϕ についての積分を行って得る．

$$\begin{aligned}F(q) &= \int_0^\infty \int_0^\pi \int_0^{2\pi} \rho(r)\exp(iqr\cos\theta)r^2\sin\theta d\varphi d\theta dr \\ &= 4\pi \int_0^\infty \rho(r)\frac{\sin(qr)}{qr}r^2 dr\end{aligned} \quad (3\text{-}9)$$

(3-10) 式：部分積分法により求める．

$$\begin{aligned}F(q) &= 4\pi \int_0^\infty \rho(r)\frac{\sin(qr)}{qr}r^2 dr = \frac{4\pi\rho}{q}\int_0^R r\sin(qr)\,dr \\ &= \frac{4\pi\rho}{q}\left\{\left[-\frac{r}{q}\cos(qr)\right]_0^R + \frac{1}{q}\int_0^R \cos(qr)dr\right\} \\ &= \frac{4\pi\rho}{q}\left\{-\frac{R}{q}\cos(qR)+\frac{1}{q^2}\sin(qR)\right\} = \rho\frac{4\pi R^3}{3}\frac{3[\sin(qR)-qR\cos(qR)]}{(qR)^3} \\ &= \rho V_R \frac{3[\sin(qR)-qR\cos(qR)]}{(qR)^3}\end{aligned} \quad (3\text{-}10)$$

(3-14) 式：散乱長密度 $\rho=1$ の場合，$g(r)$ は $O_1(0,0)$ にある半径 R の円と $O_2(r,0)$ ある半径 R の円の二つが重なり合っている領域を x 軸の周りに回転して得られる体積に等しいので

$$g(r) = \int_{r/2}^{R} 2\pi \left(\sqrt{R^2-r^2}\right)^2 dr = \frac{4\pi\rho^2 R^3}{3}\left(1-\frac{3}{4}\frac{r}{R}+\frac{1}{16}\left(\frac{r}{R}\right)^3\right)$$

となる．

(3-15)式：(3-9)式と同様，曲座標表示を行い，θ, ϕ についての積分を行って得る．

$$I(q) = \int g(r)\exp(i(\mathbf{q}\cdot\mathbf{r}))\,d\mathbf{r} = \int_0^\infty \int_0^\pi \int_0^{2\pi} g(r)\exp(iqr\cos\theta)r^2\sin\theta\,d\varphi\,d\theta\,dr$$
$$= 4\pi \int_0^\infty g(r)\frac{\sin(qr)}{qr}r^2 dr \qquad (3\text{-}15)$$

(3-16) 式：$\sin(qr)/(qr)$ を qr が小さい領域，すなわち散乱角が十分に小さい領域においてマクローリン展開すると

$$\frac{\sin(qr)}{qr} = 1 - \frac{(qr)^2}{6} + \frac{(qr)^4}{120} - \cdots$$

と近似できる．これを使って（3-15）式を書き直し，（3-16）式を得る．

$$\begin{aligned}I(q) &= 4\pi\int_0^D g(r)r^2\left(1-\frac{(qr)^2}{6}+\cdots\right)dr \\ &= 4\pi\left\{\int_0^D r^2 g(r)dr - \frac{q^2}{6}\int_0^D r^4 g(r)\,dr + \cdots\right\} \\ &= 4\pi\int_0^D r^2 g(r)dr\left(1-\frac{q^2}{3}\left(\frac{\int_0^D r^4 g(r)\,dr}{2\int_0^D r^2 g(r)\,dr}\right)+\cdots\right) \qquad (3\text{-}16)\end{aligned}$$

(3-21) 式：散乱長密度が一定の場合，相関関数 $g(r)$ は（3-14）式で表されるからこれを（3-18）式に代入すると

$$R_g = \frac{1}{2} \frac{\int_0^D \left(r^4 - \frac{3r^5}{4R} + \frac{r^7}{16R^3}\right)dr}{\int_0^D \left(r^2 - \frac{3r^3}{4R} + \frac{r^5}{16R^3}\right)dr} = \frac{1}{2} \frac{\left[\frac{r^5}{5} - \frac{r^6}{8R} + \frac{r^8}{128R^3}\right]_0^{2R}}{\left[\frac{r^3}{3} - \frac{3r^4}{16R} + \frac{r^6}{96R^3}\right]_0^{2R}}$$

$$= \frac{1}{2}\left(\frac{\frac{2R^3}{5}}{\frac{R^3}{3}}\right) = \frac{3}{5}R^3 \qquad (3\text{-}21)$$

3. プロファイルフィッティング

　各種形状因子やサイズ分布，粒子間干渉ピークも含んだ解析は，表3-1や **3.3.5**を参考にプログラムを作成すれば容易に行うことができる．また，筆者は市販のデータ解析プログラムパッケージ Igor に組み込むことで利用可能にしたプログラムを無料配布することができる．興味のある読者は利用に際する注意なども含めてohnuma.masato@nims.go.jpに問い合わせ願いたい．

【参考文献】

1) I. Nakatani, M. Hijikata, and K. Ozawa: J. Magn. Magn. Mater. **122** (1993), 10.
2) H. Mamiya, I. Nakatani, T. Furubayashi, and M. Ohnuma: Trans. Magn. Soc. Jpn. **2** (2002), 36.
3) J. S. Pedersen: Advances in Colloid and Interface Science, **70** (1997), 171-210.
4) 松岡秀樹：日本結晶学会誌, **41**(1999), 213-226.
5) L. A. Feigin and D. I. Svergun: *Structure Analysis by Small-Angle X-ray and Neutron Scattering*, Plenum Press (1987), p92.
6) 大久保忠勝，弘津禎彦：まてりあ，**44** (2005), 24-31.
7) L. A. Feigin and D. I. Svergun: *Structure Analysis by Small-Angle X-ray and Neutron Scattering*, Plenum Press (1987), p69.
8) B. Boucher, P. Chieux, P. Convert and M. Tournarie: J. Phys.F:Met. Phys., **13** (1983), 1339.
9) X線回折ハンドブック, 理学電気 (1999), p115.
10) 奥田浩司，長村光造：日本金属学会誌, **10** (1985), 825.
11) N. W. Ashcroft and J. Lekner: Phys. Rev., **83** (1966), 145.

12) A. Vrij: J. Chem. Phys., **71** (1979), 3267.
13) J. S. Pedersen: J. Appl. Cryst., **27** (1994), 595.
14) J. S. Pedersen, A. Horsewell and M. Eldrup: J. Phys., Condens. Matter, **8** (1996), 8431.
15) M. Ohnuma, K. Hono, H. Onodera, J. S. Pedersen, S. Mitani and H. Fujimori: Mater. Sci. Forum, **307** (1999), 171.
16) 大沼正人，宝野和博：日本応用磁気学会誌, **26** (2002), 915.
17) International Tables for Crystallography, edited by A. J. C. Wilson, Kluwer AcademicPublisher, Vol.C, (1992), p193.
18) M. Ohnuma, K. Hono, E. Abe, H. Onodera, S. Mitani and H. Fujimori: J. Appl. Phys.,**82** (1997), 5646
19) M. Ohnuma, K. Hono, H. Onodera, S. Mitani, H. Fujimori: J. S. Pedersen, J. Appl. Phys. **87** (2000), 817.
20) D. H. Ping, M. Ohnuma, Y. Hirakawa, Y. Kadoya and K. Hono: Mater. Sci. & Eng., **A394** (2005), 285.
21) 奥田浩司：日本結晶学会誌, **41** (1999), 327.
22) 鈴木淳市：日本応用磁気学会誌, **19** (1995), 840-844 および日本結晶学会誌, **46** (2004), 381-389.
23) J. Buha, R. N. Lumley, P. R. Munroe and A. G. Crpsky: Proc. of Int. Con. Aluminium Alloys (2004), Edited by J. F. Nie, A. J. Morton and B.C.Muddle, 1167-1172.
24) M. Ohnuma, J. Suzuki and J. Buha: Progress report on neutron scattering 2005, JAERI Review, 2005-045, 137-139.
25) International Tables for Crystallography, edited by A. J. C. Wilson, Kluwer Academic Publisher, Vol.C, (1992), p384.

3.4 X線吸収微細構造法

3.4.1 はじめに

1895年のレントゲンによる発見から100年以上の軌跡を経て,X線はあらゆる科学研究にとって必須のプローブとして用いられるようになった[1].特に,X線回折法は物質の結晶構造を知るための基本ツールとして,読者にも馴染みが深いであろう.ここでは,同じくX線を用いる構造解析法であり,X線回折法とほぼ同程度に簡便で実用性の高い方法である,X線吸収微細構造(XAFS)法について解説する.この方法には,物質のなかの特定元素に着目し,その周囲の原子レベルの構造情報,特に最近接原子については原子間距離,配位数ともに高精度に決定できること,バルク結晶だけでなく長距離秩序をもたないアモルファスやナノ結晶,超微粒子,クラスター等も区別なく扱えること等,通常のX線回折法には備わっていない重要な利点がある.さらに,実際の材料研究の観点からは,次のようなX線技術ならではの特徴も魅力になる.

① 固体はもちろん液体,気体の測定も可能であり,また同じ固体でも形態に対する制約が少ないため,いろいろなタイプの試料の測定が可能である.試料準備が簡単であり,手間も時間もかからない.

② 複雑な構造の精密決定を含め,高精度の定量的な解析が可能である.

③ 非破壊的な測定技術であり,同一試料をさらに他の方法で分析することが可能である.

3.4.2 XAFS の原理と解析法

物質にX線を照射し，X線の波長（エネルギー）を結晶モノクロメータによって掃引してX線吸収スペクトルを測定すると，光電効果による内殻電子の励起に対応する特定のエネルギーのところで鋭いジャンプが観測される．このエネルギーを吸収端とよび，元素によって異なる値を持つ．その吸収端の高エネルギー側には，複雑な変調構造が観測される（図3-34）．これがXAFSである．X線の吸収に伴い，内殻から放出された光電子は，波となって原子の外へ出て行き，その一部は周囲の原子によって散乱され，元の原子の方へ戻ってくる（図3-35）．この行く波と戻る波の干渉がXAFSを生み出すと考えられる[2),3)]．この現象そのものは，20世紀初頭にすでに見出されていたが，1971年に Sayer, Stern, Lytle によりフーリエ変換法が提案されて以来[4)]，定量的なデータ解析も可能になり，原子レベルの構造解析法としての地位を確立していった．

X線吸収係数 μ の変調構造（XAFS関数）$\chi(k)$（k は光電子の波数ベクトル）は，構造に依存しない平均的な吸収係数 μ_0 を用いて，

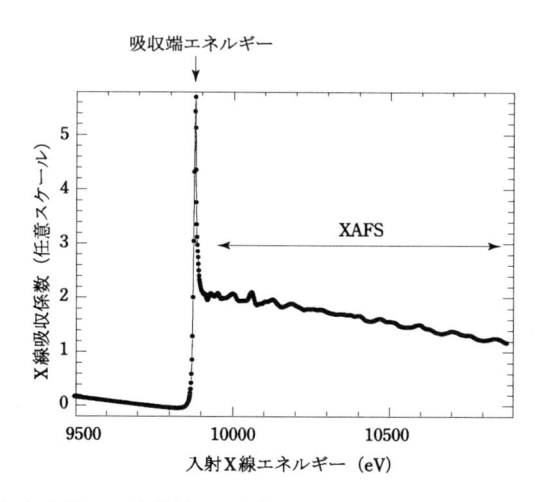

図3-34 タンタル箔のX線吸収スペクトル
高エネルギー加速器研究機構・放射光科学研究施設，BL-10B で測定された．

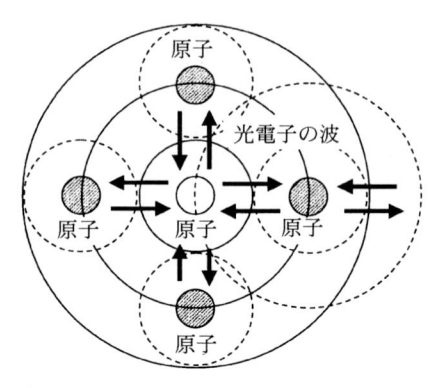

図 3-35 XAFS の原理
原子から放出された光電子は周囲の原子（斜線をつけた円で表す）により散乱され戻ってくる（矢印）．光電子の波（実線の同心円）が散乱された波（破線の同心円）と干渉する．

$$\chi(k) = \frac{\mu - \mu_0}{\mu_0}$$

のように定義する．この $\chi(k)$ は，1電子近似，1回後方散乱近似の理論では，中心原子（X線吸収原子）から第 i 番目に近接している原子（第 i シェルとよぶ習慣がある）までの距離を R_i，個数を N_i 個として，

$$\chi(k) = \sum_i \frac{N_i F_i(k) A_i(k) B_i}{k R_i^2} \sin(2kR_i + \phi_i(k)) \qquad (3\text{-}31)$$

のように表現される[4),5)]．ここで

$$A_i(k) = \exp(-2k^2 \sigma_i^2)$$
$$B_i = \exp(-2R_i/\lambda_i)$$

であり，$A_i(k)$ は熱振動や構造的な乱れに由来する減衰項（原子位置のゆらぎ σ_i），B_i は非弾性散乱による損失を表す項である（電子の平均自由行程 λ_i）．$F_i(k)$ は後方散乱振幅，$\phi_i(k)$ は位相シフトであり，いずれも原子の種類に固有である．すなわち，構造パラメータである R_i，N_i，および σ_i を決定するためには，$F_i(k)$ や $\phi_i(k)$ があらかじめわかっていなければならない．こ

の $F_i(k)$ や $\phi_i(k)$ は,構造既知の参照試料の実測データから抽出することによって得られるが,理論計算により与えられる数値もシミュレーション等に便利に利用することができる.古くは Teo and Lee[6),7)] や McKale[8)] の論文のテーブルが知られていたが,最近では,米国ワシントン大学の Rehr らが開発している *ab initio* の多重散乱計算に基づくプログラム FEFF[9),10)] もよく用いられる.このソフトウエアでは,(3-31)式による $\chi(k)$ のシミュレーション等も便利に行うことができる.

実際の解析の方法をもう少し説明しよう.図3-34のタンタル箔の実測スペクトルから $\chi(k)$ を抽出した結果を図3-36(a)に示す.単純な正弦波の上に周波数の異なる波が多数重なっていることがわかる.低周波成分の波は近くの原子から,高周波成分の波は遠くの原子からの散乱と考えてよい.タンタルは,体心立方格子の規則正しい結晶構造を持っているため,相対的に遠い位置にある原子から散乱された光電子も干渉に寄与しており,その結果,振幅の小さな高周波成分の波が重なって見えるというわけである.また k が $7Å^{-1}$ および $14Å^{-1}$ 前後で最大の振幅を持ちつつ,振幅そのものが振動する形状はタンタルの後方散乱振幅の性質を反映している.

(3-31)式の両辺に k をかけた関数は,ほぼ三角関数の総和と見なせることから,XAFSではフーリエ解析がよく用いられる.図3-36(a)の結果を用い, $k\chi(k)$ のフーリエ変換の絶対値を示したのが図3-36(b)である.図中に番号がふってあるが,それぞれのピークは,第 n シェル($n=1〜5$)に対応し,位相シフトを考慮に入れれば,体心立方格子における原子間距離から計算される位置とよく一致する.なお,図中のピーク a は後方散乱振幅の周波数成分に対応し,原子位置の情報ではないが,原子種に固有であるため,特定の原子種が隣接しているかどうかの判定等に利用できる.構造パラメータを決定する方法はいくつかあるが,最もポピュラーに行われているのは,最大のピークである最近接のシェルの部分だけを逆フーリエ変換し k 空間の関数に戻した上で $\chi(k)$ の理論式に対してフィッティングを行うというものである.一連のデータ処理は,それほど複雑なものではなく,プログラムの自作

も容易であるが，完成度が高く使いやすい汎用のXAFS解析ソフトウエアが公開頒布されている．例えば，http://www.esrf.fr/computing/scientific/exafs/ にそのリストがまとめられている．

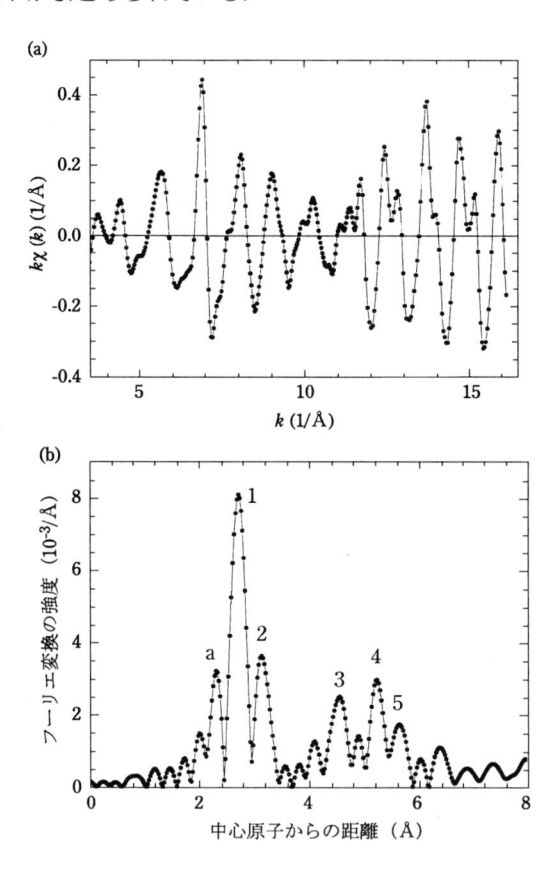

図3-36 タンタル箔のX線吸収スペクトルの解析
シェアウエアであるWinXASによりデータ処理を行った（WinXASはhttp://www.winxas.de/からダウンロードできる）．
(a) XAFS関数．図3-34のスペクトルから振動成分を抽出したもの．
(b) フーリエ変換の結果（使用したkの範囲は$3.58 \sim 16.13 \text{Å}^{-1}$）．タンタル原子の周囲の原子配置を示している．図中の番号（1〜5）は体心立方格子の格子位置から計算される原子位置である．

3.4.3 いろいろな XAFS 測定技術

　基本的な XAFS 測定のレイアウトを図 3-37 に示す．連続（白色）X 線を結晶モノクロメータにより分光し，試料を透過させ，その前後の X 線強度を二つの検出器で同時計数する，いわゆる透過法のほか，試料からの蛍光 X 線あるいは光電子，オージェ電子等の電子の収率を測定する方法が広く用いられている．蛍光 X 線法は微量元素や薄膜試料，電子収率法は軽元素または表面の測定に有効である．いずれも滑らかな連続スペクトルを持つ強力な X 線源が必要であることから，加速器からの軌道放射光であるシンクロトロン放射光（synchrotron radiation; SR）がよく用いられている．図 3-38 は高エネルギー加速器研究機構・放射光科学研究施設の XAFS 測定装置（BL-9A）を示している．

　最も一般的な測定法である透過法は，可視〜紫外域の吸収スペクトル測定と非常に類似しており，横軸に入射 X 線のエネルギー，縦軸に吸収係数（入射強度と透過強度の比の対数）をプロットする．XAFS 測定は，平均的な吸収係数の上に乗った小さな振幅の変調構造を高精度に得ることが目的であるため，測定の外見上の単純さとは裏腹に，慎重な実験操作が要求される[2]．モノクロメータでの高次反射や光源材料中の不純物からの特性 X 線の混入，検出器・エレクトロニクス（時間変動，ノイズ，非直線性）等の装置条件に加え，試料の厚さの調整やその均一化のレベルがそのままデータの質を決める場合が少なくない．したがって，試料準備に注意を払わなくてはならな

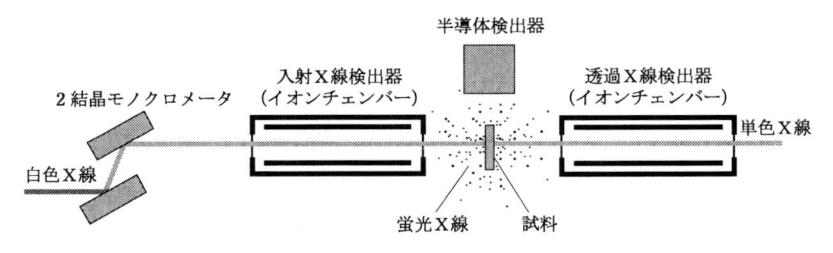

図 3-37 典型的な XAFS 測定のレイアウト
（イギリス・ダレスベリ研究所の放射光施設の資料から）

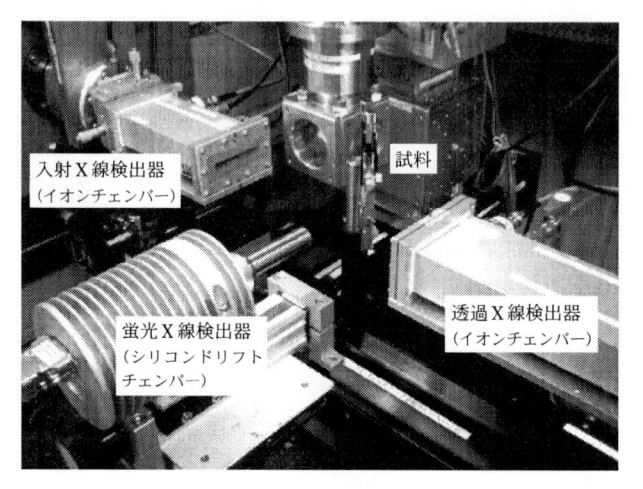

図3-38 高エネルギー加速器研究機構・放射光科学研究施設 BL-9AにおけるXAFS実験配置

い．透過法では，吸収の大きさと関係して測定上有利な厚さ領域があり，また均一性も重要である．リボン状，フォイル状の試料は，吸収係数の大きさにもよるが，そのまま，もしくは必要に応じ複数枚重ねて使うことも問題ない．粉末状や顆粒状のものは，小さく粉砕するとともに，セルロースパウダー等のバインダーに混ぜて高圧プレスでペレット状にしたり，粘着テープに薄く載せ，それを複数枚重ねるなどの方法が有効である．均一性は光学的な方法や顕微鏡観察で測定前にチェックできる．ブロック状の厚い試料はそのままでは透過法による測定は難しい．目的や対象にもよるが，研磨やエッチングのような加工によって薄い試料を準備するのも一つの方法である．

XAFSを含むX線吸収スペクトルを取得するために，吸収係数を直接測定する方法とは別に，これと等価な情報を与える様々な信号を用いた方法が提案されている．SPring-8の石井らが1999年に発表したキャパシタンスXAFS法の概念図を図3-39 (a) に示す[11),12)]．X線照射により固体中の局在電子を放出させ，その量をキャパシタンスの変化分として観測することにより，欠陥や表面界面のみに関わるXAFSを選択的に測定しようとするものである．

3.4 X線吸収微細構造法　　349

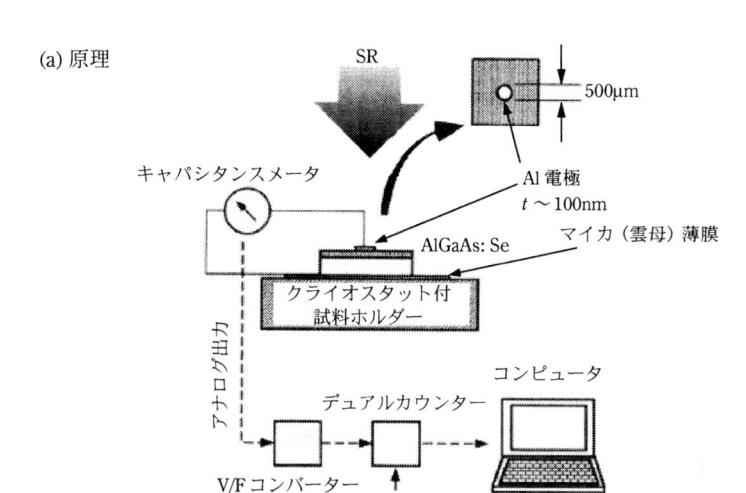

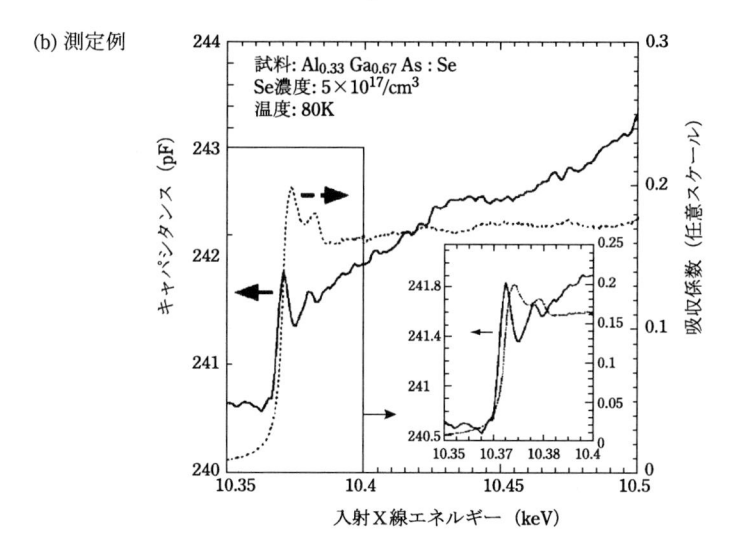

(a) 原理

(b) 測定例

図 3-39 キャパシタンス XAFS 法の原理 (a) と測定例 (b)
(文献 12 Fig.2, Fig.3 より引用)

(a)に示すように，AlGaAs:Se 薄膜によりショットキー障壁が作られる．(b)の実線は，Ga-K 吸収端近傍で，入射 X 線のエネルギーを変化させながら，キャパシタンスを測定して得られたスペクトル，破線は半導体検出器を使用して測定した従来の蛍光 XAFS スペクトルを示している．

図 3-39 (b) は AlGaAs: Se 薄膜（Se をドープした AlGaAs 薄膜）に適用した例である．AlGaAs: Se には DX センターが存在し，その生成機構として Ga 格子歪による変位の大きさに対応した LLR（large lattice relaxation）[13] と SLR（small lattice relaxation）[14] の二つの対立するモデルが提案されていた．キャパシタンス XAFS によるデータは，この問題に決着をつけ，前者を明快に支持する結果を示している．

京大の河合らは，以前から測定されている X 線発光スペクトルを注意深く観察すると，XAFS と極めて似た微細構造が含まれていることを 1997 年

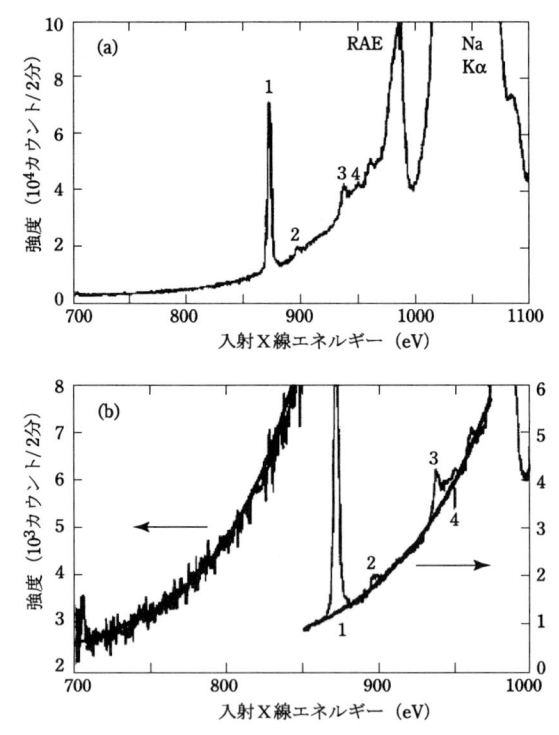

図 3-40 EXEFS の測定例（文献 15 Fig. 1 より引用）
NaCl の蛍光 X 線スペクトル．図中には妨害のピークが見られる（1: ClKα, 2: RhLα_1, 3: ClKβ, 4: RhLβ_1）．(b) は (a) の拡大図である．妨害ピークとバックグラウンドを取り除いて EXEFS の信号を取り出した．

に発見し，発光X線微細構造(extended X-ray emission fine structure; EXEFS)と命名した[15),16)]．図3-40はNaClの発光スペクトルである．700〜1000eVのKLL放射的オージェ効果のスペクトルから，バックグラウンド，および，他の原因による妨害X線ピーク（図中の1〜4）を除去した結果には，XAFSに類似した振動構造が認められ，フーリエ変換法により解析が行われた．本法の注目すべき点は，工業生産における品質管理や試験研究のために世界中で多数稼動しているEPMAや蛍光X線分析装置をそのまま使用できることであろう．シンクロトロン放射光の利用をベースに発展を遂げてきたXAFSとは一味違った展開が期待される．

通常のX線回折法やXAFS法は，ある面積および体積についての平均構造情報を得るものであるが，材料の開発研究ではむしろ不均一系を扱うことの方が多い．無意味に平均をとって間違った理解をしないように注意する必要があるため，これまでXAFSによる構造解析はこのような応用面で制約があった．現在では，不均一系を対象として，XAFSイメージングを行うことにより，構造の不均一さを詳細に議論することができるようになっている．

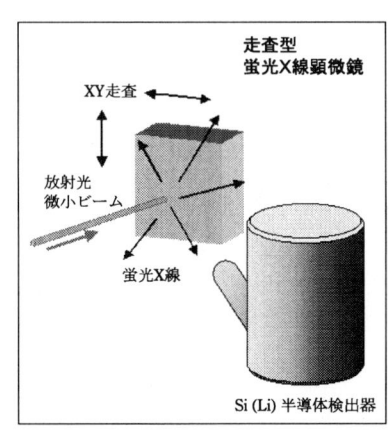

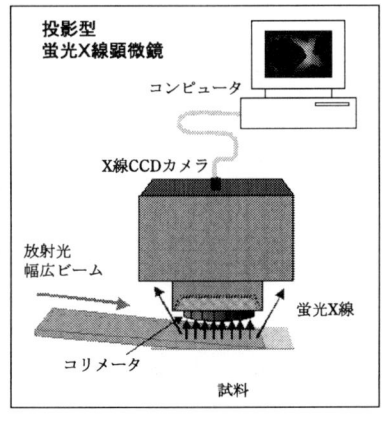

図3-41 蛍光X線顕微鏡の概念
微小ビームと半導体検出器を使用し一点一点を走査しながら測定する走査型（左），幅広ビームと試料に近接して配置されたコリメータ付きCCDカメラシステムを使用し試料全面を同時に撮像する非走査型（投影型，右）の二つに大別される．

この方法として，1998年，金属材料技術研究所（現物質・材料研究機構）で発明された新しい蛍光X線顕微鏡技術を用いると[17),18)]，高品位のXAFS画像を極めて高速に取得できる[19)]．

図3-41にその原理図を示す．微小ビームで試料上を走査する技術では，点数に応じた長い測定時間が必要であったが，斜入射X線と検出器の近接配置・平行光学系を用いた投影型の新しい技術を用いることにより，画素数1000×1000の蛍光X線像を0.1〜1秒程度で得ることが可能になっている．

図3-42は，筑波山頂付近で採取された角閃石ハンレイ岩の蛍光X線像を入射X線のエネルギーをFe-K吸収端近傍で変化させながら連続取得し，光学顕微鏡像で黒っぽく見える領域での積分強度をプロットした結果である[20)]．このように，試料全体の平均ではなく，特定の部位に着目して，原子レベルの構造解析を行うことも可能である．

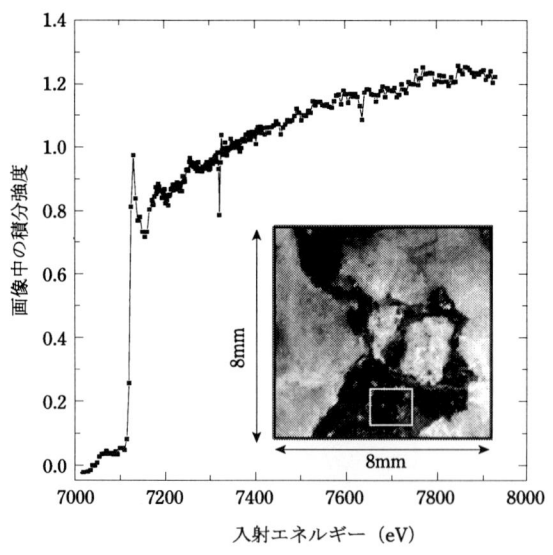

図3-42 角閃石ハンレイ岩のXAFSイメージング
挿入写真は角閃石ハンレイ岩表面の8mm×8mm視野の光学顕微鏡像．X線エネルギーを変化させながら蛍光X線像を繰り返し撮像（露光時間各1秒）し，角閃石部分（写真画像中の四角枠内）のみに対応するXAFSスペクトルを得た．

3.4.4 ナノ材料の解析への応用例

XAFSが用いられている分野は非常に広範であり,材料科学に関するものだけをとっても,半導体,触媒,超伝導体,ナノ結晶,非晶質合金,セラミックス,グラニュラー薄膜など,あらゆる種類・カテゴリーの物質が測定対象になっている.ここでは,ナノ粒子,量子ドット等,ナノ材料への応用例を紹介する.

II-VI 半導体ナノ粒子を化学的な手法で合成する際,凝集・粗大化を防ぐ観点からチオール[注1)]のような物質で被覆することが多くある.その層構造は,原子レベルではどのようになっているのであろうか[21), 22)].図3-43 は,CdTe ナノ粒子(zinc-blende 型,粒径 1.7nm 〜 2.5nm)の低温(8K)における Cd-K および Te-K XAFS のフーリエ変換を示している.この図より,Cd の周囲には,S と Te が,Te の周囲には Cd が位置していること,したがって,粒子の中心部には CdTe があり,粒子表面は Cd が露出していてチオールの S と結合していることが容易に理解できる.XAFS の優位性は近接原子

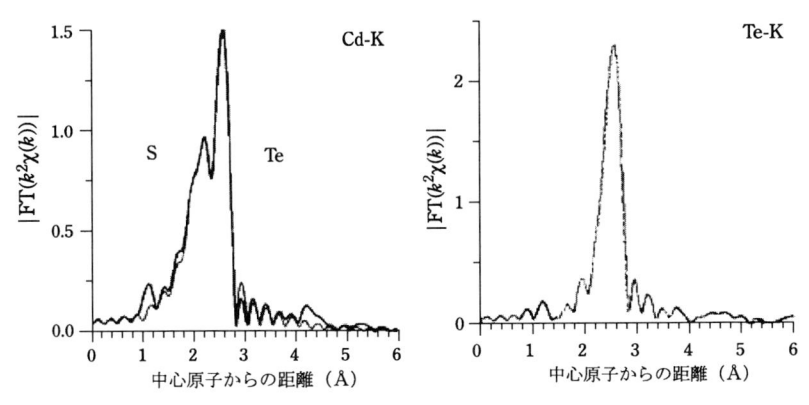

図 3-43 CdTe ナノ粒子の XAFS 解析例(文献 21 Fig. 7 より引用)
8 K で取得された XAFS のフーリエ変換結果(実線が実験値,点線がフィッティング結果).Cd-K(左),Te-K(右)の XAFS.

[注1)] チオール:アルコールの酸素原子を硫黄に置換した有機化合物で,一般式は RSH(R はアルキル鎖など).

の原子間距離を精密決定できる点にある．チオール被覆されたCdTeナノ粒子の場合，バルク結晶に比べ，Cd-Te距離がわずかに縮んでいるのに対し，Cd-Sの距離がはっきりと伸びていることがXAFSデータから示された．これはCdTeナノ粒子表面でCdチオレート層がヘテロエピタキシャル成長していることに対応するものと考えられる．

GaAs (001) 基板上にMBE (molecular beam epitaxy) 法でInAs層を堆積させ (ウエッティング層)，その厚さを厳密に制御すると，Stranski-Krastanovモードの自己組織化により，$In_xGa_{1-x}As$量子ドットを作製することができる．図3-44は，InAs層を1.3ML[注2)]つけた試料（図中のWL：ウエッティング層）と3.0MLつけた試料（図中のDots：量子ドット）のIn-K XAFSのフー

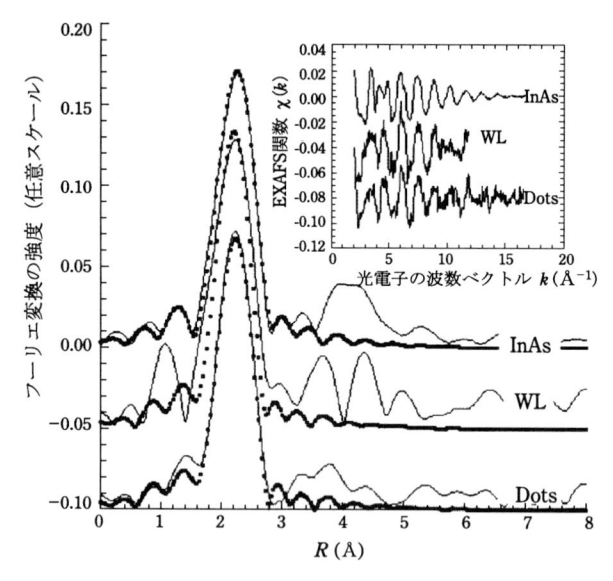

図3-44 InGaAs量子ドットのXAFS解析例（文献23 Fig.1より引用）
GaAs (001) 基板上に成長させた量子ドットのXAFS関数（挿入図）とそのフーリエ変換（k範囲3〜10Å^{-1}，k^2の重みづけを行った）．実線が実験値，点線がk空間上で最良のフィットが得られたときの計算値である．

[注2)] ML: monomolecular layer, 単分子層．1.3MLは1.3分子分の厚さの層を表す．

リエ変換を示している．この測定は，グルノーブルのヨーロッパシンクトロン放射光施設（ESRF）を用い，試料表面上で入射X線を全反射させたときの反射X線強度を入射X線のエネルギーの関数として取得する方法（反射率XAFS法）により行われた[23]．Inの第1近接原子までの距離とそのゆらぎについての解析結果より，組成と格子歪の関係についての情報を得ることができる．ウエッティング層では，In濃度は10%未満と希薄で歪みの大きな構造を持つのに対し，量子ドットは対照的にIn濃度が約40%と高く，また緩和された構造を持つことが示された．

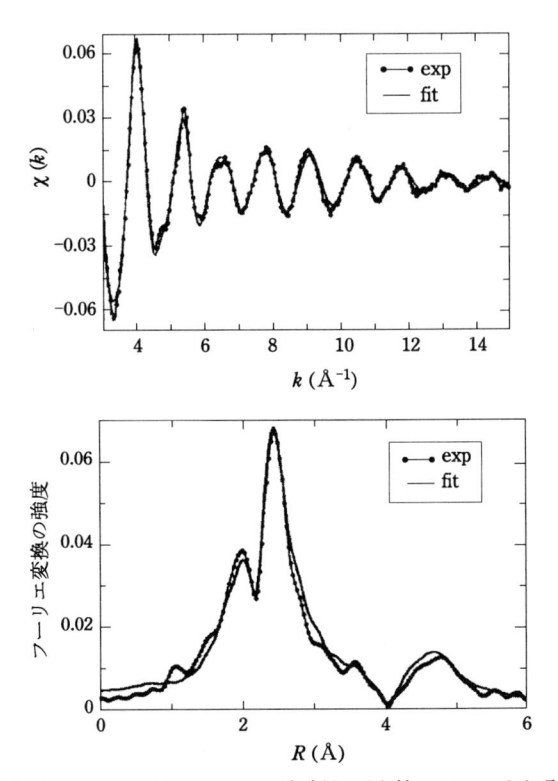

図 3-45 InAs$_x$P$_{1-x}$量子ワイヤーのXAFS解析例（文献24 Fig.2より引用）
InP（001）基板上に成長させた量子ワイヤーのXAFS関数（上図）とそのフーリエ変換（下図）．点線が実験値，実線がフィッティング結果．

図3-45は，InP (001) 基板上で［110］方向に軸を持つように成長させた $InAs_xP_{1-x}$ 量子ワイヤーの As-K XAFS の $\chi(k)$ とフーリエ変換を示している．測定は，同じく全反射条件を使いながら，反射率ではなく蛍光X線強度を信号として取得する全反射蛍光 XAFS 法により行われた[24]．この解析結果からは，基板中のPの量子ワイヤーへの拡散はなく，量子ワイヤーはInAsであること，バルクでは zinc-blende 型の立方晶である InAs が［001］方向に歪んで正方晶化していることが明らかになった．

3.4.5 おわりに

以上見てきたように，XAFSは，幅広い対象への応用が可能な便利な評価法である．特に，材料を構成する原子種ごとに周囲の原子配置を調べられる点は，他の構造解析法にはない特徴である．読者にぜひ注意を喚起しておきたいことがある．構造解析や化学状態分析を定量的に行おうとするときには，その試料の準備過程や測定条件による影響を十分考慮する必要があるということである．この点，X線を用いる技術は，試料の準備中あるいは測定中も，試料に与える影響が小さく信頼性が高い．

一方，最近，シンクロトロン放射光の高輝度化が進んできており，これまで特長と考えられてきた非破壊分析が必ずしも可能ではなくなったという指摘もある．そのようなことは，従来とまったく同じセットアップや手順の実験を高輝度光源を用いて行った場合には起りうるが，新しい光源は，従来とは違った使い方により，さらなる科学の発展に活用できるのではないだろうか．2010年頃までには，一部の先進国では，自由電子レーザー（free electron laser; FEL）や，エネルギー回収型直線加速器（energy recovery linear accelerator; ERL）等，第4世代の放射光施設が利用可能になる．それも視野に入れ，現在すでにナノサイズの放射光ビームによる実空間上のX線顕微鏡観察や，コヒーレンスやフェムト秒域のパルス応答を利用する新しい構造解析等の計画が熱心に議論されている[25]．XAFS法も，そのような中で，また新しい時代を迎えようとしている．

【参考文献】

1) 合志陽一監修,佐藤公隆編集:改訂X線分析最前線,アグネ技術センター (2002).
2) 宇田川康夫編:X線吸収微細構造,日本分光学会測定法シリーズ 26,学会出版センター (1993).
3) *X-Ray Absorption*, edited by D. C. Koningsberger and R. Prins, John Wiley & Sons, New York (1988).
4) D. E. Sayers, E. A. Stern and F. W. Lytle: Phys. Rev. Lett., **27** (1971), 1204.
5) E. A. Stern: Phys. Rev., **B10** (1974), 3027.
6) B. K. Teo and P. A. Lee: J. Am. Chem. Soc., **101** (1979), 2815.
7) B. K. Teo: J. Am. Chem. Soc., **103** (1981), 3990.
8) A. G. McKale, B. W. Veal, A. P. Paulikas, S. K. Chan and G. S. Knapp: J. Am. Chem. Soc., **110** (1988), 3763.
9) J. J. Rehr and R. C. Albers: Rev. Mod. Phys., **72** (2000), 621.
10) A. L. Ankudinov, C. Bouldin, J. J. Rehr, J. Sims and H. Hung: Phys. Rev., **B65** (2002), 104107.
11) M. Ishii, Y. Yoshino, K. Takarabe and O. Shimomura: Appl. Phys. Lett., **74** (1999), 2672.
12) M. Ishii, Y. Yoshino, K. Takarabe and O. Shimomura: Physica B, **273-274** (1999), 774.
13) D. J. Chadi and K. J. Chang: Phys. Rev., **B39** (1989), 10063.
14) E. Yamaguchi, K. Shiraishi and T. Ohno: J. Phys. Soc. Jpn., **60** (1991), 3093.
15) J. Kawai, K. Hayashi and S. Tanuma: Analyst, **123** (1998), 617.
16) K. Hayashi, J. Kawai and Y. Awakura: Spectrochimica Acta, **B52** (1997), 2169.
17) 桜井健次,江場宏美,水沢まり:まてりあ,**41** (2002), 616.
18) K. Sakurai and H. Eba: Anal. Chem., **75** (2003), 355.
19) K. Sakurai and M. Mizusawa: Nanotechnology, **15** (2004), S428
20) M. Mizusawa and K. Sakurai: J. Synchrotron Rad., **11** (2004), 209.
21) A. Ecyhmuller: J. Phys. Chem., **B104** (2000), 6514.
22) J. Rockenberger, L. Troger, A. L. Rogach, M. Tischer, M. Grundmann, A. Eychmuller and H. Weller: J. Chem. Phys., **108** (1998), 7807.
23) F. d'Acapito, S. Colonna, F. Arciprete, A. Balzarotti, I. Davoli, F. Patella and S. Mobilio: Nucl. Instrum. & Methods, **B200** (2003), 85.
24) H. Renevier, M. G. Proietti, S. Grenier, G. Ciatto, L. Gonzalez, J. M. Garcia, J. M. Gerard and J. Garcia: Mater. Sci. & Eng., **B101** (2003), 174.
25) 放射光将来計画検討報告-ERL光源と利用研究-,高エネルギー加速器研究機構 (2003).

3.5 X線反射率法

3.5.1 はじめに

　X線は通常の光と同様電磁波である．その性質のなかで最もよく知られ，利用されているのは，その波長の短さに対応した物質に対する透過能の高さであろう．医療の最前線で用いられるX線コンピュータ・トモグラフィ（CT）は，X線透過写真の原理を応用して，人体の内部の特定の断面を画像として描き出すものである．X線の透過能は，侵入深さ，すなわち強度が$1/e$にまで減衰する深さによって表現されることが多い．これはX線の波長と物質の種類に依存して変化するが，$5 \sim 20$ keVのX線に対してはおよそμm $\sim$ cm程度であり，固体のキャラクタリゼーションにちょうどよい深さになる．他方，本来は高い透過能を持つはずのX線の侵入深さを$1 \sim 100$nmというきわめて浅い領域に制御する技術も知られている．X線をある決まった角度よりも小さな角度で入射させると，光学的な全反射が起きる．この現象を利用すると，バルク固体に用いられているX線の解析手法を表面や薄膜に応用することが可能になる[1]～[5]．

　X線の全反射現象を利用する技術には，微小角入射X線回折法（grazing incidence X-ray diffraction; GIXD），全反射蛍光X線分析法（total-reflection X-ray fluorescence; TXRF），全反射蛍光EXAFS法，全反射X線定在波法，全反射X線光電子分光法（total-reflection X-ray photoelectron spectroscopy; TRXPS）等，多数あるが，ここでは，最も実用的で幅広い応用の期待できる手法であるX線反射率法（X-ray reflectometry; XR, XRR）について解説す

る．この方法では，全反射領域の近傍での単色X線の反射率の角度分布，もしくは固定入射角度での白色X線の反射スペクトルを測定することによって，表面のナノ形状や薄膜内部の「埋もれた」ナノ構造，特に密度の深さ分布や薄膜の各層の厚さ，表面・界面ラフネス等の深さ方向の情報を非破壊的に得ることができる．

3.5.2 X線反射率の理論式[6]

物質のX線に対する屈折率は $n=1-\delta-i\beta$ のように複素数で表現され，実数部 δ と虚数部 β は，密度を ρ として，それぞれ次式のように，物質を構成する原子種ごとに決まる定数の原子数平均で与えられる．

$$\frac{\delta}{\rho} = \sum_i \left(\frac{\delta_i}{\rho_i}\right) W_i \qquad \frac{\beta}{\rho} = \sum_i \left(\frac{\beta_i}{\rho_i}\right) W_i$$

$$\delta_i = \frac{N\lambda^2 r_e \rho_i}{2\pi A_i}(Z_i + f'_i) \qquad \beta_i = \frac{N\lambda^2 r_e \rho_i}{2\pi A_i} f''_i \qquad (3\text{-}32)$$

ここで N はアボガドロ数，λ はX線の波長，r_e は古典電子半径（2.818×10^{-6} nm），また，ρ_i, Z_i, A_i は原子種 i の密度，原子番号，原子量で，f'_i, f''_i は原子散乱因子の異常分散項である．W_i は相対重量比で $\sum_i W_i = 1$ である．この式から δ は $10^{-5} \sim 10^{-6}$ 程度の値であり，したがって，X線領域では屈折率は1よりごくわずかに小さく，物質の外部で光学的な全反射が生じることがわかる．一方，β は吸収に関係する量で，線吸収係数 μ を用いて $\beta = \dfrac{\mu\lambda}{4\pi}$ のように表現することができ，単色光に対しては波長への直線関係がある．この β が十分に小さいときは，全反射臨界角 θ_c は，$\theta_c = \sqrt{2\delta}$ のように簡単に表され，θ_c よりも浅い視射角（表面と入射X線のなす角）で入射したX線は全反射を起こす．そのオーダーはmrad（mradは1000分の1ラジアンで約 $0.06°$ に相当）と非常に小さい（表3-4）．一方，広いエネルギー分布を持つ白色X線を固定角で入射させると，あるエネルギーより低エネルギー（長波長）のX線が全反射を起こす．単色X線の角度分布とよく似たX線スペク

表3-4 いろいろな物質の全反射臨界角

物質名	臨界角 (mrad)	物質名	臨界角 (mrad)
石英ガラス	3.79	銅	6.97
シリコン	3.90	モリブデン	7.58
アルミニウム	4.11	銀	7.65
チタン	5.17	ルテニウム	8.19
ガドリニウム	5.94	ロジウム	8.33
クロム	6.50	タンタル	8.86
鉄	6.69	タングステン	9.55
コバルト	6.87	金	9.63
ニッケル	6.94	白金	10.11

X線エネルギー 8.04keV (波長 0.154nm), CuKα_1 線

トル（エネルギー分布）が得られ，全反射臨界エネルギー E_c が同様に定義される．θ_c と E_c の積は，物質固有の定数になる．

X線を微小角で入射させると，図3-46の挿入図に示すように，入射波に対して鏡面反射波と屈折波が生じる．もし，物質の密度が一様であれば，理想的に平滑な表面に対する波長 λ のX線の反射率 R は，視射角 θ に依存して

$$R(\theta) = \frac{(\theta - A)^2 + B^2}{(\theta + A)^2 + B^2} \tag{3-33}$$

のように書くことができる．ここで，

$$A = \sqrt{\frac{\sqrt{(\theta^2 - 2\delta)^2 + 4\beta^2} + (\theta^2 - 2\delta)}{2}}, \quad B = \frac{\beta}{A} \tag{3-34}$$

である．屈折波は深さ方向に指数関数的に強度が減衰し，視射角 θ のときに，深さ z における強度は

$$I(\theta, z) = S(\theta) \times \exp\left(-\frac{z}{D(\theta)}\right),$$

$$S(\theta) = \frac{4\theta^2}{(\theta + A)^2 + B^2}, \quad D(\theta) = \frac{\lambda}{4\pi B^2} \tag{3-35}$$

3.5 X線反射率法

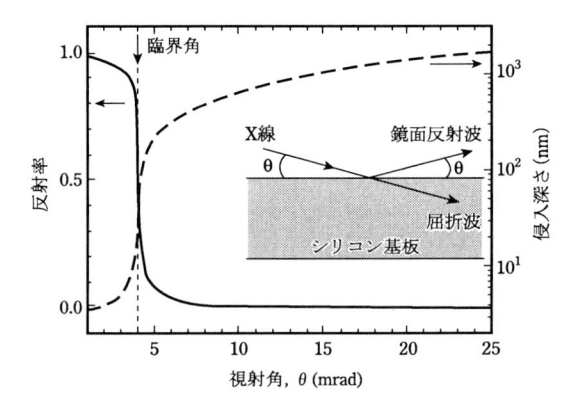

図 3-46 X線反射率と侵入深さ
X線 (8.0 keV) に対する視射角 θ を変えたときのシリコン基板の鏡面反射率 (実線) およびシリコン基板内への侵入深さ (破線) の変化.

のように表される. $S(\theta), D(\theta)$ は表面でのX線強度, ならびに侵入深さである. 図3-46に, 反射率と侵入深さの視射角依存性を計算した例を示す. いずれも全反射臨界角の前後で急激に変化することがわかる. (3-35)式はzが正または0の場合にあてはまる式であるが, 負の時, すなわち表面から真空 (もしくは気相) 側での強度分布は, 入射波と反射波との重なりによる干渉を反映した次式のようになる.

$$
\begin{aligned}
I(\theta, z) &= \frac{S(\theta)}{2\theta^2}\left\{\theta^2 + A^2 + B^2 + (\theta^2 - A^2 - B^2)\cos(\tau(\theta)) + B\theta\sin(\tau(\theta))\right\} \\
&= \frac{S(\theta)}{2\theta^2}\left\{\theta^2 + \sqrt{(\theta^2 - 2\delta)^2 + 4\beta^2} + \left(\theta^2 - \sqrt{(\theta^2 - 2\delta)^2 + 4\beta^2}\right)\cos(\tau(\theta)) + B\theta\sin(\tau(\theta))\right\}
\end{aligned}
$$

$$\tau(\theta) = \frac{4\pi\theta|z|}{\lambda}$$

(3-36)

先の式と同様, $z=0$のときは$S(\theta)$に等しい. また, この式から視射角θのとき, $\lambda/(2\theta)$を周期とする定在波が物質表面に立つことがわかる.

試料が基板上の薄膜のように深さ方向に屈折率の不連続な断絶, すなわち

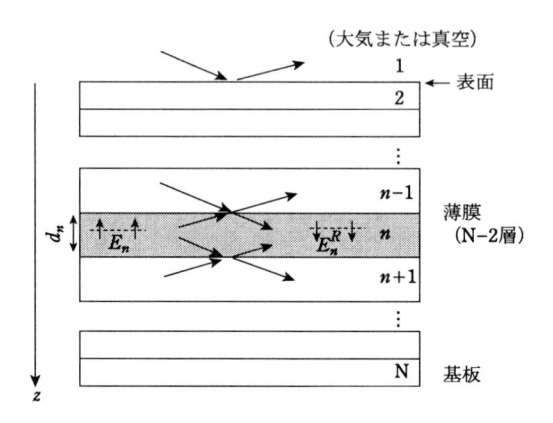

図 3-47 多層膜モデル
Parrattにより提案され[6], 鏡面反射率の理論式の導出に用いられる.

界面を持つ場合は，界面での多重反射による干渉効果を考慮する必要がある．反射率は，臨界角の高角側で単調に減少するのではなく，干渉を反映して振動する．振動周期は薄膜の厚さと関連があり，膜厚が大きくなると周期が減少する．後述のようにフーリエ解析を利用すれば定量的に膜厚を求めることが可能である．また屈折波は単純な指数関数ではない複雑な強度分布を持つ．このような状況では，図3-47のような一般的な多層膜モデルにおいて，各界面での電場ベクトルの境界条件を考慮すればよい．すなわち，第n層中央での入射波（深い方向に進む波），反射波（表面に向かう波）の電場ベクトルの振幅をそれぞれE_n, E_n^Rとすれば，第$(n-1, n)$界面での連続性から

$$a_{n-1}E_{n-1} + a_{n-1}^{-1}E_{n-1}^R = a_n^{-1}E_n + a_n E_n^R$$
$$(a_{n-1}E_{n-1} - a_{n-1}^{-1}E_{n-1}^R)f_{n-1}k = (a_n^{-1}E_n - a_n E_n^R)f_n k \quad (3\text{-}37)$$

ここで

$$f_n = \sqrt{(\theta^2 - 2\delta) - i2\beta}, \quad k = \frac{2\pi}{\lambda}, \quad a_n = \exp\left(-i\frac{kf_n d_n}{2}\right)$$

これらの関係から，第$(n-1, n)$界面での反射係数$R_{n-1, n} (= a_{n-1}^2 E_n / E_n^R)$

は，フレネル係数 $F_{n-1, n}(=(f_{n-1}-f_n)/(f_{n-1}+f_n))$ を用いて，

$$R_{n-1, n} = a_{n-1}^{\ 4} \frac{R_{n, n+1} + F_{n-1, n}}{R_{n, n+1} F_{n-1, n} + 1} \tag{3-38}$$

のような漸化式で表現されるので，最下の界面から順に上の界面の反射係数を計算していくと，最終的に $R(\theta) = |R_{1,2}|^2$ により，反射率を求めることができる．

3.5.3 X線反射率の測定

　X線の全反射は，平坦かつ平滑でありさえすれば，どんな構造のどんな物質の表面でも生じるものであり，X線回折のように結晶構造等には依存しない．しかし，すでに説明したように，X線反射率は，視射角と等しい出射角の位置に検出器を置いて角度走査をするような測定によって得られるのであるから，どことなくX線回折法の実験と似ていると感じられるのではないだろうか．実際，歴史的にも，標準的なX線回折ゴニオメータに変更を加えたものがX線反射率計として使用されてきた経緯がある．

　X線回折の測定との大きな違いの第1は，扱う角度領域である．X線回折では20〜100°の広い範囲の回折角（2θ角）を扱うが，X線反射率の測定で対応する2θ角は0.2〜6°と浅くかつ範囲も狭い．見た目にもX線源，試料，検出器がほとんど一直線上に並ぶような配置である．角度制御を非常に小さな角度で刻み単位として精密に行う必要があるし，また光軸調整も厳密でなくてはならず，試料回転中心，試料表面，X線光束中心の3者をミクロンオーダーで一致させるための調整機構を必要とする．違いの第2は，強度測定のダイナミックレンジである．標準的なX線回折実験における強度測定はリニアスケールであるが，X線反射率では通常5〜8桁におよぶログスケールになる．低角度の全反射域では入射X線の強度とほとんど同じ強度のきわめて強い反射が観測されるが，高角度になると何桁も弱くなる．きわめて弱いX線と非常に強いX線を同じ装置で測定する必要があること，弱いX線

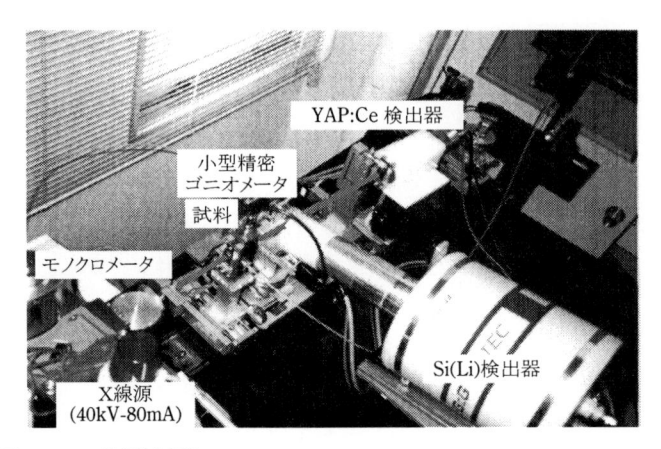

図 3-48 X線反射率計
金属材料技術研究所（現物質・材料研究機構）で1995年頃に開発された．

もまた精度よく測定しなくてはいけないこと等がX線反射率の実験の特徴である．図3-48は，そのような要素を考慮し1995年頃に当時の科学技術庁金属材料技術研究所（現物質・材料研究機構）で開発されたX線反射率計[7]である．この装置では，高精度を得るのが難しい2軸ゴニオメータを使用していない．微小角度域でしか使用されないため，検出器の軸の回転は並進で置き換え，試料回転には1軸の精密ゴニオメータを採用している．その回転中心調整を行うために，並進ステージを2台，並進－回転－並進の3段重ね構成で使用している．また広ダイナミックレンジの測定に適したYAP: Ceシンチレーション検出器[8]を備えている．さらに，この装置では，通常のX線反射率測定だけでなく，鏡面反射のスポット周囲に現れる散漫散乱の精密な角度プロファイルの測定や，試料からの蛍光X線の測定もできるように考慮されている．

3.5.4 放射光利用の得失

シンクロトロン放射光（SR）は，①強度が桁違いに強い，②任意のX線波長を選べる，③平行性が高く発散が小さいため，光学系によるロスが少

表 3-5 X線反射率の装置・実験条件の比較

	実験室系	BL-14A, KEK PF	BL39XU, SPring-8
光源	回転対陰極 (3.5kW 小焦点) 40kV–80mA	縦型ウィグラー 2.5GeV–450mA	アンジュレータ 8.0GeV–100mA
X線エネルギー	8.04 keV (CuKα_1)	16.0 keV	16.0 keV
モノクロメータ	Si (111) channel-cut	Si (111)×2	Si (111)×2
ビームサイズ	0.04mm(H)×10mm(V)	0.05mm(H)×1mm(V)	0.05mm(H)×1mm(V)
光子数	0.6〜1.2×10^{7}counts/sec	4〜5×10^8 counts/sec	—
検出器	YAP : Ce	YAP : Ce	イオンチェンバー
測定時間 （通常の反射率）	15 min	20 min	25 min
測定時間 （散漫散乱）	4 h	4 h	20 min

ない，④偏光・パルス性を利用する計測が可能等，大変魅力的な特徴を備えており，X線反射率の実験にも非常に適している．実際，諸外国の多くの放射光施設には，X線反射率の専用ビームラインが整備されている．日本では，残念ながらまだそのような段階には至っていないが，筆者らは図3-48の装置を実際に放射光施設に搬入して実験を行っている．その経験をもとに，実験室系と放射光利用の比較を行った結果を表3-5に示す．しばしば誤解される点であるが，実験室系でも実施できるとされている実験であっても，放射光利用の必要性・有用性・意義をいささかも低めるものではない．X線反射率に限らないことであるが，新しい光源を使うときは，同じ名称の技術であっても，実質的に別の実験であるとさえ言わなければならないほどの違いがある．その差を定量的にふまえて議論することが肝要である．同じことは，偏向電磁石光源で現に行われている研究が，アンジュレータ光源等の高輝度放射光源によりアップグレードされる場合にもあてはまる．

筆者らは，実験室では強度の得やすさを優先してCuKα_1(8.04 keV)を使用しているが，放射光施設では，主に16.0keVのX線を用いている．ゴニオメータの分解能に余裕がある限り，高めのX線エネルギーの方が狭い範囲の角度走査で広い逆空間領域のプロファイルが得られ，効率的であるし，

大気パスによる散乱や減衰も少なく，またシンチレーション検出器等を用いる時は，その信号対バックグラウンド比の点でも有利である．このように，任意のX線波長を選択できる点は，放射光利用の最大の利点の一つである．X線波長や分解能（発散）その他のいろいろな条件の違いを無視して，強度だけを比較すると，高エネルギー加速器研究機構・放射光科学研究施設のBL-14Aでは，実験室系の約50〜100倍のフォトン数が得られ，ビームサイズが 約1/10であることを考慮するとフォトン密度としては約500倍以上の開きがある．得られるデータが，実験室系の1.5〜2桁下のレンジまで拡張される利点に加え，ビームサイズを 0.05mm×1mm程度に抑えてもなお測定に十分な強度が得られる点は意義が大きい．反射スポット周囲に現れる散漫散乱の解析において長手方向の積分の際に行われる近似を避けることができ，また試料のあおり調整の影響や検出器直前のソーラースリットの効果等を小さくすることができる点も大変好都合である．SPring-8 のアンジュレータ光は，さらに高強度であり，X線検出はイオンチェンバー（もしくは，シリコンフォトダイオード）による電流測定により行うことができるため，特に，散漫散乱の測定において，測定時間の大幅な短縮が可能になる．また，散乱X線以外の信号，例えば蛍光X線等を検出する場合は，高輝度光源の利点は顕著である．

　他方，表3-5に示されている通常の反射率の測定時間の比較は，なかなか興味深い．先に述べた通り，まったく同じ品質のデータをとるわけではないから，時間だけを比較するのはやや乱暴ではあるが，角度走査に要する時間が主な制約要素になる場合，放射光を利用しても時間短縮の効果が薄いことは覚えておく価値がある．かえって，アッテネータが必要になり，その有無によるデータの連続性を保証するために測定点が増えたり，超高分解能のゴニオメータを使用することに伴い移動速度が低下することによるロスタイムが主な制約要因であったりして，実験室系よりも時間がかかることさえある．他に実験室の方が優位である要素として，入射強度の安定性が挙げられる．X線反射率は，強度比をデータとして扱うものであり，入射強度が時間

的にむやみに変動するのでは困る．その精密なモニタリングや規格化の方法は，特に放射光を利用する場合には悩ましい問題である．

3.5.5 X線反射率のデータ解析

　X線反射率のデータ解析の歴史は非常に古く，X線の全反射を発見したCompton[9]や初めて干渉縞の解釈を試みたKeissig[10]の時代にまでさかのぼることができる．当時より，写真法によって記録した臨界角は表面や薄膜の密度の決定に使うことが十分にできたと思われるが，有用性が注目を集めるのは，薄膜内部でのX線電場強度分布を見通し良く定式化した1950年代のParrattの研究[6]の後である．**3.5.2**で述べた反射率の式はこの頃に導かれた．これを受けて1960年代には干渉の振動構造の周期を直接読みとり膜厚を決定する試みもなされている[11),12)]．すなわち，第m番目のピークを与える角度位置θ_mは，X線の波長をλ，膜厚をtとして

$$\theta_m = \sqrt{\left(\frac{\left(m+\frac{1}{2}\right)\lambda}{2t}\right)^2 + \theta_c^2} \quad \text{または} \quad \theta_m = \sqrt{\left(\frac{m\lambda}{2t}\right)^2 + \theta_c^2} \qquad (3\text{-}39)$$

で与えられる（薄膜と基板の屈折率の大小関係で前者と後者にわかれる）．この方法自体は，事実上薄膜1層の場合以外は適用困難であったが，その後コンピュータが普及すると，先のParrattの理論に基づく各層の厚みや各界面の粗さをパラメータとするモデルに対する非線形最小2乗フィッティングが広く用いられるようになった[13),14)]．この背景には，1980年前後から，Nevot, CroceによるX線反射率による表面ラフネスの研究[15]が進歩し，表面のナノスケールの形状を非破壊的に精密評価することへの期待感が高まったことが挙げられる．

　1990年代に入り，フーリエ解析法[16)～18)]が用いられるようになり，各層の層厚をラフネスとは独立に精度良く決定することができるようになった．表面・界面ラフネスは，フーリエ解析法により求めた層厚を初期値に用いる

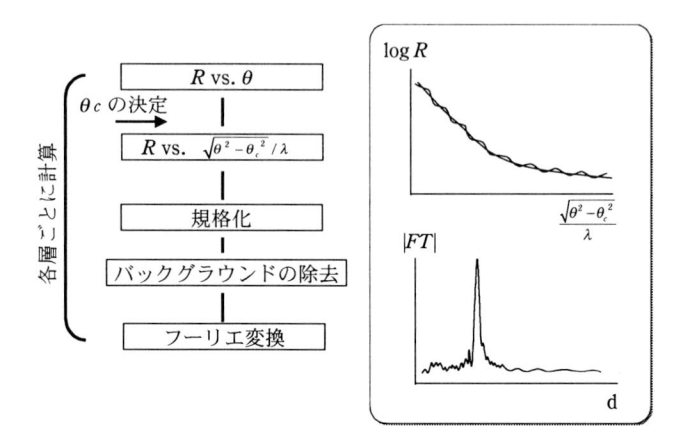

図 3-49 X 線反射率のフーリエ解析の流れ図
取得した X 線反射率データのフーリエ解析法による解析の手順. それぞれの層の厚さはその層を構成する物質の全反射臨界角を用いて処理した結果から決められる.

非線形最小 2 乗フィッティングにより求められる. 図 3-49 に解析方法のフローチャートを示す. 横軸を各層の臨界角で補正した散乱ベクトルに変換した後にフーリエ変換を行い, そのピーク位置から膜厚を求める操作を繰り返し, それらの値を初期値として使用するフィッティングによってラフネスを含む全パラメータを決定する. 現在では, 解析の簡便さ, 迅速さから工業製品の品質管理にまで応用されるようになった.

他方, 1990 年代には, X 線反射率法だけでなくそれ以上に散漫散乱への関心が高まった[1)~5)]. ラフネスの精密決定やナノ粒子やナノドットのような面内に不均一な構造を持つ系の解析等, 深さ方向の散乱ベクトルにのみ注目する従来の X 線反射率法では十分に扱えない問題を解決しようということでもあった. これには 1988 年の Sinha による DWBA (distorted-wave born approximation) 理論の導入および等方的なランダムな粗さを持つ表面についての散乱強度の定式化[19)]が非常に大きな影響を与えた. また, X 線反射率法におけるラフネスは, 理想表面に対する X 線反射率への補正項として扱われてきているが, その後, ガウス分布で単純に扱えないケースが多くある

ことも明らかになってきた．バルクよりも大きな密度を持つ層と不自然に大きなラフネスが求められるというミステリーは，機械的なフィッティング操作によってしばしば生じる．この問題は密度傾斜を考慮すること[20]によりある程度解決することができる．非対称なラフネスをキュムラント（Cumulant）展開で取り扱う研究[21]もある．さらにこれまで必ずしも容易ではなかった特定界面のラフネスの反射率への寄与を抽出するのに，ウェーブレット変換（時間周波数解析）を用いる方法が提案されている[22]~[24]．以上は，いわばモデルに対するフィッティングに過度に依存することへの警戒感からの軌道修正であり，今後はさらに踏み込んで層厚，拡散，ラフネスのようなパラメータを用いずに電子密度プロファイルを求める方法等の開発が進みそうである．

3.5.6 応用例

X線反射率の応用範囲はきわめて広く，ほとんどの薄膜，基板が測定対象になりうる．ミュンヘンのPeisl教授のグループは，表面のマルテンサイト変態をX線反射率法により解明した[25]．図3-50は，電解研磨で得られた$Ni_{62.5}Al_{37.5}$(001)表面のX線反射率を，試料を冷却しながら測定した結果である．同一試料のバルクの変態温度である85Kより高い90Kで，0.14°近傍に屈曲点が認められた．この温度で表面緩和が生じているため，平滑さが失われ0.1～数ミクロンオーダーの変形が起きているためと考えられる．興味深いことに，加熱過程では図3-50とは異なる温度依存性が得られる．しかし，室温まで上げた後に冷却を行うと図3-50の結果は繰り返し再現される．この結果をまとめたものが図3-51 (a) である．他方，図3-51 (b) に示すとおり，回折ピークから判定できるバルクのマルテンサイト変態温度は85Kであり，また上記の表面に見られるようなヒステリシスは認められない．すなわち，バルクのマルテンサイト変態は2次相転移だが，表面のマルテンサイト変態は1次相転移のような挙動を示し，かつ変態温度も高い．こうした相転移の表面効果について，同グループでは，Ni_2MnGaや$Ni_{50.8}Ti_{49.2}$についても

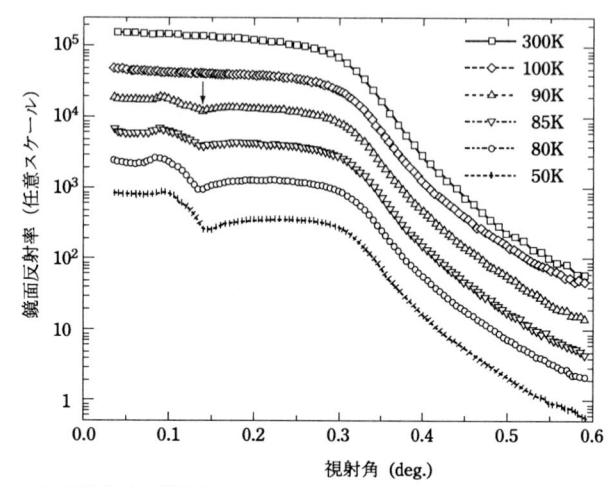

図3-50 X線反射率法で観測されたNi$_{62.5}$Al$_{37.5}$表面のマルテンサイト変態[25] 冷却過程における各温度での測定結果.図中の矢印はマルテンサイト変態を示唆する屈曲点位置を示している.屈曲点が最初に現れる温度はバルクでのマルテンサイト変態温度より高い90Kであった.

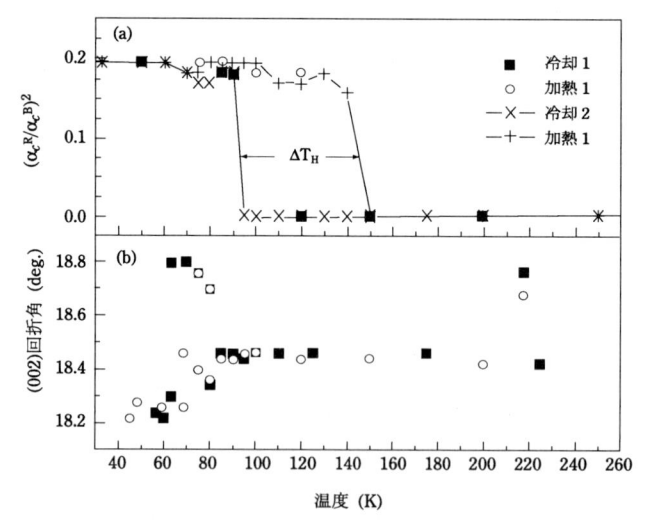

図3-51 Ni$_{62.5}$Al$_{37.5}$のマルテンサイト変態における表面(a)とバルク(b)の違い α_c^R:表面緩和型層の全反射臨界角,α_c^B:バルクの全反射臨界角,α_c^R/α_c^B:表面緩和型層とバルクについての全反射臨界角の比.

詳細な研究を行っている[26]．

ところで，理想的な鏡面とされる基板の多くは，シリコンであり石英ガラスである．金属製のミラーは，あまり平滑でないとされてきた．2次再結晶法により作製されるモリブデン単結晶ミラー[27),28)]は，例外中の例外と思われる平滑さを持っており，実際にどのような構造を持つ表面であるか，関心

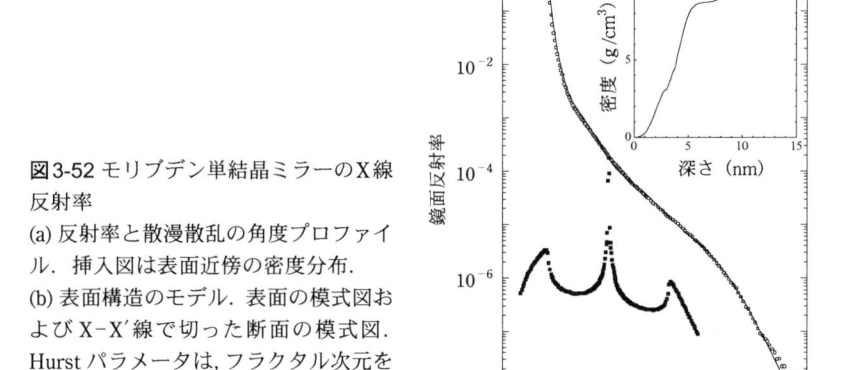

図3-52 モリブデン単結晶ミラーのX線反射率
(a) 反射率と散漫散乱の角度プロファイル．挿入図は表面近傍の密度分布．
(b) 表面構造のモデル．表面の模式図およびX-X'線で切った断面の模式図．Hurstパラメータは，フラクタル次元をDとして，3-Dで定義される．

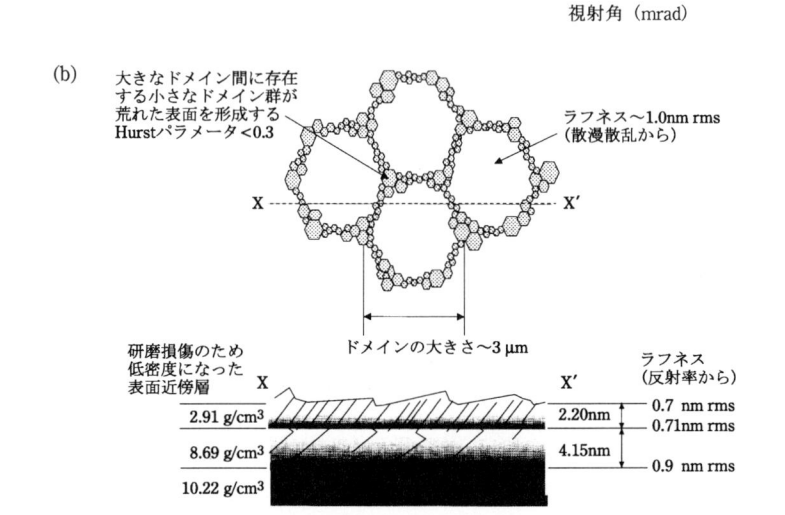

が持たれていた．図3-52 (a) は，X線反射率および散漫散乱の測定結果である[29]．全反射域での高い反射率は表面ラフネスが小さく平滑であることを裏付けているが，同時に反射率の減衰に穏やかな波打ちが認められ，これは挿入図に示したような密度分布に対応するものと考えられる．散漫散乱の解析結果とあわせ，モリブデン単結晶ミラーの表面は次のようになっていることが明らかになった．すなわち，面内方向にはミクロンオーダーの大きなドメイン構造が存在し，その内部では非常に平滑である反面，その境界に存在する小さなドメインにより荒れた表面構造になっており，さらに深さ方向には，研磨過程でのダメージにより生じると思われる低密度層がある．これを図解したものが図3-52 (b) の表面モデルである．

X線反射率法では，表面の下にある「埋もれた」界面の情報を非破壊的に得られる点が他の表面分析の方法よりも優れている．図3-53 はCo/Cu 多層

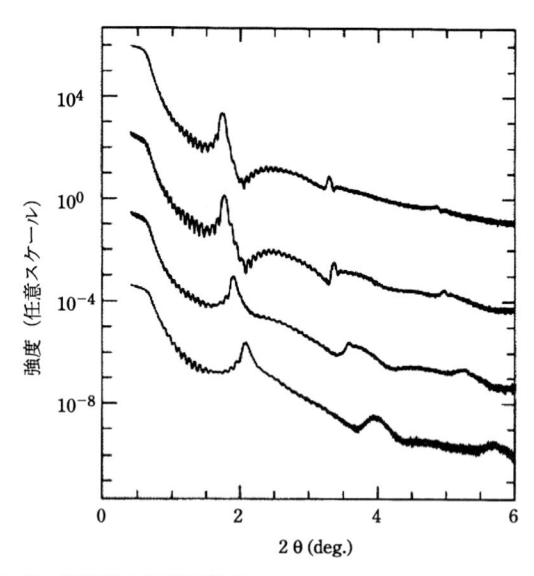

図3-53 Co/Cu 多層膜のX線反射率
上から下に向かってイオンのエネルギーを高めていった結果を並べてある．
ブラッグピークの位置が高角側にずれていっているのがわかる．

膜 (Si (111) 基板上に [Cu (22.8nm)/Co (2.1nm)]$_{20}$ をバッファ層 (Co 3.8nm), キャップ層 (Cu 2.5nm) とともに蒸着したもの) の X 線反射率データである[30]. 改造したマグネトロンスパッタ装置を用い, アルゴンイオンの量と平均エネルギーを独立に制御できるようにし, ここでは, イオン衝撃のエネルギーの違いによる効果を見ようとしている. この図からは, エネルギーが大きくなるとブラッグピーク位置がシフトし, すなわち周期層厚が薄くなっていることがわかるが, これはアルゴンイオンのエネルギーに対応して成長中の膜からの再スパッタ率が変化することに対応している. また, 解析の結果, 界面ラフネスに分布があり, 表面に近づくほど平滑になっていること, それはイオン衝撃のエネルギーが大きいほど顕著であることが明らかにされた.

　図 3-54 は, GaAs および Al$_{0.3}$Ga$_{0.7}$As キャップ層に覆われた GaAs 量子ドットについての X 線反射率のデータ[31]である. この研究では, 液滴エピタキシー法によりほとんど同じ条件で作製された二つの試料が用いられたが, 図に示すとおり, その両者では全く異なる結果になった. 試料 B では, 試料 A に見られるような細かい干渉縞が認められない. これは, キャップ層をつけた際に, 量子ドット層が拡散してしまったことに対応するものと見られる. 両試料には, 作製時, 量子ドット層の前に 1.75ML のウェッティング層をつけたかどうかのわずかな違いがあったが, キャップ層をつけた後には, 明瞭な構造の差になっていた. それぞれについての数値的な検討を行い, 量子ドット層の深さ (キャップ層の厚さ) や堆積量を求めることができた. さらに, 面内方向のナノ構造に敏感な散漫散乱法や回折法と組み合わせれば, ドットのサイズやドットの間の距離や分布, ピラミッド型のドットの方位や歪みの分布についてのデータも得ることができる. 表面より 100nm の深さにある構造であるため, 通常の表面分析ではチェックすることが非常に困難であるが, このようなとき, X 線反射率法は大変便利に利用できる. これらの試料は, あるプロジェクト研究の共通研究試料であり, 電子顕微鏡や STM, AFM (atomic force microscope) 等による検討と並行して行われたが

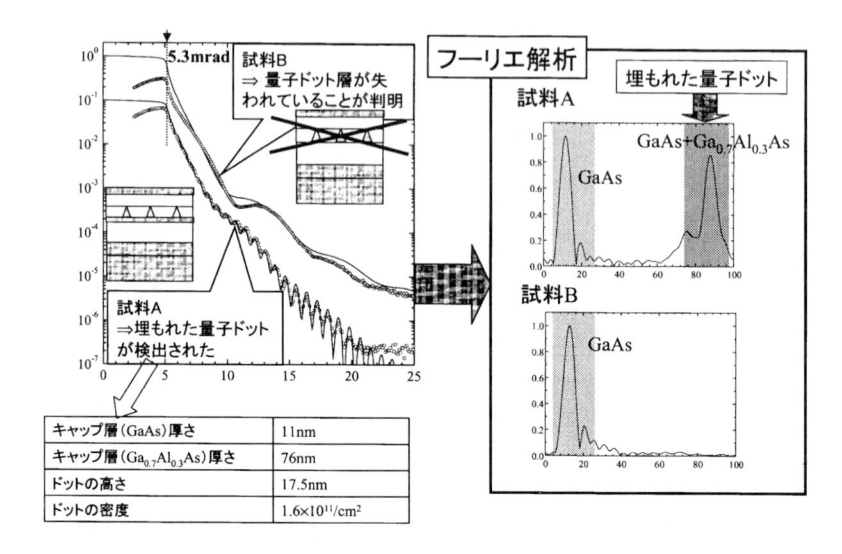

図 3-54 GaAs 量子ドットの X 線反射率
X 線反射率による 2 種類の GaAs 量子ドット試料 A, B の反射率（左）およびフーリエ解析法による解析結果（右）．左下の表は，鏡面反射率と散漫散乱から推測される試料 A の量子ドットの構造を示す．一方，試料 B の測定の結果得られた X 線反射率データからは量子ドット層の存在を確認できなかった．

X 線反射率法は試料受領後，わずか 30 分程度で解析結果を出すことができ，他の方法に比べて極めて迅速であるとの印象を強くした．X 線を用いる手法は非破壊的であるので，まず X 線反射率法で評価を行ってから，他の先端的な手法による詳細な検討を行う，という手順はナノ材料研究の実際的な進め方としてかなり有望である．

3.5.7 おわりに

すでに見てきたように，X 線反射率法は表面や薄膜を研究するための非常に便利なツールである．他の方法との比較では，表面に露出していない「埋もれた」ナノ構造を非破壊的に解析できることが最大の利点であろう．標準的な X 線反射率の測定は，通常の実験室系でも実施できるが，ラフネスや

薄膜界面での拡散等の詳細な検討を行うためには，今後，X線反射率法の拡張すなわち散漫散乱（あるいは反射小角散乱ともよばれる）を含めた統合的な解析が必要であり，そのためには放射光利用が望ましい．高エネルギー加速器研究機構・放射光科学研究施設には，ビームライン機器を利用する研究者間の交流や新規参入研究者への情報提供を行うための連絡組織（PF懇談会X線反射率ユーザーグループ[32]）もできており，ほぼ毎年ワークショップを開催しているほか，ナノテクノロジーの諸問題に関連する研究のための実験ステーション建設計画等の検討も行っている．関心のある方には，一度連絡されることを薦める．ここでは触れることができなかったが，X線反射率法のこれからのトレンドとしてもう一つ重要なのはリアルタイム計測技術による化学反応等の解析である．このための実験では，試料や光学系をまったく動かさずにX線反射率のプロファイルを測定する必要がある[33]．このような研究にも放射光の利用が非常に重要な役割を果たすと考えられる．

【参考文献】

1) M. Tolan: *X-ray Scattering from Soft-Matter Thin Films*, Springer (1999).
2) V. Holy, U. Pietsch and T. Baumbach: *High-Resolution X-ray Scattering from Thin Films and Multilayers*, Springer (1999).
3) J. Daillant and A. Gibaud Eds.: *X-ray and Neutron Reflectivity: Principles and Applications*, Springer (1999).
4) K. Stoev and K. Sakurai: Spectrochim. Acta, **B54** (1999), 41.
5) 桜井健次, L. Ortega: ぶんせき, (1998), No. 3, 164.
6) L. G. Parratt: Phys. Rev., **95** (1954), 359.
7) K. Sakurai, S. Uehara and S. Goto: J. Synchrotron Rad., **5** (1998), 554.
8) M. Harada, K. Sakurai, K. Saito and S. Kishimoto: Rev. Sci. Instrum., **72** (2001), 4308.
9) A. H. Compton: Phil. Mag., **45** (1923), 1121.
10) H. Kiessig: An. Physik, **10** (1931), 715.
11) N. Wainfan, N. J. Scott and L. G. Parrat: J. Appl. Phys., **30** (1959), 1604.
12) J. P. Sauro, J. Bindell and N. Wainfan: Phys. Rev., **143** (1966), 439.
13) A. Segmuller: A. I. P. Conf. Proc., **53** (1979), 78.

14) T. C.Huang and W. Parrish: Adv. in X-Ray Anal., **35** (1992), 137.
15) L. Nevot and P. Croce: Rev. Phys. Appl., **15** (1980), 761.
16) K. Sakurai and A. Iida: Jpn. J. Appl. Phys., **31** (1992), L113.
17) K. Sakurai and A. Iida: Adv. in X-Ray Anal., **35** (1993), 813.
18) F. Bridou and B. Pardo: J. X-Ray Sci. Tech., **4** (1994), 200.
19) S. K. Sinha, E. B. Sirota, S. Garof and H. B. Stanley: Phys. Rev., **B38** (1988), 2297.
20) 水沢まり, 桜井健次：X線分析の進歩, **33** (2002), 175.
21) W. Press, J-P. Schlomka, M. Tolan and B. Asmussen: J. Appl. Cryst., **30** (1997), 963.
22) E. Smiegel and A. Cornet: J. Phys. **D33** (2000), 1757.
23) I. R. Prudnikov, R. J. Matyl and R. D. Deslattes: J. Appl. Phys., **90** (2001), 3338.
24) O. Starykov and K. Sakurai: Appl. Surf. Sci., (in press).
25) U. Klemradt, M. Fromm, G. Landmesser, H. Amschler and J. Peisl: Physica, **B248** (1998), 83.
26) M. Fromm, U. Klemradt, G. Landmesser and J. Peisl: Mater. Sci. & Eng., **A273-275** (1999), 291.
27) 特開昭60-050160, 平岡裕, 岡田雅年, 藤井忠行, 渡辺亮冶.
28) 清野恒：バウンダリー, (1988), No.2, 55.
29) M. Mizusawa and K. Sakurai: Nucl. Instrum. & Methods, **B199** (2003), 139.
30) N. D. Telling, S. J. Guilfoyle, D. R. Lovett, C. C. Tang, M. D. Crapper and M.Petty: J. Phys., **D31** (1998), 472.
31) M. Mizusawa and K. Sakurai: Trans. Mater. Res. Soc. Jpn., **28** (2003), Special Issue (Nov. 2003), 51.
32) PF懇談会X線反射率ユーザーグループのホームページ
    http://www. nims. go. jp/xray/xr/index. html
33) R. F. Garrett, J. W. White, D. J. King, T. L. Dowling, W. Fullagar: NIMA , **467-468** (2001), 998.

3.6 蛍光X線ホログラフィー法

3.6.1 はじめに

　ホログラフィーは1948年ハンガリーの研究者ガボール[1]によって考案された技術である．この技術により，物体を素通りする波（参照波）と散乱された波（物体波）の干渉によって物体の位置に関する位相情報（ホログラム）を記録し，参照波をホログラムに照射するかあるいは解析的に再生することで物体の3次元像を得ることができるようになった．ガボールの目的は，当時，限界に達していた電子顕微鏡の分解能をあげることであった．電子顕微鏡は，使用する電子レンズの球面収差の問題から，電子波長の分解能を到達することができない．そこで，ガボールはレンズを使用しないホログラフィー法を考案した．ガボール型のホログラフィー法では像を結ぶ際，干渉性の良い波（位相の揃った波）が必要である．ガボールは電子線を使ってホログラフィー実験を試みたが，当時の技術では干渉性のよい電子線をつくることができず，電子顕微鏡の分解能をあげるには至らなかった．1960年にMaimanが可視光レーザーの発振に成功して，ホログラムシールやバーチャルリアリティなど身近で馴染み深いものになった．また電子顕微鏡の分野においても干渉性の良い電子線が得られるようになり，電子線ホログラフィーは磁性体の磁区構造観察に広く用いられている．

　1986年，Szöke[2]は固体内部の原子を光源とする原子分解能ホログラフィーを考案した．この方法では，原子から出てくる波（光電子，蛍光X線，γ線）と近接原子からの散乱波との干渉によりホログラムが形成される．1991年，

Harpら[3]は光電子を用いた原子分解能ホログラフィーの実験に成功した.蛍光X線を用いた蛍光X線ホログラフィー（XFH）は，1996年にTegzeら[4]が初めて実験に成功した.光電子ホログラフィーの測定が先に実現したのはその実験の容易さにある.光電子は干渉性が強くホログラムの記録は比較的容易であるが，X線は干渉性が弱いためホログラムの信号強度が微弱になる.現に，X線封入管を線源として用いたTegzeらの実験ではSrTiO$_3$のホログラム測定に2ヵ月を要した.ただX線は光電子に比べて多重散乱の寄与をほとんど無視できるため,解析が容易であるという利点がある.高輝度放射光源が利用できる第3世代放射光施設の登場により,蛍光X線ホログラフィーの研究が盛んになり，比較的容易に蛍光X線ホログラム測定ができるようになった.半導体中の微量ドーパント周り[5]や準結晶[6]の構造解析など，興味深い応用研究例も報告されている.蛍光X線ホログラフィーによる構造解析の特徴は,測定したホログラムから原子の3次元配列を直接再生できることである.

原子を直接見る構造評価技術としては,現在,高分解能電子顕微鏡や原子間力顕微鏡といった手法が広く利用されている.高分解能電子顕微鏡の場合，薄膜試料から得られる原子像は3次元配列の2次元平面への投影である.また,原子間力顕微鏡の場合,試料の表面近傍の原子配列像を観察できる.蛍光X線ホログラフィーはX線構造解析の最大の利点である試料非破壊の構造評価技術あり，X線の進入深さが数μmであることを考慮すると,バルク内部の構造を反映しており，蛍光X線の干渉を利用していることから得られ,3次元原子像は特定元素周りの平均3次元原子配列である.したがって，蛍光X線ホログラフィーは他の二つの方法と併用し，補完的に用いることが有効である.また，これらの議論に関連して蛍光X線ホログラフィーの場合,現在の測定で通常用いる試料は数mm程度の大きさの単結晶である.

ここでは,蛍光X線ホログラフィーの原理,装置,そして応用研究として次世代の超高密度磁気記録媒体として注目されているL1$_0$構造を持つFePt

薄膜の構造評価の例を紹介する．ここで使用したFePt薄膜は単原子層制御法により230℃以下の基板温度で作製されており，低温で合成されているにもかかわらず，長範囲規則性を持つのが特徴である[7]．このような人工薄膜の構造は主にX線回折法によって格子定数や長範囲規則度などが評価されているが，$L1_0$型FePt合金の特徴である大きな結晶磁気異方性を左右する特定元素周りの局所的な原子配置や短範囲規則度についてはほとんど報告がない．蛍光X線ホログラフィーをエピタキシャル薄膜に適用する最大の利点は薄膜の面内・面直方向の構造を実験的に独立して評価できることにあり，局所的な原子配置や短範囲規則度を3次元的に詳細に評価できる点で魅力的である．

3.6.2 蛍光X線ホログラフィーの原理

蛍光X線ホログラムの測定法には2種類あり，ノーマル法（インターナル・ソース・ホログラフィー法），インバース法（インターナル・ディテクター・ホログラフィー法）とよばれている．図3-55に原理図を示す．図3-55 (a) のノーマル法はTegzeらが最初に使った手法であり試料から発生する蛍光X線の干渉を利用している．ホログラムを記録するための参照波は試料内を素通りして外部に出てくる蛍光X線であり物体波は近接原子によっ

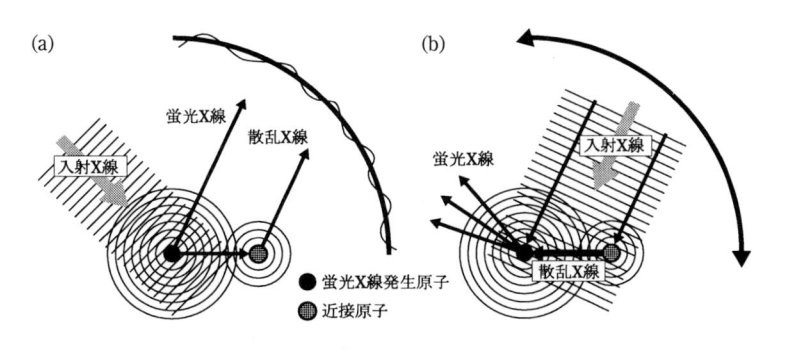

図3-55 蛍光X線ホログラフィーの原理図
(a) ノーマル法，(b) インバース法．

て散乱された蛍光X線である．これらは干渉し原子の位置に関する位相情報が記録された蛍光X線ホログラムを形成する．このホログラムを検出器を走査し観測する．インバース法はGogら[8]が1996年に考案した方法でノーマル法と光学的相反関係にあり，試料に入ってくるX線の干渉を利用する．蛍光X線を発する元素に入射するX線と近接原子によって散乱されて蛍光X線発生原子に入射するX線との干渉を入射X線の角度を走査して変化させる．蛍光X線発生原子から発生する蛍光X線強度を観測することによって蛍光X線ホログラムを得ることができる．

ノーマル法とインバース法の大きな違いは記録されるホログラムのエネルギーである．ノーマル法では蛍光X線のエネルギーに限定したホログラムしか記録できないのに対して，インバース法では入射X線の干渉を利用するため元素の吸収端より高エネルギー側の任意の入射X線エネルギーでホログラムを記録することができる．これは後で述べる多重エネルギー法を適用するために都合がよいが，実験的には入射X線をモノクロメータなどにより単色化する必要がある．この点，ノーマル法では蛍光X線を励起できる十分高いエネルギーの入射X線であればよく，単色化する必要はない．

蛍光X線ホログラムの測定で観測される蛍光X線強度Iは次式で表される．

$$I(\mathbf{k}) \propto I_0 \left[1 + 2\mathrm{Re}\left(\sum a_j\right) + \left|\sum a_i\right|^2 \right] \quad (3\text{-}40)$$

$$\chi(\mathbf{k}) = 2\mathrm{Re}\left(\sum a_j\right) \quad (3\text{-}41)$$

ここで$\mathbf{k}$はノーマル法では蛍光X線の波数ベクトル，インバース法では入射X線の波数ベクトルに相当する．I_0は蛍光X線のバックグラウンド強度，括弧内の第1項目は参照波の成分，第2項目が参照波と物体波の干渉成分，第3項目が物体波の干渉成分である．蛍光X線ホログラム$\chi(\mathbf{k})$はこの第2項目の成分に相当し，それは第1項目の0.1％程度の変動で非常に微弱である．よって蛍光X線ホログラムの測定はノイズレベルをできるだけ抑え，

十分な統計精度を得るために一点につき100万カウント以上の蛍光X線強度を観測する必要がある．また，第3項目の成分は第1項目の0.0001％程度と十分小さいので無視することができる．

球面上に記録された蛍光X線ホログラムは次式を用いて解析的に原子像を導出することができる．

$$U_k(\mathbf{r}) = \iint_A \chi(\mathbf{k}) e^{-i\mathbf{k}\cdot\mathbf{r}} d\sigma_k \qquad (3\text{-}42)$$

ここで$\mathbf{r}$が原子像の位置ベクトルであり，$U_k(\mathbf{r})$が原子像の強度に相当する関数である．この式はバートン(Barton)のアルゴリズム[9]とよばれており，ヘルムホルツ(Helmholtz)の積分定理から導出されている．ホログラムの関数$\chi(\mathbf{k})$に$e^{-i\mathbf{k}\cdot\mathbf{r}}$をかけて半径6kの球面上で面積分すれば，原子像を得ることができる．

3.6.3 双画像問題と多重エネルギー法

(3-42)式のアルゴリズムを用いて原子像の再生を行うとき，一つの大きな問題がある．それは，本来原子のある位置に現れる像（実像）に対して原点と中心対称の位置に共役像が現れてしまう現象で双画像問題と呼ばれている．図3-56にその概念図を示す．結晶中の多くの元素はその構造の中で中心対称の位置にあるため実試料に対して蛍光X線ホログラフィー法を適用した場合，実像と共役像が重なり合うことにより再生した原子像が歪み，構造評価の障害となる．双画像問題の解決法としてはいくつか考案されているが，通常最も測定が容易な多重エネルギー法[10]を使用する．多重エネルギー法で得られる原子像は次式のように表現される．

$$U(\mathbf{r}) = \sum_k U_k(\mathbf{r}) e^{-ikr} \qquad (3\text{-}43)$$

(3-42)式で得られる原子像の関数に$-kr$で与えられる位相を考慮して足し合わせることによって，共役像の位相のみがシフトする．すなわち，複数のエネルギーでホログラムを記録し，共役像の位相がランダムにシフトした

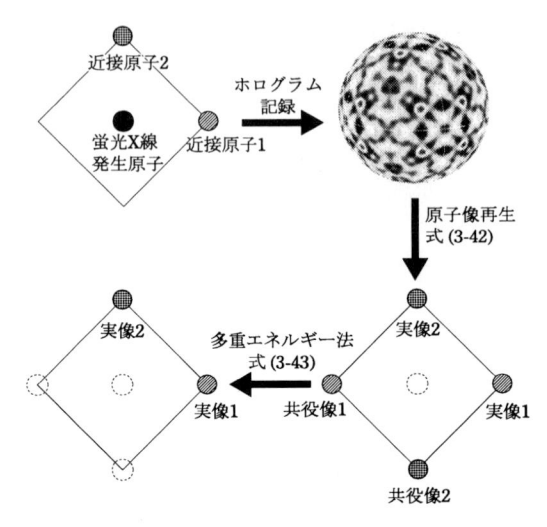

図3-56 ホログラム記録から原子像再生までの流れ

再生像を足し合わせることによって共役像をある程度消すことができる．通常，4keV程度のエネルギー範囲で5～10程度の再生像の足し合わせで多重エネルギー法を適用することにより共役像はほぼ完全に除去される．

3.6.4 FePt薄膜

図3-57に試料として使用したFePt薄膜の模式図を示す．FePt薄膜はMgO(001)基板上に超高真空蒸着法を用いて作製された．シード層としてFeを1.0nm，バッファー層としてPtを40nm成膜した上に単原子層のFeおよびPtを交互に繰り返し50回積層してある．基板温度230℃，120℃で成膜したFePt薄膜は，長範囲規則パラメータSの値がそれぞれ0.8 ± 0.1，0.3 ± 0.1である[7]．

先に述べたように，蛍光X線ホログラムの信号強度は大変微弱である．したがって，ホログラムの測定では，微弱なシグナルを良いS/Nで測定することが最も重要である．そのため，放射光を利用する場合，入射X線強度の変動が大きいため，I_0強度を正確にモニターし，規格化する必要がある．

3.6 蛍光X線ホログラフィー法

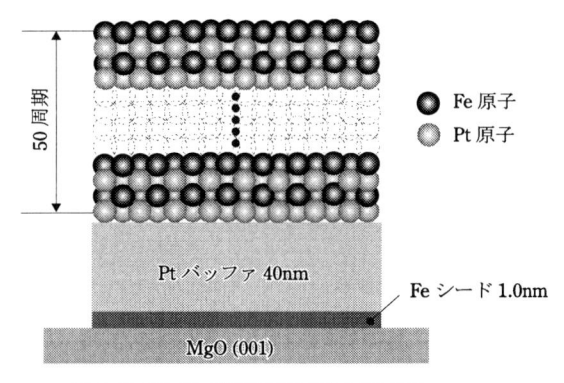

図 3-57 Fe/Pt 単原子積層膜の模式図

また入射X線エネルギーの選び方によっては，対象としていない元素から蛍光X線が発生し，弾性散乱，コンプトン散乱なども観測される．これらは蛍光X線ホログラムの正確な測定の妨げとなる．そのため，対象とする蛍光X線強度のみを選択して測定するためには，検出器として100〜200eV程度のエネルギー分解能を持つエネルギー分散型X線検出器を用いるか，分光結晶により蛍光X線のみを選択的に測定する．また，目的とする蛍光X線を発する元素の濃度が希薄になるにつれて，蛍光X線強度も減少するため，ドーパントや薄膜の蛍光X線ホログラムを測定するには，通常のバルク試料の測定方法より高効率で蛍光X線を検出する実験的な工夫が必要である．

特にFePt薄膜のホログラム測定の場合，膜厚が極めて薄いため，効率よくX線を測定する工夫が必要となる．そのためには図3-58 (a) に示すような円筒状グラファイトアナライザーを用いるとよい．使用したグラファイトは，松下電器産業が開発した高分子フィルムを加圧成型する技術により作製されており，従来，板状のグラファイトをクリープ変形させ湾曲させていたものに比べ，大きな曲率で高品質な湾曲グラファイトが得られる[11]．この実験の場合，できるだけ強度をかせぐために曲率半径25mm，長さ20mmのグラファイトを図3-58 (b) のように4枚並べて円筒としたものを使っている．図3-58 (c) はFeのK_α線の集光スポットであり，焦点の半値幅は縦横ともに

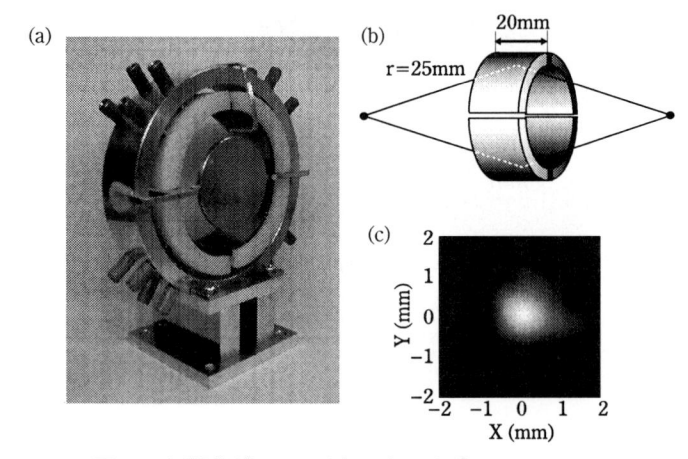

図 3-58 円筒状グラファイトアナライザー
(a) 外観，(b) 集光概念図，(c) Fe の $K\alpha$ 線の集光点.

2mm 程度である．このアナライザーを用いることにより高輝度放射光施設 SPring-8 の BL37XU の測定において，膜厚約 20nm の FePt 薄膜でも，Fe から発する K_α 線を数 10 万 cps 程度の強度で観測することができる．これは，蛍光 X 線ホログラムの測定に十分耐えうる強度であり，円筒状の集光アナライザーがこのような超薄膜のホログラム測定にも非常に有効であることがわかる．

SPring-8 の BL37XU で行った蛍光 X 線ホログラムの測定のための装置外観および実験配置を図 3-59 に示す．入射 X 線は 4 象限スリットによりビームサイズを 0.5×0.5 mm にし，I_0 強度はポリイミドフィルムを散乱体にして入射 X 線が透過する際の散乱 X 線の強度を Si PIN ダイオードで測定することによりモニターする．蛍光 X 線ホログラムの測定法としてインバース法を用い，試料に対しての X 線の入射角は 2 軸の回転ステージ（θ, ϕ）によって調整し，$0° \leq \theta \leq 70°$，$0° \leq \phi \leq 360°$ の範囲を走査する．入射 X 線のエネルギーは Pt の L 線による Fe の K 線の 2 次的な励起を避けるために，Fe の K 吸収端（7.112 keV）と Pt の L_{III} 吸収端（11.564 keV）の間の 9.5keV～11.5keV の範囲に設定し，0.25keV ステップで九つのエネルギーでホログラムを測定

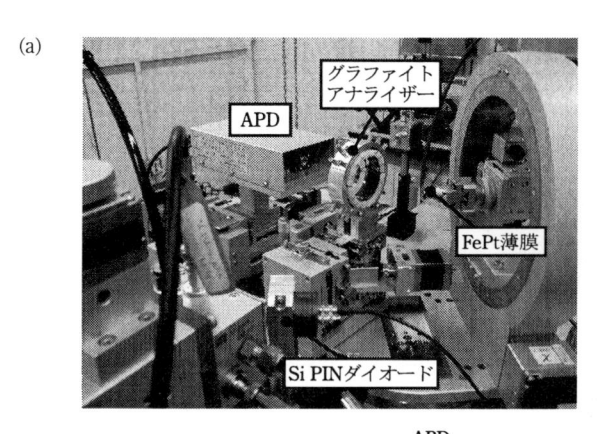

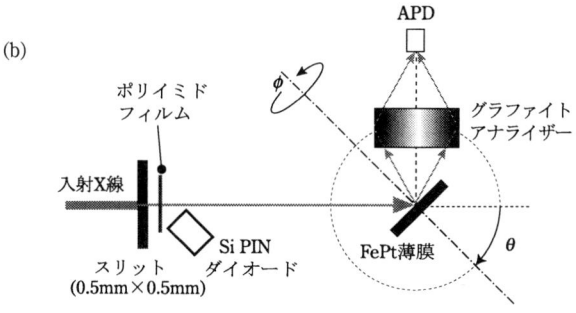

図3-59 (a) 蛍光X線ホログラフィー装置の外観
(b) FePt薄膜のホログラム測定の実験配置

する．試料から発するFeの$K\alpha$線はグラファイトアナライザーにより分光し，アバランシェ・フォト・ダイオード（APD）により検出する．一つのエネルギーのホログラムの測定には約2.5時間かかる．

　例として図3-60 (a) に基板温度230℃で作製したFePt薄膜の9.5keVのホログラムパターンを示す．ライン状に見える模様は入射X線がFePt薄膜内でブラッグの回折条件を満たす時に観測されるX線定在波パターンである．ホログラムは，定在波パターンの間に埋もれた微弱な緩やかな振動成分であり，このパターンそのものから測定されたホログラムデータの良し悪しを判断するのは難しい．図3-61に9.5keVから11.5keVまで0.25keVステップで

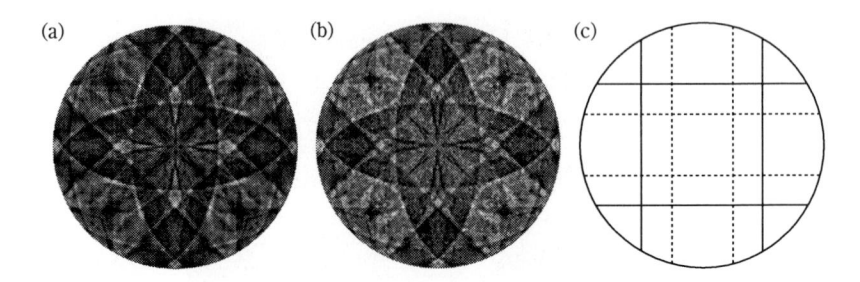

図 3-60 入射 X 線エネルギー 9.5keV で測定した基板温度 (a) 230℃, (b) 120℃で作製した FePt 薄膜中の Fe のホログラムパターン, (c) 220 反射（実線），(110) 反射（点線）の X 線定在波パターンの模式図.

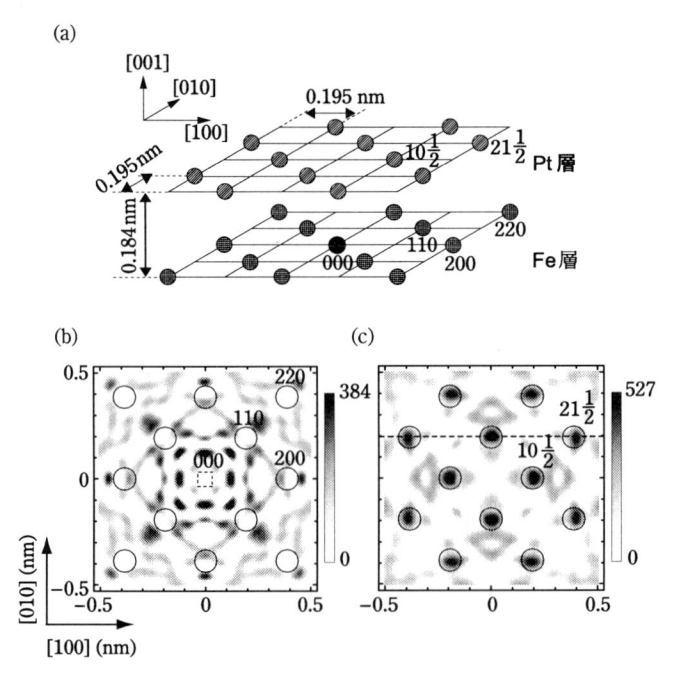

図 3-61 (a) バルク単結晶の $L1_0$ 型 FePt 合金の構造モデル（基板温度 230℃の FePt 薄膜の Fe 周りの再生像），(b) 001 面, (c) 002 面.

測定した九つのホログラムを用いて再生した原子像から，(3-43) 式のアルゴリズムを用いて共役像を除去し高精度化した原子像を示す．図3-61(a)はバルクの$L1_0$型FePt合金の構造モデルであり，図3-61(b), (c)は基板温度230℃で作製したFePt薄膜の001面と002面の再生像である．000の位置が蛍光X線を発するFe原子の位置，すなわち再生像の原点で，白丸で示した位置がFePtのバルク単結晶におけるFeおよびPtの位置である．X線回折で決定された長範囲規則度が0.8程度である本試料において002面に見える原子像のほとんどがPt原子であり，その位置はバルクFePt中のPtの位置とほぼ等しい．ただFe原子の見えるはずである001面の再生像はバルクFePtのFeの位置に比べて0.05nmほど外側にずれて再生されている．これは，解析の際生じるPtの原子像周りの振動がFe原子の再生像の位相を乱した結果であると考えられる．このような原子像の歪みは本例のようにPt原子がFe原子に比べて3倍程度大きい原子散乱因子を示すような原子番号に大きな差がある系において特に顕著に現れる．

3.6.5 基板温度の異なるFePt薄膜

図3-60 (b) に9.5keVで測定した基板温度120℃で作製したFePt薄膜のホログラムパターンの一例を示す．基板温度230℃のホログラムパターンとの大きな違いは，規則格子反射の見え方である．図3-60 (c)はX線定在波パターンを模式的に示したもので実線が220面の基本反射，点線が110面の規則格子反射に相当する．図3-60 (a)のパターンには110面の規則格子反射が見えるのに対して，図3-60 (b)のパターンにはほとんど見ることができない．すなわち，面直方向と同様に面内方向に関しても，基板温度が低くなるにつれて長範囲規則性が悪くなっていることがX線定在波パターンからも明瞭に知ることができる．

図3-62はそれぞれ基板温度120℃，230℃で作製したFePt薄膜の002面の再生像の断面であり，図3-61(c)に点線で示した位置に相当する．この断面図でX=0の位置のピークはFe周りのPtの第一近接に相当し，X=±0.4

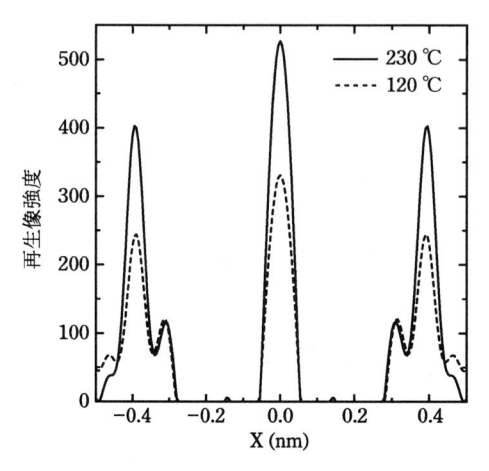

図3-62 基板温度の異なるFePt薄膜の002面の再生像の100方向の断面

の位置のピークは第2近接に相当する．第1近接に比べて第2近接のピーク強度が小さいのは，遠方の原子になるほどホログラムのシグナルが小さくなるためであるが，各々Pt原子位置におけるピークを比較すると，基板温度120℃のFePt薄膜の方がピーク強度が小さい．それぞれの位置におけるピーク強度の差は，各最近接位置でのPt原子，Fe原子の占有率を表しており，実空間での原子の占有率を直接的に見積ることができる．これにより，例えば，Fe原子周りの短範囲規則構造の議論ができる．現状では実験上の問題から相対的な短範囲規則構造の評価にとどまっているが，ホログラムデータの絶対強度化により局所的な規則度の絶対評価も可能になると考えている．

　局所的な占有率を評価する手法として，X線吸収微細構造（XAFS）法がよく用いられるが，これで得られる構造情報は球面上の，1次元的な原子分布である．その点，直接3次元的な原子分布を得ることができる蛍光X線ホログラフィー法は，より正確な位置情報，および占有率を我々に提供してくれる．

3.6.6 まとめ

新しいX線構造解析技術として蛍光X線ホログラフィーを紹介した．1996年の蛍光X線ホログラフィーの実験成功以来，測定技術の進歩によって蛍光X線ホログラフィーは**原子を見る技術**としてはかなり成熟してきた．ここでは，応用研究として蛍光X線ホログラフィーを厚さ約20nmのFePt薄膜に適用した例について紹介した．FePt薄膜から観測される蛍光X線強度は微弱であるが，入射X線として高輝度放射光施設SPring-8のアンジュレータ光，蛍光X線用アナライザーとして高品質円筒状グラファイトを使用することにより，十分な統計精度でホログラムを測定することができる．基板温度の異なる2種類のFePt薄膜についての比較からわかるように，現在の技術では，ホログラムパターンから面内方向の長範囲規則性の違い，再生像からは局所的な短範囲構造評価ができることを紹介した．

今後，蛍光X線ホログラフィーを実用的な構造解析技術として普及させるためには，実験精度の向上，上で述べた短範囲規則度の絶対評価法の確立などが重要となる．また，蛍光X線ホログラフィー法により，局所的な原子配置を精度良く決定することで，**局所格子歪み**の解析の進展も期待される．特に，不純物元素周りの微小な歪み解析に威力を発揮すると考えられるが，これには0.005nmオーダーの精度で原子の位置を決定する必要がある．しかし，現時点の蛍光X線ホログラフィー技術で得られる原子像の位置分解能は0.01nm程度である．また，再生像には多くのアーティファクトが出現し，原子の特定が困難な場合が多く見られる．これらの問題は，統計精度の不十分さによる実験誤差と，原子像再生アルゴリズムが一種のフーリエ変換であるために打ち切り誤差により原子を示す再生像の強度ピークが広がったり，ピークの周りに余分な細かい振動が現れたりすることに起因している．前者は，実験的なものであるので装置の改良により実験精度を向上させていくことで解決されるが，後者は解析アルゴリズムの問題である．よって，既存の原子像再生アルゴリズムを使用しない新しい再生アルゴリズムの考案が必要である．近年，光電子ホログラムの解析でフーリエ変換を使用せず，計算機

を使ったフィッティング技術により，原子像を再生させる方法が考案されている[12]．すでに，XAFS法の解析では第1原理計算を取り入れたフィッティング技術により原子の位置や配位数を精度よく決定していることを考えると，計算機手法を積極的に取り入れた解析技術の応用がこの問題解決につながると考えられる．

【参考文献】

1) D. Gabor: Nature (London) **161** (1948), 777-778.
2) A. Szöke: *in Short Wavelength Coherent Radiation: Generation and Applications*, ed. D.T. Attwood and J. Bokor: AIP Conf. Proc. No. 147, AIP, New York (1986), p. 361.
3) G. R. Harp, D. K. Saldin and B. P. Tonner: Phys. Rev. Lett. **65** (1990), 1012-1015.
4) M. Tegze and G. Faigel: Nature (London) **380**, 49 (1996), 49-51.
5) K. Hayashi, M. Matsui, Y. Awakura, T. Kaneyoshi, H. Tanida and M. Ishii: Phys. Rev. **B63** (2001), 041201.
6) S. Marchesini, F. Schmithusen, M. Tegze, G. Faigel, Y. Calvayrac, M. Belakhovsky, J. Chevrier and A. Simionovici: Phys. Rev. Lett. **85** (2000), 4723-4726.
7) T. Shima, T. Moriguchi, S. Mitani and K. Takanashi: Appl. Phy. Lett., **80** (2002), 288-290.
8) T. Gog, P. M. Len, G. Materlik, D. Bahr, C. S. Fadley and C. Sanchez-Hanke: Phys. Rev. Lett. **76**, (1996), 3132-3135.
9) J. J. Barton: Phys. Rev. Lett. **61**, (1988), 1356-1359.
10) J. J. Barton: Phys. Rev. Lett. **67**, (1991), 3106-3109.
11) 西木直己，川島勉，中浩之，牧野正志，松原英一郎：まてりあ，**38** (1999), 43-45.
12) T. Matsushita, A. Agui and A. Yoshigoe: Europhys. Lett., **65** (2004), 207-213.

●●おわりに●●

　本書では，様々なアプローチで金属のナノ組織を多面的に解析するための手法を材料系学部4年生のレベルで理解できるように，容易な記述で解説してきた．対象とした手法は，金属のナノ組織を局所的にとらえる電子顕微鏡法とアトムプローブ法，さらに，平均的な構造情報を得ることのできるX線解析手法である．

　電子顕微鏡法は，局所的な構造に関する情報を収集するのに適した手法であるが，ナノスケールの化学組成の分析については制約が多い．特に，母相中に分散されたナノスケールの析出物や，界面の組成を解析する場合に，薄膜試料を透過して像を得ること，組成情報が収束電子線から発生する種々の分光法を使うことなどのために，母層の情報と析出物の情報を完全に分離できない．そのため，金属ナノ組織のより定量的な解析には，針状試料から個々の原子をイオン化して収集するアトムプローブ分析法が最も有効となる．しかし，電子顕微鏡法もアトムプローブ法もいずれも局所的な個々の粒子の情報を収集しているに過ぎず，材料の平均的な組織パラメータを精度良く得ることは困難である．つまり**木を見て森を見ず**の例え通りの解析法で，ましてやアトムプローブでは**葉を見て森を見ず**のような分析法となる．材料の平均的な組織パラメータを得るためには，X線回折法や小角散乱法はとても信頼性の高い手法であり，これら3種類の手法を相補的に用いて総合的に金属のナノ組織を評価することが大切である．

　近年，金属材料におけるナノ組織の重要性はますます高まっている．例え

ば，最近,『ナノハイテン』と称するナノ析出物を分散させた自動車用鋼が発表され話題となった．また，リサイクル性を考慮して，ナノスケールの銅析出物を分散させた鋼の開発も盛んに行われている．軽量化のために自動車の車体に使われようとしている6000系アルミニウム合金の成形性と塗装焼き付け硬化性の制御は，マグネシウムとシリコンのナノクラスターを如何に制御するかという問題に集約される．

世界的に研究ブームの起こっている金属ガラスの分野でも，ガラス形成能のすぐれたバルク金属ガラスから，ナノ準結晶やナノ結晶組織が現れ，これを上手く制御すると圧縮試験で驚くほどの延性が出ることもわかってきた．

磁性材料でも，ナノ結晶軟磁性材料は，すでに多くの用途に使われ始めているし，ナノコンポジット磁石も商品化され，モーターなどに使われるようになっている．

その他でも金属組織をナノスケールまで微細化して，ユニークな力学特性や機能特性を発現する研究が盛んになってきている．このようなナノ組織材料の開発を効率良く行うために，今後ますます金属ナノ組織解析法の重要性は増していくものと思われる．

本書は，2000年から2004年の5年間に実施された文部科学省科学技術振興調整費総合研究課題「ナノヘテロ金属」の材料解析グループに参加した研究者により，そのプロジェクトでナノ組織材料の解析に用いた手法の解説を，雑誌『金属』に連載したものを編集したものである。単行本化にあたり，アグネ技術センターの前園明一氏と三堀久子さんに大変お世話になったことを記して感謝する．

●● 索　引 ●●

【アルファベット】

ALCHEMI法 …………………………… 177
ARB法 ………………………………… 10
Castaing-Henry型（→エネルギーフィルター）
CCDカメラ ………… 20, 31, 259, 281, 325
Cliff-Lorimer因子（→k-因子）
COレンズ ……………………… 77, 130
Crewe ………………………… 149, 153, 156
C_s-コレクター ……………………… 28
DAFS法（→回折EXAFS法）
delocalization効果 ……………… 97, 184
DPC（→走査ローレンツ電子顕微鏡）
ECAE法 ………………………………… 9
EDS（→エネルギー分散型X線分光）
EELS（→電子エネルギー損失分光）
ELNES ………………………… 152, 195
EXELFS ……………………… 152, 195
FIM（→電界イオン顕微鏡）
Flowler-Nordheimの式 ……………… 239
focal series reconstruction法 ………… 28
HAADF-STEM
　　（→高角度円環暗視野走査透過電子顕微鏡）
HARECXS ……………………………… 185
high-lossスペクトル ………………… 152
HOLZパターン ……………… 134, 144
Krivanek ……………………… 33, 174
k-因子 ………………………………… 167
low-lossスペクトル ………………… 152
medium voltageの装置 ……………… 25
optical system ………………………… 32

Rose-Haider ……………………… 33, 96
Si(Li)検出器 ……………………… 161
STEM（→走査透過電子顕微鏡）
Thonダイヤグラム ……………… 106
Voronoi多面体 …………………… 121
XAFS（→X線吸収微細構造）
XAFSイメージング ……………… 351
Zemlinの方法 …………………… 97
Z-コントラスト …………………… 149

＊ギリシャ文字はカタカナ読みにして50音順に排列

【ア行】

アトムプローブ電界イオン顕微鏡
　　（APFIM）…………………… 206, 235
アモルファス合金 ……………… 5, 287
―――― 物質（→非晶質物質）
暗視野格子像 ……………………… 87
―― STEM像 …………………… 149
―― 像 …………………… 21, 72, 83
アンジュレータ光 ……………… 366
イオン化状態解析 ……………… 152
異常小角散乱法 ………………… 283
位相格子 ………………………… 99
―― コントラスト ………… 22, 90
―――――― 像 ………… 22, 151
―――――― 伝達関数 ……… 26, 93
位相差光学顕微鏡 ……………… 92
―― 伝達関数 …………………… 103
1次元アトムプローブ ……… 235, 251
位置選択性 ……………………… 280
―― 敏感型アトムプローブ ……… 236

索　引

位置敏感型検出器………… 256, 281, 325
イメージングプレート
　………………31, 118, 135, 200, 281, 325
色収差 ………………………………… 24
── の問題………………………………85
── 係数…………………………………85
── 係数補正……………………………98
陰極線管 …………………………… 148
インコラム型（→エネルギーフィルター装置）
インバース法（→蛍光X線ホログラム測定法）
ウルトラ・シン・ウインドウ………… 162
運動学的理論………………………… 107
エヴァルド球………………………… 46
エスケープピーク…………………… 164
X線異常散乱（AXS）………… 279, 289
── 吸収微細構造（XAFS）
　　………… 279, 291, 342, 347, 388
── 強度プロファイル………………… 185
── 小角散乱（SAXS）……………… 297
──────プロファイル…297, 331
── 全反射…………………… 282, 363
── 反射率計………………………… 364
── 反射率法（XR, XRR）………… 358
X線分析器
　　エネルギー分散型…………… 151
　　波長分散型…………………… 151
エネルギー回収型直線加速器 ……… 356
エネルギーフィルター………20, 118, 134
　　Ω型………………… 29, 119, 199, 200
　　γ型……………………………… 29, 199
　　Castaing-Henry型 ………………199
　　セクター型……………………… 201
エネルギーフィルター装置
　　インコラム型………………… 29, 199
　　ポストコラム型……………… 29, 199
　　──────── 収束電子回折
　　　（EF-CBED）………… 134

エネルギーフィルター 大角度収束電子
　ビーム回折（EF-LACBED）……… 139
エネルギー分光器 ………………… 22, 29
────── 分散型X線分光（EDS）
　………………… 14, 158, 191, 195
────── 分散型（→X線分析器）
────── 補償 ……………………… 256
────── 型3次元アトムプローブ
　…………………………………… 259
────── 飛行時間型
　アトムプローブ……………… 256
円環状検出器 ……………………… 150
オージェ電子 …………………… 20, 194
Ω型（→エネルギーフィルター）
【カ行】
回折 …………………………… 21, 39
── EXAFS（DAFS）…… 279, 280, 295
── コントラスト……………………… 73
── 収差 ……………………………… 24
── 波 ………… 21, 60, 67, 85, 177
カウリームーディー法（→マルチスライス法）
片もち方式（→試料ホルダー）
環境RDF……………………………290
── セル……………………………28
干渉性項……………………………26
慣性半径 …………………………… 310
γ型（→エネルギーフィルター）
還流磁区…………………212, 214, 226
幾何光学 …………………………… 25, 84
菊池線交差法 ……………………… 182
規則─不規則相転移 ……………… 181
ギニエプロット ……………………… 309
基本移動ベクトル…………………… 42
逆格子………………………………43
── ベクトル………………………43
キャパシタンスXAFS法………… 348
吸収端 ……………………………… 343

吸収補正………………………………… 170
球面収差……………………… 24, 84, 174
──── 係数 …………… 26, 77, 88, 210
──── 補正 ……………………………97
──── 装置 ……………………………88
──── TEM …………………………96
共役像 ………………………………… 381
局所単一分散剛体球モデル …… 323, 333
極性判定 ……………………………… 140
金属―絶縁体相転移 ………………… 154
空間周波数 ………………………………91
──── 伝達特性…………………………88
── 選択性 …………………… 280, 295
クラスター ………………………………2
──── 変分法 …………………… 183
クロネッカーのデルタ …………………70
蛍光 X 線ホログラフィー（XFH）
 ……………………………… 285, 378
蛍光 X 線ホログラム測定法
 ノーマル法 ……………… 379
 インバース法 …………… 379
形状因子 ……………………………… 302
計数率 ………………………………… 163
結晶構造因子 …………………… 41, 151
──── 測定 ……………… 137, 181
原子の結合状態 ……………………… 152
── 間相互作用 ……………………… 183
──── 力顕微鏡（AFM） … 373, 378
──── 散乱因子 ……………………41
──── 振幅 …………………………151
── 直視性 …………………………151
──── 像 ……………………………88
── 動径分布解析法 ……………… 118
── 分解能ホログラフィー ……… 377
元素の同定 …………………………… 152
── マッピング ……………………… 172
──────── 像 …………………… 201

元素選択性 …………………………… 295
── 分布像 ………………………30
高エネルギー単色 X 線 ………………285
高角度円環暗視野走査透過電子顕微鏡
 （HAADF-STEM）……… 36, 147, 149
高コントラスト格子像 ……………… 103
格子欠陥 …………………………………99
格子像 ………………………… 21, 83, 85
 暗視野 ──── ……………………87
 高コントラスト ──── ………… 103
 軸上入射 ──── ……………………87
 ── 歪み ………………………… 142
── 分解能 ………………………26, 95
高次ラウエゾーン（HOLZ）……… 134
──────── パターン
 （→ HOLZ パターン）
構造因子 …………………………………41
──── 像 …………………… 83, 88, 102
高分解能 …………………………………83
──── 透過電子顕微鏡（HRTEM）
 ………………………… 89, 93, 331, 378
コマ収差 …………………………………88
固有 X 線 （→特性 X 腺）
固有値法 …………………………………99
コントラスト
 位相 ──── ………………… 22, 90
 回折 ──── …………………………73
 散乱 ──── …………………………21
 Z- ──── ……………………… 149
コンボリューション ………………… 299
──────── 積分 …………… 305

【サ行】
サイドエントリー方式（→試料ホルダー）
サイドバンド ………………………… 221
サムピーク …………………………… 163
3 次元アトムプローブ ……… 3, 236, 256
──── 観察 ……………………………35

3次元再構成法 …………………… 36
3段結像レンズ方式 ……………… 22
散漫散乱 ………………… 282, 368
散乱
　散漫 ────── 282, 368
　多重 ────── 59, 107, 131
　弾性 ────── 20, 39, 118
　非弾性 ────── 20, 118
　── 強度 …………………… 302
　── コントラスト ………… 21
　── 振幅 …………………… 41
　── 長密度 ………………… 302
　──── 分布 …………… 305
　── ベクトル ……………… 40
残留磁束密度 …………………… 229
シェルツァーの式 ………………… 32
　──── 条件 …………… 104
　──── 分解能 …………… 95
　──── フォーカス … 84, 93
磁化成分像 ……………………… 214
　── ベクトルマップ ……… 212
磁気クラスター ………………… 214
　── 相変態 ………………… 229
軸上照射 ………………………… 102
　── 入射格子像 …………… 87
軸対称レンズ ……………………… 24
σ*エッジ ……………………… 197
σ結合 …………………………… 197
自己相関関数 …………… 263, 307
仕事関数 ………………………… 238
磁性状態解析 …………………… 152
磁束 ……………………………… 222
　── 密度 …………………… 222
実効消衰距離 ……………………… 66
質量電荷比 ……………………… 256
　── 分解能 ……………… 259
磁場 ……………………………… 220

収差
　色 ────── 24
　回折収差 …………………… 24
　球面 ────── 24, 84, 174
　コマ ────── 88
　蒸発 ────── 258
　非点 ────── 88
収差補正 ………………………… 174
　──── 装置 ……………… 20
収束イオンビーム ……………… 246
　── 電子回折（→収束ビーム回折）
　── ビーム回折（CBED）… 130
自由電子レーザー ……………… 356
シュレディンガー方程式 … 39, 59, 99
小角散乱（SAS） ……… 282, 297
　──── 散乱プロファイル … 302, 333
消衰距離 ………………………… 66
　── 効果 …………………… 66
蒸発収差 ………………………… 258
情報限界分解能 …………………… 95
シリアル検出方式 ……………… 193
シリコン蓄積管 ………………… 31
試料ホルダー …………………… 29
　　片もち方式 ……………… 29
　　サイドエントリー方式 … 29
　　トップエントリー方式 … 29
シンクロトロン放射光 …… 347, 364
振幅変調 …………………………… 91
スピネル構造 …………………… 186
スペクトロメータ ……………… 191
スリーウインドウ法 …………… 202
スロースキャンCCDカメラ … 118, 200
制限視野回折 ……………………… 75
　──── 電子回折（SAED） … 118
静電ポテンシャル …………… 20, 89
セクター型（→エネルギーフィルター）
ζ-因子法 ………………………… 170

索　引

0次ラウエゾーン（ZOLZ）……… 47, 131
線型結像理論…………………………95
────伝達関数理論………………89
選択則………………………………159
相関関数………………………299, 307
相互作用定数……………………… 89
走査電子顕微鏡（SEM）………34, 147
────透過像観察………………172
──────電子顕微鏡（STEM）
　　　　　　　　……28, 31, 147, 208
────トンネル顕微鏡（STM）… 156, 373
────ローレンツ電子顕微鏡………… 207
相反定理……………………… 148, 155
【タ行】
第1ラウエゾーン（FOLZ）………… 131
大角度収束電子ビーム回折（LACBED）
　　　　　………………………… 139
対称2波干渉縞……………………… 87
帯電現象…………………………… 225
ダイナミック収差補正電子顕微鏡……33
────────レンジ…………… 193
多重エネルギー法………………… 381
──散乱………………… 59, 107, 131
多波励起…………………………… 69
単一分散剛体球…………………… 320
単色器（→モノクロメータ）
弾性散乱…………………… 20, 39, 118
────────振幅…………… 149
────────断面積………… 149
チャンネリング…………………… 175
中性子小角散乱（SANS）……………297
────────プロファイル…… 335
中範囲規則構造観察……………… 108
稠密ランダム原子充填（DRP）……110
超高電圧電子顕微鏡（HVEM）…… 26
長範囲規則度……………………… 180
デッドタイム……………………… 163

デバイ・ワラー因子………………… 138
電界イオン化……………………237, 242
────　顕微鏡（FIM）
　　　　　　　　…… 235, 237, 240
────応力………………………245
電解研磨……………………………244
電界蒸発……………… 235, 238, 242
────放射……………………… 237
────型電子銃…… 28, 147, 164, 210
────顕微鏡（FEM）………237, 239
電子［X線との違い］……………… 19
────エネルギー損失分光（EELS）
　　　……… 14, 29, 32, 118, 191, 193
──────────フィルター……… 199
──────────法……… 191
────顕微鏡版トモグラフィー……… 155
────線ホログラフィー……219, 377
────チャンネリングX線分光……… 177
電場………………………………… 220
点分解能…………………… 26, 84, 95
等厚干渉縞………………………… 66
透過電子顕微鏡（TEM）…… 19, 25, 147
────波…………… 21, 60, 67, 85, 177
瞳関数……………………………… 91
動径分布関数（RDF）………120, 283, 287
動力学的回折理論……… 59, 99, 131, 177
特性X線…………… 22, 160, 180, 194, 284
トップエントリー方式（→試料ホルダー）
ドブロイ波長……………………… 89
【ナ行】
内殻電子励起………………………20, 193
────────スペクトル……… 196
内部ポテンシャル………………… 222
内包フラーレン…………………… 153
ナノ回折装置……………………… 156
────結晶材料の3次元観察……… 155
────ビーム動径分布解析……… 123

ナノファイバー構造	215
──ワイヤー	155
2次元結晶化法	36
──電子	20
2体分布関数（PDF）	120
熱散漫散乱（TDS）	150
ノーマル法（→蛍光X線ホログラム測定法）	

【ハ行】

π*エッジ	197
π結合	197
バイプリズム	219
薄膜の観察	21
波数ベクトル	46
波長分散型（→X線分析器）	
バックグラウンド除去	202
発光X線微細構造（EXEFS）	351
波動光学	25
──場	21
パラレル検出方式	193
バリアント	74
パルスフラクション	254
ハロー回折パターン	57
半価幅（FWHM）	318
反射小角散乱（→散漫散乱）	
──率XAFS法	355
反転対称	61, 140
半導体検出器	160
非干渉性項	27
飛行時間型アトムプローブ	256
非磁気コントラスト	217
非晶質物質	55
非弾性散乱	20, 118
──断面積	149
──平均自由行程	198
非点収差	88
ビーム径	165
──傾斜法	103

表面X線回折	282
フォトダイオードアレイ	193
フォノン励起	196
フラウンフォーファー回折図形	23
プラズマエネルギー	198
──振動	20
プラズモン励起スペクトル	197
ブラッグの式	45, 84
──条件	21, 64, 68, 130, 177, 282
──反射	45, 129
──の法則	299
フーリエ解析法	367
──変換	90, 100, 102, 221, 299, 302, 305, 343
振り子の解	68
フリーデル則	75, 140
フレネル回折	89
──係数	363
──縞	97
──伝播	100
──関数	100
──法	208
プローブホール	235, 251
ブロッホの定理	99
──波	68, 145, 175, 177
分解能	
格子──	26, 95
シェルツァー──	95
情報限界──	95
点──	26, 84, 95
分割表	266
分子動力学法	110
分析電子顕微鏡法	22
ベーテ法（→固有値法）	
飽和磁束密度	227
保磁力	227
ポストコラム型（→エネルギーフィルター装置）	

ボルン近似……………………………40
ホローコーン照明暗視野像…………79
ホログラフィー法…………………377
ホログラム…………………………377
　────の強度分布………………221

【マ行】
マイクロサンプリング……………248
　──── チャネルプレート…………241
　──── 電解研磨…………………245
膜厚測定……………………………135
マルチスライス動力学的回折理論……95
　────────法………………99, 110
明視野像…………………………21, 72, 83
モノクロメータ…………………20, 33

【ヤ行】
ヤグ…………………………………193
優先蒸発……………………………255
弱い位相物体…………………………88
　────── 近似…………………92, 99

【ラ行】
ラウエの回折条件……………………49
　──── 関数…………………………48
ラウエゾーン
　　高次────　…………………134
　　0次────　………………47, 131
　　第1────　…………………131
　──── 点……………………………46
ラダーダイアグラム…………254, 265
リバースモンテカルロ計算…………121
リフレクトロン……………………256
理論分解能……………………………83
励起誤差………………………………63
レンズ伝達関数………………………91
ロッキングカーブ…………………131
ローレンツ顕微鏡像………………225
　──────偏向…………………207

●● 略称一覧 ●●

3DAP［three-dimensional atom probe］3次元アトムプローブ ………………… 3, 236, 256
ADF-STEM［annular dark field STEM］円環暗視野走査透過電子顕微鏡 ……………… 147
AFM［atomic force microscope］原子間力顕微鏡 ……………………………………… 373, 378
ALCHEMI［atom location by channeling enhanced microanalysis］ ………………… 177
APD［avalanche photo diode］ ………………………………………………………… 385
APFIM［atom probe field ion microscope］アトムプローブ電界イオン顕微鏡 … 206, 235
AXS［anomalous X-ray scattering］X線異常散乱 …………………………………… 279, 289
BF［bright field］明視野 …………………………………………………………………… 21
CBED［convergent beam electron diffraction］収束ビーム回折 …………………… 130
CCD［charge-coupled device］ ……………………………… 20, 31, 259, 281, 325
CRT［cathode ray tube］陰極線管 ……………………………………………………… 148
DAFS［diffraction absorption fine structure］回折 EXAFS …………………… 279, 280, 295
DF［dark field］暗視野 …………………………………………………………………… 21
DF-STEM［dark field STEM］暗視野 STEM ………………………………………… 149
DPC［scanning Lorentz microscope］走査ローレンツ電子顕微鏡 …………………… 207
DRP［dense-random-packing］稠密ランダム原子充填 ……………………………… 110
DWBA［distorted-wave born approximation］ ………………………………………… 368
EDS［energy dispersive X-ray spectroscopy］
　　　エネルギー分散型X線分光 ……………………………………… 14, 32, 159, 191, 195
EDX（→**EDS**）
EDXS（→**EDS**）
EELS［electron energy loss spectroscopy］
　　　電子エネルギー損失分光 ……………………………… 14, 29, 32, 118, 191, 193
EF［energy filter］ ……………………………………………………… 20, 118, 134
EF-CBED［energy filtering CBED］エネルギーフィルター収束電子回折 …………… 135
EF-LACBED［energy filtering LACBED］
　　　エネルギーフィルター大角度収束電子ビーム回折 ……………………………… 139
ELNES［electron energy-loss near-edge structure］
　　　電子エネルギー損失吸収端近傍微細構造 ……………………………………… 152, 195
EPMA［electron-probe micro analysis］電子線マイクロアナライザー …………… 161

略称一覧

ERL [energy recovery linear accelerator] エネルギー回収型直線加速器 …………… 356
EXAFS [extended X-ray absorption fine structure] X線吸収微細構造 …………… 291
EXEFS [extended X-ray emission fine structure] 発光X線微細構造 …………… 351
EXELFS [extended energy-loss fine structure]
　　　　電子エネルギー損失広域微細構造 …………………………………… 152, 195
FEG [field emission electron gun] 電界放射型電子銃 …………… 28, 147, 164, 210
FEL [free electron laser] 自由電子レーザー ……………………………………… 356
FEM [field emission microscope] 電界放射顕微鏡 ……………………… 237, 239
FET [field effect transistor] 電界効果型トランジスタ ……………………………… 161
FIB [focused ion beam] 収束イオンビーム …………………………………… 246
FIM [field ion microscope] 電界イオン顕微鏡 ………………… 235, 237, 240
FOLZ [first-order Laue zone] 第1ラウエゾーン …………………………… 131
FWHM [full width at half maximum] 半価幅 ……………………………… 318
FWTM [full width at tenth maximum] 全入射電子の90%が含まれるビーム径 …… 165
GIXD [grazing incidence X-ray diffraction] 微小角入射X線回折 ……………… 358
HAADF-STEM [high-angle annular dark field STEM]
　　　　高角度円環暗視野走査透過電子顕微鏡 ……………………… 36, 147, 149
HARECXS [high angular resolution electron channeling X-ray spectroscopy] …… 185
HOLZ [higher-order Laue zone] 高次ラウエゾーン ………………………… 134
HRTEM [high resolution transmission electron microscope]
　　　　高分解能透過電子顕微鏡 ………………………………………… 89, 93, 331
HVEM [high voltage electron microscope] 超高電圧電子顕微鏡 ……………… 26
IP [imaging plate] ……………………………………… 31, 118, 135, 200, 281, 325
LACBED [large angle CBED] 大角度収束電子ビーム回折 ……………………… 139
LLR [large lattice relaxation] …………………………………………………… 350
MBE [molecular beam epitaxy] ………………………………………………… 354
MCA [multi-channel analyzer] マルチチャンネル波高分析器 ……………… 161
MCP [micro-channel plate] ……………………………………………………… 241
MOSFET [metal oxide semiconductor field effect transistor] ……………… 225
PCTF [phase contrast transfer function] 位相コントラスト伝達関数 ……… 26, 93
PDF [pair-distribution function] 2体分布関数 ……………………………… 120
POSAP [position sensitive atom probe] 位置敏感型アトムプローブ ……… 236
PSPC [position sensitive proportional counter] 位置敏感型検出器 …… 256, 281, 325
RDF [radial distribution function] 動径分布関数 ………………… 120, 283, 287
RMC [reverse Monte Carlo] …………………………………………………… 121
SAED [selected area electron diffraction] 制限視野電子回折 ……………… 118
SANS [small-angle neutron scattering] 中性子小角散乱 …………………… 297

SAS　[small-angle scattering] 小角散乱 ……………………………………… 297
SAXS　[small-angle X-ray scattering] X 線小角散乱 ………………………… 297, 331
SEM　[scanning electron microscope] 走査電子顕微鏡 ……………………… 35, 147
SIT　[silicon intensifier target tube] シリコン蓄積管 ………………………… 31
SLR　[small lattice relaxation] ……………………………………………… 350
SQUID　[super conducting quantum interference device] ………………… 206
SR　[synchrotron radiation] シンクロトロン放射光 …………………………… 347, 364
STEM　[scanning transmission electron microscope]
　　　　走査透過電子顕微鏡 ……………………………………… 28, 31, 147, 208
STM　[scanning tunneling microscope] 走査トンネル顕微鏡 ……………… 156, 373
TDS　[thermal diffuse scattering] 熱散漫散乱 ……………………………… 150
TEM　[transmission electron microscope] 透過電子顕微鏡 ……………… 3, 19, 25, 147
TRXPS　[total-reflection X-ray photoelectron spectroscopy] 全反射 X 線光電子分光　358
TXRF　[total-reflection X-ray fluorescence] 全反射蛍光 X 線分析法 ………… 358
UTW　[ultra thin window] ……………………………………………………… 162
VSM　[vibrating sample magnetometer] 試料振動型磁力計 ……………… 206
XAFS　[X-ray absorption fine structure] X 線吸収微細構造 ………… 279, 342, 347, 388
XEDS（→ **EDS**）
XFH　[X-ray fluorescence holography] 蛍光 X 線ホログラフィー ………… 285, 378
XR　[X-ray reflectometry] X 線反射率法 …………………………………… 358
XRR（→ **XR**）
ZOLZ　[zeroth-order Laue zone] 0 次ラウエゾーン ………………………… 47, 131

●●執筆者略歴●●

*掲載順

宝野 和博（ほうの かずひろ）
1988年5月 ペンシルベニア州立大学大学院金属理工学専攻博士課程修了．
東北大学金属材料研究所助手，科学技術庁金属材料技術研究所 主任研究官，室長，
独立行政法人 物質・材料研究機構材料研究所 ディレクターを経て，
2004年12月より 物質・材料研究機構フェロー Ph.D.
筑波大学大学院数理物質科学研究科物質・材料工学専攻 教授を併任．
【担当】序章
　　　　2.1 アトムプローブ分析法

田中 信夫（たなか のぶお）
1978年3月 名古屋大学大学院工学研究科博士課程応用物理学専攻修了．
日本学術振興会研究員，豊田理化学研究所研究員，名古屋大学工学部助手，
米国アリゾナ州立大学研究員，名古屋大学助教授を経て，
1999年4月 名古屋大学工学研究科教授，理工科学総合研究センター教授．
2004年より 名古屋大学エコトピア科学研究所 教授．工学博士．
【担当】**1.1** 最先端電子顕微鏡の基礎知識と現状
　　　　1.5 高分解能電子顕微鏡法（Ⅰ）
　　　　1.9 暗視野走査透過電子顕微鏡法

弘津 禎彦（ひろつ よしひこ）
1969年3月 東京工業大学大学院理工学研究科金属工学専攻修士課程修了．
同工学部金属工学科助手，長岡技術科学大学機械系助教授，同教授を経て，
1994年4月より 大阪大学産業科学研究所教授．工学博士．
【担当】**1.2** 電子回折の基礎（Ⅰ） ― 運動学的理論 ―
　　　　1.6 高分解能電子顕微鏡法（Ⅱ）
　　　　1.7 電子線動径分布解析法

執筆者略歴

松村　晶（まつむら しょう）
1981年3月 九州大学大学院総合理工学研究科材料開発工学専攻修士課程修了．
同専攻助手，九州大学工学部助教授を経て，
1998年4月より 九州大学大学院工学研究院エネルギー量子工学部門・教授．
工学博士．
【担当】**1.3** 電子回折の基礎（II）― 動力学的理論 ―
　　　　1.8 収束ビーム回折法
　　　　1.10 エネルギー分散型X線分光法
　　　　1.11 ALCHEMI-HARECXS法

中村 吉男（なかむら よしお）
1983年3月 東京工業大学大学院理工学研究科金属工学専攻博士後期課程中退．
工学部金属工学科助手，助教授を経て，
2003年1月より 東京工業大学大学院理工学研究科材料工学専攻教授．工学博士．
【担当】**1.4** 回折コントラスト法
　　　　1.13 走査ローレンツ電子顕微鏡法

進藤 大輔（しんどう だいすけ）
1982年3月 東北大学大学院工学研究科博士課程修了．東北大学金属材料研究所助手．
1992年4月 東北大学素材工学研究所（現：多元物質科学研究所）助教授を経て，
1994年6月より 同教授．工学博士．
【担当】**1.12** 電子エネルギーフィルター法
　　　　1.14 電子線ホログラフィー

松原 英一郎（まつばら えいいちろう）
1984年6月 米国ノースウエスタン大学大学院工学研究科博士課程修了，
東北大学選鉱製錬研究所助手，講師，京都大学工学部助教授，東北大学金属材料研究所教授を経て，
2005年4月より 京都大学工学研究科教授 Ph.D.
【担当】**3.1** 放射光X線回折・分光技術
　　　　3.2 元素選択性構造解析

大沼 正人（おおぬま まさと）

1994 年 3 月 室蘭工業大学大学院博士後期課程物質工学専攻修了．
科学技術庁金属材料研究所 研究員，主任研究官，独立行政法人 物質・材料研究機構 主任研究員を経て，
2004 年 4 月より 物質・材料研究機構 主幹研究員．博士（工学）．
【担当】3.3 X 線・中性子小角散乱

桜井 健次（さくらい けんじ）

1988 年 3 月 東京大学大学院工学系研究科工業化学専攻博士課程修了．
科学技術庁金属材料技術研究所 研究員，主任研究官，ユニットリーダー，
独立行政法人 物質・材料研究機構 サブグループリーダーを経て，
2002 年 4 月より 同 研究機構材料研究所高輝度光解析グループ，ディレクター．
筑波大学大学院数理物質科学研究科物質・材料工学専攻 教授を併任．
【担当】3.4 X 線吸収微細構造法
　　　　3.5 X 線反射率法

髙橋 幸生（たかはし ゆきお）

2002 年 4 月 日本学術振興会特別研究員（DC1）．
2004 年 9 月 東北大学大学院工学研究科材料物性学専攻博士課程修了．
同年 10 月 日本学術振興会特別研究員（PD）．
2005 年 4 月より 理化学研究所播磨研究所 基礎科学 特別研究員，工学博士．
【担当】3.6 蛍光 X 線ホログラフィー法

金属ナノ組織解析法　　2006年5月1日 初版第1刷発行

編　者　宝野 和博・弘津 禎彦 ©

発行者　比留間柏子
発行所　株式会社 アグネ技術センター
　　　　〒107-0062 東京都港区南青山5-1-25 北村ビル
　　　　電話 03(3409)5329・FAX 03(3409)8237

印刷・製本　　株式会社 平河工業社

落丁本・乱丁本はお取替えいたします.　　　　　　Printed in Japan, 2006
定価は表紙カバーに表示してあります.　　　　ISBN 4-901496-31-X　C3043

● 出版案内 ●

改訂 X線分析最前線
◆合志陽一 監修・佐藤公隆 編　A5判・386頁・定価5,250円（本体5,000円）

光学薄膜と成膜技術
◆李 正中 著・㈱アルバック 訳　A5判・455頁・定価5,250円（本体5,000円）

メスバウア分光入門 ―その原理と応用―
◆藤田英一 編著　A5判・353頁・定価6,300円（本体6,000円）

回折結晶学と材料科学 ―仙台スクール40年の軌跡―
◆東北大学金属材料研究所小川四郎研究成果刊行会 編
B5判・310頁・定価7,350円（本体7,000円）

金属物性基礎講座 6
半導体と半金属
◆日本金属学会・井垣謙三 編　A5判・532頁・定価8,400円（本体8,000円）

金属物性基礎講座 16
高圧現象
◆日本金属学会・金子武次郎 編　A5判・493頁・定価8,400円（本体8,000円）

金属物性基礎講座 18
特殊実験技術
◆日本金属学会・平野賢一 編　A5判・548頁・定価8,400円（本体8,000円）

アグネ技術センター　〒107-0062 東京都港区南青山5-1-25 北村ビル
　　　　　　　　　　　TEL 03-3409-5329　　FAX 03-3409-8237
　　　　　　　　　　　URL *http://www.agne.co.jp/*

●出版案内●

新版アグネ元素周期表
◆井上 敏・近角聰信・長崎誠三・田沼静一 編
大型カラー周期表＋解説書・定価 2,940 円（本体 2,800 円）

二元合金状態図集
◆長崎誠三・平林 眞 編著 A5 判・366 頁・定価 5,880 円（本体 5,600 円）

鉄合金状態図集 ―二元系から七元系まで―
◆O.A. バニフ・江南和幸・長崎誠三・西脇 醇 編著
A5 判・610 頁・定価 7,350 円（本体 7,000 円）

金属用語辞典
◆金属用語辞典編集委員会 編著 B6 判・507 頁・定価 3,650 円（本体 3,500 円）

材料名の事典［第2版］
◆長崎誠三・アグネ技術センター 編
A5 判・446 頁・定価 3,675 円（本体 3,500 円）

金属物理 ―材料科学の基礎―
◆藤田英一 著 A5 判・659 頁・定価 5,775 円（本体 5,500 円）

改訂 材料強度の考え方
◆木村 宏 著 A5 判・445 頁・定価 4,725 円（本体 4,500 円）

アグネ技術センター　〒107-0062 東京都港区南青山 5-1-25 北村ビル
TEL 03-3409-5329　FAX 03-3409-8237
URL http://www.agne.co.jp/